Vektor- und Tensorpraxis

Dieter Schroeder

Vektor- und Tensorpraxis

Verlag
Harri
Deutsch

Verlag Harri Deutsch
Gräfstr. 47, 60486 Frankfurt
www.harri-deutsch.de
verlag@harri-deutsch.de
Fax: 069 77 01 58 69

Bibliografische Information Der Deutschen Bibliothek
Die Deutsche Bibliothek verzeichnet diese Publikation in der Deutschen Nationalbibliografie; detaillierte bibliografische Daten sind im Internet über ⟨http://dnb.ddb.de⟩ abrufbar.

ISBN-10 3-8171-1772-8
ISBN-13 978-3-8171-1772-7

1. Auflage 2006

Druck: betz-druck GmbH, Darmstadt
Printed in Germany

Vorwort

Die theoretischen Fächer stellen schon früh hohe Ansprüche an das mathematische Rüstzeug von Physik- und Ingenieur-Studenten. Dies zwingt zu einer konzentrierten mathematischen Ausbildung, die wirklich den Bedürfnissen von Physikern und Ingenieuren genügt. Die Theorie muss „sitzen" und der Umgang mit dem Werkzeug in souveräne Routine übergehen. In diesem Sinne habe ich versucht, dem Praktiker etwas Brauchbares an die Hand zu geben. Dazu gehören plausible Herleitungen, alternative Verfahren und vor allem anschauliche Übungen aus Geometrie, Mechanik, Elektrodynamik usw.

Im Vordergrund stehen die Anwendung, weniger Systematik und Vollständigkeit. Die Einbettung der Vektorrechnung in die Quaternionentheorie würde gewiss zu weit führen. Ebenso wenig Vorteile verspricht, Vektoren als Tensoren 1. Stufe einzuführen. Wer den Stoff dreidimensional anschaulich und einprägsam behandeln will, erklärt Vektoren besser als gerichtete Größen und gründet ihren Formalismus auf eigenständige Axiome. Der Praktiker muss auch nicht unbedingt zwischen Richtung und Orientierung unterscheiden, ebenso wenig zwischen polaren und axialen Vektoren oder kovarianten und kontravarianten Tensoren, solange die Vektoren dreidimensional bzw. die Bezugssysteme euklidisch sind.

Überhaupt lag mir an der sprachlichen Prägnanz mit einheitlichen Begriffen und Schreibweisen, entsprechend den DIN-Normen und den international verbreiteten LaTeX-Standards. Freilich schienen einige Abweichungen – auch angesichts des ausländischen Schrifttums – geboten, um Missverständnisse zu verhüten. Die Tabelle auf Seite 291 stellt alle konkurrierenden Begriffe einander gegenüber.

Ich wünsche dem Leser viel Erfolg und manches Aha-Erlebnis. Vielleicht gewinnen auch die eingestreuten Hinweise auf den geschichtlichen Hintergrund sein Interesse.

Rheinbach, am 3. Februar 2006
D. Schroeder

Inhaltsverzeichnis

Einleitung

Die Vektorrechnung gehört heute zum Kernbestand der praktischen Mathematik. Ihr Reiz liegt in der eleganten Formulierung linearer Probleme, die sich in Algebra, Geometrie und Analysis hervorragend bewährt und dem Bedürfnis des Praktikers nach Anschaulichkeit besonders weit entgegenkommt. Mit ihren prägnanten Begriffen wie Pfeilen, Feldern, Quellen, Stromlinien, Senken, Wirbeln und dgl. kann man leicht eine Vorstellung verbinden. Überdies hat die Vektorrechnung den unschätzbaren Vorzug, dass sie ohne viel Rechenaufwand weitreichende Schlüsse zulässt.

Als geistige Väter der Vektorrechnung gelten allgemein Graßmann[1] und Hamilton[2]. Graßmann behandelte 1844 in seiner sog. Ausdehnungslehre die Geometrie des n-dimensionalen Raums und benutzte dabei erstmals einen mathematischen Formalismus mit Zügen der Vektor- und Tensorrechnung. Hamilton entwickelte etwa gleichzeitig das von Gauß[3] eingeführte System der komplexen Zahlen zu einer hyperkomplexen Algebra weiter und fand hierbei 1843 die sog. Quaternionen, d. h. 4-dimensionale Zahlen mit je 1 skalaren und 3 vektoriellen Anteilen. Hamilton prägte 1845 nicht nur den Vektorbegriff, sondern gab auch schon die zugehörigen Rechenregeln an.

Der praktische Nutzen dieser genialen Ideen trat erst hervor, als Gibbs[4] daraus das handliche Werkzeug der Vektorrechnung schuf und in seinen Lehrplan aufnahm. Die für seine Studenten 1881 und 1884 gedruckte Broschüre „Elements of Vector Analysis" erregte in der Fachwelt Aufsehen. Als Erster führte Heaviside[5] die neuen Vektoren in die sich hierfür geradezu anbietende Elektrodynamik ein und gab ab 1893 ein 3-bändiges Werk „Electromagnetic Theory" heraus.

Gibbs' Schreibweisen setzten sich mit geringfügigen Abweichungen allmählich

---

[1] Hermann Graßmann (1809-1877), deutscher Gymnasiallehrer in Stettin

[2] William Rowan Hamilton (1805-1865), irischer Mathematiker und königlich britischer Astronom in Dublin

[3] Carl Friedrich Gauß (1777-1855), Sohn eines Braunschweiger Maurers, wirkte ab 1807 als Astronomie-Professor und Direktor der Sternwarte in Göttingen; mit ihm und seinen Nachfolgern Dirichlet und Riemann begann eine Reihe berühmter Mathematiker auf dem Göttinger Lehrstuhl.

[4] Josiah Willard Gibbs (1839-1903), US-Physik-Professor an der Yale-Universität in New Haven (Connecticut)

[5] Oliver Heaviside (1850-1925), englischer Privatgelehrter in Newcastle

durch. Sonderwege von Heaviside (England), Sommerfeld[6] (Deutschland) und Marcolongo (Italien) fanden international wenig Anklang.

Die 3-dimensionale Vektorrechnung passte ideal zu den 3-dimensionalen Bezugssystemen der Physik und schien so allen Bedürfnissen der Praxis zu genügen. Da bewies Einstein[7] 1905 und 1916 im Rahmen seiner Relativitätstheorie überraschend, dass die strenge Darstellung raum-zeitlicher Vorgänge 4-dimensionaler, ja wegen der überall wirkenden Schwerkraft sogar nichteuklidischer Bezugssysteme bedarf. Wie waren diese zu modellieren?

Unversehens gewannen zwei mathematische Theorien großes Interesse:

1. Die n-dimensionale Geometrie, die Riemann[8] 1854 aus der von Gauß 1827 begründeten Flächentheorie entwickelt hatte und

2. der von Ricci-Curbastro und Levi-Civita[9] 1884-1901 geschaffene „calcul différentiel absolu".

Auf diese Ansätze gründete Einstein seinen Tensorkalkül, um ihn sogleich in seiner Allgemeinen Relativitätstheorie anzuwenden.

Tensoren gehören als spezielle Matrizen streng systematisch eigentlich in den Rahmen der von Cayley[10] 1858 entwickelten Matrizenrechnung; in der praktischen Mathematik spielte die Tensorrechnung jedoch von Anfang an die Rolle einer auf n Dimensionen erweiterten Vektorrechnung.

---

[6] Arnold Sommerfeld (1868-1951), deutscher Mathematik- und Physik-Professor in Clausthal, Aachen und München

[7] Albert Einstein (1879-1955), deutsch-schweizerisch-amerikanischer Physiker, wirkte am Berner Patentamt (1902-09), dann als Professor in Zürich, Prag, Berlin (1914-33) und Princeton (New Jersey).

[8] Bernhard Riemann (1826-1866), deutscher Mathematik-Professor in Göttingen

[9] Gregorio Ricci-Curbastro (1853-1925) und Tullio Levi-Civita (1873-1941), italienische Mathematiker in Padua

[10] Arthur Cayley (1821-1895), englischer Mathematiker und Londoner Rechtsanwalt

1 Vektoralgebra

Am Anfang stehen Merkmale und analytische Beschreibung von Vektoren sowie ihre Addition, Subtraktion, Zerlegung und Multiplikation mit Skalaren. Die praktische Bedeutung von Vektoren und der hohe Informationsgehalt vektorieller Aussagen treten hervor.

1.1 Grundbegriffe

1.1.1 Maßzahlkollektive

Skalare

Die Maßangaben vieler geometrischer, physikalischer und chemischer Größen (z. B. Länge, Zeit und Konzentration) enthalten neben ihrer Einheit (z. B. m, sec und ppm) eine einzige Zahl. Solche Größen heißen Skalare, weil sie sich als Strecken auf einer unterteilten Zeichenachse (Skala) darstellen lassen. Analytisch symbolisiert man Skalare durch kursive Antiqua-Buchstaben. So bedeuten im Allgemeinen t die Zeit, m die Masse und T die Temperatur.

Vektoren

Zu anderen Größen wie Geschwindigkeit, Kraft und Feldstärke gehören sowohl die Angabe ihres Betrags als auch ihrer Richtung. Solche gerichteten Größen heißen Vektoren. Man kann sie geometrisch durch Pfeile entsprechender Länge darstellen und analytisch durch ihre Projektionen auf 3 Raumachsen, also je 3 Zahlen, vollständig beschreiben.

In der Geometrie ist es zuweilen nützlich, gerade Strecken oder ebene Flächen durch willkürliche Zuordnung einer Richtung künstlich als Vektoren zu erklären und wie echte Vektoren zu behandeln.

Wir bezeichnen Vektoren nach verbreiteter Übung durch fette Antiqua-Buchstaben, z. B. die Geschwindigkeit durch $\boldsymbol{v}$, die Kraft durch $\boldsymbol{F}$, die elektrische Feldstärke durch $\boldsymbol{E}$ und die magnetische Feldstärke durch $\boldsymbol{H}$. Manche Autoren bevorzugen stattdessen kursive Antiqua-Buchstaben mit aufgesetztem Pfeil ($\vec{v}$, $\vec{F}$, $\vec{E}$ bzw. $\vec{H}$). Die früher hierzulande übliche und überaus praktische

Frakturschreibweise ($\mathfrak{v}$, $\mathfrak{F}$, $\mathfrak{E}$ bzw. $\mathfrak{H}$), die sich ja eng an die maxwellsche[1] Symbolik anlehnte, hat sich international nicht durchgesetzt.

Tensoren

Daneben gibt es achsenbezogene Eigenschaften wie die Trägheitsmomente unsymmetrischer Kreisel, die inneren Spannungen elastischer Körper, die Permeabilitäten ferromagnetischer Kristalle oder die Permittivitäten anisotroper Medien, die durch Kollektive aus je 9 Zahlen bestimmt sind. Derartige Kollektive heißen Tensoren.

1.1.2 Beträge und Einsvektoren

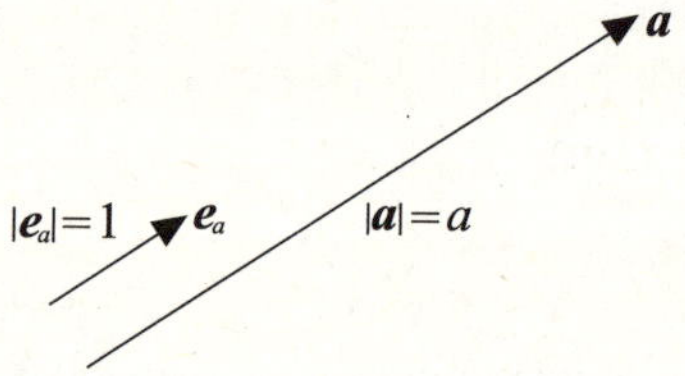

Fig. 1.1

Wir schreiben Vektoren in der allgemeinen Form

$$\boldsymbol{a} = a\boldsymbol{e}_a, \tag{1.1}$$

wobei

$$a \equiv |\boldsymbol{a}| \geq 0 \tag{1.2}$$

der (skalare, positiv definite) Betrag des Vektors und $\boldsymbol{e}_a$ der (dimensionslose) Einsvektor mit dem Betrag

$$|\boldsymbol{e}_a| \equiv 1 \tag{1.3}$$

in $\boldsymbol{a}$-Richtung seien (Fig. 1.1). Danach ist jeder Vektor $\boldsymbol{a}$ das a-fache seines Einsvektors $\boldsymbol{e}_a$. Allgemein bedeutet $\boldsymbol{a} = \mathbf{const}$ sowohl konstanten Betrag a als auch konstante Richtung $\boldsymbol{e}_a$.

Beispielsweise sei die Geschwindigkeit eines Autos $\boldsymbol{v} = v\boldsymbol{e}_v$. Der Tachometer misst den Betrag v, während ein Kompass die Richtung $\boldsymbol{e}_v$ anzeigt. Damit kann man den Geschwindigkeitsvektor $\boldsymbol{v}$ als Pfeil der Länge v in einer Windrose darstellen. Die Angabe $\boldsymbol{v} = \mathbf{const}$ würde hier gleichförmige und geradlinige Geschwindigkeit heißen. Bei einem Flugzeug geht zusätzlich die Steig- oder

[1] James Clerk Maxwell (1831-1879), schottischer Physiker, wirkte in Aberdeen und Cambridge. Er stellte 1873 mit seinem 2-bändigen Hauptwerk „Treatise on Electricity and Magnetism" Elektrodynamik und Optik auf eine gemeinsame theoretische Grundlage.

Sinkgeschwindigkeit in den Vektor $\boldsymbol{v}$ ein; zu seiner geometrischen Darstellung bedarf es eines 3-dimensionalen Bezugssystems.

Die Einsvektoren $\boldsymbol{e}_a$ und $-\boldsymbol{e}_a \equiv \boldsymbol{e}_{-a}$ zeigen in entgegengesetzte Richtungen, ebenso die Vektoren $\boldsymbol{a} = a\boldsymbol{e}_a$ und $\boldsymbol{b} = b\boldsymbol{e}_{-a} \equiv -b\boldsymbol{e}_a$. In der Vektorrechnung bedeutet eine Vorzeichenumkehr stets Richtungsumkehr, also Drehung um 180°.

Aufgabe 1.1 Was bedeutet die Gleichung $\boldsymbol{a} = a$?

1.1.3 Vergleichsmaßstäbe

Parallele Vektoren

Zwei Vektoren $\boldsymbol{a}$ und $\boldsymbol{b}$ heißen parallel, wenn ihre Pfeilschäfte zu ein und derselben Geraden parallel sind. Die individuellen Pfeillängen können verschieden, die Pfeilsinne gleich oder entgegengesetzt sein. Der Begriff Parallelität umfasst also wohlgemerkt gleich- und gegensinnige Parallelität:

$$\boldsymbol{a}\|\boldsymbol{b}, \quad \text{wenn entweder } \boldsymbol{e}_a = \boldsymbol{e}_b \ (\boldsymbol{a} \uparrow\uparrow \boldsymbol{b}) \text{ oder } \boldsymbol{e}_a = -\boldsymbol{e}_b \ (\boldsymbol{a} \uparrow\downarrow \boldsymbol{b}). \tag{1.4}$$

- Darüber hinaus sind zwei Vektoren $\boldsymbol{a}$ und $\boldsymbol{b}$ gleich, wenn sie nicht nur die gleiche Richtung, sondern auch den gleichen Betrag haben:

$$\boldsymbol{a} = \boldsymbol{b}, \quad \text{wenn sowohl } \boldsymbol{e}_a = \boldsymbol{e}_b \ (\boldsymbol{a} \uparrow\uparrow \boldsymbol{b}) \text{ als auch } a = b. \tag{1.5}$$

  Dabei spielt der Abstand zwischen $\boldsymbol{a}$ und $\boldsymbol{b}$ begrifflich keine Rolle; sie müssen nicht etwa geometrisch zusammenfallen.

- Der Vektor $\boldsymbol{a}$ heißt Gegenvektor von $\boldsymbol{b}$, wenn er verglichen mit $\boldsymbol{b}$ die entgegengesetzte Richtung, aber den gleichen Betrag hat (Fig. 1.2(1)):

$$\boldsymbol{a} = -\boldsymbol{b}, \quad \text{wenn sowohl } \boldsymbol{e}_a = -\boldsymbol{e}_b \ (\boldsymbol{a} \uparrow\downarrow \boldsymbol{b}) \text{ als auch } a = b. \tag{1.6}$$

  Die Gleichung $\boldsymbol{F}_1 = -\boldsymbol{F}_2$ beschreibt z. B. das statische Kräftegleichge-

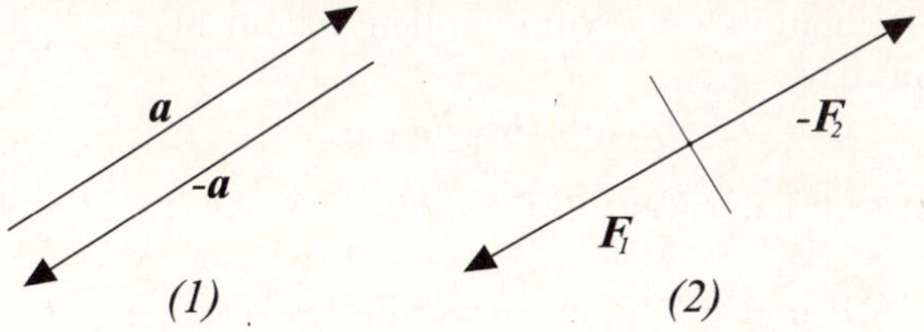

Fig. 1.2

wicht (Fig. 1.2(2)). Zwei entgegengesetzt gleiche Kräfte heben sich gegenseitig auf.

Komplanare Vektoren

Drei und mehr Vektoren heißen komplanar, wenn ihre Pfeilschäfte zu ein und derselben Ebene parallel sind. Zwei beliebige Vektoren bestimmen selbst eine Ebene; sie sind also immer komplanar. Ebenfalls sind alle parallelen Vektoren zugleich komplanar; denn jeder liegt in einer Ebenenschar, zu der alle übrigen parallel sind.

1.2 Elementare Operationen

1.2.1 Geometrische Addition und Subtraktion

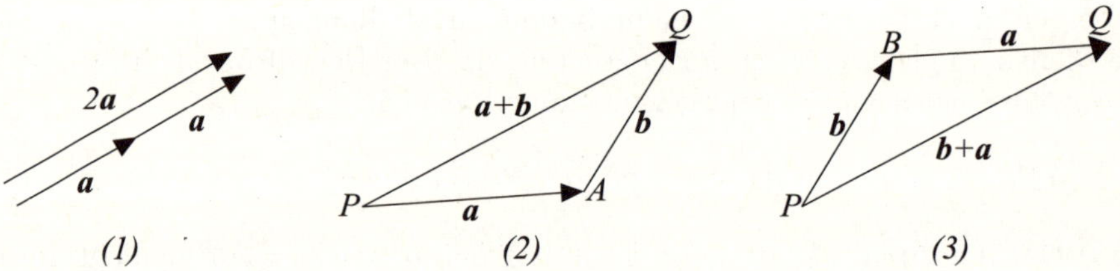

Fig. 1.3

Wer 2 gleiche Vektoren $\boldsymbol{a}$ geometrisch wie in Fig. 1.3(1) gleichsinnig aneinanderfügt, erhält den Summenvektor $2\boldsymbol{a}$. Dies leuchtet unmittelbar ein, wenn man sich unter $\boldsymbol{a}$ z. B. eine Zugkraft vorstellt: 2 kleine Loks mit je $\boldsymbol{a}$ Newton ziehen gemeinsam genauso stark wie 1 große Lok mit $2\boldsymbol{a}$ Newton.

Analog werden 2 ungleiche Vektoren $\boldsymbol{a}$ und $\boldsymbol{b}$ geometrisch addiert. Die Konstruktion ihres Summenvektors $\boldsymbol{a}+\boldsymbol{b}$ geht aus Fig. 1.3(2) hervor. Man verfolge z. B. ein Flugzeug, das mit seiner Reisegeschwindigkeit $\boldsymbol{a}$ nach Kompassweisung fliegt; dann führt die Geschwindigkeit $\boldsymbol{b}$ eines Windes zur wahren Fluggeschwindigkeit $\boldsymbol{a}+\boldsymbol{b}$ über Grund mit einer Abdrift vom Sollkurs.

Fig. 1.3(3) zeigt, dass die Summenvektoren $\boldsymbol{a}+\boldsymbol{b}$ und $\boldsymbol{b}+\boldsymbol{a}$ gleich sind. Es kommt auf die Reihenfolge der Summanden also nicht an; d. h. die Vektoraddition ist kommutativ:

$$\boldsymbol{a}+\boldsymbol{b}=\boldsymbol{b}+\boldsymbol{a}. \tag{1.7}$$

Umgekehrt lässt sich jeder Vektor auf vielerlei Art in 2 und mehr Summanden zerlegen.

Die Summe von $\boldsymbol{a}$ und $-\boldsymbol{b}$ bildet den Differenzvektor $\boldsymbol{a}-\boldsymbol{b}$. Sollte sich z. B. der oben betrachtete Wind drehen und aus der Gegenrichtung blasen, tritt in Fig. 1.3(2) an die Stelle von $\boldsymbol{b}$ der Gegenvektor $-\boldsymbol{b}$. Dann ist $\boldsymbol{a}-\boldsymbol{b}$ die wahre Geschwindigkeit des Flugzeugs über Grund (Fig. 1.4). Allgemein konstruiert

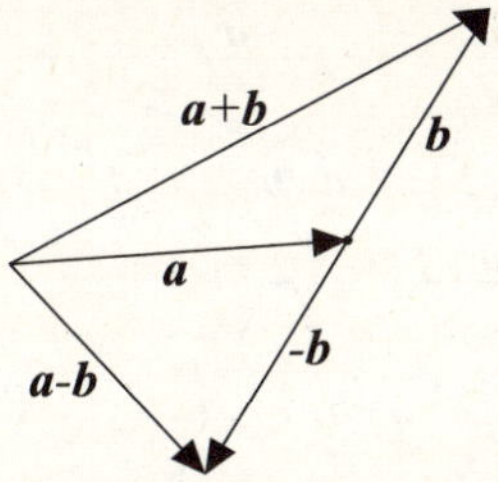

Fig. 1.4

man den Differenzvektor $\boldsymbol{a} - \boldsymbol{b}$ nach dem übersichtlichen Schema der Fig. 1.5.

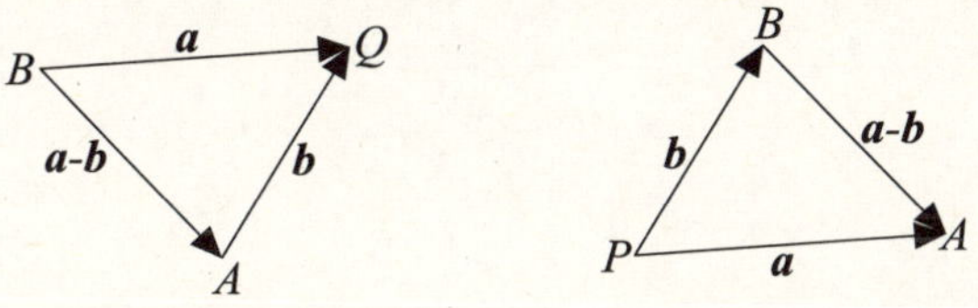

Fig. 1.5

Übrigens lassen die Fig. 1.3(2) und 1.5 leicht die sog. Dreiecksungleichung

$$a - b \leq |\boldsymbol{a} \pm \boldsymbol{b}| \leq a + b \tag{1.8}$$

erkennen.

Wir fügen nun die beiden Dreiecke der Fig. 1.3 und 1.5 paarweise zusammen und erhalten das von den Vektoren $\boldsymbol{a}$ und $\boldsymbol{b}$ „aufgespannte" Parallelogramm $PAQB$ (Fig. 1.6). Seine Diagonalen sind die Vektoren $\boldsymbol{a} + \boldsymbol{b}$ und $\boldsymbol{a} - \boldsymbol{b}$, die sich bekanntlich gegenseitig halbieren.

Ein praktisches Beispiel ist das Kräfte-Parallelogramm der Mechanik: Zwei Kräfte $\boldsymbol{a}$ und $\boldsymbol{b}$ wirken auf den Punkt P wie eine einzelne Kraft $\boldsymbol{a} + \boldsymbol{b}$ in Richtung der Diagonale. Man spricht von dem resultierenden Vektor oder kurz der Resultante $\boldsymbol{a} + \boldsymbol{b}$.

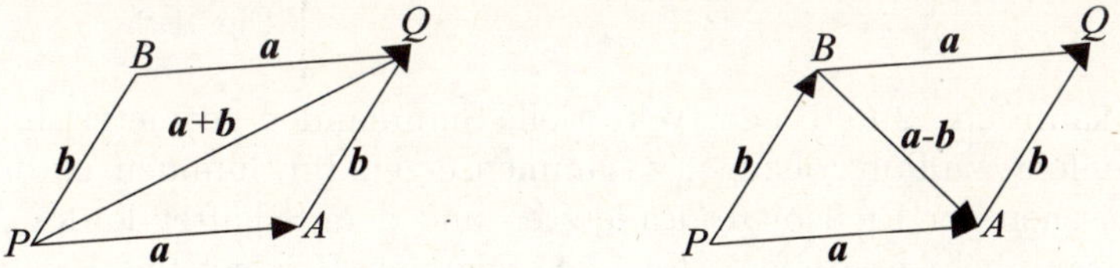

Fig. 1.6

Analog spannen 3 nichtkomplanare, aber sonst beliebige Vektoren $\boldsymbol{a}, \boldsymbol{b}, \boldsymbol{c}$ einen Spat, also einen von 6 Parallelogrammen begrenzten Körper auf. Fig. 1.7 zeigt ihn mit seinen Flächendiagonalen $\boldsymbol{a} + \boldsymbol{b}$, $\boldsymbol{a} + \boldsymbol{c}$, $\boldsymbol{b} + \boldsymbol{c}$ und seiner

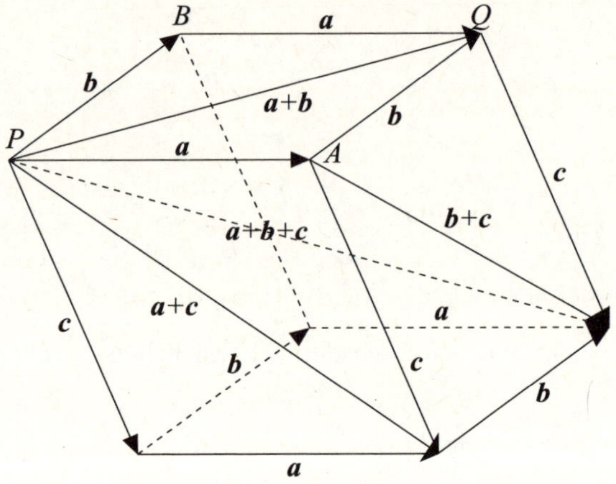

Fig. 1.7

Raumdiagonale

$$\boldsymbol{a}+\boldsymbol{b}+\boldsymbol{c}=(\boldsymbol{a}+\boldsymbol{b})+\boldsymbol{c}=(\boldsymbol{a}+\boldsymbol{c})+\boldsymbol{b}=\boldsymbol{a}+(\boldsymbol{b}+\boldsymbol{c}). \tag{1.9}$$

Wir werden sehen, dass die hier vorgestellte Methode, Parallelogramme und Spate durch das Aufspannen von Vektoren zu konstruieren, also ihre Seiten bzw. Kanten künstlich als Vektoren zu behandeln, große Vorteile für die analytische Bestimmung ihrer Flächen- und Rauminhalte hat.

Man darf offenbar in einer Summe von Vektoren Klammern beliebig einfügen und weglassen; d. h. die Vektoraddition ist assoziativ.

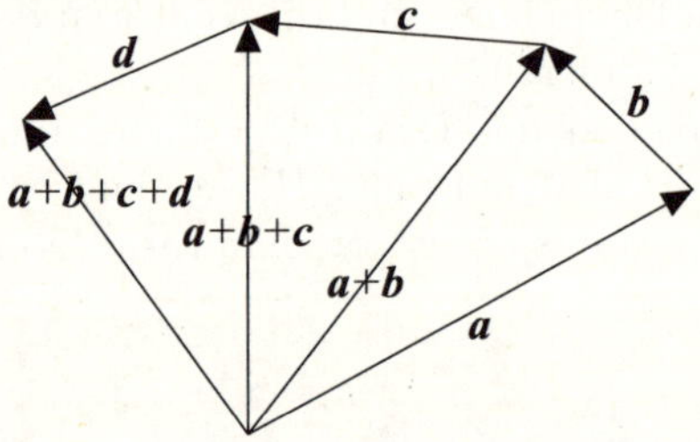

Fig. 1.8

Allgemein kann man 2 und mehr vektorielle Summanden geometrisch in beliebiger Reihenfolge zu Polygonzügen zusammensetzen. Ihr Summenvektor lässt sich dann zwischen der Pfeilspitze des letzten und dem Schaftende des ersten Summanden räumlich „abgreifen". Fig. 1.8 zeigt ein Beispiel für 4 beliebige Vektoren $\boldsymbol{a}, \boldsymbol{b}, \boldsymbol{c}, \boldsymbol{d}$. In geschlossenen Polygonzügen, wo der letzte Vektor also an den ersten anschließt, verschwindet der Summenvektor.

Aufgabe 1.2 Was bedeutet $\boldsymbol{a}+\boldsymbol{b}+\boldsymbol{c}=0$ geometrisch?

1.2.2 Teilvektoren und Richtungskosinusse

Das Spatmodell zeigt nicht nur die grundlegende Konstruktion der Vektorzusammensetzung, sondern auch Möglichkeiten der Vektorzerlegung: 3 nichtkomplanare Vektoren $\boldsymbol{a}, \boldsymbol{b}, \boldsymbol{c}$ bestimmen den Summenvektor $\boldsymbol{a}+\boldsymbol{b}+\boldsymbol{c}$ ebenso eindeutig wie die 3 Hauptkanten eines Spats seine Raumdiagonale. Umgekehrt lässt sich jeder Vektor geometrisch als gerichtete Raumdiagonale irgendeines Spats deuten und in 3 Teilvektoren entsprechend Richtung und Länge seiner 3 Hauptkanten zerlegen; weil aber zu jeder Raumdiagonale unzählige Spatformen passen, gibt es unendlich viele Möglichkeiten der Vektorzerlegung.

Bisher haben wir Zusammensetzung und Zerlegung von Vektoren lediglich geometrisch-konstruktiv erklärt. Es fehlt noch eine analytische Rechenvorschrift, vor allem ein handliches Bezugssystem zur einheitlichen Beschreibung von Vektoren. Dazu gehen wir vom (schiefwinkligen) Spat zum (rechtwinkligen) Quader über und richten seine Kanten parallel zu den Achsen eines kar-

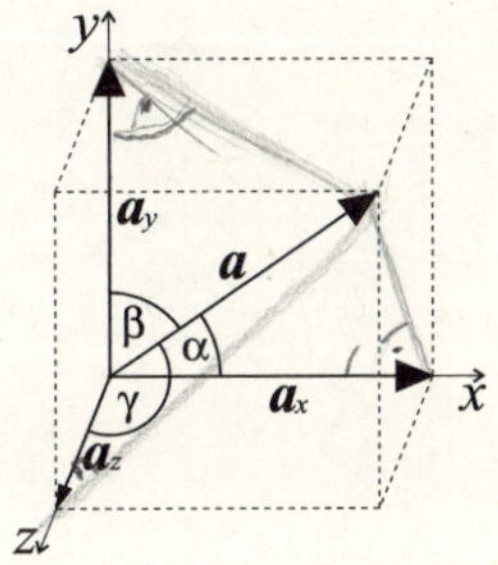

Fig. 1.9

tesischen[2] Bezugssystems (Fig. 1.9). Dann hat jeder beliebige Vektor $\boldsymbol{a}$ die rechtwinkligen Teilvektoren

$$\boldsymbol{a}_x = a_x \boldsymbol{e}_x \quad \text{parallel zur } x\text{-Achse,} \tag{1.10a}$$

$$\boldsymbol{a}_y = a_y \boldsymbol{e}_y \quad \text{parallel zur } y\text{-Achse,} \tag{1.10b}$$

$$\boldsymbol{a}_z = a_z \boldsymbol{e}_z \quad \text{parallel zur } z\text{-Achse.} \tag{1.10c}$$

Die Einsvektoren $\boldsymbol{e}_x$, $\boldsymbol{e}_y$, $\boldsymbol{e}_z$ mit dem (1.3) entsprechenden Merkmal

$$|\boldsymbol{e}_x| = |\boldsymbol{e}_y| = |\boldsymbol{e}_z| \equiv 1. \tag{1.11}$$

sind die sog. (normierten) Basisvektoren des kartesischen Bezugssystems. Darin

[2] benannt nach Cartesius, wie sich der Franzose René Descartes (1596-1650) in seinen lateinisch verfassten Schriften nannte. Nach Teilnahme am 30-jährigen Krieg und ausgedehnten Reisen wirkte er ab 1629 als Philosoph und Naturforscher in Amsterdam.

lautet die Zerlegung des Vektors $\boldsymbol{a}$

$$\boldsymbol{a} = \boldsymbol{a}_x + \boldsymbol{a}_y + \boldsymbol{a}_z \tag{1.12}$$
$$= a_x\boldsymbol{e}_x + a_y\boldsymbol{e}_y + a_z\boldsymbol{e}_z. \tag{1.13}$$

Gewöhnlich lässt man den (gestrichelten) Quaderumriss weg und zerlegt jeden Vektor nach dem Muster der Fig. 1.9. Das rechtwinklige Teilvektorentripel $\boldsymbol{a}_x$, $\boldsymbol{a}_y$, $\boldsymbol{a}_z$ bildet ein sog. Dreibein. Die 3 (positiven oder negativen) Skalare a_x, a_y, a_z heißen Komponenten des Vektors $\boldsymbol{a}$. Eine negative Komponente (z. B. $-a_x$) gehört zu einem negativen Teilvektor (im Beispiel $-\boldsymbol{a}_x = -a_x\boldsymbol{e}_x \equiv a_x\boldsymbol{e}_{-x}$), also eines Teilvektors in Richtung der negativen x-Achse.

Die Fig. 1.9 zeigt übrigens anschaulich, dass die Komponenten a_x, a_y, a_z die Projektionen des Betrags $a = |\boldsymbol{a}|$ auf die betreffenden Koordinatenachsen sind. Daher gilt nach Pythagoras[3]

$$a^2 = a_x^2 + a_y^2 + a_z^2 \quad \Rightarrow \quad a = \sqrt{a_x^2 + a_y^2 + a_z^2}. \tag{1.14}$$

Aus Fig. 1.9 folgt außerdem:

$$\cos\alpha = \frac{a_x}{a}; \quad \cos\beta = \frac{a_y}{a}; \quad \cos\gamma = \frac{a_z}{a}, \tag{1.15}$$

was in Verbindung mit (1.14) zu

$$\cos^2\alpha + \cos^2\beta + \cos^2\gamma = 1 \tag{1.16}$$

führt. Diese Winkelfunktionen heißen Richtungskosinusse.

Man spricht von räumlichen bzw. ebenen Vektoren, je nachdem ob sie 3 oder nur 2 kartesische Teilvektoren haben. Ebene Vektoren liegen mit ihren beiden Teilvektoren gemeinsam in einer Koordinatenebene; sie sind also komplanar. Fällt ein Vektor gar in die Richtung einer Koordinatenachse, ist er zugleich sein einziger Teilvektor.

1.2.3 Spaltenvektor

In Matrixschreibweise lautet (1.13) streng

$$\boldsymbol{a} = \begin{pmatrix} \boldsymbol{e}_x & \boldsymbol{e}_y & \boldsymbol{e}_z \end{pmatrix} \begin{pmatrix} a_x \\ a_y \\ a_z \end{pmatrix}. \tag{1.17}$$

---

[3]Pythagoras von Samos (um 500 v. Chr.), griechischer Philosoph

Rechts steht das Produkt einer Zeilen- und einer Spaltenmatrix. Erstere kennzeichnet das gewählte Bezugssystem, letztere zeigt das diesbezügliche Komponententripel des Vektors $\boldsymbol{a}$. Daher heißt die Spaltenmatrix

$$\begin{pmatrix} a_x \\ a_y \\ a_z \end{pmatrix} \equiv \underline{\boldsymbol{a}} \tag{1.18}$$

auch Spaltenvektor. Offenbar gehören zu ein und demselben Vektor $\boldsymbol{a}$ in verschiedenen Bezugssystemen verschiedene Spaltenvektoren $\underline{\boldsymbol{a}}$. Umgekehrt lassen sich Vektoren in jedem Bezugssystem durch diesbezügliche Zahlentripel eindeutig definieren.

Aufgabe 1.3 Schreiben Sie den Vektor $\boldsymbol{a} = \sqrt{3}\,\boldsymbol{e}_y - \boldsymbol{e}_z$ in der Form (1.17), berechnen Sie seinen Betrag a, seinen Einsvektor $\boldsymbol{e}_a$ sowie seine Winkel zu den kartesischen Achsen und stellen Sie ihn geometrisch dar! Wie lautet der zugehörige Spaltenvektor?

1.2.4 Analytische Addition und Subtraktion

Die Schreibweisen (1.12 f) erlauben, die beiden Vektoren

$$\boldsymbol{a} = \boldsymbol{a}_x + \boldsymbol{a}_y + \boldsymbol{a}_z = a_x\boldsymbol{e}_x + a_y\boldsymbol{e}_y + a_z\boldsymbol{e}_z \quad \text{und} \tag{1.19a}$$

$$\boldsymbol{b} = \boldsymbol{b}_x + \boldsymbol{b}_y + \boldsymbol{b}_z = b_x\boldsymbol{e}_x + b_y\boldsymbol{e}_y + b_z\boldsymbol{e}_z \tag{1.19b}$$

analytisch übersichtlich zu addieren oder zu subtrahieren. Man erhält

$$\boldsymbol{a} \pm \boldsymbol{b} = \boldsymbol{a}_x \pm \boldsymbol{b}_x + \boldsymbol{a}_y \pm \boldsymbol{b}_y + \boldsymbol{a}_z \pm \boldsymbol{b}_z \tag{1.20}$$

$$= (a_x \pm b_x)\boldsymbol{e}_x + (a_y \pm b_y)\boldsymbol{e}_y + (a_z \pm b_z)\boldsymbol{e}_z \tag{1.21}$$

oder gemäß (1.17)

$$\boldsymbol{a} \pm \boldsymbol{b} = \begin{pmatrix} \boldsymbol{e}_x & \boldsymbol{e}_y & \boldsymbol{e}_z \end{pmatrix} \begin{pmatrix} a_x \pm b_x \\ a_y \pm b_y \\ a_z \pm b_z \end{pmatrix} \quad \Rightarrow \quad \underline{\boldsymbol{a}} \pm \underline{\boldsymbol{b}} = \begin{pmatrix} a_x \pm b_x \\ a_y \pm b_y \\ a_z \pm b_z \end{pmatrix}. \tag{1.22}$$

Vektoren werden addiert (subtrahiert), indem man ihre addierten (subtrahierten) Teilvektoren zusammensetzt. Fig. 1.10 zeigt dies an einem 2-dimensionalen Beispiel ($\boldsymbol{a}_z = \boldsymbol{b}_z = 0$).

Im Falle $\boldsymbol{a} - \boldsymbol{b} = 0$ sind die Vektoren $\boldsymbol{a}$ und $\boldsymbol{b}$ einander gleich. Dies bedeutet, dass ihre entsprechenden Teilvektoren und Komponenten paarweise übereinstimmen:

$$\boldsymbol{a}_x = \boldsymbol{b}_x; \quad \boldsymbol{a}_y = \boldsymbol{b}_y; \quad \boldsymbol{a}_z = \boldsymbol{b}_z \quad \Rightarrow \quad a_x = b_x; \quad a_y = b_y; \quad a_z = b_z. \tag{1.23}$$

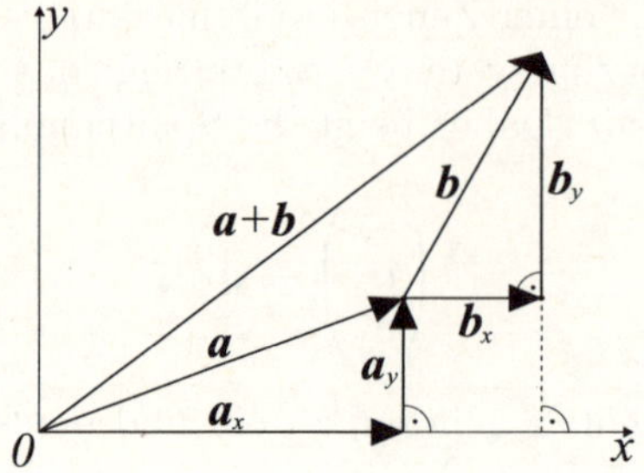

Fig. 1.10

Hingegen sind die Vektoren $\boldsymbol{a}$ und $\boldsymbol{b}$ im Falle $\boldsymbol{a}+\boldsymbol{b} = 0$ einander entgegengesetzt gleich (Gegenvektoren). Dann gilt für die zugehörigen Teilvektoren:

$$\boldsymbol{a}_x = -\boldsymbol{b}_x; \quad \boldsymbol{a}_y = -\boldsymbol{b}_y; \quad \boldsymbol{a}_z = -\boldsymbol{b}_z. \tag{1.24}$$

Sie haben ersichtlich paarweise entgegengesetzte Richtungen. Für die Komponenten folgt

$$a_x = -b_x; \quad a_y = -b_y; \quad a_z = -b_z. \tag{1.25}$$

Allgemein ist jede lineare Gleichung zwischen Vektoren je drei Gleichungen zwischen Skalaren äquivalent; jede Relation zwischen Vektoren enthält 3-dimensionale Informationen, was einen wesentlichen Vorzug der Vektorrechnung ausmacht.

Es leuchtet ein, dass sich Vektoren – anders als Skalare – nicht im Sinne $\boldsymbol{a} \lesseqgtr \boldsymbol{b}$, wohl aber im Sinne $|\boldsymbol{a}| \lesseqgtr |\boldsymbol{b}|$ miteinander vergleichen lassen. Sinnlos sind für $\boldsymbol{a} \neq 0$ auch Ausdrücke der Form $\boldsymbol{a} \pm |\boldsymbol{b}|$ oder $\boldsymbol{a} \lesseqgtr |\boldsymbol{b}|$.

Analoge Regeln gelten in der Funktionentheorie, wo die komplexen Zahlen geometrisch ebene Vektoren mit den beiden Teilvektoren Real- und Imaginärteil darstellen. Wir werden noch sehen, dass die Analogie mit der Vektorrechnung über diese Äußerlichkeit weit hinausgeht.

Aufgabe 1.4 Bestimmen Sie Betrag und Richtung des aus

$$\begin{aligned}\boldsymbol{a} &= -8\boldsymbol{e}_x - 6\boldsymbol{e}_y + 3\boldsymbol{e}_z,\\ \boldsymbol{b} &= 7\boldsymbol{e}_x - 2\boldsymbol{e}_y - 9\boldsymbol{e}_z,\\ \boldsymbol{c} &= 5\boldsymbol{e}_x - 4\boldsymbol{e}_y + 9\boldsymbol{e}_z\end{aligned}$$

zusammengesetzten Summenvektors $\boldsymbol{d}$!

1.2.5 Ortsvektor

In einem kartesischen Bezugssystem wird jeder Punkt $P(x, y, z)$ geometrisch relativ zum Nullpunkt durch seine Koordinaten x, y, z bestimmt. Diese bilden

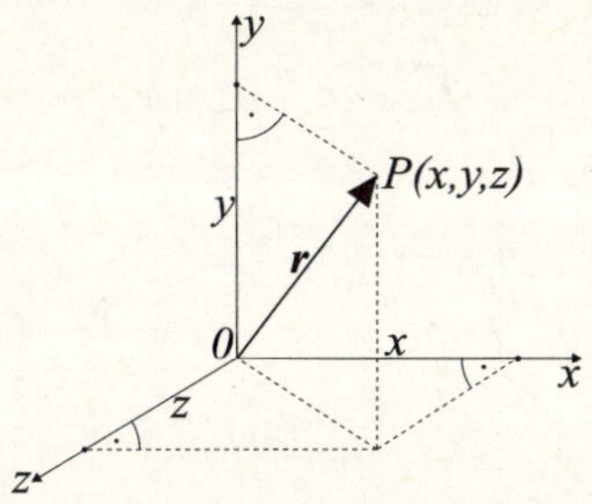

Fig. 1.11

die Komponenten eines vom Nullpunkt 0 zum Ort $P(x, y, z)$ gerichteten Ortsvektors[4] (Fig. 1.11); er lautet

$$\boldsymbol{r} = x\boldsymbol{e}_x + y\boldsymbol{e}_y + z\boldsymbol{e}_z \tag{1.26}$$

oder im Sinne von (1.17 f)

$$= (\boldsymbol{e}_x \quad \boldsymbol{e}_y \quad \boldsymbol{e}_z) \begin{pmatrix} x \\ y \\ z \end{pmatrix} \quad \Rightarrow \quad \underline{\boldsymbol{r}} = \begin{pmatrix} x \\ y \\ z \end{pmatrix}. \tag{1.27}$$

Man schreibt daher statt $P(x, y, z)$ kurz $P(\boldsymbol{r})$, ja spricht sogar vom „Punkt" $\boldsymbol{r}$, der grafisch auch so markiert wird (Fig. 1.12).

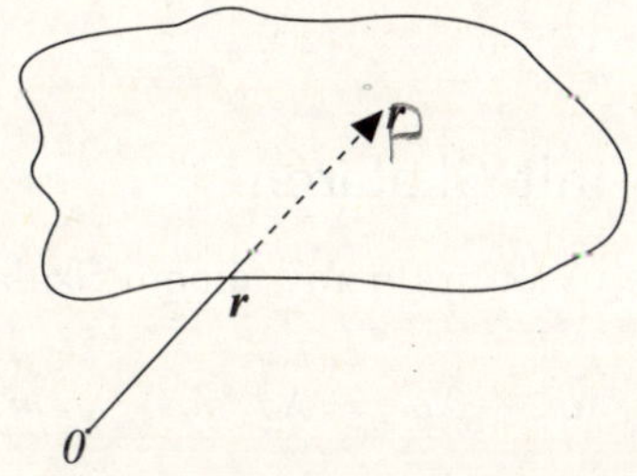

Fig. 1.12

Der Abstand zwischen 0 und P beträgt nach (1.14)

$$|\boldsymbol{r}| = \sqrt{x^2 + y^2 + z^2}. \tag{1.28}$$

Zu einem anderen Punkt $P_1(x_1, y_1, z_1)$ zeigt der Ortsvektor (Fig. 1.13)

$$\boldsymbol{r}_1 = x_1\boldsymbol{e}_x + y_1\boldsymbol{e}_y + z_1\boldsymbol{e}_z. \tag{1.29}$$

[4] Das Symbol erinnert an den alten Namen Radiusvektor.

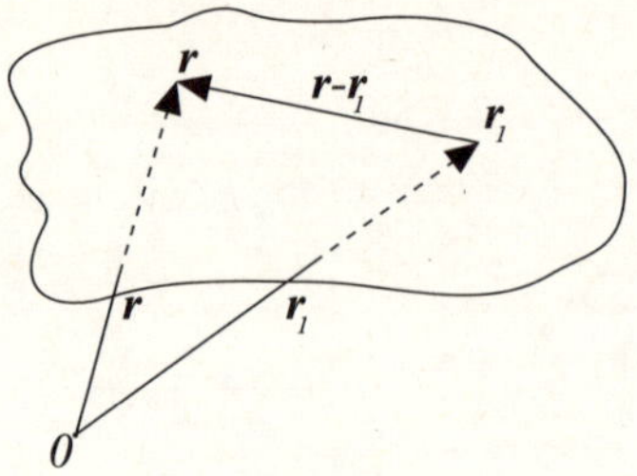

Fig. 1.13

Der Differenzvektor

$$\boldsymbol{r}-\boldsymbol{r}_1 = (x-x_1)\boldsymbol{e}_x+(y-y_1)\boldsymbol{e}_y+(z-z_1)\boldsymbol{e}_z \quad \Rightarrow \quad \underline{r}-\underline{r}_1 = \begin{pmatrix} x-x_1 \\ y-y_1 \\ z-z_1 \end{pmatrix} \tag{1.30}$$

markiert die Lage des Punkts P relativ zum Punkt P_1. Der Abstand zwischen den beiden Punkten beträgt analog (1.28)

$$|\boldsymbol{r}-\boldsymbol{r}_1| = \sqrt{(x-x_1)^2+(y-y_1)^2+(z-z_1)^2}. \tag{1.31}$$

Aufgabe 1.5 Wie groß ist der Abstand der Punkte $P_1(0;1;2)$ und $P_2(1;-1;0)$?

Aufgabe 1.6 Bestimmen Sie die Gleichung der Kugel mit dem Radius R und dem Mittelpunkt $M(\boldsymbol{r}_0)$!

1.2.6 Multiplikation mit Skalaren

Durch Multiplikation eines Vektors $\boldsymbol{a}$ mit einem Skalar $\lambda \neq 0$ entsteht gemäß (1.12 f)

$$\lambda\boldsymbol{a} = \lambda\boldsymbol{a}_x + \lambda\boldsymbol{a}_y + \lambda\boldsymbol{a}_z = \lambda a_x\boldsymbol{e}_x + \lambda a_y\boldsymbol{e}_y + \lambda a_z\boldsymbol{e}_z. \tag{1.32}$$

Der Vektor $\lambda\boldsymbol{a}$ hat verglichen mit $\boldsymbol{a}$ die λ-fachen Teilvektoren, die λ-fachen Komponenten, den $|\lambda|$ -fachen Betrag sowie für $\lambda > 0$ dieselbe und für $\lambda < 0$ die entgegengesetzte Richtung. Daher sind alle Vektoren mit der linearen Verknüpfung

$$\boldsymbol{b} = \lambda\boldsymbol{a} \tag{1.33}$$

parallel (vgl. Kap. 1.1.3).

Produkte von Vektoren mit Skalaren sind kommutativ im Sinne

$$\mu(\lambda\boldsymbol{a}) = (\lambda\boldsymbol{a})\mu \tag{1.34}$$

und assoziativ

$$\mu(\lambda \boldsymbol{a}) = \underbrace{(\mu \cdot \lambda)}_{\lambda \cdot \mu} \boldsymbol{a} = \lambda(\mu \boldsymbol{a}) \tag{1.35}$$

sowie distributiv

$$(\lambda + \mu)\boldsymbol{a} = \lambda \boldsymbol{a} + \mu \boldsymbol{a}, \tag{1.36}$$

$$\lambda(\boldsymbol{a} + \boldsymbol{b}) = \lambda \boldsymbol{a} + \lambda \boldsymbol{b}. \tag{1.37}$$

Die Betragsbildung führt zu

$$|\boldsymbol{b}| = |\lambda| \cdot |\boldsymbol{a}|\,. \tag{1.38}$$

1.2.7 Anwendungen in der Planimetrie

- Wir fragen an Hand der Fig. 1.14 nach Richtung und Länge des Vektors $\boldsymbol{d}$, der die Mitten zweier Seiten eines Dreiecks verbindet. Es gilt

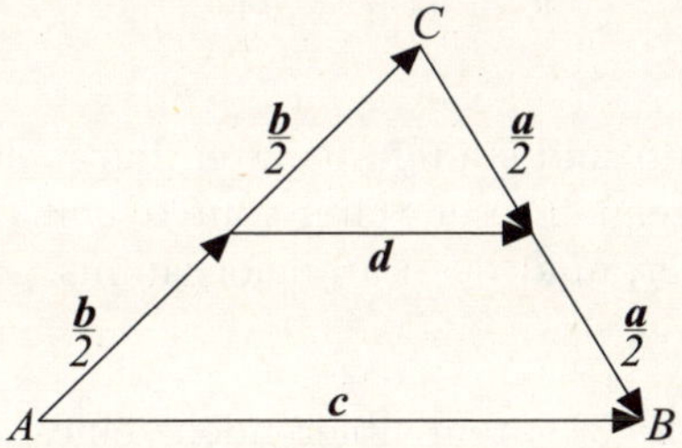

Fig. 1.14

$$\boldsymbol{c} = \boldsymbol{b} + \boldsymbol{a}; \quad \boldsymbol{d} = \frac{\boldsymbol{b}}{2} + \frac{\boldsymbol{a}}{2} = \frac{1}{2}(\boldsymbol{b} + \boldsymbol{a}) = \frac{1}{2}\boldsymbol{c}.$$

Der Vektor $\boldsymbol{d}$ ist also zur 3. Dreiecksseite parallel und halb so lang.

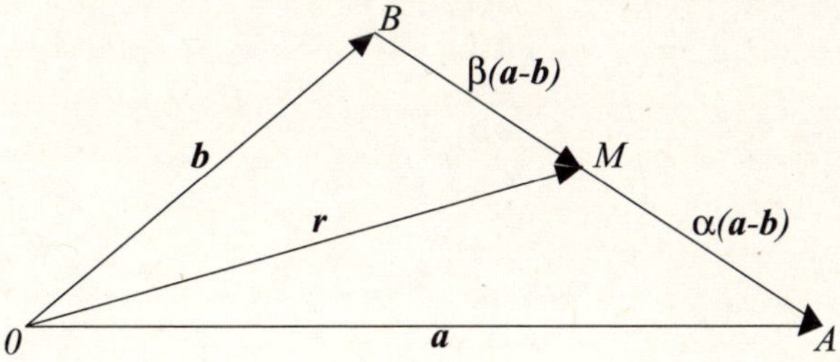

Fig. 1.15

- Wir suchen denjenigen Punkt M, der die Strecke zwischen zwei Punkten A und B im Verhältnis $\alpha : \beta$ teilt. Aus den $\triangle OAM$ und $\triangle OMB$ der Fig. 1.15 geht $\boldsymbol{r} = \boldsymbol{a} - \alpha(\boldsymbol{a} - \boldsymbol{b}) = \boldsymbol{b} + \beta(\boldsymbol{a} - \boldsymbol{b})$ hervor, was wegen $\alpha + \beta = 1$ zu $\boldsymbol{r} = \beta\boldsymbol{a} + \alpha\boldsymbol{b} = \alpha\boldsymbol{b} + \beta\boldsymbol{a}$ führt. Im Fall $\alpha = \beta$ folgt

$$\boldsymbol{r} = \frac{\boldsymbol{a} + \boldsymbol{b}}{2}.$$

Dann halbiert M nicht nur die Diagonale $\boldsymbol{a} - \boldsymbol{b}$, sondern auch die Diago-

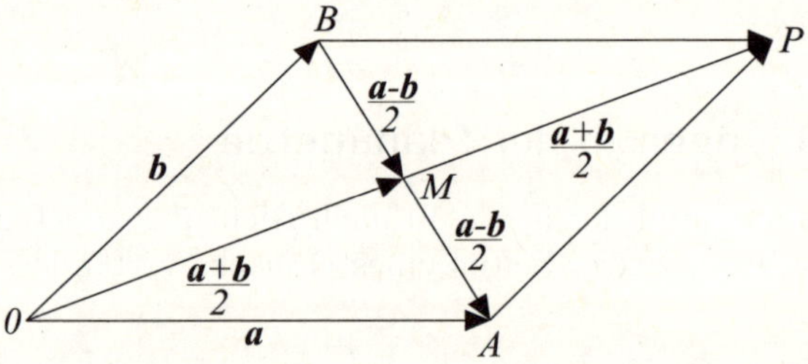

Fig. 1.16

nale $\boldsymbol{a} + \boldsymbol{b}$ des von $\boldsymbol{a}$ und $\boldsymbol{b}$ aufgespannten Parallelogramms, wie ein Blick auf die Fig. 1.16 zeigt. Dieser Schnittpunkt heißt Symmetriemittelpunkt oder Flächenschwerpunkt des Parallelogramms.

- Wir zeigen, dass die 3 Seitenhalbierenden[5] eines Dreiecks $A(\boldsymbol{r}_1), B(\boldsymbol{r}_2), C(\boldsymbol{r}_3)$ einen gemeinsamen Schnittpunkt $\bar{\boldsymbol{r}}$ haben, der alle 3 im gleichen Verhältnis teilt. Offenbar teilt er die 3 Seitenhalbierenden in je 2 parallele

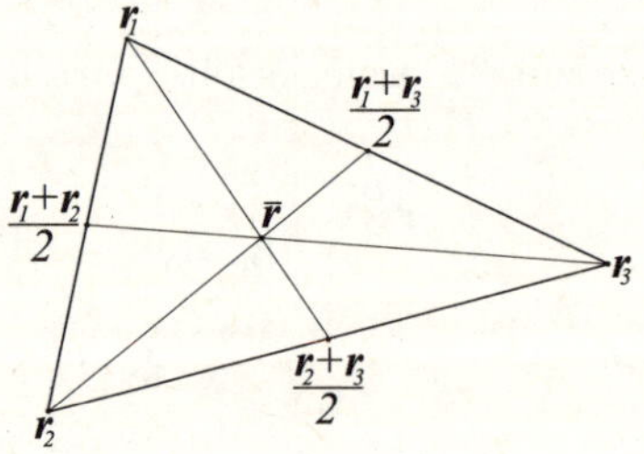

Fig. 1.17

[5]nicht zu verwechseln mit den Mittelloten!

Abschnitte (Fig. 1.17):

$$\begin{aligned}
\bar{\boldsymbol{r}} - \boldsymbol{r}_1 &= \lambda\left(\frac{\boldsymbol{r}_2 + \boldsymbol{r}_3}{2} - \bar{\boldsymbol{r}}\right) &\Rightarrow\quad \bar{\boldsymbol{r}} &= \frac{\lambda}{1+\lambda}\frac{\boldsymbol{r}_2 + \boldsymbol{r}_3}{2} + \frac{\boldsymbol{r}_1}{1+\lambda},\\
\bar{\boldsymbol{r}} - \boldsymbol{r}_2 &= \mu\left(\frac{\boldsymbol{r}_1 + \boldsymbol{r}_3}{2} - \bar{\boldsymbol{r}}\right) &\Rightarrow\quad \bar{\boldsymbol{r}} &= \frac{\mu}{1+\mu}\frac{\boldsymbol{r}_1 + \boldsymbol{r}_3}{2} + \frac{\boldsymbol{r}_2}{1+\mu},\\
\bar{\boldsymbol{r}} - \boldsymbol{r}_3 &= \nu\left(\frac{\boldsymbol{r}_1 + \boldsymbol{r}_2}{2} - \bar{\boldsymbol{r}}\right) &\Rightarrow\quad \bar{\boldsymbol{r}} &= \frac{\nu}{1+\nu}\frac{\boldsymbol{r}_1 + \boldsymbol{r}_2}{2} + \frac{\boldsymbol{r}_3}{1+\nu}.
\end{aligned}$$

Diese 3 Bedingungen stimmen für $\lambda = \mu = \nu = 2$ überein und führen zu

$$\bar{\boldsymbol{r}} = \frac{\boldsymbol{r}_1 + \boldsymbol{r}_2 + \boldsymbol{r}_3}{3}. \tag{1.39}$$

Der Schnittpunkt teilt jede Seitenhalbierende ersichtlich im Verhältnis 1:2.

Übrigens ist der gefundene Schnittpunkt zugleich der Flächenschwerpunkt des Dreiecks (Aufgabe 7.10); die Seitenhalbierenden heißen daher auch Schwerlinien.

2 Produkte aus Vektoren

Im Folgenden geht es um Definition, Merkmal und Anwendung der unterschiedlichen Produkte aus 2 und mehr Vektoren.

2.1 Punktprodukt

2.1.1 Definition

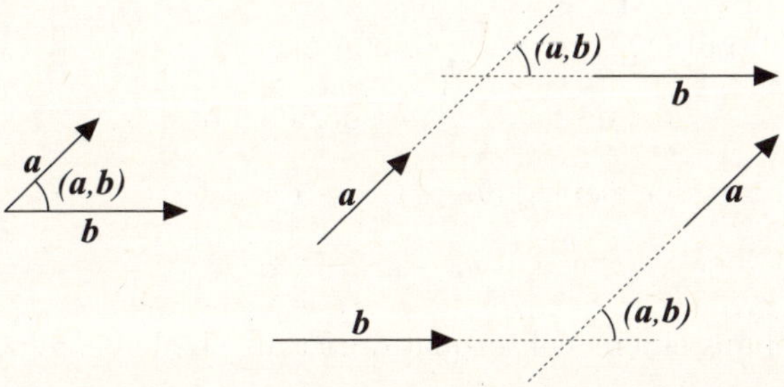

Fig. 2.1

Für die sog. punktweise Multiplikation der Vektoren $\boldsymbol{a}$ und $\boldsymbol{b}$ gilt die Vorschrift

$$\boldsymbol{a} \cdot \boldsymbol{b} \equiv ab \cos \measuredangle(\boldsymbol{a}, \boldsymbol{b}), \tag{2.1}$$

wobei der Winkel $\measuredangle(\boldsymbol{a}, \boldsymbol{b})$ den Richtungsunterschied zwischen $\boldsymbol{a}$ und $\boldsymbol{b}$ bezeichnen möge (Fig. 2.1). Er hat die Eigenschaft $\measuredangle(-\boldsymbol{a}, \boldsymbol{b}) = \measuredangle(\boldsymbol{a}, -\boldsymbol{b}) = \pi - \measuredangle(\boldsymbol{a}, \boldsymbol{b})$.

Das Punktprodukt $\boldsymbol{a} \cdot \boldsymbol{b}$ (gesprochen $\boldsymbol{a}$ Punkt $\boldsymbol{b}$) ist ein Skalar; damit lassen sich die kartesischen Komponenten a_x, a_y, a_z des Vektors $\boldsymbol{a}$ mit Blick auf (1.15) und Fig. 1.9 in der Form

$$\underbrace{\boldsymbol{a} \cdot \boldsymbol{e}_x}_{a_x} = a \cos \alpha, \quad \underbrace{\boldsymbol{a} \cdot \boldsymbol{e}_y}_{a_y} = a \cos \beta, \quad \underbrace{\boldsymbol{a} \cdot \boldsymbol{e}_z}_{a_z} = a \cos \gamma \tag{2.2}$$

darstellen. Die entsprechenden Teilvektoren lauten sodann

$$\boldsymbol{a}_x = (\boldsymbol{a} \cdot \boldsymbol{e}_x)\boldsymbol{e}_x; \quad \boldsymbol{a}_y = (\boldsymbol{a} \cdot \boldsymbol{e}_y)\boldsymbol{e}_y; \quad \boldsymbol{a}_z = (\boldsymbol{a} \cdot \boldsymbol{e}_z)\boldsymbol{e}_z. \tag{2.3}$$

So steht z. B. ein Vektor $\boldsymbol{a}$ in der xy-Ebene senkrecht auf $\boldsymbol{e}_z$; er hat keine Projektion in z-Richtung, was $\gamma = \frac{\pi}{2} \quad \Rightarrow \quad a_z = \boldsymbol{a}_z = 0$ bedeutet.

(2.1) erlaubt 2 wichtige Schlüsse:

- Im Fall $\measuredangle(\boldsymbol{a},\boldsymbol{b}) = \begin{cases} \frac{\pi}{2} \\ \frac{3\pi}{2} \end{cases}$ stehen die beiden Vektoren $\boldsymbol{a}$ und $\boldsymbol{b}$, vorausgesetzt $a \neq 0$ und $b \neq 0$, aufeinander senkrecht:

$$\boldsymbol{a} \cdot \boldsymbol{b} = 0. \tag{2.4}$$

Umgekehrt lässt $\boldsymbol{a} \cdot \boldsymbol{b} = 0$ auch die triviale Lösung $a = 0$ und/oder $b = 0$ zu.

Für die kartesischen, paarweise aufeinander senkrecht stehenden Einsvektoren folgt z. B. aus $\measuredangle(\boldsymbol{e}_x,\boldsymbol{e}_y) = \measuredangle(\boldsymbol{e}_y,\boldsymbol{e}_z) = \measuredangle(\boldsymbol{e}_z,\boldsymbol{e}_x) = \frac{\pi}{2}$

$$\boldsymbol{e}_x \cdot \boldsymbol{e}_y = \boldsymbol{e}_y \cdot \boldsymbol{e}_z = \boldsymbol{e}_z \cdot \boldsymbol{e}_x = 0. \tag{2.5}$$

- Im Fall $\measuredangle(\boldsymbol{a},\boldsymbol{b}) = \begin{cases} 0 \\ \pi \end{cases}$ sind die Vektoren $\boldsymbol{a}$ und $\boldsymbol{b}$ parallel (siehe Kap. 1.1.3); dann gilt

$$\boldsymbol{a} \cdot \boldsymbol{b} = \pm ab, \quad \text{speziell} \quad \boldsymbol{a}^2 = a^2. \tag{2.6}$$

Deshalb lautet der Betrag des Vektors $\boldsymbol{a}$:

$$a \equiv |\boldsymbol{a}| = \sqrt{\boldsymbol{a}^2}. \tag{2.7}$$

Die Wurzel aus einem Vektorquadrat ist also beileibe kein Vektor: $\sqrt{\boldsymbol{a}^2} \neq \pm\boldsymbol{a}$.

In Verbindung mit (1.3) ergibt sich aus (2.6)

$$\boldsymbol{e}_x^2 = \boldsymbol{e}_y^2 = \boldsymbol{e}_z^2 = 1. \tag{2.8}$$

Damit führt die punktweise Multiplikation der Vektoren (1.19) zu der wichtigen Formel

$$\begin{aligned} \boldsymbol{a} \cdot \boldsymbol{b} = {} & a_x b_x \underbrace{\boldsymbol{e}_x^2}_{1} + a_x b_y \underbrace{\boldsymbol{e}_x \cdot \boldsymbol{e}_y}_{0} + a_x b_z \underbrace{\boldsymbol{e}_x \cdot \boldsymbol{e}_z}_{0} + a_y b_x \underbrace{\boldsymbol{e}_y \cdot \boldsymbol{e}_x}_{0} + a_y b_y \underbrace{\boldsymbol{e}_y^2}_{1} \\ & + a_y b_z \underbrace{\boldsymbol{e}_y \cdot \boldsymbol{e}_z}_{0} + a_z b_x \underbrace{\boldsymbol{e}_z \cdot \boldsymbol{e}_x}_{0} + a_z b_y \underbrace{\boldsymbol{e}_z \cdot \boldsymbol{e}_y}_{0} + a_z b_z \underbrace{\boldsymbol{e}_z^2}_{1} \end{aligned}$$

$$\Rightarrow \quad \boldsymbol{a} \cdot \boldsymbol{b} = a_x b_x + a_y b_y + a_z b_z \tag{2.9}$$

und speziell für $\boldsymbol{a} = \boldsymbol{b}$ angesichts (2.6)

$$a^2 = a_x^2 + a_y^2 + a_z^2, \tag{2.10}$$

was (1.14) analytisch bestätigt.

2.1.2 Merkmale

Das Punktprodukt ist sowohl kommutativ

$$\boldsymbol{a}\cdot\boldsymbol{b}=\boldsymbol{b}\cdot\boldsymbol{a} \tag{2.11}$$

als auch assoziativ

$$\lambda(\boldsymbol{a}\cdot\boldsymbol{b})=(\lambda\boldsymbol{a})\cdot\boldsymbol{b}=\boldsymbol{a}\cdot(\lambda\boldsymbol{b}) \tag{2.12}$$

und distributiv

$$\boldsymbol{a}\cdot(\boldsymbol{b}+\boldsymbol{c})=\boldsymbol{a}\cdot\boldsymbol{b}+\boldsymbol{a}\cdot\boldsymbol{c}. \tag{2.13}$$

Dreifache Punktprodukte verdienen dagegen Vorsicht; es gilt nämlich im Allgemeinen

$$\boldsymbol{a}(\boldsymbol{b}\cdot\boldsymbol{c})\neq(\boldsymbol{a}\cdot\boldsymbol{b})\boldsymbol{c}. \tag{2.14}$$

Die linke Seite hat die Richtung von $\boldsymbol{a}$, die rechte von $\boldsymbol{c}$.

2.1.3 Anwendungen in der ebenen Trigonometrie

Quadrierung eines Summen- oder Differenzvektors ergibt wegen (2.1), (2.6) und (2.11)

$$(\boldsymbol{a}\pm\boldsymbol{b})^2\equiv(\boldsymbol{a}\pm\boldsymbol{b})\cdot(\boldsymbol{a}\pm\boldsymbol{b})=\boldsymbol{a}^2\underbrace{\pm\boldsymbol{a}\cdot\boldsymbol{b}\pm\boldsymbol{b}\cdot\boldsymbol{a}}_{\pm2\boldsymbol{a}\cdot\boldsymbol{b}}+\boldsymbol{b}^2=a^2\pm2ab\cos\measuredangle(\boldsymbol{a},\boldsymbol{b})+b^2.$$

Dies ist der binomische Satz der Vektorrechnung. Daraus folgt gemäß (2.7)

$$|\boldsymbol{a}\pm\boldsymbol{b}|=\sqrt{a^2\pm2ab\cos\measuredangle(\boldsymbol{a},\boldsymbol{b})+b^2}. \tag{2.15}$$

Als Beispiel berechnen wir die Seite $c=|\boldsymbol{c}|$ im Dreieck ABC. Aus Fig. 2.2

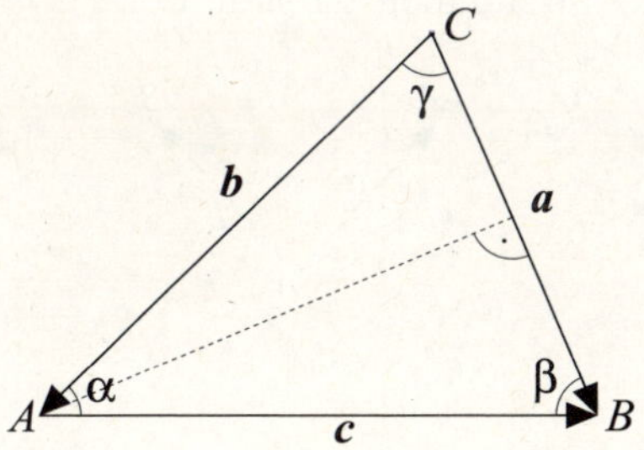

Fig. 2.2

geht hervor

$$\boldsymbol{c}=\boldsymbol{a}-\boldsymbol{b},\quad \measuredangle(\boldsymbol{a},\boldsymbol{b})=\gamma \quad\Rightarrow\quad \boldsymbol{c}^2=\boldsymbol{a}^2-2\boldsymbol{a}\cdot\boldsymbol{b}+\boldsymbol{b}^2,$$

was zum bekannten Kosinussatz der ebenen Trigonometrie führt:

$$c^2 = a^2 + b^2 - 2ab\cos\gamma. \tag{2.16}$$

Wer außerdem den Projektionssatz herleiten will, multipliziert zweckmäßig die Gleichung $\boldsymbol{a} = \boldsymbol{b} + \boldsymbol{c}$ punktweise mit dem Einsvektor $\frac{\boldsymbol{a}}{a}$:

$$\underbrace{\boldsymbol{a}\cdot\frac{\boldsymbol{a}}{a}}_{\frac{a^2}{a}} = \underbrace{\boldsymbol{b}\cdot\frac{\boldsymbol{a}}{a}}_{\frac{ba\cos\gamma}{a}} + \underbrace{\boldsymbol{c}\cdot\frac{\boldsymbol{a}}{a}}_{\frac{ca\cos\beta}{a}} \quad\Rightarrow\quad a = b\cos\gamma + c\cos\beta. \tag{2.17}$$

Aufgabe 2.1 Beweisen Sie die schwarzsche[1] Ungleichung $(\boldsymbol{a}\cdot\boldsymbol{b})^2 \leq a^2b^2$!

Aufgabe 2.2 Bestätigen Sie das Punktprodukt (2.9) mit Hilfe der Matrizenrechnung!

Aufgabe 2.3 Welche Näherung gilt für $|\boldsymbol{a}-\boldsymbol{b}|$ im Fall $a \gg b$? Deuten Sie das Ergebnis geometrisch!

Aufgabe 2.4 Multiplizieren Sie $\left|\frac{\boldsymbol{a}}{\boldsymbol{b}}\right|$ und $\left|\boldsymbol{b} \pm \frac{\boldsymbol{b}^2}{\boldsymbol{a}^2}\boldsymbol{a}\right|$!

Aufgabe 2.5 Welchen Winkel bilden die Vektoren $\boldsymbol{a} = 2\boldsymbol{e}_x - 3\boldsymbol{e}_y + 6\boldsymbol{e}_z$ und $\boldsymbol{b} = -3\boldsymbol{e}_x + 4{,}5\boldsymbol{e}_y - 9\boldsymbol{e}_z$?

Aufgabe 2.6 Beweisen Sie den Satz des Thales[2], dass der Umfangswinkel im Halbkreis über der Hypothenuse jedes Dreiecks ein rechter ist!

Aufgabe 2.7 Bestimmen Sie angesichts Fig. 2.3 das Produkt der Strecken $\overline{CB}$ und $\overline{CA}$ auf der Sekante durch einen Kreis um 0 !

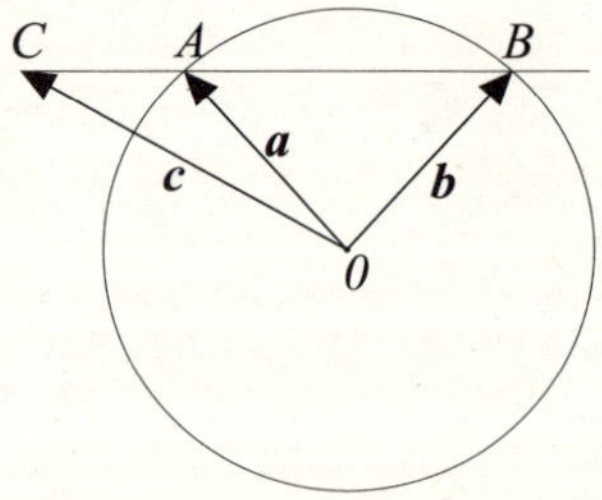

Fig. 2.3

[1]Hermann Amandus Schwarz (1843-1921), deutscher Mathematiker
[2]Thales von Milet (um 600 v. Chr.) gilt als Vater der griechischen Mathematik.

Aufgabe 2.8 Beweisen Sie für ebene rechtwinklige Dreiecke den Satz des Pythagoras, den Höhensatz und den Kathetensatz des Euklid[3]!

Aufgabe 2.9 Berechnen Sie Summe und Differenz der Quadrate der beiden Diagonalen eines beliebigen Parallelogramms!

Aufgabe 2.10 Unter welcher Bedingung stehen die Diagonalen eines Parallelogramms aufeinander senkrecht?

Aufgabe 2.11 Bestätigen Sie rechnerisch die Dreiecksungleichung (1.8)!

Aufgabe 2.12 Ein Vektor $\boldsymbol{a}$ bestehe aus 2 Teilvektoren $\boldsymbol{a}_1$ und $\boldsymbol{a}_2$. Was bedeutet die Bedingung $\boldsymbol{a}_1 \cdot \boldsymbol{a}_2 \geq 0$ für ihre Beträge und Richtungen?

Aufgabe 2.13 Welcher Vektor $\boldsymbol{w}$ halbiert den Winkel zwischen $\boldsymbol{a}$ und $\boldsymbol{b}$?

Aufgabe 2.14 Bestimmen Sie den Winkel zwischen den achssymmetrischen Vektoren $\boldsymbol{a}$ in der x, y- und $\boldsymbol{b}$ in der y, z-Ebene!

Aufgabe 2.15 Beweisen Sie, dass die 3 Höhen eines ebenen Dreiecks einen gemeinsamen Schnittpunkt $\boldsymbol{r}_h$ haben!

Aufgabe 2.16 Zeigen Sie, dass der Umkreismittelpunkt eines ebenen Dreiecks ABC der Schnittpunkt seiner 3 Mittellote ist!

Aufgabe 2.17 Auf welcher Linie liegen genau alle Punkte $C(\boldsymbol{r})$, deren Abstände zu 2 Punkten A und B ein konstantes Verhältnis c bilden?

Aufgabe 2.18 Welches geometrische Gebilde wird durch die Gleichung $\boldsymbol{r} \cdot \boldsymbol{e}_x = rc$ mit der Konstanten $0 < c < 1$ beschrieben?

2.2 Kreuzprodukt

2.2.1 Definition

Anders als die punktweise Multiplikation gemäß (2.1) ergibt die kreuzweise Multiplikation einen Vektor. Das sog. Kreuzprodukt $\boldsymbol{a} \times \boldsymbol{b}$ (gesprochen $\boldsymbol{a}$ Kreuz $\boldsymbol{b}$) lautet

$$\boldsymbol{a} \times \boldsymbol{b} \equiv \boldsymbol{e}_n ab \sin \measuredangle(\boldsymbol{a}, \boldsymbol{b}) \tag{2.18}$$

[3]Euklid von Alexandria (um 300 v. Chr.), griechischer Mathematiker

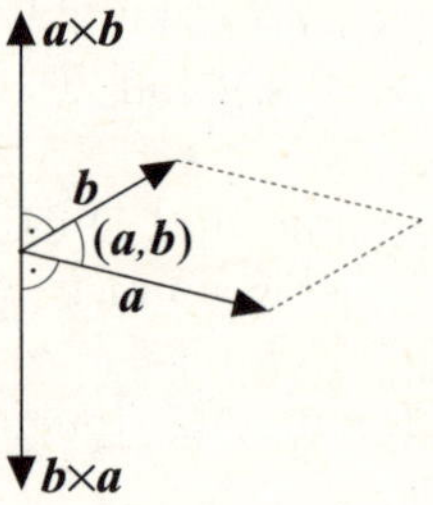

Fig. 2.4

und bezeichnet geometrisch den Inhalt des von den beiden Vektoren $\boldsymbol{a}$ und $\boldsymbol{b}$ aufgespannten Parallelogramms. Wohlgemerkt, sein Inhalt $\boldsymbol{a} \times \boldsymbol{b}$ ist hier abweichend von der gewöhnlichen Planimetrie ein Vektor. Er hat den Betrag $|\boldsymbol{a} \times \boldsymbol{b}| = \underbrace{|\boldsymbol{e}_n|}_{1} ab \sin \measuredangle(\boldsymbol{a}, \boldsymbol{b})$ und steht definitionsgemäß auf dem Parallelogramm senkrecht, ist also seine sog. Normale. Der zugehörige Vektor $\boldsymbol{e}_n$ heißt deshalb Normalen-Einsvektor.

Vereinbarungsgemäß bilden die 3 Vektoren $\boldsymbol{a}$, $\boldsymbol{b}$ und $\boldsymbol{a} \times \boldsymbol{b}$ in dieser Reihenfolge ein sog. Rechtssystem – anschaulich darstellbar etwa durch die gespreizten Daumen ($\boldsymbol{a}$), Zeigefinger ($\boldsymbol{b}$) und Mittelfinger ($\boldsymbol{a} \times \boldsymbol{b}$) der rechten Hand (Fig. 2.4). Bei einer Umkehr der Multiplikationsreihenfolge, also einer Vertauschung der Faktoren $\boldsymbol{a}$ und $\boldsymbol{b}$ bilden $\boldsymbol{b}$ (Daumen), $\boldsymbol{a}$ (Zeigefinger) und $-(\boldsymbol{a} \times \boldsymbol{b})$ (Mittelfinger) ein Rechtssystem. Das bedeutet

$$\boldsymbol{b} \times \boldsymbol{a} = -(\boldsymbol{a} \times \boldsymbol{b}). \tag{2.19}$$

Aus dem Rechtssystem wird eine sog. Rechtsschraube (vergleichbar einem Korkenzieher), wenn das Vektorenpaar $\boldsymbol{a}, \boldsymbol{b}$ für einen in Richtung $\boldsymbol{a} \times \boldsymbol{b}$ blickenden Beobachter im Uhrzeigersinn rotiert. So sind z. B. die Vektoren Drehgeschwindigkeit und Drehmoment als Kreuzprodukte definiert. Ihre Richtung ist zugleich ihr Drehsinn.

Die kartesischen Einsvektoren $\boldsymbol{e}_x$, $\boldsymbol{e}_y$, $\boldsymbol{e}_z$ bilden ein bekanntes Rechtssystem; daher gilt

$$\boldsymbol{e}_x \times \boldsymbol{e}_x = \boldsymbol{e}_y \times \boldsymbol{e}_y = \boldsymbol{e}_z \times \boldsymbol{e}_z = 0 \tag{2.20a}$$

$$\text{wegen } \measuredangle(\boldsymbol{e}_x, \boldsymbol{e}_x) = \measuredangle(\boldsymbol{e}_y, \boldsymbol{e}_y) = \measuredangle(\boldsymbol{e}_z, \boldsymbol{e}_z) = 0,$$

$$\boldsymbol{e}_x \times \boldsymbol{e}_y = \boldsymbol{e}_z; \quad \boldsymbol{e}_y \times \boldsymbol{e}_z = \boldsymbol{e}_x; \quad \boldsymbol{e}_z \times \boldsymbol{e}_x = \boldsymbol{e}_y \tag{2.20b}$$

$$\text{wegen } \measuredangle(\boldsymbol{e}_x, \boldsymbol{e}_y) = \measuredangle(\boldsymbol{e}_y, \boldsymbol{e}_z) = \measuredangle(\boldsymbol{e}_z, \boldsymbol{e}_x) = \frac{\pi}{2}.$$

Wir multiplizieren die beiden Vektoren (1.19) kreuzweise und erhalten wegen

(2.20)

$$\begin{aligned}
\boldsymbol{a}\times\boldsymbol{b} &= (a_x\boldsymbol{e}_x + a_y\boldsymbol{e}_y + a_z\boldsymbol{e}_z)\times(b_x\boldsymbol{e}_x + b_y\boldsymbol{e}_y + b_z\boldsymbol{e}_z)\\
&= a_xb_x\underbrace{(\boldsymbol{e}_x\times\boldsymbol{e}_x)}_{0} + a_xb_y\underbrace{(\boldsymbol{e}_x\times\boldsymbol{e}_y)}_{\boldsymbol{e}_z} + a_xb_z\underbrace{(\boldsymbol{e}_x\times\boldsymbol{e}_z)}_{-\boldsymbol{e}_y}\\
&\quad + a_yb_x\underbrace{(\boldsymbol{e}_y\times\boldsymbol{e}_x)}_{-\boldsymbol{e}_z} + a_yb_y\underbrace{(\boldsymbol{e}_y\times\boldsymbol{e}_y)}_{0} + a_yb_z\underbrace{(\boldsymbol{e}_y\times\boldsymbol{e}_z)}_{\boldsymbol{e}_x}\\
&\quad + a_zb_x\underbrace{(\boldsymbol{e}_z\times\boldsymbol{e}_x)}_{\boldsymbol{e}_y} + a_zb_y\underbrace{(\boldsymbol{e}_z\times\boldsymbol{e}_y)}_{-\boldsymbol{e}_x} + a_zb_z\underbrace{(\boldsymbol{e}_z\times\boldsymbol{e}_z)}_{0}
\end{aligned}$$

$$\Rightarrow \quad \boldsymbol{a}\times\boldsymbol{b} = (a_yb_z - a_zb_y)\boldsymbol{e}_x + (a_zb_x - a_xb_z)\boldsymbol{e}_y + (a_xb_y - a_yb_x)\boldsymbol{e}_z. \tag{2.21}$$

Das Ergebnis lässt sich als Determinante schreiben:

$$\boldsymbol{a}\times\boldsymbol{b} = \begin{vmatrix} \boldsymbol{e}_x & \boldsymbol{e}_y & \boldsymbol{e}_z \\ a_x & a_y & a_z \\ b_x & b_y & b_z \end{vmatrix}. \tag{2.22}$$

Vertauschung der beiden Faktoren bedeutet in der Determinante Vertauschung zweier Zeilen und führt im Einklang mit (2.19) zur Umkehr des Vorzeichens.

Im Fall $\measuredangle(\boldsymbol{a},\boldsymbol{b}) = \begin{cases} 0 \\ \pi \end{cases}$ sind die beiden Vektoren $\boldsymbol{a}$ und $\boldsymbol{b}$, vorausgesetzt $a \neq 0$ und $b \neq 0$, parallel:

$$\boldsymbol{a}\times\boldsymbol{b} = 0. \tag{2.23}$$

Umgekehrt lässt $\boldsymbol{a}\times\boldsymbol{b} = 0$ auch die triviale Lösung $a = 0$ und/oder $b = 0$ zu. Speziell gilt

$$\boldsymbol{a}\times\lambda\boldsymbol{a} = \begin{vmatrix} \boldsymbol{e}_x & \boldsymbol{e}_y & \boldsymbol{e}_z \\ a_x & a_y & a_z \\ \lambda a_x & \lambda a_y & \lambda a_z \end{vmatrix} = \lambda \begin{vmatrix} \boldsymbol{e}_x & \boldsymbol{e}_y & \boldsymbol{e}_z \\ a_x & a_y & a_z \\ a_x & a_y & a_z \end{vmatrix} = 0. \tag{2.24}$$

Zwei linear abhängige Zeilen lassen bekanntlich jede Determinante verschwinden. Daher folgt aus (2.23) und (2.24) die lineare Verknüpfung paralleler Vektoren:

$$\boldsymbol{b} = \lambda\boldsymbol{a}, \tag{2.25}$$

was mit (1.33) übereinstimmt. Die Bedingungen (2.23) und (2.25) sind äquivalent.

2.2.2 Merkmale

Das Kreuzprodukt ist angesichts (2.19) nicht kommutativ, wohl aber assoziativ

$$\lambda(\boldsymbol{a}\times\boldsymbol{b}) = \lambda\boldsymbol{a}\times\boldsymbol{b} = \boldsymbol{a}\times\lambda\boldsymbol{b} \tag{2.26}$$

und distributiv

$$\boldsymbol{a} \times (\boldsymbol{b} + \boldsymbol{c}) = (\boldsymbol{a} \times \boldsymbol{b}) + (\boldsymbol{a} \times \boldsymbol{c}). \tag{2.27}$$

Daraus folgt in Verbindung mit (2.24) unmittelbar

$$\boldsymbol{a} \times (\boldsymbol{b} + \lambda\boldsymbol{a}) = (\boldsymbol{a} \times \boldsymbol{b}). \tag{2.28}$$

2.2.3 Anwendung in der Goniometrie

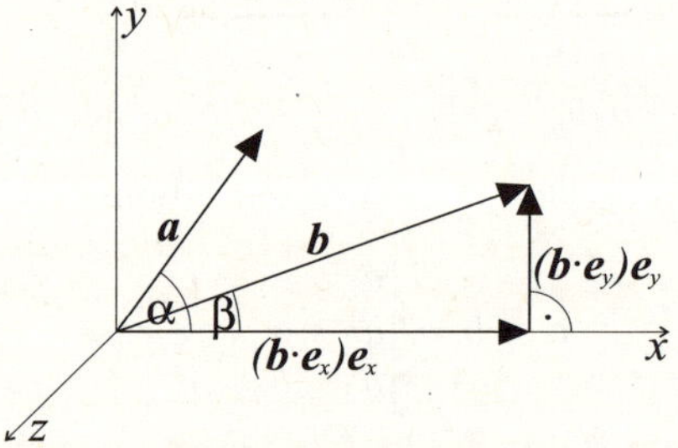

Fig. 2.5

Uns interessiert das Kreuzprodukt der ebenen Vektoren $\boldsymbol{a}$ und $\boldsymbol{b}$ (Fig. 2.5), wobei $\boldsymbol{b}$ gemäß (2.3) in seine beiden kartesischen Teilvektoren zerlegt sei:

$$\boldsymbol{b} = \underbrace{(\boldsymbol{b} \cdot \boldsymbol{e}_x)}_{b\cos\beta} \boldsymbol{e}_x + \underbrace{(\boldsymbol{b} \cdot \boldsymbol{e}_y)}_{b\sin\beta} \boldsymbol{e}_y. \tag{2.29}$$

Damit ergibt die kreuzweise Multiplikation mit $\boldsymbol{a}$

$$\underbrace{\boldsymbol{b} \times \boldsymbol{a}}_{ba\sin(\alpha-\beta)\boldsymbol{e}_z} = b\cos\beta \underbrace{(\boldsymbol{e}_x \times \boldsymbol{a})}_{a\sin\alpha\boldsymbol{e}_z} + b\sin\beta \underbrace{(\boldsymbol{e}_y \times \boldsymbol{a})}_{-a\sin(\frac{\pi}{2}-\alpha)\boldsymbol{e}_z}, \tag{2.30}$$

was zu der geläufigen goniometrischen Formel

$$\sin(\alpha - \beta) = \sin\alpha\cos\beta - \cos\alpha\sin\beta \tag{2.31}$$

führt.

2.3 Auflösung von Vektorgleichungen

2.3.1 Skalare und vektorielle Quotienten

In der gewöhnlichen Algebra darf man $ar = a^2$ ohne weiteres durch a dividieren, um die eindeutige Lösung $r = a$ zu gewinnen. Division und Multiplikation kehren sich gegenseitig um.

Dies sieht in der Vektoralgebra anders aus: Es gibt keine Umkehrung der Multiplikation zweier Vektoren durch Division; Gleichungen der Form $\boldsymbol{a} \cdot \boldsymbol{r} = \boldsymbol{a} \cdot \boldsymbol{b}$ oder $\boldsymbol{a} \times \boldsymbol{r} = \boldsymbol{a} \times \boldsymbol{b}$ lassen sich nicht ohne weiteres nach $\boldsymbol{r}$ auflösen, weil sie den unbekannten Vektor $\boldsymbol{r}$ überhaupt nicht eindeutig bestimmen; die sich verführerisch anbietende Lösung $\boldsymbol{r} = \boldsymbol{b}$ ist zwar hinreichend, aber keineswegs notwendig.

- Die Gleichung $\boldsymbol{a} \cdot \boldsymbol{r} = \boldsymbol{a} \cdot \boldsymbol{b} \;\Rightarrow\; \boldsymbol{a} \cdot (\boldsymbol{r} - \boldsymbol{b}) = 0$ besagt z. B. lediglich, dass die beiden Vektoren $\boldsymbol{a}$ und $\boldsymbol{r} - \boldsymbol{b}$ orthogonal sind. Es gibt also unendlich viele, die Gleichung $\boldsymbol{a} \cdot \boldsymbol{r} = \boldsymbol{a} \cdot \boldsymbol{b}$ befriedigende Vektoren $\boldsymbol{r}$.

- Mit der Gleichung $\boldsymbol{a} \times \boldsymbol{r} = \boldsymbol{a} \times \boldsymbol{b} \;\Rightarrow\; \boldsymbol{a} \times (\boldsymbol{r} - \boldsymbol{b}) = 0$ verhält es sich ähnlich. Die Vektoren $\boldsymbol{a}$ und $(\boldsymbol{r} - \boldsymbol{b})$ sind in diesem Fall parallel.

Eine weitere Überlegung möge die Sinnlosigkeit der Vektordivision bestätigen. Die Division eines beliebigen Skalars (oder Vektors) durch einen Vektor $\boldsymbol{a}$ lässt sich als punktweise Multiplikation des betreffenden Skalars (oder Vektors) mit dem reziproken Vektor $\boldsymbol{a}^{-1}$ erklären. Die Eindeutigkeit der Operation bedingt freilich, dass der reziproke Vektor in der Form

$$\boldsymbol{a}^{-1} = \frac{\boldsymbol{e}_a}{|\boldsymbol{a}|} \tag{2.32}$$

definiert wird. Man betrachte als Beispiel nur

$$\frac{\boldsymbol{a} \cdot \boldsymbol{b}}{\boldsymbol{a}} = (\boldsymbol{a} \cdot \boldsymbol{b}) \cdot \frac{\boldsymbol{e}_a}{|\boldsymbol{a}|} = (\boldsymbol{e}_a \cdot \boldsymbol{b})\boldsymbol{e}_a \neq \boldsymbol{b}. \tag{2.33}$$

Wir sehen, dass die Division durch $\boldsymbol{a}$ die Multiplikation $\boldsymbol{a} \cdot \boldsymbol{b}$ nicht umkehrt. Folglich kennt die Vektorrechnung auch keine Erweiterung oder Kürzung von Brüchen durch Vektoren. Nenner müssen stets Skalare sein.

2.3.2 Operatives Verfahren

Selbst eindeutige Vektorgleichungen lassen sich oft nur indirekt auflösen. Das sog. operative Verfahren findet immer dann Anwendung, wenn eine lineare Vektorgleichung mehr als 1 unbekannte Größe enthält. Wir betrachten als einfaches Beispiel die Zerlegung des Vektors $\boldsymbol{d}$ in 2 Teilvektoren parallel zu den orthogonalen Basisvektoren $\boldsymbol{a}$ und $\boldsymbol{b}$:

$$\boldsymbol{d} = \lambda \boldsymbol{a} + \mu \boldsymbol{b}. \tag{2.34}$$

Gesucht sind die 2 Koeffizienten λ und μ. Erster Schritt zur Lösung ist stets die (punkt- oder kreuzweise) Multiplikation der Gleichung, um das Glied mit der 1.

gesuchten Größe zu isolieren. In diesem Fall bietet sich zunächst die punktweise Multiplikation mit dem Vektor $\boldsymbol{a}$ an. Man gewinnt dadurch

$$\boldsymbol{d} \cdot \boldsymbol{a} = \lambda \boldsymbol{a}^2 + \mu \underbrace{\boldsymbol{b} \cdot \boldsymbol{a}}_{0} \quad \Rightarrow \quad \lambda = \frac{\boldsymbol{d} \cdot \boldsymbol{a}}{\boldsymbol{a}^2}. \tag{2.35}$$

Hier ist $\boldsymbol{a}^2$ als Skalar ein zulässiger Divisor. Analog führt die punktweise Multiplikation der Ausgangsgleichung mit dem Vektor $\boldsymbol{b}$ zu

$$\boldsymbol{d} \cdot \boldsymbol{b} = \lambda \underbrace{\boldsymbol{a} \cdot \boldsymbol{b}}_{0} + \mu \boldsymbol{b}^2 \quad \Rightarrow \quad \mu = \frac{\boldsymbol{d} \cdot \boldsymbol{b}}{\boldsymbol{b}^2}. \tag{2.36}$$

Der Fall $\boldsymbol{a} = \boldsymbol{e}_x$ und $\boldsymbol{b} = \boldsymbol{e}_y$ bedeutet kartesische Zerlegung. Dann folgt wegen $\lambda = d_x$ und $\mu = d_y$ richtig

$$\boldsymbol{d} = d_x \boldsymbol{e}_x + d_y \boldsymbol{e}_y.$$

Die hier vorausgesetzte Orthogonalität ($\boldsymbol{a} \perp \boldsymbol{b}$) erlaubt ein besonders einfaches Vorgehen. Ohne sie macht die Zerlegung schon mehr Umstände (siehe Aufgabe 2.40).

Aufgabe 2.19 Bestätigen Sie den Zusammenhang

$$(\boldsymbol{a} \times \boldsymbol{b})^2 = a^2 b^2 - (\boldsymbol{a} \cdot \boldsymbol{b})^2\,! \tag{2.37}$$

Aufgabe 2.20 Bestimmen Sie den Inhalt $\boldsymbol{S}$ des Dreiecks ABC in Fig. 2.2!

Aufgabe 2.21 Welchen Betrag hat der Inhalt $\boldsymbol{S}$ des Dreiecks mit den Eckpunkten $A(1;5;1)$, $B(1;3;2)$, $C(4;3;1)$?

Aufgabe 2.22 Beweisen Sie, dass der Inhalt $\boldsymbol{S}$ eines Dreiecks mit den Seiten a, b, c den Betrag

$$S = \sqrt{s(s-a)(s-b)(s-c)}$$

hat, wobei $s \equiv \frac{a+b+c}{2}$ den halben Umfang bezeichnet!

Aufgabe 2.23 Welche Beziehung erfüllen die 4 Koefizienten μ_1, μ_2, ν_1, ν_2, wenn zwar die beiden Summenvektoren $\boldsymbol{r}_1 = \mu_1 \boldsymbol{a} + \nu_1 \boldsymbol{b}$ und $\boldsymbol{r}_2 = \mu_2 \boldsymbol{a} + \nu_2 \boldsymbol{b}$, aber nicht $\boldsymbol{a}$ und $\boldsymbol{b}$ parallel sind?

Aufgabe 2.24 Beweisen Sie, dass der Inhalt $\boldsymbol{S} = \boldsymbol{a} \times \boldsymbol{b}$ des von $\boldsymbol{a}$ und $\boldsymbol{b}$ aufgespannten Parallelogramms auch als halbes Kreuzprodukt seiner beiden Diagonalen darstellbar ist!

Aufgabe 2.25 Beweisen Sie, dass die Summe der (allesamt nach außen zeigenden) Inhalte der Seitenflächen eines (nicht notwendig regelmäßigen) Vierflachs verschwindet!

Aufgabe 2.26 Berechnen Sie die Länge der Diagonale $\boldsymbol{e}_a + \boldsymbol{e}_b$ in der durch die Einsvektoren $\boldsymbol{e}_a$ und $\boldsymbol{e}_b$ aufgespannten Raute sowie den Betrag $|(\boldsymbol{e}_a + \boldsymbol{e}_b) \times \boldsymbol{e}_b|$!

Aufgabe 2.27 Beweisen Sie, dass die 3 Winkelhalbierenden eines ebenen Dreiecks $A(\boldsymbol{r}_1), B(\boldsymbol{r}_2), C(\boldsymbol{r}_3)$ einen gemeinsamen Schnittpunkt $P(\boldsymbol{r}_w)$ haben, der zugleich Mittelpunkt des Inkreises ist!

2.4 Spatprodukt

2.4.1 Definition

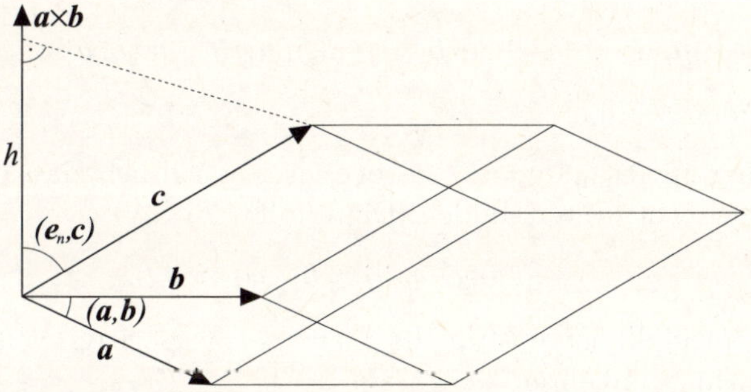

Fig. 2.6

Wir multiplizieren das (vektorielle) Kreuzprodukt $\boldsymbol{a} \times \boldsymbol{b}$ punktweise mit dem Vektor $\boldsymbol{c}$ und erhalten analog (2.1)

$$(\boldsymbol{a} \times \boldsymbol{b}) \cdot \boldsymbol{c} = |\boldsymbol{a} \times \boldsymbol{b}| \underbrace{|\boldsymbol{c}|}_{c} \cos\measuredangle(\boldsymbol{e}_n, \boldsymbol{c}). \tag{2.38}$$

Hierbei sind $\boldsymbol{a} \times \boldsymbol{b} = |\boldsymbol{a} \times \boldsymbol{b}|\, \boldsymbol{e}_n$ der Inhalt der Grundfläche und $c \cos\measuredangle(\boldsymbol{e}_n, \boldsymbol{c}) = \boldsymbol{e}_n \cdot \boldsymbol{c} = h$ die Höhe des von den 3 Vektoren $\boldsymbol{a}$, $\boldsymbol{b}$, $\boldsymbol{c}$ aufgespannten Spats (Fig. 2.6). Die skalare Größe $(\boldsymbol{a} \times \boldsymbol{b}) \cdot \boldsymbol{c}$ ist mithin sein Volumen und heißt Spatprodukt. Es lässt sich mit Hilfe von (2.9) und (2.22) angesichts (2.5) und (2.8) aus den $3 \cdot 3$ beteiligten Komponenten bequem berechnen; man erhält

$$(\boldsymbol{a} \times \boldsymbol{b}) \cdot \boldsymbol{c} = \begin{vmatrix} c_x & 0 & 0 \\ a_x & a_y & a_z \\ b_x & b_y & b_z \end{vmatrix} + \begin{vmatrix} 0 & c_y & 0 \\ a_x & a_y & a_z \\ b_x & b_y & b_z \end{vmatrix} + \begin{vmatrix} 0 & 0 & c_z \\ a_x & a_y & a_z \\ b_x & b_y & b_z \end{vmatrix} \tag{2.39}$$

und nach dem laplaceschen[4] Entwicklungssatz für Determinanten die übersichtliche Formel

$$(\boldsymbol{a} \times \boldsymbol{b}) \cdot \boldsymbol{c} = \begin{vmatrix} a_x & a_y & a_z \\ b_x & b_y & b_z \\ c_x & c_y & c_z \end{vmatrix} . \tag{2.40}$$

2.4.2 Merkmale

Man kann ebensogut $\boldsymbol{b} \times \boldsymbol{c}$ oder $\boldsymbol{c} \times \boldsymbol{a}$ als Grundflächeninhalte wählen und mit $\boldsymbol{a}$ bzw. $\boldsymbol{b}$ punktweise multiplizieren, was das Spatvolumen natürlich nicht ändert:

$$V = (\boldsymbol{a} \times \boldsymbol{b}) \cdot \boldsymbol{c} = (\boldsymbol{b} \times \boldsymbol{c}) \cdot \boldsymbol{a} = (\boldsymbol{c} \times \boldsymbol{a}) \cdot \boldsymbol{b} \equiv [\boldsymbol{a}, \boldsymbol{b}, \boldsymbol{c}] = [\boldsymbol{b}, \boldsymbol{c}, \boldsymbol{a}] = [\boldsymbol{c}, \boldsymbol{a}, \boldsymbol{b}]. \tag{2.41}$$

Der Ausdruck $[\boldsymbol{a}, \boldsymbol{b}, \boldsymbol{c}]$ ist eine abkürzende Schreibweise für das Spatprodukt. Eine „zyklische" Vertauschung der 3 Faktoren bedeutet in der Determinante (2.40) eine zyklische Vertauschung der 3 Zeilen und ändert das Ergebnis nicht. Jede andere Umstellung macht aus dem Vektorentripel $\boldsymbol{a}$, $\boldsymbol{b}$, $\boldsymbol{c}$ ein Linkssystem und führt zu negativen Vorzeichen:

$$[\boldsymbol{a}, \boldsymbol{b}, \boldsymbol{c}] = -[\boldsymbol{a}, \boldsymbol{c}, \boldsymbol{b}] = -[\boldsymbol{b}, \boldsymbol{a}, \boldsymbol{c}] = -[\boldsymbol{c}, \boldsymbol{b}, \boldsymbol{a}]. \tag{2.42}$$

Wir unterscheiden 3 Fälle:

- Die Bedingung $\measuredangle(\boldsymbol{e}_n, \boldsymbol{c}) = \delta < \frac{\pi}{2}$ bedeutet ersichtlich, dass die 3 Vektoren $\boldsymbol{a}, \boldsymbol{b}, \boldsymbol{c}$ ein Rechtssystem bilden. Dann gilt

  $$[\boldsymbol{a}, \boldsymbol{b}, \boldsymbol{c}] = |\boldsymbol{a} \times \boldsymbol{b}|\, c \cos\delta > 0.$$

  Das Spatprodukt ist positiv. Es bleibt sogar positiv, wenn 2 Vektoren ihre Richtung umkehren

- Wenn nur 1 Vektor seine Richtung umkehrt (z. B. $\boldsymbol{c} \rightarrow -\boldsymbol{c} \quad \Rightarrow \measuredangle(\boldsymbol{e}_n, -\boldsymbol{c}) = \pi - \delta > \frac{\pi}{2}$), bilden die 3 Vektoren (im Beispiel $\boldsymbol{a}, \boldsymbol{b}, -\boldsymbol{c}$) ein Linkssystem. Das Spatprodukt wird negativ:

  $$[\boldsymbol{a}, \boldsymbol{b}, -\boldsymbol{c}] = |\boldsymbol{a} \times \boldsymbol{b}|\, c \cos(\pi - \delta) < 0.$$

  Dasselbe gilt, wenn alle 3 Vektoren ihre Richtung umkehren.

- Im Grenzfall $\measuredangle(\boldsymbol{e}_n, \boldsymbol{c}) = \delta = \frac{\pi}{2}$ liegen alle 3 Vektoren in ein und derselben Ebene; sie sind komplanar. Daher heißt

  $$[\boldsymbol{a}, \boldsymbol{b}, \boldsymbol{c}] = 0 \tag{2.43}$$

  ihre Komplanaritätsbedingung.

---

[4]Pierre Simon Laplace (1749-1827), französischer Mathematik-Professor in Paris, gehörte seinerzeit neben Lagrange, Fourier, Ampère, Gay-Lussac u. a. m. zur Elite der französischen Wissenschaft, die unter Napoleon I. besonderes Ansehen genoss.

Folgende Identitäten lassen sich angesichts (2.40) und (2.41) unschwer einsehen und geometrisch deuten:

$$[\boldsymbol{a}, \boldsymbol{b}, \lambda \boldsymbol{c}] = \lambda[\boldsymbol{a}, \boldsymbol{b}, \boldsymbol{c}], \tag{2.44}$$

$$[\boldsymbol{a}, \boldsymbol{b}, \boldsymbol{b}] = \underbrace{(\boldsymbol{b} \times \boldsymbol{b})}_{0} \cdot \boldsymbol{a} = 0 \tag{2.45}$$

(3 Vektoren sind komplanar, wenn 2 parallel sind),

$$[\boldsymbol{a}, \boldsymbol{b}, \boldsymbol{c} + \boldsymbol{d}] = [\boldsymbol{a}, \boldsymbol{b}, \boldsymbol{c}] + [\boldsymbol{a}, \boldsymbol{b}, \boldsymbol{d}]. \tag{2.46}$$

Daraus folgt unmittelbar für jeden Vektor

$$\boldsymbol{c} = \lambda \boldsymbol{a} + \mu \boldsymbol{b}, \tag{2.47}$$

der mitsamt seinen beiden Teilvektoren in der durch $\boldsymbol{a}$ und $\boldsymbol{b}$ bestimmten Ebene liegt,

$$[\boldsymbol{a}, \boldsymbol{b}, \boldsymbol{c}] = [\boldsymbol{a}, \boldsymbol{b}, \lambda \boldsymbol{a} + \mu \boldsymbol{b}] = \lambda \underbrace{[\boldsymbol{a}, \boldsymbol{b}, \boldsymbol{a}]}_{0} + \mu \underbrace{[\boldsymbol{a}, \boldsymbol{b}, \boldsymbol{b}]}_{0} = 0. \tag{2.48}$$

Die lineare Verknüpfung (2.47) ist also eine (2.43) äquivalente Komplanaritätsbedingung.

2.4.3 Anwendung in der Algebra

Wir betrachten das inhomogene System von 3 linearen Gleichungen mit 3 Unbekannten a_1, a_2, a_3 :

$$b_1 = m_{11}a_1 + m_{12}a_2 + m_{13}a_3, \tag{2.49a}$$

$$b_2 = m_{21}a_1 + m_{22}a_2 + m_{23}a_3, \tag{2.49b}$$

$$b_3 = m_{31}a_1 + m_{32}a_2 + m_{33}a_3. \tag{2.49c}$$

Die 9 Koeffizienten $m_{11}, \ldots, m_{33}$ und die 3 Größen b_1, b_2, b_3 seien gegeben. Zur Auflösung nach a_1, a_2, a_3 multipliziert man zweckmäßig die 1. Gleichung mit $\boldsymbol{e}_x$, die 2. Gleichung mit $\boldsymbol{e}_y$, die 3. Gleichung mit $\boldsymbol{e}_z$ und bildet die 4 Vektoren

$$\boldsymbol{m}_i \equiv m_{1i}\boldsymbol{e}_x + m_{2i}\boldsymbol{e}_y + m_{3i}\boldsymbol{e}_z \quad \text{für } i = 1, 2, 3 \quad \text{sowie} \tag{2.50}$$

$$\boldsymbol{b} \equiv b_1\boldsymbol{e}_x + b_2\boldsymbol{e}_y + b_3\boldsymbol{e}_z. \tag{2.51}$$

Durch Zusammenfassung gewinnt das Gleichungssystem nun die vektorielle Form

$$\boldsymbol{b} = a_1\boldsymbol{m}_1 + a_2\boldsymbol{m}_2 + a_3\boldsymbol{m}_3, \tag{2.52}$$

die eine Zerlegung des Vektors $\boldsymbol{b}$ in Teilvektoren parallel zu 3 Basisvektoren $\boldsymbol{m}_1, \boldsymbol{m}_2, \boldsymbol{m}_3$ darstellt. Zur Auflösung nach a_1 multiplizieren wir punktweise mit $(\boldsymbol{m}_2 \times \boldsymbol{m}_3)$ und erhalten

$$\underbrace{\boldsymbol{b} \cdot (\boldsymbol{m}_2 \times \boldsymbol{m}_3)}_{[\boldsymbol{b},\boldsymbol{m}_2,\boldsymbol{m}_3]} = a_1 \underbrace{\boldsymbol{m}_1 \cdot (\boldsymbol{m}_2 \times \boldsymbol{m}_3)}_{[\boldsymbol{m}_1,\boldsymbol{m}_2,\boldsymbol{m}_3]} + a_2 \underbrace{\boldsymbol{m}_2 \cdot (\boldsymbol{m}_2 \times \boldsymbol{m}_3)}_{0} + a_3 \underbrace{\boldsymbol{m}_3 \cdot (\boldsymbol{m}_2 \times \boldsymbol{m}_3)}_{0}$$

$$\Rightarrow \quad a_1 = \frac{[\boldsymbol{b}, \boldsymbol{m}_2, \boldsymbol{m}_3]}{[\boldsymbol{m}_1, \boldsymbol{m}_2, \boldsymbol{m}_3]}. \tag{2.53a}$$

Analog findet man $a_2 = \dfrac{[\boldsymbol{b}, \boldsymbol{m}_3, \boldsymbol{m}_1]}{[\boldsymbol{m}_1, \boldsymbol{m}_2, \boldsymbol{m}_3]}$ und $a_3 = \dfrac{[\boldsymbol{b}, \boldsymbol{m}_1, \boldsymbol{m}_2]}{[\boldsymbol{m}_1, \boldsymbol{m}_2, \boldsymbol{m}_3]}$. (2.53b)

Wer die Spatprodukte als Determinanten schreibt, erkennt leicht die cramersche[5] Regel (1750) der gewöhnlichen Algebra. Für $[\boldsymbol{m}_1, \boldsymbol{m}_2, \boldsymbol{m}_3] \neq 0$ sind die Lösungen a_1, a_2, a_3 eindeutig. Im homogenen Fall $\boldsymbol{b} = 0$ folgt dann $a_1 = a_2 = a_3 = 0$.

Alternative Lösungsmodelle

- Gleichungssysteme der Form (2.49) bestimmen in der analytischen Geometrie den Schnittpunkt dreier Ebenen. Kap. 3.2.3 zeigt das entsprechende Lösungsverfahren.

- Ein formales, auf n-Dimensionen erweiterbares Modell geht von der symbolischen Zusammenfassung des Systems (2.49) aus:

$$\begin{pmatrix} b_1 \\ b_2 \\ b_3 \end{pmatrix} = \underbrace{\begin{pmatrix} m_{11} & m_{12} & m_{13} \\ m_{21} & m_{22} & m_{23} \\ m_{31} & m_{32} & m_{33} \end{pmatrix}}_{\boldsymbol{M}} \cdot \begin{pmatrix} a_1 \\ a_2 \\ a_3 \end{pmatrix}, \quad \text{d. h. } \underline{\boldsymbol{b}} = \boldsymbol{M} \cdot \underline{\boldsymbol{a}}.$$

  Diese Gleichung beschreibt die lineare Transformation des Spaltenvektors $\underline{\boldsymbol{a}}$ in den Spaltenvektor $\underline{\boldsymbol{b}}$ vermittels der Koeffizientenmatrix $\boldsymbol{M}$. Die Auflösung des Systems (2.49) nach $\underline{\boldsymbol{a}}$ heißt nun Umkehrung der Transformation: $\underline{\boldsymbol{a}} = \boldsymbol{M}^{-1} \cdot \underline{\boldsymbol{b}}$. Kap. 3.4.2 behandelt ein 2-dimensionales Modell. Die allgemeine n-dimensionale Theorie folgt in Kap. 11.

Aufgabe 2.28 Welches Volumen hat ein Vierflach mit den Kanten $\boldsymbol{a}, \boldsymbol{b}, \boldsymbol{c}$?

Aufgabe 2.29 Berechnen Sie das Spatprodukt $[\boldsymbol{a}, \boldsymbol{b}, \boldsymbol{c}]$ in einem beliebigen Bezugssystem u, v, w!

Aufgabe 2.30 Stellen Sie das Produkt $[\boldsymbol{a}, \boldsymbol{b}, \boldsymbol{c}] \cdot [\boldsymbol{d}, \boldsymbol{k}, \boldsymbol{l}]$ als Determinante dar!

[5] Gabriel Cramer (1704-1752), Schweizer Mathematiker

2.5 Mehrfache Kreuzprodukte

2.5.1 Kreuz-Kreuz-Produkt

Die kreuzweise Multiplikation des Kreuzprodukts $\boldsymbol{a} \times \boldsymbol{b}$ mit dem Vektor $\boldsymbol{c}$ führt zu der wichtigen Formel

$$(\boldsymbol{a} \times \boldsymbol{b}) \times \boldsymbol{c} = \boldsymbol{b}(\boldsymbol{c} \cdot \boldsymbol{a}) - \boldsymbol{a}(\boldsymbol{b} \cdot \boldsymbol{c}) = \boldsymbol{c} \times (\boldsymbol{b} \times \boldsymbol{a}). \tag{2.54}$$

Sie lässt sich ebenso allgemein wie bequem herleiten, wenn man das Bezugssystem so geschickt wählt, dass $\boldsymbol{a}$ in die x-Achse und $\boldsymbol{b}$ in die xy-Ebene fallen. Dies bedeutet

$$\boldsymbol{a} = a_x \boldsymbol{e}_x; \quad \boldsymbol{b} = b_x \boldsymbol{e}_x + b_y \boldsymbol{e}_y; \quad \boldsymbol{c} = c_x \boldsymbol{e}_x + c_y \boldsymbol{e}_y + c_z \boldsymbol{e}_z.$$

Man erhält damit zunächst

$$\begin{aligned}
\boldsymbol{a} \times \boldsymbol{b} =& a_x b_x \underbrace{(\boldsymbol{e}_x \times \boldsymbol{e}_x)}_{0} + a_x b_y \underbrace{(\boldsymbol{e}_x \times \boldsymbol{e}_y)}_{\boldsymbol{e}_z} \quad \text{und weiter} \\
(\boldsymbol{a} \times \boldsymbol{b}) \times \boldsymbol{c} =& a_x b_y \boldsymbol{e}_z \times (c_x \boldsymbol{e}_x + c_y \boldsymbol{e}_y + c_z \boldsymbol{e}_z) \\
=& a_x c_x b_y \underbrace{(\boldsymbol{e}_z \times \boldsymbol{e}_x)}_{\boldsymbol{e}_y} + a_x b_y c_y \underbrace{(\boldsymbol{e}_z \times \boldsymbol{e}_y)}_{-\boldsymbol{e}_x} + a_x b_y c_z \underbrace{(\boldsymbol{e}_z \times \boldsymbol{e}_z)}_{0} \\
=& a_x c_x \underbrace{b_y \boldsymbol{e}_y}_{\boldsymbol{b} - b_x \boldsymbol{e}_x} - a_x b_y c_y \boldsymbol{e}_x = \underbrace{a_x c_x}_{\boldsymbol{a} \cdot \boldsymbol{c}} \boldsymbol{b} - \underbrace{a_x \boldsymbol{e}_x}_{\boldsymbol{a}} \underbrace{(b_x c_x + b_y c_y)}_{\boldsymbol{b} \cdot \boldsymbol{c}}.
\end{aligned}$$

Als Beispiel für die Anwendung von (2.54) suchen wir den vom Nullpunkt auf

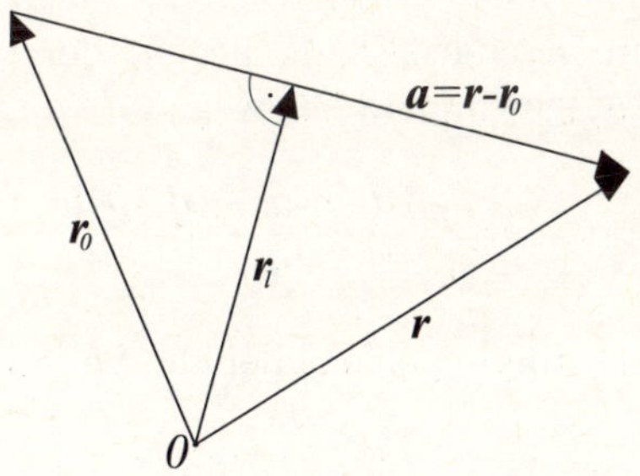

Fig. 2.7

den Vektor $\boldsymbol{a} = \boldsymbol{r} - \boldsymbol{r}_0$ gefällten Lotvektor $\boldsymbol{r}_l$ (Fig. 2.7). Die Loteigenschaft

$\boldsymbol{r}_l \perp \boldsymbol{a}$ besagt $\boldsymbol{r}_l \cdot \boldsymbol{a} = 0$. Außerdem sind die Vektoren $\boldsymbol{r}_l - \boldsymbol{r}_0$ und $\boldsymbol{a}$ parallel:

$$(\boldsymbol{r}_l - \boldsymbol{r}_0) \times \boldsymbol{a} = 0 \quad | \times \boldsymbol{a},$$

$$\Rightarrow \quad [(\boldsymbol{r}_l - \boldsymbol{r}_0) \times \boldsymbol{a}] \times \boldsymbol{a} = \boldsymbol{a}\underbrace{[(\boldsymbol{r}_l - \boldsymbol{r}_0) \cdot \boldsymbol{a}]}_{-\boldsymbol{r}_0 \cdot \boldsymbol{a}} - (\boldsymbol{r}_l - \boldsymbol{r}_0)\boldsymbol{a}^2 = 0,$$

$$\boldsymbol{r}_l = \frac{\boldsymbol{r}_0 \boldsymbol{a}^2 - \boldsymbol{a}(\boldsymbol{r}_0 \cdot \boldsymbol{a})}{\boldsymbol{a}^2} = \frac{(\boldsymbol{a} \times \boldsymbol{r}_0) \times \boldsymbol{a}}{\boldsymbol{a}^2} = (\boldsymbol{e}_a \times \boldsymbol{r}_0) \times \boldsymbol{e}_a. \tag{2.55}$$

Der Lotvektor $\boldsymbol{r}_l$ ist also der zu $\boldsymbol{a}$ senkrechte Teilvektor von $\boldsymbol{r}_0$ (vgl. Aufgabe 2.39).

Aus (2.54) folgt mühelos die jacobische[6] Identität

$$(\boldsymbol{a} \times \boldsymbol{b}) \times \boldsymbol{c} + (\boldsymbol{b} \times \boldsymbol{c}) \times \boldsymbol{a} + (\boldsymbol{c} \times \boldsymbol{a}) \times \boldsymbol{b} = 0, \tag{2.56}$$

wobei es auf die zyklische Vertauschung der 3 Faktoren ankommt.

Ersichtlich gilt im Allgemeinen

$$(\boldsymbol{a} \times \boldsymbol{b}) \times \boldsymbol{c} \neq \boldsymbol{a} \times (\boldsymbol{b} \times \boldsymbol{c}). \tag{2.57}$$

Das Kreuz-Kreuz-Produkt ist nicht assoziativ. Eine Form $\boldsymbol{a} \times \boldsymbol{b} \times \boldsymbol{c}$ wäre nicht eindeutig.

Der formale Wechsel $\boldsymbol{a} \to (\boldsymbol{a} \times \boldsymbol{b})$ und $\boldsymbol{b} \to \boldsymbol{d}$ überführt (2.54) in

$$[(\boldsymbol{a} \times \boldsymbol{b}) \times \boldsymbol{d}] \times \boldsymbol{c} = \boldsymbol{d}\underbrace{[\boldsymbol{c} \cdot (\boldsymbol{a} \times \boldsymbol{b})]}_{[\boldsymbol{a},\boldsymbol{b},\boldsymbol{c}]} - (\boldsymbol{a} \times \boldsymbol{b})(\boldsymbol{d} \cdot \boldsymbol{c})$$

oder anders ausgedrückt

$$\underbrace{[(\boldsymbol{a} \times \boldsymbol{b}) \times \boldsymbol{d}]}_{\boldsymbol{b}(\boldsymbol{d}\cdot\boldsymbol{a}) - \boldsymbol{a}(\boldsymbol{d}\cdot\boldsymbol{b})} \times \boldsymbol{c} = (\boldsymbol{b} \times \boldsymbol{c})(\boldsymbol{d} \cdot \boldsymbol{a}) - \underbrace{(\boldsymbol{a} \times \boldsymbol{c})}_{-(\boldsymbol{c}\times\boldsymbol{a})}(\boldsymbol{d} \cdot \boldsymbol{b})$$

$$\Rightarrow \quad \boldsymbol{d}[\boldsymbol{a}, \boldsymbol{b}, \boldsymbol{c}] = (\boldsymbol{d} \cdot \boldsymbol{a})(\boldsymbol{b} \times \boldsymbol{c}) + (\boldsymbol{d} \cdot \boldsymbol{b})(\boldsymbol{c} \times \boldsymbol{a}) + (\boldsymbol{d} \cdot \boldsymbol{c})(\boldsymbol{a} \times \boldsymbol{b}). \tag{2.58}$$

Wenn $\boldsymbol{d}, \boldsymbol{a}, \boldsymbol{b}$ gemeinsam in einer Ebene liegen, deren Normalen-Einsvektor $\boldsymbol{e}_n = \frac{\boldsymbol{a}\times\boldsymbol{b}}{|\boldsymbol{a}\times\boldsymbol{b}|} = \boldsymbol{c}$ sein möge, gewinnt (2.58) wegen $\boldsymbol{d} \cdot \boldsymbol{e}_n = 0$ die 2-dimensionale Form

$$\boldsymbol{d} = \boldsymbol{e}_n \times \frac{(\boldsymbol{d} \cdot \boldsymbol{b})\boldsymbol{a} - (\boldsymbol{d} \cdot \boldsymbol{a})\boldsymbol{b}}{|\boldsymbol{a} \times \boldsymbol{b}|}. \tag{2.59}$$

Aufgabe 2.31 Welche Bedingungen erfüllen die Vektoren $\boldsymbol{a} \neq 0,\ \boldsymbol{b} \neq 0,\ \boldsymbol{c} \neq 0$ in den Fällen

- $\boldsymbol{a}(\boldsymbol{b} \cdot \boldsymbol{c}) = (\boldsymbol{a} \cdot \boldsymbol{b})\boldsymbol{c}$ (vgl. 2.14) und

[6] Carl Gustav Jakob Jacobi (1804-1851), deutscher Mathematiker

- $(\boldsymbol{a} \times \boldsymbol{b}) \times \boldsymbol{c} = \boldsymbol{a} \times (\boldsymbol{b} \times \boldsymbol{c})$? (vgl. 2.57)

Aufgabe 2.32 Bestimmen Sie $\boldsymbol{r}$ aus den beiden Gleichungen

$$\boldsymbol{r} \cdot \boldsymbol{a} = p \quad \text{und} \quad \boldsymbol{r} \times \boldsymbol{b} = \boldsymbol{c}\,!$$

Aufgabe 2.33 Lösen Sie die Gleichung $k\boldsymbol{r} + (\boldsymbol{r} \times \boldsymbol{a}) = \boldsymbol{b}$ nach $\boldsymbol{r}$ auf!

Aufgabe 2.34 Lösen Sie die gekoppelten Vektorgleichungen

$$\begin{aligned} \boldsymbol{r}_1 + (\boldsymbol{a} \times \boldsymbol{r}_2) &= \boldsymbol{b}, \\ \boldsymbol{r}_2 + (\boldsymbol{a} \times \boldsymbol{r}_1) &= \boldsymbol{c} \end{aligned}$$

nach $\boldsymbol{r}_1$ und $\boldsymbol{r}_2$ auf!

Aufgabe 2.35 Bestimmen Sie den gemeinsamen Schnittpunkt $\boldsymbol{r}_h$ der 3 Höhen eines ebenen Dreiecks (siehe auch Aufgabe 2.15)!

Aufgabe 2.36 Lösen Sie das Gleichungssystem (2.49) mit Hilfe von (2.58) nach a_1, a_2, a_3 auf!

Aufgabe 2.37 Gegeben seien die Punkte $\boldsymbol{r}_1, \boldsymbol{r}_2, \boldsymbol{r}_3$ eines Kreises. Berechnen Sie seinen Mittelpunkt $\boldsymbol{r}_m$ aus der Bedingung gleichen Abstands zu $\boldsymbol{r}_1, \boldsymbol{r}_2, \boldsymbol{r}_3$. Wie groß ist der Radius R?

2.5.2 Kreuz-Punkt-Kreuz-Produkt

Wir multiplizieren (2.54) punktweise mit dem Vektor $\boldsymbol{d}$ und finden nach zyklischer Vertauschung der Faktoren auf der linken Seite die sog. lagrangesche[7] Identität

$$\underbrace{[(\boldsymbol{a} \times \boldsymbol{b}) \times \boldsymbol{c}] \cdot \boldsymbol{d}}_{(\boldsymbol{a}\times\boldsymbol{b})\cdot(\boldsymbol{c}\times\boldsymbol{d})} = (\boldsymbol{b} \cdot \boldsymbol{d})(\boldsymbol{c} \cdot \boldsymbol{a}) - (\boldsymbol{a} \cdot \boldsymbol{d})(\boldsymbol{b} \cdot \boldsymbol{c}), \tag{2.60}$$

die etwas umgestellt die übersichtliche Form

$$\underbrace{(\boldsymbol{a} \times \boldsymbol{b}) \cdot (\boldsymbol{c} \times \boldsymbol{d})}_{[\boldsymbol{a}\times\boldsymbol{b},\boldsymbol{c},\boldsymbol{d}]} = (\boldsymbol{a} \cdot \boldsymbol{c})(\boldsymbol{b} \cdot \boldsymbol{d}) - (\boldsymbol{a} \cdot \boldsymbol{d})(\boldsymbol{b} \cdot \boldsymbol{c}) \tag{2.61}$$

gewinnt.

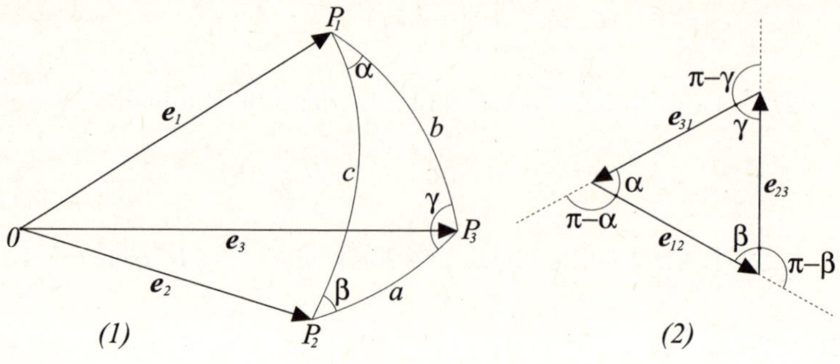

Fig. 2.8

Anwendungen in der sphärischen Trigonometrie

Wir betrachten das sphärische Dreieck P_1, P_2, P_3 mit den Seiten a, b, c auf der Einheitskugel (Fig. 2.8(1)). Es gilt

$$\boldsymbol{e}_1 \cdot \boldsymbol{e}_2 = \cos c, \quad \boldsymbol{e}_2 \cdot \boldsymbol{e}_3 = \cos a, \quad \boldsymbol{e}_3 \cdot \boldsymbol{e}_1 = \cos b. \tag{2.62}$$

Die durch $0P_3P_1$, $0P_1P_2$, $0P_2P_3$ bestimmten Ebenen schneiden sich unter den Winkeln α, β, γ. Demnach bilden ihre Normalen-Einsvektoren $\boldsymbol{e}_{31}$, $\boldsymbol{e}_{12}$, $\boldsymbol{e}_{23}$, definiert durch

$$\boldsymbol{e}_3 \times \boldsymbol{e}_1 = \boldsymbol{e}_{31} \sin b, \quad \boldsymbol{e}_1 \times \boldsymbol{e}_2 = \boldsymbol{e}_{12} \sin c, \quad \boldsymbol{e}_2 \times \boldsymbol{e}_3 = \boldsymbol{e}_{23} \sin a, \tag{2.63}$$

die Winkel $\pi - \alpha$, $\pi - \beta$, $\pi - \gamma$ (Fig. 2.8(2)). Dies bedeutet

$$\boldsymbol{e}_{31} \cdot \boldsymbol{e}_{12} = -\cos\alpha, \quad \boldsymbol{e}_{12} \cdot \boldsymbol{e}_{23} = -\cos\beta, \quad \boldsymbol{e}_{23} \cdot \boldsymbol{e}_{31} = -\cos\gamma. \tag{2.64}$$

In der Gleichung

$$(\boldsymbol{e}_3 \times \boldsymbol{e}_1) \cdot (\boldsymbol{e}_1 \times \boldsymbol{e}_2) = \underbrace{\boldsymbol{e}_{31} \cdot \boldsymbol{e}_{12}}_{-\cos\alpha} \sin b \sin c \tag{2.65}$$

lässt sich die linke Seite nach (2.61) umformen, so dass man

$$\underbrace{(\boldsymbol{e}_3 \cdot \boldsymbol{e}_1)}_{\cos b}\underbrace{(\boldsymbol{e}_1 \cdot \boldsymbol{e}_2)}_{\cos c} - \underbrace{(\boldsymbol{e}_3 \cdot \boldsymbol{e}_2)}_{\cos a}\boldsymbol{e}_1^2 = -\sin b \sin c \cos\alpha \tag{2.66}$$

[7] Joseph Louis Lagrange (1736-1813), italienisch-französischer Mathematiker, war schon mit 19 Jahren Professor an der Turiner Artillerieschule, folgte 1766 dem Ruf des preußischen Königs Friedrich der Große zur Nachfolge Eulers in Berlin und ging 1786 auf Einladung des französischen Königs Ludwig XVI. nach Paris, wo er an der Académie des Sciences, ab 1797 als Professor an der École Polytechnique wirkte.

oder etwas umgestellt schließlich die Beziehung

$$\cos a = \cos b \cos c + \sin b \sin c \cos \alpha \tag{2.67}$$

findet. Dies ist der Seitenkosinussatz der sphärischen Trigonometrie.

Eine analoge Rechnung mit Hilfe der Relationen

$$\boldsymbol{e}_{12} \times \boldsymbol{e}_{23} = \boldsymbol{e}_2 \sin \beta, \quad \boldsymbol{e}_{23} \times \boldsymbol{e}_{31} = \boldsymbol{e}_3 \sin \gamma, \quad \boldsymbol{e}_{31} \times \boldsymbol{e}_{12} = \boldsymbol{e}_1 \sin \alpha \tag{2.68}$$

führt über

$$(\boldsymbol{e}_{12} \times \boldsymbol{e}_{23}) \cdot (\boldsymbol{e}_{23} \times \boldsymbol{e}_{31}) = \underbrace{\boldsymbol{e}_2 \cdot \boldsymbol{e}_3}_{\cos a} \sin \beta \sin \gamma \quad \text{und} \tag{2.69}$$

$$\underbrace{(\boldsymbol{e}_{12} \cdot \boldsymbol{e}_{23})}_{-\cos \beta} \underbrace{(\boldsymbol{e}_{23} \cdot \boldsymbol{e}_{31})}_{-\cos \gamma} - \underbrace{(\boldsymbol{e}_{12} \cdot \boldsymbol{e}_{31})}_{-\cos \alpha} \boldsymbol{e}_{23}^2 = \sin \beta \sin \gamma \cos a \tag{2.70}$$

zum Winkelkosinussatz der sphärischen Trigonometrie

$$\cos \alpha = -\cos \beta \cos \gamma + \sin \beta \sin \gamma \cos a. \tag{2.71}$$

2.5.3 Kreuz-Kreuz-Kreuz-Produkt

Aus (2.54) folgt unmittelbar

$$\begin{aligned} (\boldsymbol{a} \times \boldsymbol{b}) \times (\boldsymbol{c} \times \boldsymbol{d}) &= \boldsymbol{b}[(\boldsymbol{c} \times \boldsymbol{d}) \cdot \boldsymbol{a}] - \boldsymbol{a}[(\boldsymbol{c} \times \boldsymbol{d}) \cdot \boldsymbol{b}] && \text{(2.72a)} \\ &= \boldsymbol{c}[(\boldsymbol{a} \times \boldsymbol{b}) \cdot \boldsymbol{d}] - \boldsymbol{d}[(\boldsymbol{a} \times \boldsymbol{b}) \cdot \boldsymbol{c}] && \text{(2.72b)} \end{aligned}$$

und wegen $[\boldsymbol{c}, \boldsymbol{d}, \boldsymbol{b}] = [\boldsymbol{b}, \boldsymbol{c}, \boldsymbol{d}]$ sowie $[\boldsymbol{c}, \boldsymbol{d}, \boldsymbol{a}] = -[\boldsymbol{c}, \boldsymbol{a}, \boldsymbol{d}]$ die symmetrische Identität

$$\boldsymbol{d}[\boldsymbol{a}, \boldsymbol{b}, \boldsymbol{c}] = \boldsymbol{a}[\boldsymbol{b}, \boldsymbol{c}, \boldsymbol{d}] + \boldsymbol{b}[\boldsymbol{c}, \boldsymbol{a}, \boldsymbol{d}] + \boldsymbol{c}[\boldsymbol{a}, \boldsymbol{b}, \boldsymbol{d}]. \tag{2.73}$$

Wer hierin einen beliebigen Vektor $\boldsymbol{d} = \lambda \boldsymbol{a} + \mu \boldsymbol{b} + \nu \boldsymbol{c}$ einsetzt, findet die Richtigkeit rasch bestätigt. Mit (2.73) lässt sich jeder Vektor $\boldsymbol{d}$ in 3 Teilvektoren parallel zu $\boldsymbol{a}$, $\boldsymbol{b}$, $\boldsymbol{c}$ zerlegen, sofern diese nicht komplanar sind; die einschlägige Voraussetzung lautet $[\boldsymbol{a}, \boldsymbol{b}, \boldsymbol{c}] \neq 0$ (siehe Aufgabe 2.41).

Falls $\boldsymbol{a}, \boldsymbol{b}, \boldsymbol{c}$ paarweise orthogonal sind, verschmelzen (2.58) und (2.73) zu der Formel

$$\boldsymbol{d} = \frac{\boldsymbol{d} \cdot \boldsymbol{a}}{\boldsymbol{a}^2} \boldsymbol{a} + \frac{\boldsymbol{d} \cdot \boldsymbol{b}}{\boldsymbol{b}^2} \boldsymbol{b} + \frac{\boldsymbol{d} \cdot \boldsymbol{c}}{\boldsymbol{c}^2} \boldsymbol{c} = \underbrace{(\boldsymbol{d} \cdot \boldsymbol{e}_a)}_{d_a} \boldsymbol{e}_a + \underbrace{(\boldsymbol{d} \cdot \boldsymbol{e}_b)}_{d_b} \boldsymbol{e}_b + \underbrace{(\boldsymbol{d} \cdot \boldsymbol{e}_c)}_{d_c} \boldsymbol{e}_c, \tag{2.74}$$

die offensichtlich (2.3) verallgemeinert.

Aufgabe 2.38 Beweisen Sie die Identität

$$[\boldsymbol{a} \times \boldsymbol{b}, \boldsymbol{b} \times \boldsymbol{c}, \boldsymbol{c} \times \boldsymbol{a}] = [\boldsymbol{a}, \boldsymbol{b}, \boldsymbol{c}]^2\,!$$

Aufgabe 2.39 Zerlegen Sie den Vektor $\boldsymbol{a}$ in je eine Komponente parallel und senkrecht zu einem beliebigen Einsvektor $\boldsymbol{e}$!

Aufgabe 2.40 Zerlegen Sie den Vektor $\boldsymbol{d}$ in 2 Teilvektoren parallel zu den (nicht notwendig orthogonalen) Basisvektoren $\boldsymbol{a}$ und $\boldsymbol{b}$ mit Hilfe (2.73)!

Aufgabe 2.41 Zerlegen Sie den Vektor $\boldsymbol{d}$ in 3 Teilvektoren parallel zu den (nicht notwendig orthogonalen) Basisvektoren $\boldsymbol{a}, \boldsymbol{b}, \boldsymbol{c}$!

3 Analytische Geometrie

Cartesius und Fermat[1] wiesen um 1637 mit ihren Ideen, geometrische Gebilde durch algebraische Gleichungen zu beschreiben, der Mathematik neue Wege abseits von Zirkel und Lineal. Nunmehr konnte man mit algebraischen Verfahren z. B. Schnitt-, Mittel- und Brennpunkte finden. Bald führte das Aufkommen der Analysis auch zur Anwendung analytischer Verfahren, z. B. zur Bestimmung von Steigungen und Krümmungen durch Differenziation, von Linienlängen und Inhalten durch Integration. 1748 gab Euler[2] das erste Lehrbuch der analytischen Geometrie heraus; sie nahm aber erst 1802 mit Biots Werk „Essai de géométrie analytique" die uns heute vertraute Form an.

Die Vektordarstellung hat den Vorzug der Unabhängigkeit von speziellen Bezugssystemen.

3.1 Gerade

Ein Punkt $\boldsymbol{r}_0$ und eine Richtung, dargestellt durch einen sog. Trägervektor $\boldsymbol{a}$, bestimmen eine Gerade. Jeder andere Geradenpunkt $\boldsymbol{r}$ genügt der Bedingung

$$(\boldsymbol{r}-\boldsymbol{r}_0)\|\boldsymbol{a} \quad \Rightarrow \quad (\boldsymbol{r}-\boldsymbol{r}_0)\times\boldsymbol{a}=0. \tag{3.1}$$

Daraus folgt die sog. Punktrichtungsgleichung der Geraden (Fig. 3.1(1))

$$\boldsymbol{r}=\boldsymbol{r}_0+t\boldsymbol{a} \tag{3.2}$$

als lineare Funktion des Parameters t, also in Form einer sog. Parameterdarstellung $\boldsymbol{r}=\boldsymbol{r}(t)$. Der Trägervektor lässt sich konstruieren, wenn ein weiterer Geradenpunkt $\boldsymbol{r}_1$ gegeben ist:

$$\boldsymbol{a}=\boldsymbol{r}_1-\boldsymbol{r}_0. \tag{3.3}$$

[1] Pierre de Fermat (1601-1665), Gerichtsrat in Toulouse und Mathematik-Liebhaber, teilte seine Entdeckungen vorwiegend in Privatbriefen mit, so dass die Allgemeinheit davon erst erfuhr, als sein Sohn Samuel 1679 den Nachlass herausgab.

[2] Leonhard Euler (1707-1783), Schweizer Mathematiker und Schüler Johann Bernoullis, wirkte seit 1727 an der Akademie in St. Petersburg, folgte 1741 dem Ruf König Friedrichs des Großen nach Berlin, um 1766 auf Einladung Zarin Katharinas der Großen endgültig nach St. Petersburg zurückzukehren.

Damit gilt die sog. Zweipunktegleichung (Fig. 3.1(2))

$$\boldsymbol{r} = \boldsymbol{r}_0 + t(\boldsymbol{r}_1 - \boldsymbol{r}_0). \tag{3.4}$$

Jeder reelle t-Wert bestimmt einen individuellen Geradenpunkt; z. B. entsprechen $t = 0$ dem Punkt $\boldsymbol{r}_0$ und $t = 1$ dem Punkt $\boldsymbol{r}_1$. Offensichtlich darf man

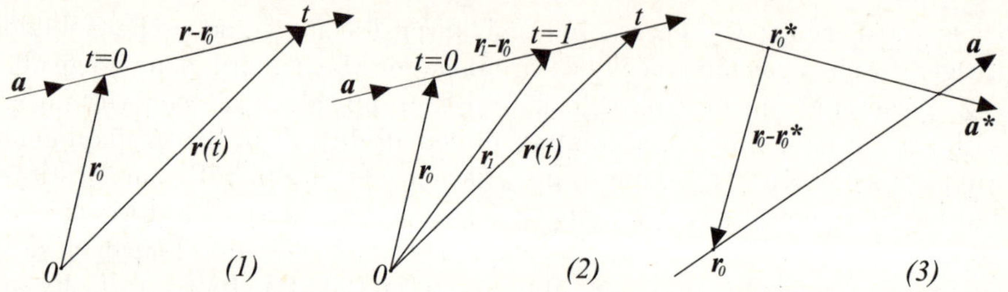

Fig. 3.1

beliebige Geradenpunkte $\boldsymbol{r}_0$ und $\boldsymbol{r}_1$ nennen, ebenso t durch ein beliebiges Vielfaches ersetzen. Allgemein kann jedes geometrische Gebilde ganz verschiedene Parameterdarstellungen haben.

3.1.1 Abstand Gerade-Punkt

(Mindest-)Abstand $|\boldsymbol{d}|$ der Geraden $\boldsymbol{r}(t) = \boldsymbol{r}_0 + t\boldsymbol{a}$ vom Punkt $\boldsymbol{b}$ heißt die Länge des von $\boldsymbol{b}$ auf die Gerade gefällten Lots, also der Betrag des Lotvektors

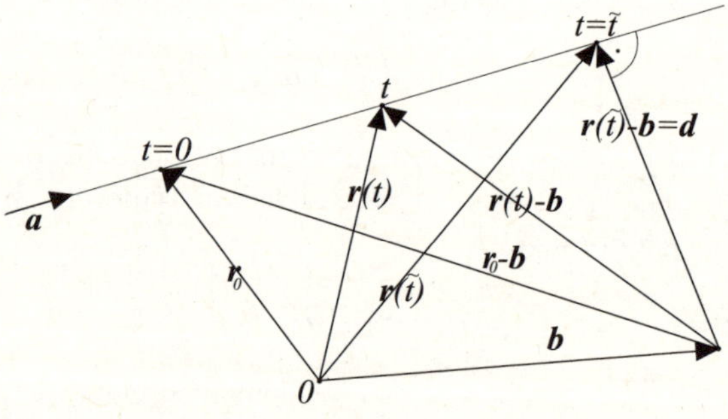

Fig. 3.2

$\boldsymbol{d} \equiv \boldsymbol{r}(\tilde{t}) - \boldsymbol{b}$ (Fig. 3.2). Seine Orthogonalität bedeutet

$$[\boldsymbol{r}(\tilde{t}) - \boldsymbol{b}] \cdot \boldsymbol{a} = 0 \quad \Rightarrow \quad \tilde{t} = -\frac{(\boldsymbol{r}_0 - \boldsymbol{b}) \cdot \boldsymbol{a}}{\boldsymbol{a}^2}. \tag{3.5}$$

Daraus folgt mit Blick auf (2.54) mühelos

$$\boldsymbol{d} = \frac{(\boldsymbol{r}_0 - \boldsymbol{b})\boldsymbol{a}^2 - [(\boldsymbol{r}_0 - \boldsymbol{b}) \cdot \boldsymbol{a}]\boldsymbol{a}}{\boldsymbol{a}^2} = \frac{[\boldsymbol{a} \times (\boldsymbol{r}_0 - \boldsymbol{b})] \times \boldsymbol{a}}{\boldsymbol{a}^2} = [\boldsymbol{e}_a \times (\boldsymbol{r}_0 - \boldsymbol{b})] \times \boldsymbol{e}_a.$$

Für $\boldsymbol{b} = 0$ finden wir (2.55) bestätigt. Die Vektoren $\boldsymbol{e}_a \times (\boldsymbol{r}_0 - \boldsymbol{b})$ und $\boldsymbol{e}_a$ stehen aufeinander senkrecht; daher beträgt der gesuchte Abstand

$$|\boldsymbol{d}| = |\boldsymbol{e}_a \times (\boldsymbol{r}_0 - \boldsymbol{b})|. \tag{3.6}$$

Im Fall $\boldsymbol{e}_a \| (\boldsymbol{r}_0 - \boldsymbol{b})$ ist $|\boldsymbol{d}| = 0$. Dann liegt der Punkt $\boldsymbol{b}$ auf der Geraden.

Aufgabe 3.1 Welche Kreise durch den Punkt $\boldsymbol{r}_1(11; 2)$ berühren in der Ebene $z = 0$

- sowohl die Gerade g durch die beiden Punkte $\boldsymbol{r}_2(-8; 10)$ und $\boldsymbol{r}_3(4; 1)$
- als auch die Gerade h durch die beiden Punkte $\boldsymbol{r}_4(0; 4)$ und $\boldsymbol{r}_5(5; 4)$?

3.1.2 Abstand zweier Geraden

Als Abstand zweier Geraden

$$\boldsymbol{r}(t) = \boldsymbol{r}_0 + t\boldsymbol{a} \quad \text{und} \quad \boldsymbol{r}^*(t^*) = \boldsymbol{r}_0^* + t^*\boldsymbol{a}^* \tag{3.7}$$

gilt der Betrag des kürzesten Verbindungsvektors $\boldsymbol{p} \equiv \boldsymbol{r} - \boldsymbol{r}^*$. Man sieht leicht ein, dass dieser auf beiden Geraden senkrecht steht.

- Fall 1: Im Allgemeinen liegen die beiden Geraden in keiner gemeinsamen Ebene; sie schneiden sich also nirgends und heißen windschief. Der gesuchte Abstand ist die zur gemeinsamen Normalen $\boldsymbol{e}_n = \frac{\boldsymbol{a} \times \boldsymbol{a}^*}{|\boldsymbol{a} \times \boldsymbol{a}^*|}$ parallele Komponente von $\boldsymbol{r}_0 - \boldsymbol{r}_0^*$:

$$|\boldsymbol{p}|_{\min} = (\boldsymbol{r}_0 - \boldsymbol{r}_0^*) \cdot \boldsymbol{e}_n. \tag{3.8}$$

- Fall 2: Die beiden *nichtparallelen* Geraden ($\boldsymbol{a} \times \boldsymbol{a}^* \neq 0$) liegen in einer gemeinsamen Ebene (Fig. 3.1(3)), was $(\boldsymbol{r}_0 - \boldsymbol{r}_0^*) \perp \boldsymbol{e}_n \quad \Rightarrow \quad |\boldsymbol{p}|_{\min} = 0$ bedeutet. Daraus folgt die Schnittbedingung in Form des verschwindenden Spatprodukts

$$(\boldsymbol{r}_0 - \boldsymbol{r}_0^*) \cdot (\boldsymbol{a} \times \boldsymbol{a}^*) = [\boldsymbol{r}_0 - \boldsymbol{r}_0^*, \boldsymbol{a}, \boldsymbol{a}^*] = 0. \tag{3.9}$$

Die beiden Geraden schneiden sich also irgendwo im Endlichen, wenn die 3 Vektoren $\boldsymbol{r}_0 - \boldsymbol{r}_0^*, \boldsymbol{a}, \boldsymbol{a}^*$ komplanar sind, was unmittelbar einleuchtet.

- Fall 3: Die beiden *parallelen* Geraden ($\boldsymbol{a} \times \boldsymbol{a}^* = 0$) schneiden sich im Unendlichen. Nun ist $\boldsymbol{p}$ der zu $\boldsymbol{a}$ senkrechte Teilvektor von $\boldsymbol{r}_0 - \boldsymbol{r}_0^*$:

$$\boldsymbol{r} - \boldsymbol{r}^* = \frac{[\boldsymbol{a} \times (\boldsymbol{r}_0 - \boldsymbol{r}_0^*)] \times \boldsymbol{a}}{\boldsymbol{a}^2} = [\boldsymbol{e}_a \times (\boldsymbol{r}_0 - \boldsymbol{r}_0^*)] \times \boldsymbol{e}_a, \tag{3.10}$$

$$\Rightarrow \quad |\boldsymbol{p}|_{\min} = \frac{|\boldsymbol{a} \times (\boldsymbol{r}_0 - \boldsymbol{r}_0^*)|}{|\boldsymbol{a}|} = |\boldsymbol{e}_a \times (\boldsymbol{r}_0 - \boldsymbol{r}_0^*)| \tag{3.11}$$

(vgl. Aufgabe 2.39). Sollten die parallelen Geraden zudem noch beide die Punkte $\boldsymbol{r}_0$ und $\boldsymbol{r}_0^*$ berühren, fallen sie zusammen; dann sind die 3 Vektoren $\boldsymbol{r}_0 - \boldsymbol{r}_0^*, \boldsymbol{a}, \boldsymbol{a}^*$ parallel.

Aufgabe 3.2 Bestimmen Sie diejenigen Punkte der beiden Geraden (3.7), die den geringsten Abstand haben!

Aufgabe 3.3 Unter welchen Bedingungen in Determinantenform sind die beiden Geraden (3.7) mit den Spaltenvektoren

$$\underline{r}_0 = \begin{pmatrix} x_0 \\ y_0 \\ z_0 \end{pmatrix}, \ \underline{a} = \begin{pmatrix} a_x \\ a_y \\ a_z \end{pmatrix}, \quad \text{bzw.} \quad \underline{r}_0^* = \begin{pmatrix} x_0^* \\ y_0^* \\ z_0^* \end{pmatrix}, \ \underline{a}^* = \begin{pmatrix} a_x^* \\ a_y^* \\ a_z^* \end{pmatrix}$$

windschief, komplanar, parallel? Wann fallen sie zusammen?

3.1.3 Schnittpunkt zweier Geraden

Unter der Bedingung (3.9) liegen die beiden Geraden (3.7) in einer gemeinsamen Ebene E mit der Normalen $\boldsymbol{n} = \boldsymbol{a} \times \boldsymbol{a}^*$. Dann gilt für ihren Schnittpunkt $\boldsymbol{r}_S$

$$\boldsymbol{r}_S = \boldsymbol{r}_0 + t_S \boldsymbol{a} = \boldsymbol{r}_0^* + t_S^* \boldsymbol{a}^*. \tag{3.12}$$

Punktweise Multiplikation mit den individuellen Normalen $\boldsymbol{c} = \boldsymbol{n} \times \boldsymbol{a}$ und $\boldsymbol{c}^* = \boldsymbol{n} \times \boldsymbol{a}^*$ führt zu den maßgebenden Parametern

$$t_S^* = \frac{(\boldsymbol{r}_0 - \boldsymbol{r}_0^*) \cdot (\boldsymbol{n} \times \boldsymbol{a})}{(\boldsymbol{a} \times \boldsymbol{a}^*)^2} \quad \text{und} \quad t_S = \frac{(\boldsymbol{r}_0 - \boldsymbol{r}_0^*) \cdot (\boldsymbol{n} \times \boldsymbol{a}^*)}{(\boldsymbol{a} \times \boldsymbol{a}^*)^2}. \tag{3.13}$$

Damit findet man mühelos den gesuchten Schnittpunkt

$$\boldsymbol{r}_S = \boldsymbol{r}_0 + \frac{(\boldsymbol{r}_0 - \boldsymbol{r}_0^*) \cdot (\boldsymbol{n} \times \boldsymbol{a}^*)}{(\boldsymbol{a} \times \boldsymbol{a}^*)^2} \boldsymbol{a} = \boldsymbol{r}_0^* + \frac{(\boldsymbol{r}_0 - \boldsymbol{r}_0^*) \cdot (\boldsymbol{n} \times \boldsymbol{a})}{(\boldsymbol{a} \times \boldsymbol{a}^*)^2} \boldsymbol{a}^*. \tag{3.14}$$

Das Ergebnis lässt sich vereinfachen, wenn die Ebene E den Nullpunkt berührt. Dann stehen nicht nur die Trägervektoren $\boldsymbol{a}$ und $\boldsymbol{a}^*$, sondern auch die Ortsvektoren $\boldsymbol{r}_0$ und $\boldsymbol{r}_0^*$ auf $\boldsymbol{n}$ senkrecht. Es gilt nach elementarer Umformung

$$\boldsymbol{r}_S(\boldsymbol{a} \times \boldsymbol{a}^*)^2 = \underbrace{-\boldsymbol{r}_0[\boldsymbol{a} \cdot (\boldsymbol{n} \times \boldsymbol{a}^*)] + \boldsymbol{a}[\boldsymbol{r}_0 \cdot (\boldsymbol{n} \times \boldsymbol{a}^*)]}_{\boldsymbol{n}[(\boldsymbol{r}_0 \times \boldsymbol{a}) \cdot \boldsymbol{a}^*] - \boldsymbol{a}^*[(\boldsymbol{r}_0 \times \boldsymbol{a}) \cdot \boldsymbol{n}]} - (\boldsymbol{r}_0^* \cdot \boldsymbol{c}^*)\boldsymbol{a}. \tag{3.15}$$

Wegen $(\boldsymbol{r}_0 \times \boldsymbol{a}) \cdot \boldsymbol{a}^* = 0$ und $(\boldsymbol{r}_0 \times \boldsymbol{a}) \cdot \boldsymbol{n} = -\boldsymbol{r}_0 \cdot \boldsymbol{c}$ folgt schließlich die symmetrische Formel

$$\boldsymbol{r}_S = \frac{(\boldsymbol{r}_0 \cdot \boldsymbol{c})\boldsymbol{a}^* - (\boldsymbol{r}_0^* \cdot \boldsymbol{c}^*)\boldsymbol{a}}{(\boldsymbol{a} \times \boldsymbol{a}^*)^2}. \tag{3.16}$$

Schnittwinkel ist der Winkel α zwischen den beiden Trägervektoren:

$$\cos\alpha = \frac{\boldsymbol{a} \cdot \boldsymbol{a}^*}{|\boldsymbol{a}|\,|\boldsymbol{a}^*|}. \tag{3.17}$$

Anwendung in der Navigation

Zwei Schiffe auf den Positionen $\boldsymbol{r}(t)$ und $\boldsymbol{r}^*(t)$ mögen mit den konstanten Geschwindigkeiten $\boldsymbol{a}$ bzw. $\boldsymbol{a}^*$ auf den Schnittpunkt $\boldsymbol{r}_S$ ihrer Kurse zusteuern und voraussichtlich binnen $t_S - t$ bzw. $t_S^* - t$ erreichen. Wenn diese Fahrzeiten verschieden lang sind, passieren die Schiffe den Schnittpunkt $\boldsymbol{r}_S$ nacheinander. „Sie kommen voneinander klar". Dagegen stoßen sie dort im Fall

$$t_S = t_S^* \quad \Rightarrow \quad \boldsymbol{r}(t) - \boldsymbol{r}^*(t) = (\boldsymbol{a} - \boldsymbol{a}^*)(t_S - t) \tag{3.18}$$

zusammen (Fig. 3.3). Der Verbindungsvektor $\boldsymbol{p} \equiv \boldsymbol{r} - \boldsymbol{r}^*$, unter dem man sich die Sichtlinie oder den Ortungsstrahl vorstellen darf, hat vor Kollisionen die

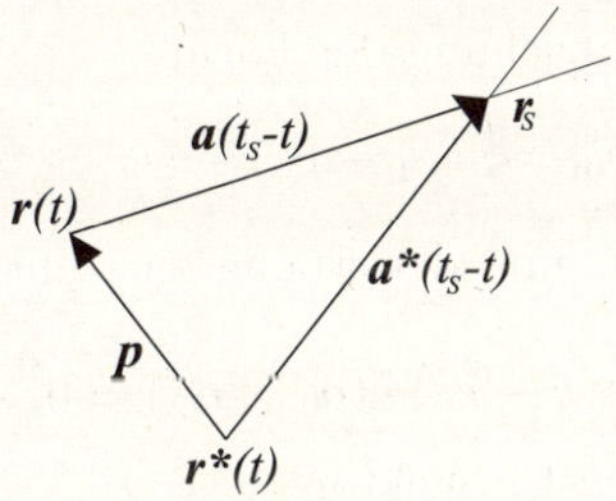

Fig. 3.3

Eigenschaft $\dot{\boldsymbol{p}} = -(\boldsymbol{a}^* - \boldsymbol{a})$. Die Richtung der Sichtlinie bleibt in diesem Fall bei abnehmendem Schiffsabstand raumfest stehen; sie dreht sich nicht. Der Seemann spricht von stehender Peilung und ist gewarnt.

Aufgabe 3.4 Bestimmen Sie den Umkreismittelpunkt $\boldsymbol{r}_m$ eines Dreiecks ABC in der Ebene $z = 0$ als Schnittpunkt seiner Mittellote!

3.2 Ebene

Ein beliebiger Punkt $\boldsymbol{r}_0$ und 2 nichtparallele Trägervektoren $\boldsymbol{a}_1, \boldsymbol{a}_2$ bestimmen eine Ebene. Alle Ebenenpunkte $\boldsymbol{r}$ genügen der Komplanaritätsbedingung

$$[\boldsymbol{r} - \boldsymbol{r}_0, \boldsymbol{a}_1, \boldsymbol{a}_2] = 0, \tag{3.19}$$

was nach (2.47) zu der Parameterdarstellung der Ebene (Fig. 3.4)

$$\boldsymbol{r} - \boldsymbol{r}_0 = u\boldsymbol{a}_1 + v\boldsymbol{a}_2 \tag{3.20}$$

führt. Die beiden Trägervektoren $\boldsymbol{a}_1, \boldsymbol{a}_2$ sind gewissermaßen die Basisvektoren eines im Allgemeinen schiefwinkligen Bezugssystems auf der Ebene, wo die beiden reellen Parameter u, v die Rolle von Koordinaten mit dem Ursprung $\boldsymbol{r}_0$ spielen. Die Trägervektoren lassen sich hilfsweise konstruieren, wenn 2 weitere

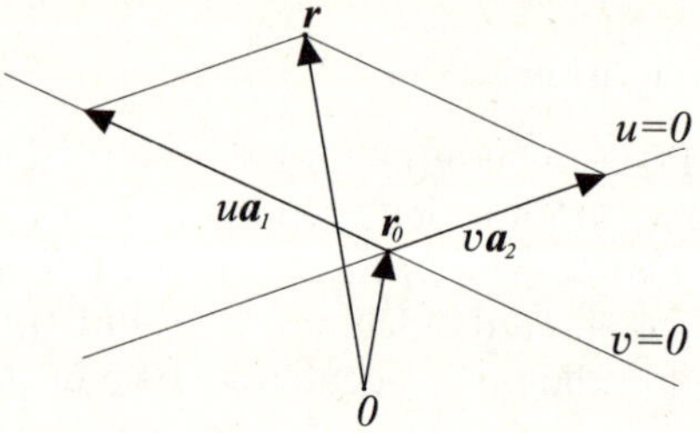

Fig. 3.4

Ebenenpunkte $\boldsymbol{r}_1, \boldsymbol{r}_2$ gegeben sind:

$$\boldsymbol{a}_1 = \boldsymbol{r}_1 - \boldsymbol{r}_0 \quad \text{und} \quad \boldsymbol{a}_2 = \boldsymbol{r}_2 - \boldsymbol{r}_0. \tag{3.21}$$

Dann gilt eine Dreipunktegleichung der Form

$$\boldsymbol{r} - \boldsymbol{r}_0 = u(\boldsymbol{r}_1 - \boldsymbol{r}_0) + v(\boldsymbol{r}_2 - \boldsymbol{r}_0). \tag{3.22}$$

Eine parameterfreie Darstellung der Ebene entsteht, wenn man (3.19) in der Form

$$(\boldsymbol{r} - \boldsymbol{r}_0) \cdot (\boldsymbol{a}_1 \times \boldsymbol{a}_2) = 0 \tag{3.23}$$

schreibt. Mit dem Normalen-Einsvektor

$$\boldsymbol{e}_n = \frac{\boldsymbol{a}_1 \times \boldsymbol{a}_2}{|\boldsymbol{a}_1 \times \boldsymbol{a}_2|} = \frac{(\boldsymbol{r}_1 - \boldsymbol{r}_0) \times (\boldsymbol{r}_2 - \boldsymbol{r}_0)}{|(\boldsymbol{r}_1 - \boldsymbol{r}_0) \times (\boldsymbol{r}_2 - \boldsymbol{r}_0)|} = \frac{A\boldsymbol{e}_x + B\boldsymbol{e}_y + C\boldsymbol{e}_z}{\sqrt{A^2 + B^2 + C^2}} \tag{3.24}$$

ist $\boldsymbol{r}_0 \cdot \boldsymbol{e}_n = |\boldsymbol{r}_n|$ der Betrag des zur Ebene orthogonalen Ortsvektors $\boldsymbol{r}_n$, also der Abstand der Ebene vom Nullpunkt. Damit gewinnt die skalare Gleichung der Ebene die sog. hessesche[3] Normalform

$$\boldsymbol{r} \cdot \boldsymbol{e}_n = |\boldsymbol{r}_n| \tag{3.25}$$

und die kartesische Form

$$Ax + By + Cz = D \quad \text{mit } D = |\boldsymbol{r}_n| \sqrt{A^2 + B^2 + C^2}. \tag{3.26}$$

[3] Ludwig Otto Hesse (1811-1874), deutscher Mathematiker. Er fand die nach ihm benannte Normalform 1865.

Als Anwendungsbeispiel betrachten wir die Ebene $6x-2y-9z+33=0$. Division durch $-\sqrt{6^2+2^2+9^2}=-11$ führt zur hesseschen Normalform

$$-\frac{6}{11}x+\frac{2}{11}y+\frac{9}{11}z=3.$$

Man findet so mühelos den Normalen-Einsvektor

$$\boldsymbol{e}_n=-\frac{6}{11}\boldsymbol{e}_x+\frac{2}{11}\boldsymbol{e}_y+\frac{9}{11}\boldsymbol{e}_z$$

und den Abstand zum Nullpunkt $|\boldsymbol{r}_n|=3$.

Aufgabe 3.5 Deuten Sie die in Kap. 2.3.1 behandelten Gleichungen

$$1.)\ \boldsymbol{a}\cdot\boldsymbol{r}=\boldsymbol{a}\cdot\boldsymbol{b} \quad \text{und} \quad 2.)\ \boldsymbol{a}\times\boldsymbol{r}=\boldsymbol{a}\times\boldsymbol{b}$$

geometrisch!

Aufgabe 3.6 Gegeben seien die beiden Kugeln $K_1=(\boldsymbol{r}-\boldsymbol{a})^2-R_1^2=0$ und $K_2=(\boldsymbol{r}-\boldsymbol{b})^2-R_2^2=0$ mit den Radien R_1 bzw. $R_2\geq R_1$. Bestimmen Sie ihre Symmetralebene $K_1-K_2=0$ in der hesseschen Normalform!

Aufgabe 3.7 Ein Vierflach sei begrenzt durch die 3 Koordinatenebenen sowie die Ebene E durch die 3 Punkte $\boldsymbol{r}_0(2;1;1)$, $\boldsymbol{r}_1(6;1;-1)$ und $\boldsymbol{r}_2(4;-5;6)$. Bestimmen Sie Radius R und Mittelpunkt $\boldsymbol{r}_M$ der einbeschriebenen Kugel! Wo berührt sie die Ebene E?

3.2.1 Schnittpunkt von Gerade und Ebene

Gerade und Ebene schneiden sich, wenn sie nicht parallel sind, in einem Punkt $\boldsymbol{r}_d$, auch Durchstoßpunkt genannt. Dieser genügt zugleich der Geraden- und Ebenengleichung

$$\boldsymbol{r}_d=\boldsymbol{r}_0+t\boldsymbol{a}=\bar{\boldsymbol{r}}_0+u\boldsymbol{a}_1+v\boldsymbol{a}_2. \tag{3.27}$$

Punktweise Multiplikation mit $(\boldsymbol{a}_1\times\boldsymbol{a}_2)$ ergibt

$$\boldsymbol{r}_0\cdot(\boldsymbol{a}_1\times\boldsymbol{a}_2)+t\boldsymbol{a}\cdot(\boldsymbol{a}_1\times\boldsymbol{a}_2)=\bar{\boldsymbol{r}}_0\cdot(\boldsymbol{a}_1\times\boldsymbol{a}_2) \tag{3.28}$$

$$\Rightarrow \quad t=\frac{(\bar{\boldsymbol{r}}_0-\boldsymbol{r}_0)\cdot(\boldsymbol{a}_1\times\boldsymbol{a}_2)}{\boldsymbol{a}\cdot(\boldsymbol{a}_1\times\boldsymbol{a}_2)}=\frac{(\bar{\boldsymbol{r}}_0-\boldsymbol{r}_0)\cdot\boldsymbol{e}_n}{\boldsymbol{a}\cdot\boldsymbol{e}_n}. \tag{3.29}$$

Einsetzung in die Geradengleichung führt zu

$$\boldsymbol{r}_d=\boldsymbol{r}_0+\frac{(\bar{\boldsymbol{r}}_0-\boldsymbol{r}_0)\cdot\boldsymbol{e}_n}{\boldsymbol{a}\cdot\boldsymbol{e}_n}\boldsymbol{a}. \tag{3.30}$$

Im Fall $\boldsymbol{a}\cdot\boldsymbol{e}_n=0$ sind Gerade und Ebenen-Normale orthogonal, also Gerade und Ebene parallel. Dann gibt es keinen Schnittpunkt im Endlichen.

Aufgabe 3.8 Wo und unter welchem Winkel stößt die Gerade $\boldsymbol{r} = \boldsymbol{r}_0 + t\boldsymbol{a}$ durch die Ebene $\boldsymbol{r} \cdot \boldsymbol{e}_n = |\boldsymbol{r}_n|$? Wenden Sie das Ergebnis auf die Gerade $\boldsymbol{r} = 11\boldsymbol{e}_x + 12\boldsymbol{e}_y + 12\boldsymbol{e}_z + t(\boldsymbol{e}_x + \boldsymbol{e}_z)$ und die Ebene $x + 2y + 2z - 17 = 0$ an!

3.2.2 Schnittgerade zweier Ebenen

Zwei Ebenen $\boldsymbol{r} \cdot \boldsymbol{e}_n = |\boldsymbol{r}_n|$ und $\boldsymbol{r}^* \cdot \boldsymbol{e}_n^* = |\boldsymbol{r}_n^*|$ schneiden sich, wenn sie nicht parallel sind, entlang einer Geraden, der sog. Schnittgeraden. Sie steht auf den Normalen $\boldsymbol{e}_n$ und $\boldsymbol{e}_n^*$ senkrecht; es liegt also nahe, ihren Trägervektor in der Form $\boldsymbol{a} = \boldsymbol{e}_n \times \boldsymbol{e}_n^*$ anzusetzen. Damit gilt für die Schnittgerade

$$\boldsymbol{r} = \boldsymbol{r}^* = \bar{\boldsymbol{r}}_l + t(\boldsymbol{e}_n \times \boldsymbol{e}_n^*), \tag{3.31}$$

wobei $\bar{\boldsymbol{r}}_l$ der vom Nullpunkt auf sie gefällte Lotvektor sein möge. Er genügt den Bedingungen

$$\bar{\boldsymbol{r}}_l \cdot \boldsymbol{e}_n = |\boldsymbol{r}_n|, \quad \bar{\boldsymbol{r}}_l \cdot \boldsymbol{e}_n^* = |\boldsymbol{r}_n^*|, \quad \bar{\boldsymbol{r}}_l \cdot (\boldsymbol{e}_n \times \boldsymbol{e}_n^*) = 0. \tag{3.32}$$

Daraus folgt mit Hilfe von (2.58) mühelos

$$\bar{\boldsymbol{r}}_l = \frac{\boldsymbol{e}_n^* \times (\boldsymbol{r}_n \times \boldsymbol{e}_n^*) + (\boldsymbol{e}_n \times \boldsymbol{r}_n^*) \times \boldsymbol{e}_n}{(\boldsymbol{e}_n \times \boldsymbol{e}_n^*)^2} \tag{3.33}$$

$$\Rightarrow \quad \boldsymbol{r} = \frac{\boldsymbol{e}_n^* \times (\boldsymbol{r}_n \times \boldsymbol{e}_n^*) + (\boldsymbol{e}_n \times \boldsymbol{r}_n^*) \times \boldsymbol{e}_n}{(\boldsymbol{e}_n \times \boldsymbol{e}_n^*)^2} + t(\boldsymbol{e}_n \times \boldsymbol{e}_n^*). \tag{3.34}$$

Diese Lösung versagt ersichtlich im Fall $\boldsymbol{e}_n \times \boldsymbol{e}_n^* = 0$, also wenn die beiden Ebenen parallel sind.

Zur Übung suchen wir die Schnittgerade der Ebenen

$$6x - 2y - 9z + 33 = 0 \text{ (siehe Kap. 3.2) und } \quad x + 3y = 0. \tag{3.35}$$

Letztere berührt den Nullpunkt ($\boldsymbol{r}_n^* = 0$) und hat den Normalen-Einsvektor

$$\boldsymbol{e}_n^* = \frac{\boldsymbol{e}_x + 3\boldsymbol{e}_y}{\sqrt{10}} \quad \Rightarrow \quad \boldsymbol{e}_n \cdot \boldsymbol{e}_n^* = 0. \tag{3.36}$$

Die Ebenen stehen somit aufeinander senkrecht. Daher hat die Schnittgerade wegen

$$\boldsymbol{e}_n \times \boldsymbol{e}_n^* = \frac{-27\boldsymbol{e}_x + 9\boldsymbol{e}_y - 20\boldsymbol{e}_z}{11\sqrt{10}} \tag{3.37}$$

$$\Rightarrow \quad |\boldsymbol{e}_n \times \boldsymbol{e}_n^*| = 1 \quad \text{und} \quad \boldsymbol{e}_n^* \times (\boldsymbol{r}_n \times \boldsymbol{e}_n^*) = \boldsymbol{r}_n \tag{3.38}$$

die plausible Form

$$\boldsymbol{r} = 3\boldsymbol{e}_n - \frac{t}{11\sqrt{10}}(27\boldsymbol{e}_x - 9\boldsymbol{e}_y + 20\boldsymbol{e}_z). \tag{3.39}$$

Der Ortsvektor $\boldsymbol{r}_n = \bar{\boldsymbol{r}}_l$ steht auf der ersten Ebene senkrecht und liegt in der zweiten.

3.2.3 Schnittpunkt dreier Ebenen

Drei Ebenen $\boldsymbol{r} \cdot \boldsymbol{e}_n = |\boldsymbol{r}_n|$, $\boldsymbol{r}^* \cdot \boldsymbol{e}_n^* = |\boldsymbol{r}_n^*|$, $\bar{\boldsymbol{r}} \cdot \bar{\boldsymbol{e}}_n = |\bar{\boldsymbol{r}}_n|$ haben im Allgemeinen einen einzigen Schnittpunkt $\boldsymbol{r} = \boldsymbol{r}^* = \bar{\boldsymbol{r}}$. Man findet ihn leicht mit Hilfe von (2.58) analog der Lösung von Aufgabe 2.36:

$$\boldsymbol{r} = \frac{|\boldsymbol{r}_n|\,(\boldsymbol{e}_n^* \times \bar{\boldsymbol{e}}_n) + |\boldsymbol{r}_n^*|\,(\bar{\boldsymbol{e}}_n \times \boldsymbol{e}_n) + |\bar{\boldsymbol{r}}_n|\,(\boldsymbol{e}_n \times \boldsymbol{e}_n^*)}{[\boldsymbol{e}_n, \boldsymbol{e}_n^*, \bar{\boldsymbol{e}}_n]}. \tag{3.40}$$

Das analytisch-geometrische Problem, die 3 Koordinaten des Schnittpunkts von 3 Ebenen zu bestimmen, entspricht dem algebraischen Problem, 3 lineare Gleichungen nach 3 Unbekannten aufzulösen (vgl. Kap. 2.4.3).

Im Wesentlichen lassen sich folgende Fälle unterscheiden:

1. Der Schnittpunkt ist eindeutig, sofern die 3 Normalen $\boldsymbol{e}_n, \boldsymbol{e}_n^*, \bar{\boldsymbol{e}}_n$ nicht komplanar sind ($[\boldsymbol{e}_n, \boldsymbol{e}_n^*, \bar{\boldsymbol{e}}_n] \neq 0$). Er liegt im Nullpunkt, falls die Nullpunktsabstände der 3 Ebenen verschwinden:

$$|\boldsymbol{r}_n| = |\boldsymbol{r}_n^*| = |\bar{\boldsymbol{r}}_n| = 0 \quad \Rightarrow \quad \boldsymbol{r} = 0.$$

2. Es gibt keinen einzelnen oder gar keinen Schnittpunkt, wenn die 3 Normalen komplanar sind ($[\boldsymbol{e}_n, \boldsymbol{e}_n^*, \bar{\boldsymbol{e}}_n] = 0$):

   a) Sofern nicht alle 3 Normalen parallel sind, haben die 3 Ebenen mindestens 1, wenn nicht 2 oder 3 Schnitt*geraden* (mit je unendlich vielen „Schnittpunkten").

   b) Falls alle 3 Normalen parallel sind, schneiden sich die 3 Ebenen nirgends. 2 oder 3 können höchstens zusammenfallen.

3.3 Kegelschnitte

Für jeden Punkt P eines Kegelschnitts ist das Verhältnis ε der Abstände von

- einem festen Punkt F (Brennpunkt) und
- einer festen Geraden L (Leitlinie)

konstant (Fig. 3.5). Dies bedeutet mit $|\boldsymbol{r}| = \rho$

$$\frac{\rho}{h + (\boldsymbol{r} \cdot \boldsymbol{e}_x)} = \varepsilon \quad \Rightarrow \quad \rho - \varepsilon(\boldsymbol{r} \cdot \boldsymbol{e}_x) = \varepsilon h. \tag{3.41}$$

Die maßgebende Größe ε heißt numerische Exzentrizität. Ein Vorzeichenwechsel von φ lässt $\boldsymbol{r} \cdot \boldsymbol{e}_x$ unberührt, was die x-Achse als Symmetrieachse des Kegelschnitts ausweist. Die zum Brennpunkt F gehörige Ordinate heißt Parameter[4]

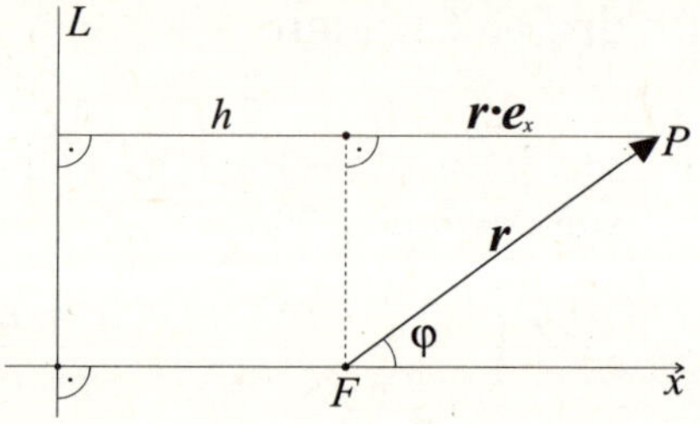

Fig. 3.5

p. Er entspricht also der Länge des Ortsvektors $\boldsymbol{r}$ für $\varphi = \pm\frac{\pi}{2} \quad \Rightarrow \quad \boldsymbol{r} \cdot \boldsymbol{e}_x = 0$:

$$p = \varepsilon h. \tag{3.42}$$

Wir gewinnen damit die sog. Brennpunktsgleichung des Kegelschnitts

$$\rho - \varepsilon(\boldsymbol{r} \cdot \boldsymbol{e}_x) = p, \tag{3.43}$$

die mit den Polarkoordinaten[5] ρ, φ wegen $\boldsymbol{r} \cdot \boldsymbol{e}_x = \rho \cos\varphi$ die geläufige Form[6]

$$\rho = \frac{p}{1 - \varepsilon \cos\varphi}. \tag{3.44}$$

annimmt. Man unterscheidet im Einzelnen:

- Kreise ($\varepsilon = 0$),
- Ellipsen ($\varepsilon < 1$),
- Parabeln ($\varepsilon = 1$) und
- Hyperbeln ($\varepsilon > 1$).

Aufgabe 3.9 Welche Kurven $\Phi_1(x, y) = 0$ und $\Phi_2(x, y) = 0$ entsprechen den Parameterdarstellungen

1.) $\boldsymbol{r} = a\cos t\, \boldsymbol{e}_x + b \sin t\, \boldsymbol{e}_y$ bzw. 2.) $\boldsymbol{r} = a\cosh t\, \boldsymbol{e}_x + b\sinh t\, \boldsymbol{e}_y$?

[4]Der Parameter (Kennzahl) p hat mit dem in Parameterdarstellungen auftretenden Parameter (Laufzahl) t nichts zu tun. Bitte keine Missverständnisse!

[5]Sie wurden erstmals von Jakob Bernoulli verwendet.

[6]Der Pol liegt bei der Ellipse im *linken* Brennpunkt, bei der Hyperbel im *rechten* Brennpunkt, bei der Parabel $y^2 = 2px$ im Brennpunkt.

3.4 Lineare Transformationen kartesischer Koordinaten

Zuweilen lassen sich geometrische Gebilde 2. Ordnung nur deshalb nicht sogleich identifizieren, weil das benutzte Bezugssystem ihre Darstellung verfremdet. Hier hilft der Übergang zu einem neuen Bezugssystem, also eine geeignete Koordinatentransformation, weiter.

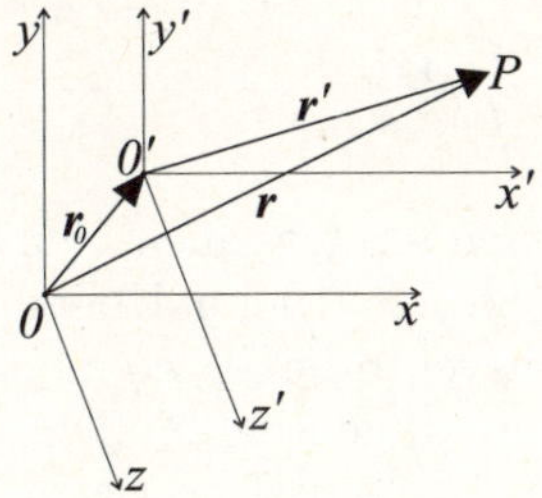

Fig. 3.6

3.4.1 Translation

Oft genügt die Einrichtung eines neuen Bezugssystems x', y', z' mit gleichen Achsenrichtungen, nur dass sein Ursprung $0'$ an einer Stelle $\boldsymbol{r}_0$ des alten Systems x, y, z liegt (Fig. 3.6). Dann gilt die Transformation

$$\boldsymbol{r}' = \boldsymbol{r} - \boldsymbol{r}_0, \tag{3.45}$$

die Translation oder Parallelverschiebung des Systems x, y, z zu der Stelle $\boldsymbol{r}_0$ heißt.

Ein durchsichtiges Beispiel mag dies verdeutlichen: Eine Kugel mit dem Mittelpunkt $\boldsymbol{r}_0$ und dem Radius R genügt der Gleichung

$$|\boldsymbol{r} - \boldsymbol{r}_0| = R. \tag{3.46}$$

Sie gewinnt nach der Transformation (3.45) die einfachere Form

$$|\boldsymbol{r}'| = R. \tag{3.47}$$

Dabei muss $\boldsymbol{r}_0$ keine Konstante sein. So bedient sich die klassische Mechanik der sog. Galilei[7]-Transformation, wo das neue Bezugssystem in der Zeit t mit der konstanten Relativgeschwindigkeit $\boldsymbol{v}$ den Weg $\boldsymbol{v}t$ zurücklegt. Das bedeutet

$$\boldsymbol{r}' = \boldsymbol{r} - \boldsymbol{v}t. \tag{3.48}$$

[7] Galileo Galilei (1564-1642), italienischer Mathematik-Professor in Pisa, Padua und Florenz. Er fand 1604 das Fallgesetz. Seiner Lehre des kopernikanischen Weltbilds musste er 1633 unter dem Druck der Inquisition abschwören.

3.4.2 Drehung

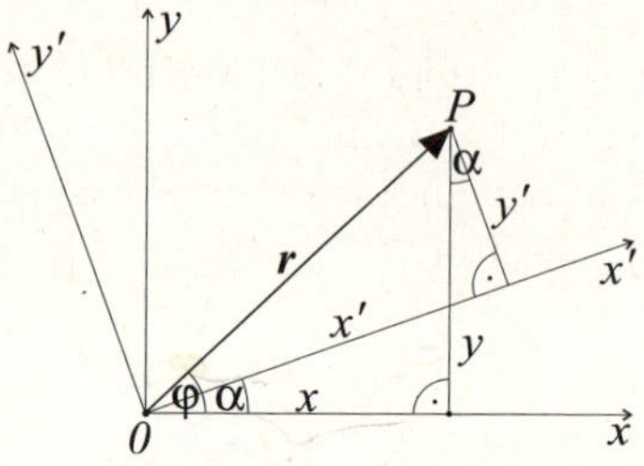

Fig. 3.7

Um wichtige Grundeinsichten zu gewinnen, genügt es, wenn wir die Transformation des *ebenen* Ortsvektors $\boldsymbol{r}$ beim Übergang von einem kartesischen Bezugssystems S mit den Einsvektoren $\boldsymbol{e}_x, \boldsymbol{e}_y$ zu einem ebenfalls kartesischen, um den gemeinsamen Nullpunkt gedrehten Bezugssystem S' mit den Einsvektoren $\boldsymbol{e}'_x, \boldsymbol{e}'_y$ betrachten (Fig. 3.7). Der Betrag $|\boldsymbol{r}|$ bleibt dabei invariant (unverändert).

Die Zerlegung von $\boldsymbol{r}$ in den Bezugssystemen S und S' lautet

$$\boldsymbol{r} = x\boldsymbol{e}_x + y\boldsymbol{e}_y = x'\boldsymbol{e}'_x + y'\boldsymbol{e}'_y. \tag{3.49}$$

Daraus folgt mit den Richtungskosinussen

$$\boldsymbol{e}_x \cdot \boldsymbol{e}'_x = \boldsymbol{e}_y \cdot \boldsymbol{e}'_y = \cos\alpha, \quad \boldsymbol{e}_y \cdot \boldsymbol{e}'_x = -\boldsymbol{e}_x \cdot \boldsymbol{e}'_y = \sin\alpha \tag{3.50}$$

für die Koordinatentransformation $S \to S'$

$$x = x'\cos\alpha - y'\sin\alpha, \tag{3.51a}$$

$$y = x'\sin\alpha + y'\cos\alpha \tag{3.51b}$$

und für die umgekehrte (inverse) Koordinatentransformation $S' \to S$

$$x' = x\cos\alpha + y\sin\alpha, \tag{3.52a}$$

$$y' = -x\sin\alpha + y\cos\alpha \tag{3.52b}$$

oder in der Schreibweise mit Spaltenvektoren und der Matrix $\boldsymbol{M}$

$$\begin{pmatrix} x' \\ y' \end{pmatrix} = \underbrace{\begin{pmatrix} \cos\alpha & \sin\alpha \\ -\sin\alpha & \cos\alpha \end{pmatrix}}_{\boldsymbol{M}} \begin{pmatrix} x \\ y \end{pmatrix}, \quad \text{d. h. } \underline{r}' = \boldsymbol{M}\underline{\boldsymbol{r}}. \tag{3.53}$$

Verglichen mit (3.51) tritt bei Umkehrung der Transformation $-\alpha$ an die Stelle von α. Kein Wunder: Das System S ist ja gegenüber S' um den Winkel $-\alpha$ gedreht.

Für $\alpha = 0$ sind beide Bezugssysteme gleich; dann geht die Transformationsmatrix $\boldsymbol{M}$ in die Einsmatrix $\boldsymbol{E}$ über:

$$\alpha \to 0 \quad \Rightarrow \quad \boldsymbol{M} \to \begin{vmatrix} 1 & 0 \\ 0 & 1 \end{vmatrix} \equiv \boldsymbol{E}; \quad \boldsymbol{r}' \to \boldsymbol{r}. \tag{3.54}$$

Näheres folgt in Kap. 11. Dort werden wir erfahren, dass $\boldsymbol{M}$ zur Kategorie der Tensoren gehört.

3.4.3 Anwendung auf Kegelschnitte

Ein Beispiel zeige die Identifizierung des Kegelschnitts

$$3x^2 + y^2 - 2\sqrt{3}\,xy - 4x - 4\sqrt{3}\,y - 4 = 0 \tag{3.55}$$

$$\Rightarrow \quad 2\sqrt{x^2 + y^2} - x - \sqrt{3}\,y - 2 = 0 \tag{3.56}$$

vermittels einer geeigneten Drehung $S \to S'$. Einsetzung von (3.51) ergibt

$$2\sqrt{x'^2 + y'^2} - x'(\cos\alpha + \sqrt{3}\sin\alpha) + y'(\sin\alpha - \sqrt{3}\cos\alpha) - 2 = 0. \tag{3.57}$$

Wir legen die Hauptsymmetrieachse in die x'-Achse, so dass die Gleichung für $\pm\, y'$ gleich lautet. Dies gelingt durch eine Drehung, die den y'-Faktor $\sin\alpha - \sqrt{3}\cos\alpha$ verschwinden lässt, also um den Winkel $\alpha = 60°$. Damit gewinnt man die Form

$$\sqrt{x'^2 + y'^2} - x' - 1 = 0 \quad \Rightarrow \quad y'^2 = 2\left(x' + \frac{1}{2}\right), \tag{3.58}$$

erkennbar als Brennpunktsgleichung einer Parabel, darstellbar angesichts $\sqrt{x'^2 + y'^2} = \rho' = \rho$ und $x' = \boldsymbol{r}' \cdot \boldsymbol{e}'_x$ auch als Polargleichung

$$\rho - \boldsymbol{r}' \cdot \boldsymbol{e}'_x = 1, \tag{3.59}$$

aus der durch Vergleich mit (3.43) $\varepsilon = 1$ und $p = 1$ hervorgeht.

Aufgabe 3.10 Identifizieren Sie die Kurve $xy = 1$ durch eine geeignete Drehung des Bezugssystems!

4 Vektoranalysis

Während die Differenzialquotienten in der gewöhnlichen Analysis[1] ausschließlich skalare Operanden und Operatoren enthalten, kennt die Vektoranalysis sowohl vektorielle Operanden als auch vektorielle Operatoren.

4.1 Einführung

4.1.1 Vektorielle Funktionen

Die Vektoranalysis behandelt vektorielle Funktionen, seien sie

- Orts- und Zeitfunktionen, die jedem Raumpunkt zeitlich variable Vektoren zuordnen, oder
- Ortsvektoren, die von 1 oder 2 Parametern abhängen, und (1-dimensionale) Kurven bzw. (2-dimensionale) Flächen beschreiben.

Physikalische Funktionen von Ort $\boldsymbol{r}$ und Zeit t heißen nach Faraday[2] allgemein Felder, speziell Skalar- oder Vektorfelder. Man denke nur an die (skala-

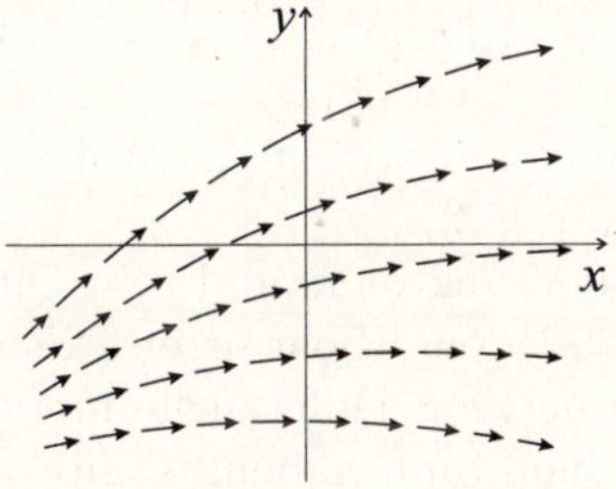

Fig. 4.1

[1]Sie stammt von Newton und Leibniz. Newton, der Entdeckungen nur zögerlich bekannt gab, entwickelte seine „Theorie der Fluxionen" 1665/66, gab sie aber erst 1704 in Druck. Von Leibniz erschien 1684 sein „calculus differentialis" und 1686 sein „calculus integralis". 1696 veröffentlichte Marquis de l'Hospital das erste Lehrbuch der Differenzial- und Integralrechnung, übrigens unter Missachtung der Urheberrechte Johann Bernoullis.

[2]Michael Faraday (1791-1867), Sohn eines armen Londoner Hufschmieds, war gelernter Buchbinder mit großem Interesse an physikalischen und chemischen Versuchen. Er wurde 1827 Chemie-Professor, entdeckte 1831 das Induktionsgesetz und führte um 1840 den Feldbegriff ein, womit er von Newtons Fernwirkungstheorie abrückte.

re) Temperaturverteilung in einem abkühlenden Körper oder an (vektorielle) Strömungen mit Quellen, Wirbeln und Staupunkten, wo sich jeder Vektor als Tangente der sog. Feldlinien anschaulich deuten lässt (siehe Fig. 4.1. Derlei Figuren wollen freilich recht verstanden werden: Die Pfeile mit ihrer scheinbaren geometrischen Länge sind natürlich Sinnbilder für elektrische, magnetische oder sonstige physikalische Vektoren und lassen keinen maßstäblichen Vergleich mit den geometrischen Dimensionen der Figur zu).

Zeitlich konstante Felder (im Sinne $\frac{\partial}{\partial t} = 0$) heißen stationär, *örtlich* konstante (im Sinne $\frac{\partial}{\partial x} = \frac{\partial}{\partial y} = \frac{\partial}{\partial z} = 0$) homogen[3]. In letzteren sind die Feldlinien parallele Geraden.

4.1.2 Ableitungsregeln

Die Infinitesimalrechnung unterscheidet prinzipiell nicht zwischen Skalaren und Vektoren, sondern erklärt Differenziale und Integrale für beide gleich. So entsteht die Ableitung des Vektors $\boldsymbol{a}(u)$ durch den Grenzübergang

$$\frac{d\boldsymbol{a}}{du} = \lim_{\Delta u \to 0} \frac{\boldsymbol{a}(u + \Delta u) - \boldsymbol{a}(u)}{\Delta u}. \tag{4.1}$$

Besondere Schreibweisen gelten für Variable namens t :

$$\frac{d\boldsymbol{a}(t)}{dt} = \dot{\boldsymbol{a}}(t), \qquad \frac{d^2\boldsymbol{a}(t)}{dt^2} = \ddot{\boldsymbol{a}}(t). \tag{4.2}$$

In der Physik, wo t gemeinhin die Zeit bezeichnet, unterscheiden die aufgesetzten Punkte nach Newton[4] zeitliche von örtlichen Ableitungen, z. B.

$$\frac{\partial \boldsymbol{a}(\boldsymbol{r}, t)}{\partial t} = \dot{\boldsymbol{a}}(\boldsymbol{r}, t), \qquad \frac{\partial^2 \boldsymbol{a}(\boldsymbol{r}, t)}{\partial t^2} = \ddot{\boldsymbol{a}}(\boldsymbol{r}, t). \tag{4.3}$$

In der Mathematik ist t keiner bestimmten Größe vorbehalten, sondern kann vielerlei bedeuten (siehe Kap. 5.2).

Im Allgemeinen haben der Vektor $\boldsymbol{a}$ und sein Differenzial $d\boldsymbol{a}$ als infinitesimaler Differenzvektor verschiedene Richtungen. Nach Kap. 2.3.1 leuchtet auch ein, dass Vektoren im Nenner von Differenzialquotienten ebenso wie im Nenner anderer Quotienten keinen Sinn haben; es gibt also nur Ableitungen nach skalaren Größen.

Z. B. stellt sich der Trägervektor $\boldsymbol{a}$ der allgemeinen Geraden $\boldsymbol{r} = \boldsymbol{r}_0 + \lambda \boldsymbol{a}$ als Differenzialquotient $\boldsymbol{a} = \frac{d\boldsymbol{r}}{d\lambda}$ dar. Physiker schreiben kräftefreie Punkte*bahnen*

[3] Mathematiker verwenden diesen Begriff in anderen Zusammenhängen.

[4] Isaac Newton (1643-1727), englischer Physiker, wirkte ab 1669 hauptsächlich als Professor in Cambridge. Er begründete die Physik der Neuzeit und schrieb mit seinem 1687 erschienenen, dreibändigen Hauptwerk „Philosophiae naturalis principia mathematica" das erste Lehrbuch der theoretischen Mechanik.

gern in der Form $\boldsymbol{r} = \boldsymbol{r}_0 + t\boldsymbol{v}$, wobei der Parameter t die Zeit und der Trägervektor $\boldsymbol{v} = \dot{\boldsymbol{r}}$ die (konstante) Punktgeschwindigkeit bezeichnen.

Alle Regeln der Differenzialrechnung behalten grundsätzlich ihre Gültigkeit, freilich in einer den Vorschriften der Vektorrechnung angepassten Schreibweise; so hat z. B. die Produktregel hier die Formen

$$\frac{d}{du}(\Phi\boldsymbol{a}) = \frac{d\Phi}{du}\boldsymbol{a} + \Phi\frac{d\boldsymbol{a}}{du}, \tag{4.4a}$$

$$\frac{d}{du}(\boldsymbol{a}\cdot\boldsymbol{b}) = \frac{d\boldsymbol{a}}{du}\cdot\boldsymbol{b} + \boldsymbol{a}\cdot\frac{d\boldsymbol{b}}{du}, \tag{4.4b}$$

$$\frac{d}{du}(\boldsymbol{a}\times\boldsymbol{b}) = \frac{d\boldsymbol{a}}{du}\times\boldsymbol{b} + \boldsymbol{a}\times\frac{d\boldsymbol{b}}{du}. \tag{4.4c}$$

Hinzu kommt die Quotientenregel

$$\frac{d}{du}\left(\frac{\boldsymbol{a}}{\Phi}\right) = \frac{\frac{d\boldsymbol{a}}{du}\Phi - \boldsymbol{a}\frac{d\Phi}{du}}{\Phi^2}. \tag{4.5}$$

Die Kettenregel lautet für Schachtelfunktionen

- vom vektoriellen Typ $\boldsymbol{a}[u(t)]$

$$\frac{d\boldsymbol{a}[u(t)]}{dt} = \frac{d\boldsymbol{a}(u)}{du}\frac{du(t)}{dt} = \boldsymbol{a}'\dot{u} \quad \text{und} \tag{4.6}$$

- vom skalaren Typ $u[\boldsymbol{a}(t)\cdot\boldsymbol{b}(t)]$

$$\frac{du[\boldsymbol{a}(t)\cdot\boldsymbol{b}(t)]}{dt} = \frac{du(\boldsymbol{a}\cdot\boldsymbol{b})}{d(\boldsymbol{a}\cdot\boldsymbol{b})}\frac{d[\boldsymbol{a}(t)\cdot\boldsymbol{b}(t)]}{dt} = u'(\dot{\boldsymbol{a}}\cdot\boldsymbol{b} + \boldsymbol{a}\cdot\dot{\boldsymbol{b}}). \tag{4.7}$$

Analoge Formeln gelten für partielle Ableitungen.

Einsvektoren können wegen (1.3) zwar nicht ihrem Betrag, wohl aber ihrer Richtung nach Funktionen sein; so erhält man durch Differenzieren der Identität $\boldsymbol{e}_a^2(u) = 1$ allgemein

$$\boldsymbol{e}_a\cdot\frac{d\boldsymbol{e}_a}{du} = 0 \quad\Rightarrow\quad \boldsymbol{e}_a \perp \frac{d\boldsymbol{e}_a}{du}. \tag{4.8}$$

Aufgabe 4.1 Beweisen Sie analytisch, dass die Abstände (3.6) und (3.8) Minima sind!

Aufgabe 4.2 Differenzieren Sie die skalare Schachtelfunktion $u\left[\sqrt{\boldsymbol{a}^2(t)}\right]$ nach t!

Aufgabe 4.3 Unter welcher Bedingung gilt $\left|\frac{d\boldsymbol{a}(u)}{du}\right| = \frac{d|\boldsymbol{a}(u)|}{du}$?

4.2 Örtliche Differenzialoperationen 1. Ordnung

4.2.1 Gradient

Die Funktionswerte in 2 eng benachbarten Punkten $\boldsymbol{r}$ und $\boldsymbol{r} + d\boldsymbol{r}$ eines räumlichen Skalarfeldes $\Phi = \Phi(x, y, z) \equiv \Phi(\boldsymbol{r})$ unterscheiden sich um das totale Differenzial

$$d\Phi = \Phi(\boldsymbol{r} + d\boldsymbol{r}) - \Phi(\boldsymbol{r}) = \frac{\partial\Phi}{\partial x}dx + \frac{\partial\Phi}{\partial y}dy + \frac{\partial\Phi}{\partial z}dz. \tag{4.9}$$

Dies lässt sich formal als Punktprodukt zweier Vektoren schreiben:

$$d\Phi = \left(\frac{\partial\Phi}{\partial x}\boldsymbol{e}_x + \frac{\partial\Phi}{\partial y}\boldsymbol{e}_y + \frac{\partial\Phi}{\partial z}\boldsymbol{e}_z\right) \cdot \underbrace{(dx\boldsymbol{e}_x + dy\boldsymbol{e}_y + dz\boldsymbol{e}_z)}_{d\boldsymbol{r}}. \tag{4.10}$$

Der rechte Vektor ist das kartesische Wegelement; der linke heißt Gradient der Funktion Φ, gesprochen Gradient (von) Φ :

$$\frac{\partial\Phi}{\partial x}\boldsymbol{e}_x + \frac{\partial\Phi}{\partial y}\boldsymbol{e}_y + \frac{\partial\Phi}{\partial z}\boldsymbol{e}_z \equiv \operatorname{grad}\Phi. \tag{4.11}$$

Damit gewinnt das totale Differenzial die einprägsame Form

$$d\Phi = d\boldsymbol{r} \cdot \operatorname{grad}\Phi. \tag{4.12}$$

Sie zeigt die Abhängigkeit von $\measuredangle(d\boldsymbol{r}, \operatorname{grad}\Phi)$.

Die geometrische Bedeutung des Gradienten tritt hervor, wenn man eine beliebige räumliche Fläche $\Phi(\boldsymbol{r}) = \text{const}$ betrachtet. Auf ihr gilt

Aequipotential-fläche

$$d\Phi = d\boldsymbol{r} \cdot \operatorname{grad}\Phi = 0 \quad \Rightarrow \quad d\boldsymbol{r} \perp \operatorname{grad}\Phi. \tag{4.13}$$

Die Bedingung $d\Phi = 0$ erlaubt nur Wege auf der Fläche, so dass ihr Gradient überall auf ihr senkrecht steht, also parallel zu ihrer Normale ist.

Drei Musterbeispiele

- Die lineare Gleichung $\Phi = Ax + By + Cz - D = 0$ stellt angesichts (3.26) eine Ebene dar. Ihr Gradient lautet

  $$\operatorname{grad}\Phi = A\boldsymbol{e}_x + B\boldsymbol{e}_y + C\boldsymbol{e}_z = \mathbf{const}.$$

  Er ist (3.24) zufolge parallel zur Normalen

- Die Gleichung $\Phi = x^2 + y^2 + z^2 - R^2 = 0$ beschreibt eine Kugel vom Radius R um den Nullpunkt. Der Gradient dieser Fläche berechnet sich zu
$$\operatorname{grad}\Phi = 2(x\boldsymbol{e}_x + y\boldsymbol{e}_y + z\boldsymbol{e}_z) = 2\boldsymbol{r}. \tag{4.14}$$
Er steht offenbar senkrecht auf der Kugel.

- Jede Tangentialebene einer räumlichen Fläche $\Phi(\boldsymbol{r}) = \text{const}$ steht im Berührungspunkt $\boldsymbol{r}_1$ senkrecht auf dem örtlichen Gradienten; sie hat daher die Form
$$(\boldsymbol{r} - \boldsymbol{r}_1) \cdot \operatorname{grad}\Phi(\boldsymbol{r}_1) = 0 \quad \text{oder kartesisch}$$
$$(x - x_1)\frac{\partial\Phi(x_1, y_1, z_1)}{\partial x} + (y - y_1)\frac{\partial\Phi(x_1, y_1, z_1)}{\partial y} + (z - z_1)\frac{\partial\Phi(x_1, y_1, z_1)}{\partial z} = 0.$$

Aufgabe 4.4 Welche Steigung hat die ebene Kurve $\Phi(\boldsymbol{r}) = 0$ an der Stelle $\boldsymbol{r}_1$? Wenden Sie das Ergebnis auf die Kegelschnitte $\Phi(\boldsymbol{r}) = \frac{x^2}{a^2} \pm \frac{y^2}{b^2} - 1 = 0$ an!

Aufgabe 4.5 Zeigen Sie, dass die von den beiden Brennpunkten $F_1(-e, 0)$ und $F_2(e, 0)$ der Ellipse $\frac{x^2}{a^2} + \frac{y^2}{b^2} = 1$ ausgehenden Strahlen $\boldsymbol{r}_1$ bzw. $\boldsymbol{r}_2$ die Normale im Punkt $P(x, y)$ unter dem gleichen Winkel α schneiden!

Aufgabe 4.6 Bestimmen Sie bezüglich des Punkts $\boldsymbol{r}_1$ der Kugel vom Radius R um den Mittelpunkt $\boldsymbol{r}_0$ die Gleichungen 1.) ihrer Tangentialebene und 2.) ihrer Normalen!

Relative Extrema räumlicher Flächen

Die Fläche $\Phi(x, y, z) = 0$ hat relative z-Extrema, wo ihre Tangentialebene senkrecht auf der z-Achse steht. Dort gilt $\operatorname{grad}\Phi \| \boldsymbol{e}_z$, was zu den notwendigen Bedingungen[5]
$$\frac{\partial\Phi}{\partial x} = 0 \quad \text{und} \quad \frac{\partial\Phi}{\partial y} = 0 \tag{4.15}$$
führt.

Wenn eine Nebenbedingung $\Psi(x, y, z) = 0$ hinzutritt, kommen als Extrema nur solche Punkte in Betracht, die sowohl zur Fläche $\Phi(x, y, z) = 0$ als auch zur Fläche $\Psi(x, y, z) = 0$ gehören. Sie liegen auf deren Schnittkurve. Es gilt
$$d\Phi = \operatorname{grad}\Phi \cdot d\boldsymbol{r} = 0 \quad \text{und} \quad d\Psi = \operatorname{grad}\Psi \cdot d\boldsymbol{r} = 0,$$

[5] Sie gehen ansatzweise auf Fermat (1638) zurück.

wobei $d\boldsymbol{r} = dx\boldsymbol{e}_x + dy\boldsymbol{e}_y + dz\boldsymbol{e}_z$ ein Wegelement der Schnittkurve sei. Ihre z-Extrema zeichnen sich durch $dz = 0$ aus. Dies bedeutet

$$\frac{\partial \Phi}{\partial x}dx + \frac{\partial \Phi}{\partial y}dy = 0 \quad \text{und} \quad \frac{\partial \Psi}{\partial x}dx + \frac{\partial \Psi}{\partial y}dy = 0,$$

so dass sich anstelle (4.15) die Bedingungen

$$\frac{\partial \Phi}{\partial x} - \lambda\frac{\partial \Psi}{\partial x} = 0 \quad \text{und} \quad \frac{\partial \Phi}{\partial y} - \lambda\frac{\partial \Psi}{\partial y} = 0$$

ergeben, wobei der sog. lagrangesche Multiplikator λ eine belanglose Proportionalitätskonstante ist. Das Lösungsverfahren läuft also formal darauf hinaus, die Extrema der Hilfsfunktion $\hat{\Phi} \equiv \Phi - \lambda\Psi = 0$ zu bestimmen. Die Bedingungen gewinnen damit die elegante Form:

$$\frac{\partial \hat{\Phi}}{\partial x} = 0, \quad \frac{\partial \hat{\Phi}}{\partial y} = 0, \quad \frac{\partial \hat{\Phi}}{\partial \lambda} = -\Psi = 0. \tag{4.16}$$

Das sind 3 Gleichungen zur Bestimmung der beiden Extremalkoordinaten x, y und des Multiplikators λ.

Aufgabe 4.7 Bestimmen Sie Radius r und Höhe h desjenigen Zylinders, der bei gegebenem Volumen V die kleinste Oberfläche A hat!

4.2.2 Divergenz

Strömungsfelder $\boldsymbol{a}(x, y, z)$ können Gebiete mit positiven und negativen[6] Quellen enthalten. Dort fließt mehr bzw. weniger heraus als herein. Ein Maß für die

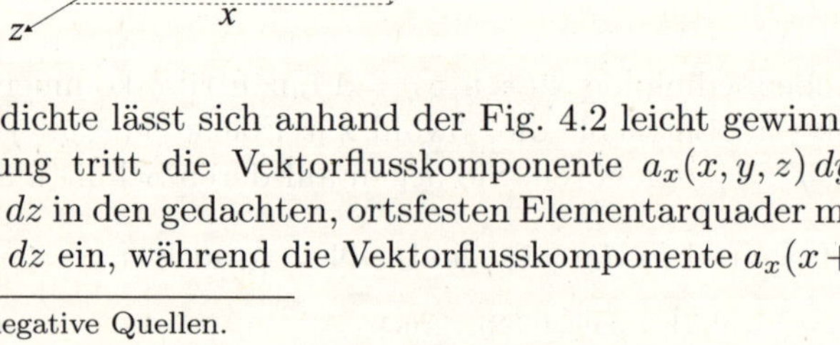

Fig. 4.2

örtliche Quelldichte lässt sich anhand der Fig. 4.2 leicht gewinnen.

In x-Richtung tritt die Vektorflusskomponente $a_x(x, y, z)\,dy\,dz$ durch die Stirnfläche $dy\,dz$ in den gedachten, ortsfesten Elementarquader mit den Kantenlängen dx, dy, dz ein, während die Vektorflusskomponente $a_x(x + dx, y, z)\,dy\,dz$

[6]Senken sind negative Quellen.

durch die entgegengesetzte Stirnfläche austritt. Die Differenz beträgt nach Taylor[7] bis auf vernachlässigbar kleine Größen höherer Ordnung

$$[a_x(x+dx,y,z) - a_x(x,y,z)]dy\,dz = \frac{\partial a_x}{\partial x} dx\,dy\,dz. \tag{4.17}$$

Mitsamt den analogen Differenzen in y- und z-Richtung summiert sich der Überschuss zur sog. Ergiebigkeit des Elementarquaders

$$\left(\frac{\partial a_x}{\partial x} + \frac{\partial a_y}{\partial y} + \frac{\partial a_z}{\partial z} \right) dx\,dy\,dz. \tag{4.18}$$

Der auf das Quadervolumen $d\tau = dx\,dy\,dz$ bezogene Überschuss heißt Divergenz (von) $\boldsymbol{a}$ und lautet

$$\operatorname{div} \boldsymbol{a} \equiv \frac{\partial a_x}{\partial x} + \frac{\partial a_y}{\partial y} + \frac{\partial a_z}{\partial z}. \tag{4.19}$$

Sie ist eine skalare Ortsfunktion und dient als Maß für die örtliche Quelldichte. Vektorfelder $\boldsymbol{a}(\boldsymbol{r})$ mit der Eigenschaft $\operatorname{div} \boldsymbol{a} = 0$ heißen quellenfrei.

Das anschauliche Modell des Strömungsfelds mit seinen Stromlinien und Quellen findet analoge Anwendung auf solche Vektorfelder, wo in mechanischem Sinn nichts strömt, sondern lediglich Feldlinien verlaufen; so treten z. B. in elektrostatischen Feldern positive und negative Ladungen an die Stelle von positiven und negativen Quellen.

Als einfaches Rechenbeispiel (vgl. Aufgabe 4.8) diene das *räumliche* Radialfeld $\boldsymbol{a}(\boldsymbol{r}) = \boldsymbol{r}$. Seine Quelldichte beträgt wegen (1.26) überall

$$\operatorname{div} \boldsymbol{r} = 3. \tag{4.20}$$

Ein *ebenes* Radialfeld, etwa mit der Eigenschaft $\frac{\partial}{\partial z} = 0$, hat dagegen überall nur

$$\operatorname{div} \boldsymbol{r} = 2. \tag{4.21}$$

Anwendung in der Gasdynamik

Wir betrachten eine Gasströmung mit der Geschwindigkeit $\boldsymbol{v}(\boldsymbol{r},t)$ und der Dichte $\varrho(\boldsymbol{r},t)$. Dann ist $\varrho\boldsymbol{v}$ die je Zeit- und Querschnittseinheit transportierte Gasmasse, die sog. Massestromdichte. Sie differiert an Aus- und Eingang des Elementarquaders der Fig. 4.2 im Zeitpunkt t um den Betrag $\operatorname{div} \varrho\boldsymbol{v}\, d\tau$, so dass dem Elementarquader bis $t+dt$ ein Masseüberschuss $\operatorname{div} \varrho\boldsymbol{v}\, d\tau dt$ entquillt. Ihm muss nach dem Prinzip von der Erhaltung der Masse innerhalb des Quaders ein Masseschwund $-\frac{\partial \varrho}{\partial t}\, d\tau dt$ entsprechen. Dies führt zur sog. Kontinuitätsgleichung

$$\operatorname{div} \varrho\boldsymbol{v} = -\frac{\partial \varrho}{\partial t}. \tag{4.22}$$

[7] Brook Taylor (1685-1731), englischer Mathematiker und Philosoph

Aufgabe 4.8 Bestätigen Sie (4.20) anhand des Modells einer gedachten Kugelschale im Vektorfeld!

4.2.3 Rotor

Viele Vektorfelder $\boldsymbol{a}(\boldsymbol{r})$ enthalten Wirbel. Anschauliche Beispiele sind Strudel in Flüssigkeits- und Zyklone in Luftströmungen. Wirbel spielen aber auch in elektromagnetischen Feldern eine große Rolle.

Wirbel erzeugen im Vektorfeld eine sog. Zirkulation[8] . Zur Erläuterung betrachten wir an der Stelle y, z der Ebene $x = \text{const}$ ein achssymmetrisches, elementares Rechteck (Fig. 4.3) des Inhalts

$$d\boldsymbol{S}_x = dy\, \boldsymbol{e}_y \times dz\, \boldsymbol{e}_z = dy\, dz\, \boldsymbol{e}_x. \tag{4.23}$$

Zirkulation $d\Gamma_x$ heißt dort die sog. Randsumme der Punktprodukte $\boldsymbol{a}(\boldsymbol{r}) \cdot d\boldsymbol{r}$

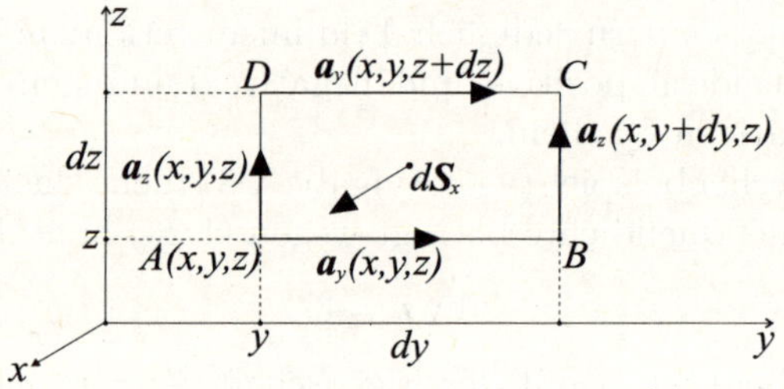

Fig. 4.3

auf dem Wege von A über B, C, D nach A zurück, also beim Umlauf über den Rechteckrand gegen den Uhrzeigersinn; damit bilden Umlaufsinn und Flächeninhalt $d\boldsymbol{S}_x$ eine Rechtsschraube. Die Fig. 4.3 zeigt die 4 maßgebenden $\boldsymbol{a}$-Teilvektoren, von denen 2 in Umlauf-, 2 in Gegenrichtung weisen. Somit ergibt sich für die Zirkulation

$$\begin{aligned} d\Gamma_x &= a_y(x,y,z)\, dy + a_z(x, y+dy, z)\, dz - a_y(x,y,z+dz)\, dy \\ &\quad - a_z(x,y,z)\, dz = \left(\frac{\partial a_z}{\partial y} - \frac{\partial a_y}{\partial z}\right) dy\, dz = \left(\frac{\partial a_z}{\partial y} - \frac{\partial a_y}{\partial z}\right) \boldsymbol{e}_x \cdot d\boldsymbol{S}_x. \end{aligned}$$

Analoge Überlegungen führen zu den Zirkulationen $d\Gamma_y$ und $d\Gamma_z$ in den Ebenen

[8]Der Begriff stammt von William Thomson.

$y = \text{const}$ bzw. $z = \text{const}$. Zusammenfassend erhält man

$$d\Gamma = d\Gamma_x + d\Gamma_y + d\Gamma_z \tag{4.24}$$

$$= \left(\frac{\partial a_z}{\partial y} - \frac{\partial a_y}{\partial z}\right)\boldsymbol{e}_x \cdot d\boldsymbol{S}_x + \left(\frac{\partial a_x}{\partial z} - \frac{\partial a_z}{\partial x}\right)\boldsymbol{e}_y \cdot d\boldsymbol{S}_y + \left(\frac{\partial a_y}{\partial x} - \frac{\partial a_x}{\partial y}\right)\boldsymbol{e}_z \cdot d\boldsymbol{S}_z \equiv \operatorname{rot}\boldsymbol{a} \cdot d\boldsymbol{S}. \tag{4.25}$$

Der so als Faktor des Flächenelements $d\boldsymbol{S} \equiv d\boldsymbol{S}_x + d\boldsymbol{S}_y + d\boldsymbol{S}_z$ definierte Vektor $\operatorname{rot}\boldsymbol{a}$ heißt Rotor von $\boldsymbol{a}$ und gilt als Maß für die örtliche Wirbeldichte. Er lautet in kartesischer Form

$$\operatorname{rot}\boldsymbol{a} = \left(\frac{\partial a_z}{\partial y} - \frac{\partial a_y}{\partial z}\right)\boldsymbol{e}_x + \left(\frac{\partial a_x}{\partial z} - \frac{\partial a_z}{\partial x}\right)\boldsymbol{e}_y + \left(\frac{\partial a_y}{\partial x} - \frac{\partial a_x}{\partial y}\right)\boldsymbol{e}_z \tag{4.26}$$

und in der einprägsamen Determinantenschreibweise

$$\operatorname{rot}\boldsymbol{a} = \begin{vmatrix} \boldsymbol{e}_x & \boldsymbol{e}_y & \boldsymbol{e}_z \\ \frac{\partial}{\partial x} & \frac{\partial}{\partial y} & \frac{\partial}{\partial z} \\ a_x & a_y & a_z \end{vmatrix}. \tag{4.27}$$

Daraus folgt für jedes Gradientenfeld $\boldsymbol{a}(\boldsymbol{r}) = \operatorname{grad}\Phi$ wegen (4.11)

$$\operatorname{rot}\operatorname{grad}\Phi = \begin{vmatrix} \boldsymbol{e}_x & \boldsymbol{e}_y & \boldsymbol{e}_z \\ \frac{\partial}{\partial x} & \frac{\partial}{\partial y} & \frac{\partial}{\partial z} \\ \frac{\partial}{\partial x} & \frac{\partial}{\partial y} & \frac{\partial}{\partial z} \end{vmatrix} \Phi = 0, \tag{4.28}$$

was speziell für (4.14)

$$\operatorname{rot}\boldsymbol{r} = 0 \tag{4.29}$$

bedeutet.

Außerdem ergibt sich angesichts (4.19) für jedes Vektorfeld $\boldsymbol{a}(\boldsymbol{r})$

$$\operatorname{div}\operatorname{rot}\boldsymbol{a} = \begin{vmatrix} \frac{\partial}{\partial x} & \frac{\partial}{\partial y} & \frac{\partial}{\partial z} \\ \frac{\partial}{\partial x} & \frac{\partial}{\partial y} & \frac{\partial}{\partial z} \\ a_x & a_y & a_z \end{vmatrix} = 0. \tag{4.30}$$

Demnach ist jedes Rotorfeld $\boldsymbol{v}(\boldsymbol{r}) = \operatorname{rot}\boldsymbol{a}$ quellenfrei (Satz von Poincaré[9]).

Vektorfelder $\boldsymbol{a}(\boldsymbol{r})$ mit dem Merkmal $\operatorname{rot}\boldsymbol{a} = 0$ heißen wirbelfrei.

Wer mit Wirbeln stets das Bild von Strudeln, Zyklonen o. ä. verbindet, kann die hier *mathematisch* durch $\operatorname{rot}\boldsymbol{a} \neq 0$ definierten Wirbelfelder $\boldsymbol{a}(\boldsymbol{r})$ leicht *physikalisch* missverstehen. Wirbelfelder müssen nicht unbedingt echte Wirbel im

[9] Henri Poincaré (1854-1912), französischer Mathematik-Professor an der Pariser Sorbonne

physikalischen Sinn enthalten; z. B. ist das von den Massepunkten eines starren Kreisels beschriebene Drehfeld zwar physikalisch, aber nicht mathematisch wirbelfrei (siehe Kap. 6.2.1). Die mathematische Definition deckt sogar Wirbelfelder ohne Drehbewegungen oder geschlossene Feldlinien. So hat z. B. eine laminare Strömung in x-Richtung nahe einer Wand in der Ebene $z = \text{const}$ ein Geschwindigkeitsfeld der Form $\boldsymbol{v} = v(z)\boldsymbol{e}_x$ mit dem Rotor gemäß (4.26)

$$\operatorname{rot} \boldsymbol{v} = \frac{\partial v(z)}{\partial z} \boldsymbol{e}_y .$$

Sein Betrag ist das Geschwindigkeitsgefälle quer zur Strömungsrichtung. Nirgendwo dreht sich etwas.

Die Rotoren ebener Wirbelfelder der Form $\boldsymbol{a} = a_x(x, y)\boldsymbol{e}_x + a_y(x, y)\boldsymbol{e}_y$ haben die spezielle Eigenschaft $\operatorname{rot} \boldsymbol{a} \perp \boldsymbol{a}$. Im Allgemeinen sieht das ganz anders aus (siehe Aufgabe 4.9).

Aufgabe 4.9 Zeigen Sie, dass der Rotor des ebenen Vektorfelds

$$\boldsymbol{a} = (\boldsymbol{e}_x + i\boldsymbol{e}_y)e^{ikz}$$

diesem überall proportional ist!

4.2.4 Nabla-Operator

Systematisch gesehen sind „grad", „div" und „rot" Rechenvorschriften (Operatoren), die zwischen Feldern lineare Differenzialbeziehungen herstellen[10]. So transformieren

- „grad" ein Skalar- in ein Vektorfeld,
- „div" ein Vektor- in ein Skalarfeld und
- „rot" ein Vektor- in ein Vektorfeld.

Diese Verknüpfungen lassen sich mit Hilfe des sog. Nabla-Operators[11]

$$\nabla \equiv \boldsymbol{e}_x \frac{\partial}{\partial x} + \boldsymbol{e}_y \frac{\partial}{\partial y} + \boldsymbol{e}_z \frac{\partial}{\partial z} \tag{4.31}$$

formal vereinfachen. Er vereint die Eigenschaften eines „symbolischen" Vektors ohne bestimmte Richtung und Betrag mit denen eines linearen Differenzialoperators 1. Ordnung, so dass er stets *vor* der Funktion stehen muss, auf die er wirken soll.

[10] In diesem Sinne entsteht der elementare Differenzialquotient $\frac{dy}{dx}$ durch Anwendung des Differenzialoperators $\frac{d}{dx}$ auf die Funktion $y(x)$.

[11] Name und Symbol des von Hamilton eingeführten Begriffs stammen von einem antiken Saiteninstrument.

Damit lauten die Definitionen (4.11), (4.19) und (4.26):

$$\operatorname{grad}\Phi = \nabla\Phi, \quad \operatorname{div}\boldsymbol{a} = \nabla\cdot\boldsymbol{a}, \quad \operatorname{rot}\boldsymbol{a} = \nabla\times\boldsymbol{a}. \tag{4.32}$$

Diese Schreibweise lässt zweierlei rasch erkennen:

1.) $\operatorname{rot}\operatorname{grad}\Phi = \nabla\times\nabla\Phi = 0$ (Kreuzprodukt paraller Vektoren; vgl. 4.28) und

2.) $\operatorname{div}\operatorname{rot}\boldsymbol{a} = \nabla\cdot(\nabla\times\boldsymbol{a}) = 0$ (Punktprodukt senkrechter Vektoren; vgl. 4.30).

Aber Vorsicht: Das Spatprodukt $\boldsymbol{a}\cdot(\nabla\times\boldsymbol{a}) = \nabla\cdot(\boldsymbol{a}\times\boldsymbol{a}_c)$ verschwindet nicht notwendig, weil der Operand $\boldsymbol{a}$ und der nach Ausweis des Index c konstant zu haltende Vektor $\boldsymbol{a}_c$ nicht unbedingt parallel sind.

Das totale Differenzial einer *skalaren* Ortsfunktion $\Phi = \Phi(\boldsymbol{r})$ schreibt sich nun mit Hilfe von (4.31) anstelle (4.12):

$$d\Phi(\boldsymbol{r}) = (d\boldsymbol{r}\cdot\nabla)\Phi(\boldsymbol{r}). \tag{4.33}$$

Analog erhält man für eine *vektorielle* Ortsfunktion $\boldsymbol{a} = \boldsymbol{a}(\boldsymbol{r})$:

$$d\boldsymbol{a}(\boldsymbol{r}) = \frac{\partial\boldsymbol{a}}{\partial x}dx + \frac{\partial\boldsymbol{a}}{\partial y}dy + \frac{\partial\boldsymbol{a}}{\partial z}dz \tag{4.34}$$

$$= \underbrace{(dx\boldsymbol{e}_x + dy\boldsymbol{e}_y + dz\boldsymbol{e}_z)}_{d\boldsymbol{r}}\cdot\underbrace{\left(\frac{\partial}{\partial x}\boldsymbol{e}_x + \frac{\partial}{\partial y}\boldsymbol{e}_y + \frac{\partial}{\partial z}\boldsymbol{e}_z\right)}_{\nabla}\boldsymbol{a} \tag{4.35}$$

$$= (d\boldsymbol{r}\cdot\nabla)\boldsymbol{a}(\boldsymbol{r}) \tag{4.36}$$

Diesem Muster folgen alle auf Ortsfunktionen anwendbaren Differenzierregeln. So hat z. B. die Kettenregel für örtliche Schachtelfunktionen die Formen

$$\frac{\partial\Phi[\boldsymbol{r}(u,v)]}{\partial u} = \frac{\partial\boldsymbol{r}(u,v)}{\partial u}\cdot\nabla\Phi(\boldsymbol{r}), \qquad \frac{\partial\boldsymbol{a}[\boldsymbol{r}(u,v)]}{\partial v} = \left(\frac{\partial\boldsymbol{r}(u,v)}{\partial v}\cdot\nabla\right)\boldsymbol{a}(\boldsymbol{r}),$$

$$\nabla\Phi[\Psi(\boldsymbol{r})] = \frac{d\Phi(\Psi)}{d\Psi}\nabla\Psi(\boldsymbol{r}) = \Phi'\operatorname{grad}\Psi.$$

Aufgabe 4.10 Zeigen Sie, dass die Ableitungen $\frac{\partial\boldsymbol{a}}{\partial u}$ und $\frac{\partial\boldsymbol{a}}{\partial v}$ der vektoriellen Schachtelfunktion $\boldsymbol{a}[\boldsymbol{r}(u,v)]$ die Symmetriebedingung

$$\left(\frac{\partial\boldsymbol{r}}{\partial u}\cdot\nabla\right)\frac{\partial\boldsymbol{a}}{\partial v} = \left(\frac{\partial\boldsymbol{r}}{\partial v}\cdot\nabla\right)\frac{\partial\boldsymbol{a}}{\partial u}$$

erfüllen!

4.2.5 Nabla-Kalkül

Das Differenzieren, also die Anwendung eines Differenzialoperators, unterliegt grundsätzlich allen Regeln der gewöhnlichen Differenzialrechnung. So gilt z. B. für örtlich konstante Skalare k und örtlich konstante Vektoren $\boldsymbol{k}$

$$\nabla k = \operatorname{grad} k = 0, \quad (\boldsymbol{a}\cdot\nabla)k = 0, \tag{4.37}$$

$$\nabla\cdot\boldsymbol{k} = \operatorname{div}\boldsymbol{k} = 0, \quad \nabla\times\boldsymbol{k} = \operatorname{rot}\boldsymbol{k} = 0, \quad (\boldsymbol{a}\cdot\nabla)\,\boldsymbol{k} = 0. \tag{4.38}$$

und für Summen (Differenzen)

$$\nabla(\Phi\pm\Psi) = \nabla\Phi\pm\nabla\Psi \quad\Rightarrow\quad \operatorname{grad}(\Phi\pm\Psi) = \operatorname{grad}\Phi\pm\operatorname{grad}\Psi, \tag{4.39}$$

$$\nabla\cdot(\boldsymbol{a}\pm\boldsymbol{b}) = \nabla\cdot\boldsymbol{a}\pm\nabla\cdot\boldsymbol{b} \quad\Rightarrow\quad \operatorname{div}(\boldsymbol{a}\pm\boldsymbol{b}) = \operatorname{div}\boldsymbol{a}\pm\operatorname{div}\boldsymbol{b}, \tag{4.40}$$

$$\nabla\times(\boldsymbol{a}\pm\boldsymbol{b}) = \nabla\times\boldsymbol{a}\pm\nabla\times\boldsymbol{b} \quad\Rightarrow\quad \operatorname{rot}(\boldsymbol{a}\pm\boldsymbol{b}) = \operatorname{rot}\boldsymbol{a}\pm\operatorname{rot}\boldsymbol{b}. \tag{4.41}$$

Die bekannte Produktregel lautet in der Nabla-Schreibweise

$$\nabla(\Phi\Psi) = \nabla(\Phi\Psi_c) + \nabla(\Phi_c\Psi), \tag{4.42}$$

$$(\boldsymbol{d}\cdot\nabla)(\boldsymbol{a}\cdot\boldsymbol{b}) = (\boldsymbol{d}\cdot\nabla)(\boldsymbol{a}\cdot\boldsymbol{b}_c) + (\boldsymbol{d}\cdot\nabla)(\boldsymbol{a}_c\cdot\boldsymbol{b}). \tag{4.43}$$

Zweckmäßig zieht man die konstant zu haltenden Faktoren $\Psi_c, \Phi_c, \boldsymbol{b}_c, \boldsymbol{a}_c$ vor den Differenzialoperator ∇ bzw. $(\boldsymbol{d}\cdot\nabla)$, also aus seinem Wirkungsbereich heraus, und schreibt

$$\nabla(\Phi\Psi) = \Psi\nabla\Phi + \Phi\nabla\Psi \quad\Rightarrow\quad \operatorname{grad}(\Phi\Psi) = \Psi\operatorname{grad}\Phi + \Phi\operatorname{grad}\Psi, \tag{4.44}$$

$$(\boldsymbol{d}\cdot\nabla)(\boldsymbol{a}\cdot\boldsymbol{b}) = \boldsymbol{b}\cdot(\boldsymbol{d}\cdot\nabla)\,\boldsymbol{a} + \boldsymbol{a}\cdot(\boldsymbol{d}\cdot\nabla)\,\boldsymbol{b}. \tag{4.45}$$

Daraus folgt unmittelbar wegen (4.38)

$$\nabla(k\Phi) = k\nabla\Phi \quad\Rightarrow\quad \operatorname{grad}(k\Phi) = k\operatorname{grad}\Phi, \tag{4.46}$$

$$(\boldsymbol{d}\cdot\nabla)(\boldsymbol{k}\cdot\boldsymbol{a}) = \boldsymbol{k}\cdot(\boldsymbol{d}\cdot\nabla)\,\boldsymbol{a}. \tag{4.47}$$

Die geläufige Quotientenregel hat hier die Form

$$\nabla\left(\frac{\Phi}{\Psi}\right) = \frac{\Psi\nabla\Phi-\Phi\nabla\Psi}{\Psi^2} \quad\Rightarrow\quad \operatorname{grad}\left(\frac{\Phi}{\Psi}\right) = \frac{\Psi\operatorname{grad}\Phi-\Phi\operatorname{grad}\Psi}{\Psi^2}. \tag{4.48}$$

Die Nabla-Anwendung auf Vektoren unterliegt zusätzlich den Produktregeln (Kap. 2). Dies bedeutet z. B. für Punkt- und Kreuzprodukte

$$\nabla\cdot(\Phi\boldsymbol{a}) = \underbrace{\nabla\cdot(\Phi\boldsymbol{a}_c)}_{\boldsymbol{a}\cdot\nabla\Phi} + \underbrace{\nabla\cdot(\Phi_c\boldsymbol{a})}_{\Phi\nabla\cdot\boldsymbol{a}} \quad\Rightarrow\quad \operatorname{div}(\Phi\boldsymbol{a}) = \boldsymbol{a}\cdot\operatorname{grad}\Phi + \Phi\operatorname{div}\boldsymbol{a}, \tag{4.49}$$

$$\nabla\cdot(k\boldsymbol{a}) = \underbrace{\boldsymbol{a}\cdot\nabla k}_{0} + k\nabla\cdot\boldsymbol{a} \quad\Rightarrow\quad \operatorname{div}(k\boldsymbol{a}) = k\operatorname{div}\boldsymbol{a}, \tag{4.50}$$

$$\nabla\cdot(\Phi\boldsymbol{k}) = \boldsymbol{k}\cdot\nabla\Phi + \Phi\underbrace{\nabla\cdot\boldsymbol{k}}_{0} \quad\Rightarrow\quad \operatorname{div}(\Phi\boldsymbol{k}) = \boldsymbol{k}\cdot\operatorname{grad}\Phi, \tag{4.51}$$

$$\nabla \times (\Phi \boldsymbol{a}) = \underbrace{\nabla \times (\Phi \boldsymbol{a}_c)}_{-\boldsymbol{a}\times\nabla\Phi} + \underbrace{\nabla \times (\Phi_c \boldsymbol{a})}_{\Phi(\nabla\times\boldsymbol{a})}$$

$$\Rightarrow \quad \operatorname{rot}(\Phi \boldsymbol{a}) = \Phi \operatorname{rot} \boldsymbol{a} - \boldsymbol{a} \times \operatorname{grad} \Phi. \qquad (4.52)$$

Jeder skalare Differenzialoperator $(\boldsymbol{a} \cdot \nabla)$ transformiert den Ortsvektor in dem Sinne (Aufgabe 4.12)

$$(\boldsymbol{a} \cdot \nabla)\, \boldsymbol{r} = \boldsymbol{a}. \qquad (4.53)$$

Besondere Umsicht verlangt das Rechnen mit Formen, wo ∇ zusammen mit 2 oder mehr Vektoren auftritt. Fehler kommen vor, wenn (2.14) missachtet wird oder Operanden vor das ∇-Symbol geraten; z. B. gilt gemäß (2.54)

$$\boldsymbol{a} \times \underbrace{(\nabla \times \boldsymbol{b})}_{\operatorname{rot} \boldsymbol{b}} = \nabla(\boldsymbol{a}_c \cdot \boldsymbol{b}) - (\boldsymbol{a} \cdot \nabla)\, \boldsymbol{b}. \qquad (4.54)$$

Die Schreibweise berücksichtigt, dass $\boldsymbol{b}$, aber nicht $\boldsymbol{a}$ zu differenzieren ist. Vor der Idee, $\nabla(\boldsymbol{a}_c \cdot \boldsymbol{b})$ etwa in $(\boldsymbol{a} \cdot \nabla)\, \boldsymbol{b}$ oder $\boldsymbol{a}(\nabla \cdot \boldsymbol{b})$ umzuformen, sei wegen (2.14) gewarnt.

Analog erhält man

$$\boldsymbol{b} \times \underbrace{(\nabla \times \boldsymbol{a})}_{\operatorname{rot} \boldsymbol{a}} = \nabla(\boldsymbol{b}_c \cdot \boldsymbol{a}) - (\boldsymbol{b} \cdot \nabla)\, \boldsymbol{a}. \qquad (4.55)$$

Addition führt wegen $\nabla(\boldsymbol{a}_c \cdot \boldsymbol{b}) + \nabla(\boldsymbol{a} \cdot \boldsymbol{b}_c) = \nabla(\boldsymbol{a} \cdot \boldsymbol{b})$ zu der wichtigen Formel

$$\operatorname{grad}(\boldsymbol{a} \cdot \boldsymbol{b}) = (\boldsymbol{a} \cdot \nabla)\, \boldsymbol{b} + (\boldsymbol{b} \cdot \nabla)\, \boldsymbol{a} + \boldsymbol{a} \times \operatorname{rot} \boldsymbol{b} + \boldsymbol{b} \times \operatorname{rot} \boldsymbol{a}. \qquad (4.56)$$

Daraus folgt für $\boldsymbol{b} = \boldsymbol{a}$ unmittelbar

$$\operatorname{grad} \frac{\boldsymbol{a}^2}{2} = (\boldsymbol{a} \cdot \nabla)\, \boldsymbol{a} + \boldsymbol{a} \times \operatorname{rot} \boldsymbol{a}, \qquad (4.57)$$

ferner für $\boldsymbol{b} = \boldsymbol{r}$ wegen (4.53), (4.29) und (4.54)

$$\operatorname{grad}(\boldsymbol{a} \cdot \boldsymbol{r}) = \boldsymbol{a} + (\boldsymbol{r} \cdot \nabla)\, \boldsymbol{a} + \boldsymbol{r} \times \operatorname{rot} \boldsymbol{a} = \boldsymbol{a} + \nabla(\boldsymbol{r}_c \cdot \boldsymbol{a}) \qquad (4.58)$$

sowie für $\boldsymbol{a} = \boldsymbol{k}$ und $\boldsymbol{b} = \operatorname{grad} \Phi$ angesichts (4.38)

$$\operatorname{grad}(\boldsymbol{k} \cdot \operatorname{grad} \Phi) = (\boldsymbol{k} \cdot \nabla) \operatorname{grad} \Phi \qquad (4.59)$$

und speziell für $\operatorname{grad} \Phi = \boldsymbol{r}$ wegen (4.53)

$$\operatorname{grad}(\boldsymbol{k} \cdot \boldsymbol{r}) = \boldsymbol{k}. \qquad (4.60)$$

Die ∇-Anwendung auf Kreuzprodukte spielt in der Praxis ebenfalls eine große Rolle. So gilt z. B. unter Beachtung der Vertauschungsregeln für Spatprodukte

$$\nabla \cdot (\boldsymbol{a} \times \boldsymbol{b}) = \underbrace{\nabla \cdot (\boldsymbol{a} \times \boldsymbol{b}_c)}_{\boldsymbol{b}\cdot(\nabla\times\boldsymbol{a})} + \underbrace{\nabla \cdot (\boldsymbol{a}_c \times \boldsymbol{b})}_{-\boldsymbol{a}\cdot(\nabla\times\boldsymbol{b})} \tag{4.61}$$

$$\Rightarrow \quad \operatorname{div}(\boldsymbol{a} \times \boldsymbol{b}) = \boldsymbol{b} \cdot \operatorname{rot} \boldsymbol{a} - \boldsymbol{a} \cdot \operatorname{rot} \boldsymbol{b}, \tag{4.62}$$

was die unmittelbare Folgerung

$$\operatorname{div}(\boldsymbol{k} \times \boldsymbol{r}) = 0 \tag{4.63}$$

zulässt.

Auf (2.61) beruht der Satz

$$(\boldsymbol{c} \times \boldsymbol{b}) \cdot (\underbrace{\nabla \times \boldsymbol{a}}_{\operatorname{rot} \boldsymbol{a}}) = \boldsymbol{b} \cdot (\boldsymbol{c} \cdot \nabla)\boldsymbol{a} - \boldsymbol{c} \cdot (\boldsymbol{b} \cdot \nabla)\boldsymbol{a}. \tag{4.64}$$

Ebenso wie auf der linken darf auch auf der rechten Seite nur $\boldsymbol{a}$ im Wirkungsbereich des ∇-Operators stehen.

Das zweifache Kreuzprodukt $\nabla \times (\boldsymbol{a} \times \boldsymbol{b})$ schreibt sich im Sinne von (2.54) zunächst

$$\nabla \times (\boldsymbol{a} \times \boldsymbol{b}) = (\nabla \cdot \boldsymbol{b})\boldsymbol{a} - (\nabla \cdot \boldsymbol{a})\boldsymbol{b}. \tag{4.65}$$

Hier kommt zum Ausdruck, dass sowohl $\boldsymbol{a}$ als auch $\boldsymbol{b}$ Operanden sind, also im ∇-Wirkungsbereich hinter dem ∇-Symbol verbleiben müssen. Die Produktregel der Differentialrechnung führt schließlich zu

$$\nabla \times (\boldsymbol{a} \times \boldsymbol{b}) = \underbrace{(\nabla \cdot \boldsymbol{b})\boldsymbol{a}_c}_{\boldsymbol{a}(\nabla\cdot\boldsymbol{b})} + \underbrace{(\nabla \cdot \boldsymbol{b}_c)\boldsymbol{a}}_{(\boldsymbol{b}\cdot\nabla)\boldsymbol{a}} - \underbrace{(\nabla \cdot \boldsymbol{a})\boldsymbol{b}_c}_{\boldsymbol{b}(\nabla\cdot\boldsymbol{a})} - \underbrace{(\nabla \cdot \boldsymbol{a}_c)\boldsymbol{b}}_{(\boldsymbol{a}\cdot\nabla)\boldsymbol{b}} \tag{4.66}$$

$$\Rightarrow \quad \operatorname{rot}(\boldsymbol{a} \times \boldsymbol{b}) = \boldsymbol{a} \operatorname{div} \boldsymbol{b} - \boldsymbol{b} \operatorname{div} \boldsymbol{a} + (\boldsymbol{b} \cdot \nabla)\boldsymbol{a} - (\boldsymbol{a} \cdot \nabla)\boldsymbol{b}. \tag{4.67}$$

Daraus folgt mühelos

$$\operatorname{rot}(\boldsymbol{k} \times \boldsymbol{r}) = \boldsymbol{k} \underbrace{\operatorname{div} \boldsymbol{r}}_{3} - \underbrace{(\boldsymbol{k} \cdot \nabla)\boldsymbol{r}}_{\boldsymbol{k}} = 2\boldsymbol{k}. \tag{4.68}$$

Die Anwendung des ∇-Operators auf Produkte, die selbst ∇-Operatoren enthalten, muss sorgfältig berücksichtigen, welche Operatoren auf welche Funktionen wirken. So gilt z. B. gemäß (4.56)

$$\nabla(\boldsymbol{r} \cdot \nabla) = (\boldsymbol{r} \cdot \nabla)\nabla + \underbrace{(\nabla \cdot \nabla)\,\boldsymbol{r}}_{\nabla} + \boldsymbol{r} \times \underbrace{\operatorname{rot} \nabla}_{0} + \nabla \times \underbrace{\operatorname{rot} \boldsymbol{r}}_{0}. \tag{4.69}$$

Wer im 2. Glied rechts flott $\nabla \cdot \nabla = \nabla^2$ setzt, lässt außer Acht, dass nicht beide Operatoren auf $\boldsymbol{r}$ wirken, sondern nur einer. Daher resultiert wegen (4.53) ein neuer vektorieller Differenzialoperator

$$\nabla(\boldsymbol{r} \cdot \nabla) = (\boldsymbol{r} \cdot \nabla)\nabla + \nabla. \tag{4.70}$$

Seine Anwendung auf einen Skalar Φ oder einen Vektor $\boldsymbol{a}$ führt zu

$$\nabla(\boldsymbol{r} \cdot \nabla)\Phi = (\boldsymbol{r} \cdot \nabla)\nabla\Phi + \nabla\Phi \tag{4.71}$$

$$\Rightarrow \quad \operatorname{grad}[(\boldsymbol{r} \cdot \nabla)\Phi] = (\boldsymbol{r} \cdot \nabla) \operatorname{grad}\Phi + \operatorname{grad}\Phi, \tag{4.72}$$

$$\nabla(\boldsymbol{r} \cdot \nabla) \cdot \boldsymbol{a} = (\boldsymbol{r} \cdot \nabla)(\nabla \cdot \boldsymbol{a}) + \nabla \cdot \boldsymbol{a} \tag{4.73}$$

$$\Rightarrow \quad \operatorname{div}[(\boldsymbol{r} \cdot \nabla)\,\boldsymbol{a}] = \boldsymbol{r} \cdot \operatorname{grad}\operatorname{div}\boldsymbol{a} + \operatorname{div}\boldsymbol{a}. \tag{4.74}$$

Aufgabe 4.11 Beweisen Sie die Quotientenregel (4.48)!

Aufgabe 4.12 Beweisen Sie die Transformation (4.53)!

Aufgabe 4.13 Beweisen Sie die Identitäten

$$1.)\ (\nabla \cdot \boldsymbol{a})\boldsymbol{b} = \boldsymbol{b}\operatorname{div}\boldsymbol{a} + (\boldsymbol{a} \cdot \nabla)\boldsymbol{b} \quad \text{und} \quad 2.)\ (\boldsymbol{a} \times \nabla) \times \boldsymbol{r} = -2\boldsymbol{a}\,!$$

Aufgabe 4.14 Leiten Sie (4.64) aus (4.55) ab!

Aufgabe 4.15 Beweisen Sie die Gleichung

$$(\boldsymbol{c} \times \boldsymbol{b}) \cdot \operatorname{rot}\boldsymbol{a} = (\boldsymbol{c} \cdot \nabla)(\boldsymbol{a} \cdot \boldsymbol{b}) - (\boldsymbol{b} \cdot \nabla)(\boldsymbol{a} \cdot \boldsymbol{c})$$

unter der Voraussetzung $(\boldsymbol{c} \cdot \nabla)\boldsymbol{b} = (\boldsymbol{b} \cdot \nabla)\boldsymbol{c}$!

Aufgabe 4.16 Beweisen Sie die Gleichungen

$$1.)\quad \boldsymbol{a} \cdot (\boldsymbol{b} \cdot \nabla)(\boldsymbol{c} \times \boldsymbol{d}) = (\boldsymbol{c} \times \boldsymbol{d}) \cdot \operatorname{rot}(\boldsymbol{a}_c \times \boldsymbol{b}) \quad \text{und}$$

$$2.)\quad (\boldsymbol{b} \cdot \nabla)[\boldsymbol{a} \cdot (\boldsymbol{c} \times \boldsymbol{d})] = (\boldsymbol{c} \times \boldsymbol{d}) \cdot [\operatorname{rot}(\boldsymbol{a} \times \boldsymbol{b}) + \boldsymbol{b}\operatorname{div}\boldsymbol{a}]$$

unter den Symmetriebedingungen

$$(\boldsymbol{b} \cdot \nabla)\boldsymbol{c} = (\boldsymbol{c} \cdot \nabla)\boldsymbol{b} \quad \text{und} \quad (\boldsymbol{b} \cdot \nabla)\boldsymbol{d} = (\boldsymbol{d} \cdot \nabla)\boldsymbol{b}\,!$$

Aufgabe 4.17 Was bedeutet (4.60) geometrisch?

Aufgabe 4.18 Beweisen Sie die Identität

$$\operatorname{rot}(\boldsymbol{r} \times \boldsymbol{a}) + \operatorname{grad}(\boldsymbol{r} \cdot \boldsymbol{a}) + \boldsymbol{a} = \boldsymbol{r}\operatorname{div}\boldsymbol{a} + \boldsymbol{r} \times \operatorname{rot}\boldsymbol{a}\,!$$

Aufgabe 4.19 Bestimmen Sie den Rotor des Vektorfelds $\boldsymbol{a}(\boldsymbol{r}) = \boldsymbol{b}(\boldsymbol{r}) \times \boldsymbol{r}$ im Nullpunkt!

Aufgabe 4.20 Wenden Sie den Nabla-Operator auf die Beträge von $\boldsymbol{r}$ und $\boldsymbol{r} \times \boldsymbol{k}$ an!

4.3 Anwendungen in Mathematik und Physik

4.3.1 Taylorsche Reihe

Uns interessiert die skalare Ortsfunktion $\Phi(\boldsymbol{r})$ an der Stelle $\boldsymbol{r} + \Delta\boldsymbol{r}$. Dazu entwickeln wir $\Phi(\boldsymbol{r} + s\Delta\boldsymbol{r})$ in die bekannte taylorsche Reihe für die einzige Veränderliche s

$$\Phi(\boldsymbol{r} + s\Delta\boldsymbol{r}) = \sum_{n=0}^{\infty} \frac{C_n}{n!} s^n, \tag{4.75}$$

um nachher $s = 1$ zu setzen. Die Koeffizienten C_n berechnen sich zu

$$C_0 = \Phi(\boldsymbol{r}), \quad C_1 = \left.\frac{d\Phi}{ds}\right|_{s=0} = (\Delta\boldsymbol{r} \cdot \nabla)\Phi(\boldsymbol{r}),$$

$$\cdots\cdots\cdots\cdots\cdots\cdots\cdots\cdots$$

$$C_n = \left.\frac{d^n\Phi}{ds^n}\right|_{s=0} = (\Delta\boldsymbol{r} \cdot \nabla)^n\Phi(\boldsymbol{r}).$$

Damit gewinnen wir die für $s = 1$ gesuchte Reihe

$$\Phi(\boldsymbol{r} + \Delta\boldsymbol{r}) = \sum_{n=0}^{\infty} \frac{1}{n!}(\Delta\boldsymbol{r} \cdot \nabla)^n\Phi(\boldsymbol{r}). \tag{4.76}$$

Sie erlaubt die Extrapolation der Funktion $\Phi(\boldsymbol{r} + \Delta\boldsymbol{r})$ mit beliebiger Genauigkeit, wenn die Funktion mit allen Ableitungen an der Stelle $\boldsymbol{r}$ bekannt ist. Die analoge Reihe für eine vektorielle Ortsfunktion $\boldsymbol{a}(\boldsymbol{r})$ lautet

$$\boldsymbol{a}(\boldsymbol{r} + \Delta\boldsymbol{r}) = \sum_{n=0}^{\infty} \frac{1}{n!}(\Delta\boldsymbol{r} \cdot \nabla)^n\boldsymbol{a}(\boldsymbol{r}). \tag{4.77}$$

Oft hat man es mit Funktionen zu tun, die zusätzlich von der Zeit abhängen. Die Funktionsänderungen bleiben überschaubar, wenn Zeit und Ort nur infinitesimal variieren. Zum Beispiel misst ein bewegter Beobachter zur Zeit t am Ort $\boldsymbol{r}$ das Skalarfeld $\Phi(t, \boldsymbol{r})$ und eine winzige Zeitspanne dt später am eng benachbarten Ort $\boldsymbol{r} + d\boldsymbol{r}$ das Skalarfeld $\Phi(t + dt, \boldsymbol{r} + d\boldsymbol{r})$. Der Unterschied (das totale Differenzial) $d\Phi$ beträgt bis auf vernachlässigbar kleine Größen höherer Ordnung

$$d\Phi = \Phi(t + dt, \boldsymbol{r} + d\boldsymbol{r}) - \Phi(t, \boldsymbol{r}) = \frac{\partial\Phi}{\partial t}dt + d\boldsymbol{r} \cdot \nabla\Phi \tag{4.78}$$

und bezogen auf die verstrichene Zeit dt

$$\frac{d\Phi}{dt} = \frac{\partial\Phi}{\partial t} + \boldsymbol{v} \cdot \nabla\Phi, \tag{4.79}$$

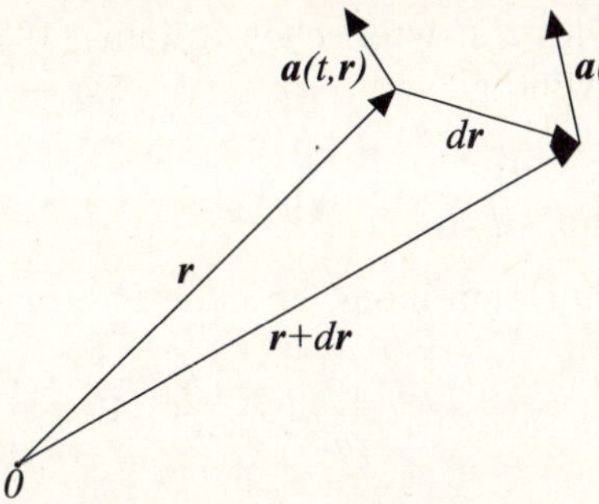

Fig. 4.4

wobei $\boldsymbol{v} = \frac{d\boldsymbol{r}}{dt}$ die Relativgeschwindigkeit des Beobachters zum Feld sei.

Die analoge Überlegung für ein Vektorfeld $\boldsymbol{a}(t, \boldsymbol{r})$ ergibt (Fig. 4.4)

$$\frac{d\boldsymbol{a}}{dt} = \frac{\partial \boldsymbol{a}}{\partial t} + (\boldsymbol{v} \cdot \nabla)\, \boldsymbol{a}. \tag{4.80}$$

Aufgabe 4.21 Bestätigen Sie (4.33) und (4.36) mit Hilfe der taylorschen Reihe!

Aufgabe 4.22 Entwickeln Sie die Funktion $\Phi(u+du, v+dv)$ in eine taylorsche Reihe!

Aufgabe 4.23 Für welche Dichtefunktion $\varrho(\boldsymbol{r}, t)$ folgt aus der Kontinuitätsgleichung (4.22) die sog. Inkompressibilitätsbedingung $\operatorname{div} \boldsymbol{v} = 0$?

4.3.2 Energiesatz der klassischen Dynamik

Von den vielerlei Kraftfeldern $\boldsymbol{F}(\boldsymbol{r}, t)$ spielen die sog. konservativen eine besondere Rolle; sie sind sowohl stationär als auch wirbelfrei:

$$\frac{\partial \boldsymbol{F}}{\partial t} = 0 \quad \text{und} \quad \operatorname{rot} \boldsymbol{F} = 0. \tag{4.81}$$

Diese Kraftfelder lassen sich wegen (4.28) als Gradient eines skalaren, zeitfreien Potenzials $\Phi(\boldsymbol{r})$ darstellen:

$$\boldsymbol{F}(\boldsymbol{r}) = -\operatorname{grad} \Phi(\boldsymbol{r}). \tag{4.82}$$

Das willkürliche Minuszeichen besagt, dass die Kraft in die Richtung des größten Potenzialgefälles zeigt. In der Mechanik hat das Potenzial die Dimension einer Energie und heißt deshalb potenzielle Energie $\Phi = W_{\text{pot}}$, unter der man sich physikalisch die *gegen* das Kraftfeld geleistete Arbeit vorstellen kann.

Daher gilt in Anwendung des 2. newtonschen Axioms (1687) auf einen Körper der Masse m mit der Geschwindigkeit $\boldsymbol{v}$

$$m\frac{d\boldsymbol{v}}{dt} = -\operatorname{grad} W_{\text{pot}}. \tag{4.83}$$

Punktweise Multiplikation mit dem integrierenden Faktor $\boldsymbol{v}$ führt zu

$$m\boldsymbol{v}\frac{d\boldsymbol{v}}{dt} = -\boldsymbol{v}\operatorname{grad} W_{\text{pot}} \quad \Rightarrow \quad \frac{d}{dt}\left(m\frac{v^2}{2} + W_{\text{pot}}\right) = 0. \tag{4.84}$$

Dies ist der Energie(erhaltungs)satz der klassischen Mechanik, besser bekannt in der integrierten Form

$$m\frac{v^2}{2} + W_{\text{pot}} = \text{const.} \tag{4.85}$$

Das 1. Glied beschreibt die kinetische Energie W_{kin} des Körpers.

Zu den konservativen Kräften zählen insbesondere alle stationären Zentralkräfte, z. B. die Wechselwirkungskräfte zwischen Massen (Newton, 1687) oder elektischen Ladungen (Coulomb[12], 1785). Diese sind, vorausgesetzt der Nullpunkt liegt in einem Kraftzentrum, parallel zum Ortsvektor:

$$\boldsymbol{F} \times \boldsymbol{r} = 0 \quad \Rightarrow \quad \operatorname{div}(\boldsymbol{F} \times \boldsymbol{r}) = 0, \tag{4.86}$$

was wegen (4.62) und (4.29) ihre Eigenschaft $\operatorname{rot}\boldsymbol{F} = 0$ bestätigt.

4.3.3 Poyntingscher Satz der Elektrodynamik

Die maxwellschen Gleichungen (1873) verknüpfen die Rotoren des elektrischen und magnetischen Feldes $\boldsymbol{E}(\boldsymbol{r}, t)$ bzw. $\boldsymbol{H}(\boldsymbol{r}, t)$ mit der magnetischen und elektrischen Flussdichte $\boldsymbol{B}(\boldsymbol{r}, t)$ bzw. $\boldsymbol{D}(\boldsymbol{r}, t)$ sowie der elektrischen Stromdichte $\boldsymbol{J}(t, \boldsymbol{r})$. Sie lauten in Differenzialform

$$\operatorname{rot}\boldsymbol{E} = -\dot{\boldsymbol{B}} \quad \text{und} \quad \operatorname{rot}\boldsymbol{H} = \dot{\boldsymbol{D}} + \boldsymbol{J}. \tag{4.87}$$

Der poyntingsche[13] Vektor $\boldsymbol{S} \equiv \boldsymbol{E} \times \boldsymbol{H}$ ist ein Maß für die einem System entquellende elektromagnetische Energiestromdichte. Sie hat gemäß (4.62) die Divergenz

$$\operatorname{div}\boldsymbol{S} = \boldsymbol{H} \cdot \operatorname{rot}\boldsymbol{E} - \boldsymbol{E} \cdot \operatorname{rot}\boldsymbol{H}. \tag{4.88}$$

Einsetzung der maxwellschen Gleichungen führt zum sog. poyntingschen Satz

$$\operatorname{div}\boldsymbol{S} + \boldsymbol{E} \cdot \boldsymbol{J} = -\boldsymbol{H} \cdot \dot{\boldsymbol{B}} - \boldsymbol{E} \cdot \dot{\boldsymbol{D}}. \tag{4.89}$$

[12] Charles Augustin de Coulomb (1736-1808), französischer Ingenieur

[13] John Henry Poynting (1852-1914), englischer Physiker

Dieser ist gewissermaßen die Kontinuitätsgleichung der Elektrodynamik und gilt als ihr Erhaltungssatz. Er besagt z. B. für $\operatorname{div} \boldsymbol{S} > 0$, dass die je Zeit- und Raumeinheit ausgestrahlte Energie und erzeugte Joulesche Wärme $(\boldsymbol{E} \cdot \boldsymbol{J})$ mit Abnahme der magnetischen und elektrischen Energie $(-\boldsymbol{H} \cdot \dot{\boldsymbol{B}})$ bzw. $(-\boldsymbol{E} \cdot \dot{\boldsymbol{D}})$ im System einhergehen.

4.3.4 Wirbelsatz und bernoullische Gleichung der Hydrodynamik

Eine mit der Geschwindigkeit $\boldsymbol{v}(\boldsymbol{r}, t)$ strömende, reibungsfreie Flüssigkeit der Dichte ϱ erfährt dort eine Beschleunigung, wo eine äußere, massebezogene Kraft $\boldsymbol{f}$ und/oder ein örtlicher Abfall des Drucks p wirken. Die eulersche Grundgleichung (1755)

$$\frac{d\boldsymbol{v}}{dt} = \boldsymbol{f} - \frac{1}{\varrho} \operatorname{grad} p \tag{4.90}$$

gewinnt mit Hilfe von (4.80) und (4.57) die Form

$$\frac{\partial \boldsymbol{v}}{\partial t} + \operatorname{grad} \frac{\boldsymbol{v}^2}{2} - \boldsymbol{v} \times \operatorname{rot} \boldsymbol{v} = \boldsymbol{f} - \frac{1}{\varrho} \operatorname{grad} p. \tag{4.91}$$

Wir setzen nun voraus, dass $\boldsymbol{f}$ im Sinne von $\boldsymbol{f} = -\operatorname{grad} U$ ein Potenzial U hat und die Flüssigkeit wegen $\varrho = \text{const}$ inkompressibel ist; dies bedeutet (4.22) zufolge (vgl. Aufgabe 4.23) $\operatorname{div} \boldsymbol{v} = 0$. Dann gilt

$$\frac{\partial \boldsymbol{v}}{\partial t} = -\operatorname{grad}\left(U + \frac{\boldsymbol{v}^2}{2} + \frac{p}{\varrho}\right) + \boldsymbol{v} \times \operatorname{rot} \boldsymbol{v}. \tag{4.92}$$

Kreuzweise Multiplikation mit ∇ ergibt wegen (4.28), (4.30) und (4.67)

$$\frac{\partial \operatorname{rot} \boldsymbol{v}}{\partial t} = \operatorname{rot}(\boldsymbol{v} \times \operatorname{rot} \boldsymbol{v}) = \boldsymbol{v} \underbrace{\operatorname{div} \operatorname{rot} \boldsymbol{v}}_{0} - \operatorname{rot} \boldsymbol{v} \underbrace{\operatorname{div} \boldsymbol{v}}_{0} + (\operatorname{rot} \boldsymbol{v} \cdot \nabla)\boldsymbol{v} - (\boldsymbol{v} \cdot \nabla) \operatorname{rot} \boldsymbol{v}$$

$$\Rightarrow \quad \frac{d \operatorname{rot} \boldsymbol{v}}{dt} = (\operatorname{rot} \boldsymbol{v} \cdot \nabla)\boldsymbol{v}.$$

Mit dem sog. Wirbelvektor[14] $\boldsymbol{w} \equiv \frac{1}{2} \operatorname{rot} \boldsymbol{v}$, der die Drehgeschwindigkeit eines Flüssigkeitselements am Ort $\boldsymbol{r}$ um die „eigene Achse" bezeichnet, erhält man schließlich die Differenzialform des helmholtzschen[15] Wirbelsatzes (1858)[16]:

$$\frac{d\boldsymbol{w}}{dt} = (\boldsymbol{w} \cdot \nabla)\boldsymbol{v}. \tag{4.93}$$

---

[14] nicht zu verwechseln mit dem Wirbeldichtevektor!

[15] Hermann v. Helmholtz (1821-1894), deutscher Professor, lehrte Physiologie in Königsberg, Bonn und Heidelberg, ab 1870 Physik in Berlin, wurde 1888 Präsident der Physikalisch-Technischen Reichsanstalt in Berlin-Charlottenburg. Er formulierte 1847 den Energiesatz.

[16] Entsprechende Sätze fanden sich im Nachlass des deutschen Mathematikers Dirichlet (1805-1859).

In einer reibungsfreien, inkompressiblen Flüssigkeit können demnach weder alte Wirbel vergehen noch neue Wirbel entstehen (Aufgabe 4.24).

Wenn die Strömung einer reibungsfreien Flüssigkeit konstanter Dichte stationär, kräfte- und wirbelfrei ist, folgt aus (4.91) wegen $\frac{\partial \boldsymbol{v}}{\partial t} = \boldsymbol{f} = \operatorname{rot} \boldsymbol{v} = 0$ die bernoullische[17] Gleichung (1738):

$$\operatorname{grad}\left(\frac{\boldsymbol{v}^2}{2} + \frac{p}{\varrho}\right) = 0 \quad \Rightarrow \quad p + \varrho\frac{\boldsymbol{v}^2}{2} = \text{const.} \tag{4.94}$$

Die Summe aus statischem Druck p und Staudruck $\varrho\frac{\boldsymbol{v}^2}{2}$ ist dann im Strömungsfeld überall gleich.

Aufgabe 4.24 Was besagt (4.93) über wirbelfreie Gebiete?

4.4 Örtliche Differenzialoperationen 2. Ordnung

4.4.1 Laplace-Operator

Die zweifache ∇-Anwendung auf eine skalare Ortsfunktion Φ lautet

$$\nabla \cdot (\nabla\Phi) \equiv \operatorname{div}\operatorname{grad}\Phi \equiv \Delta\Phi, \tag{4.95}$$

wobei der skalare lineare Differenzialoperator 2. Ordnung Δ laplacescher Operator[18] heißt.

Bei Verwendung kartesischer Koordinaten – und zwar nur dann – gilt

$$\nabla \cdot (\nabla)\Phi = \nabla^2\Phi = \frac{\partial^2\Phi}{\partial x^2} + \frac{\partial^2\Phi}{\partial y^2} + \frac{\partial^2\Phi}{\partial z^2} = \Delta\Phi = \operatorname{div}\operatorname{grad}\Phi. \tag{4.96}$$

Näheres folgt in Kap. 6.1.1.

Die Produktregel (4.44) führt zu

$$\begin{aligned}
\underbrace{\nabla \cdot [\nabla(\Phi\Psi)]}_{\Delta(\Phi\Psi)} &= \nabla[\Psi(\nabla\Phi) + \Phi(\nabla\Psi)] \\
&= \nabla[\Psi(\nabla\Phi)_c + \Psi_c(\nabla\Phi) + \Phi(\nabla\Psi)_c + \Phi_c(\nabla\Psi)] \\
&= \nabla\Psi \cdot \nabla\Phi + \Psi\Delta\Phi + \nabla\Phi \cdot \nabla\Psi + \Phi\Delta\Psi \\
\Rightarrow \quad \Delta(\Phi\Psi) &= \Psi\Delta\Phi + \Phi\Delta\Psi + 2\operatorname{grad}\Psi \cdot \operatorname{grad}\Phi.
\end{aligned} \tag{4.97}$$

[17] Daniel I. Bernoulli (1700-1782), Sohn des Johann Bernoulli, Schweizer Mediziner und Naturwissenschaftler, wirkte zunächst als Professor in St. Petersburg, dann in Basel ab 1733 als Professor für Anatomie und Botanik und 1750-1777 als Physik-Professor. Mit seinem 1738 erschienenen Werk „Hydrodynamica sive de viribus et motibus fluidorum commentarii" begründete er die Hydrodynamik.

[18] Seine Schreibweise stammt von dem französischen Mathematiker Gabriel Lamé (1795-1870).

Aus dem skalaren Charakter des Δ-Operators folgen sogleich die Identitäten

$$\Delta(\boldsymbol{k} \cdot \boldsymbol{a}) = \boldsymbol{k} \cdot \Delta\boldsymbol{a}, \tag{4.98}$$

$$\Delta(\boldsymbol{k} \times \boldsymbol{a}) = \boldsymbol{k} \times \Delta\boldsymbol{a}. \tag{4.99}$$

Die Δ-Anwendung auf Vektoren lässt sich allgemein mit Hilfe des Kreuz-Kreuz-Produkts (2.54) definieren:

$$\underbrace{(\nabla \cdot \nabla)\boldsymbol{a}}_{\Delta\boldsymbol{a}} = \nabla(\nabla \cdot \boldsymbol{a}) - \nabla \times (\nabla \times \boldsymbol{a}) = \operatorname{grad}\operatorname{div}\boldsymbol{a} - \operatorname{rot}\operatorname{rot}\boldsymbol{a}. \tag{4.100}$$

Daraus ergeben sich die Formeln

$$\Delta(\Phi\boldsymbol{r}) = \boldsymbol{r}\,\Delta\Phi + 2\,\operatorname{grad}\Phi, \tag{4.101}$$

$$\Delta(\boldsymbol{a} \cdot \boldsymbol{r}) = \boldsymbol{r} \cdot \Delta\boldsymbol{a} + 2\operatorname{div}\boldsymbol{a}, \tag{4.102}$$

$$\Delta[(\boldsymbol{k}_1 \times \boldsymbol{r}) \cdot (\boldsymbol{k}_2 \times \boldsymbol{r})] = 4\boldsymbol{k}_1 \cdot \boldsymbol{k}_2. \tag{4.103}$$

4.4.2 Anwendung in der Potenzialtheorie

Euler entwickelte 1755-1769 in 4 Arbeiten über Hydrodynamik Ansätze einer Potenzialtheorie. Er fand bereits 1752 die homogene Differenzialgleichung $\Delta\Phi = 0$, die dann bei Laplace ab 1782 eine große Rolle spielen sollte. Dessen 5-bändiges, 1799-1825 erschienenes Hauptwerk „Traité de Mécanique Céleste" enthielt u. a. eine Potenzialtheorie der Mechanik, die Poisson[19] 1813 ergänzte, um dann von Green[20] 1828 und Gauß 1839/40 auf die Elektrostatik ausgedehnt zu werden. Der von Green geprägte Begriff Potenzialfunktion hieß später bei Gauß, der von Green nichts wusste, Potenzial.

Skalares Potenzial

Wir suchen ein überall *wirbelfreies* Vektorfeld $\boldsymbol{a}(\boldsymbol{r})$, dessen Quellen alle in einem begrenzten Gebiet (Quellgebiet) τ liegen, wo $\operatorname{div}\boldsymbol{a} = q(\boldsymbol{r})$ gegeben sei. Dann gilt angesichts (4.28)

$$\operatorname{rot}\boldsymbol{a} = 0 \quad \Rightarrow \quad \boldsymbol{a} = -\operatorname{grad}\Phi, \tag{4.104}$$

$$\operatorname{div}\boldsymbol{a} = \begin{cases} q(\boldsymbol{r}) & \text{für } \boldsymbol{r} \in \tau \\ 0 & \text{für } \boldsymbol{r} \notin \tau \end{cases}. \tag{4.105}$$

Die Ortsfunktion $\Phi(\boldsymbol{r})$ heißt skalares Potenzial(feld). Das willkürliche Minuszeichen dient lediglich der physikalischen Anschaulichkeit (vgl. Kap. 4.3.2).

[19]Siméon Denis Poisson (1781-1840), französischer Mathematik-Professor an der Pariser École Polytechnique

[20]George Green (1793-1841), englischer Bäcker und Mathematik-Liebhaber

Zusammenfassend ergibt sich wegen (4.95) eine partielle, lineare und inhomogene Differenzialgleichung 2. Ordnung

$$\Delta\Phi = -\begin{cases} q(\boldsymbol{r}) & \text{für } \boldsymbol{r} \in \tau \\ 0 & \text{für } \boldsymbol{r} \notin \tau \end{cases}. \tag{4.106}$$

Die Eigenschaften des Quellgebiets τ bestimmen ersichtlich das gesamte Φ- und $\boldsymbol{a}$-Feld.

Vektorpotenzial

Wir suchen nun ein überall *quellenfreies* Vektorfeld $\boldsymbol{a}(\boldsymbol{r})$, dessen Wirbel alle in einem begrenzten Gebiet (Wirbelgebiet) τ liegen, wo $\operatorname{rot}\boldsymbol{a} = \boldsymbol{p}(\boldsymbol{r})$ gegeben sei. In diesem Fall lauten die Feldbedingungen wegen (4.30)

$$\operatorname{div}\boldsymbol{a} = 0 \quad \Rightarrow \quad \boldsymbol{a} = \operatorname{rot}\boldsymbol{A}, \tag{4.107}$$

$$\operatorname{rot}\boldsymbol{a} = \begin{cases} \boldsymbol{p}(\boldsymbol{r}) & \text{für } \boldsymbol{r} \in \tau \\ 0 & \text{für } \boldsymbol{r} \notin \tau \end{cases}. \tag{4.108}$$

Hierbei heißt $\boldsymbol{A}(\boldsymbol{r})$ Vektorpotenzial(feld). Seine Unbestimmtheit $\operatorname{rot}\boldsymbol{A} = \operatorname{rot}(\boldsymbol{A}+\operatorname{grad}\Theta)$ bis auf irgendeine Ortsfunktion Θ lässt sich durch die zweckmäßige Nebenbedingung $\operatorname{div}\boldsymbol{A} = 0$ einschränken. Zusammenfassend erhält man so für $\boldsymbol{A}$ mit Blick auf (4.100) wieder eine partielle, lineare und inhomogene Differenzialgleichung 2. Ordnung

$$\Delta\boldsymbol{A} = -\begin{cases} \boldsymbol{p}(\boldsymbol{r}) & \text{für } \boldsymbol{r} \in \tau \\ 0 & \text{für } \boldsymbol{r} \notin \tau \end{cases}. \tag{4.109}$$

Hier bestimmen die Eigenschaften des Wirbelgebiets τ das gesamte $\boldsymbol{A}$- und $\boldsymbol{a}$-Feld.

Bedeutung der Potenziale

Poisson führte 1813 die Differenzialgleichungen (4.106) und (4.109) ein; sie beherrschen die Potenzialtheorie und heißen in der Physik kurz Potenzialgleichungen. Die aus ihren Integralen ableitbaren Vektorfelder heißen ungeachtet ihrer physikalischen Bedeutung gemeinhin Potenzialströmungen. Sie spielen vor allem in der Mechanik, Elektrostatik und Strömungslehre eine wichtige Rolle.

Außerhalb der Quell- und Wirbelgebiete ($\boldsymbol{r} \notin \tau$) sind Potenzialströmungen sowohl quellen- als auch wirbelfrei. Dort befriedigen sie die homogenen, sog. laplaceschen Differenzialgleichungen

$$\Delta\Phi = 0, \quad \Delta\boldsymbol{A} = 0. \tag{4.110}$$

Ihre Integration bedeutet in aller Regel die Lösung eines mathematischen Randwertproblems, wenn auf der Hülle des maßgebenden Gebiets τ Innen- und Außenfeld stetig ineinander übergehen sollen.

Potenziale dienen gewissermaßen als Stammfunktionen von Vektorfeldern $\boldsymbol{a}$. Sie haben den unschätzbaren Vorteil, dass sie – anders als $\boldsymbol{a}$ – aus einem geläufigen mathematischen Verfahren hervorgehen. Anschließende Anwendung des Nabla-Operators ($-\nabla \cdot \Phi$ bzw. $\nabla \times \boldsymbol{A}$) führt bequem zu den gesuchten Vektorfeldern. Näheres folgt in Kap. 8.6.

4.4.3 Anwendung in der Funktionentheorie

Jede komplexe Funktion $f(x \pm iy) = u(x,y) \pm iv(x,y)$ ist dort, wo ihr Realteil $u(x,y)$ und Imaginärteil $v(x,y)$ die cauchy-riemannschen[21] Differenzialgleichungen

$$\frac{\partial u}{\partial x} = \pm \frac{\partial v}{\partial y} \quad \text{und} \quad \frac{\partial u}{\partial y} = \mp \frac{\partial v}{\partial x} \tag{4.111}$$

erfüllen, regulär und damit eine Lösung der 2-dimensionalen laplaceschen Differenzialgleichung

$$\Delta f = 0, \quad \Delta u = 0, \quad \Delta v = 0. \tag{4.112}$$

Man sieht leicht ein, dass die ebenen Kurvenscharen $u(x,y) = \text{const}_1$ und $v(x,y) = \text{const}_2$ Orthogonaltrajektorien sind (Aufgabe 5.1). Sie leisten z. B. in der Strömungslehre als Äquipotenzial- bzw. Stromlinien wegen ihrer Anschaulichkeit gute Dienste.

Wir konstruieren jetzt ein ebenes Vektorfeld $\boldsymbol{p}$ mit den Komponenten $p_x = u$ und $p_y = \mp v$:

$$\boldsymbol{p} = u\boldsymbol{e}_x \mp v\boldsymbol{e}_y. \tag{4.113}$$

Damit gewinnen die cauchy-riemannschen Differenzialgleichung die Form

$$\frac{\partial p_x}{\partial x} + \frac{\partial p_y}{\partial y} = 0 \quad \Rightarrow \quad \operatorname{div} \boldsymbol{p} = 0, \tag{4.114a}$$

$$\frac{\partial p_x}{\partial y} - \frac{\partial p_y}{\partial x} = 0 \quad \Rightarrow \quad \operatorname{rot} \boldsymbol{p} = 0. \tag{4.114b}$$

Das so konstruierte reelle Vektorfeld $\boldsymbol{p}$ ist in jedem x,y-Gebiet, wo $f(x \pm iy)$ regulär ist, quellen- und wirbelfrei.

[21] Augustin-Louis Cauchy (1789-1857), französischer Mathematik-Professor an École Polytechnique, Sorbonne und Collège de France in Paris, entwickelte ab 1814 maßgeblich die komplexe Analysis, während Bernhard Riemann in Göttingen ab 1851 die komplexe Geometrie schuf und schon in seiner Dissertation die genannten Differenzialgleichungen fand.

4.4.4 Anwendung in der Wellenoptik

Im Vakuum sind die elektrischen und magnetischen Flussdichten $\boldsymbol{D}$ bzw. $\boldsymbol{B}$ den elektrischen und magnetischen Feldstärken $\boldsymbol{E}$ bzw. $\boldsymbol{H}$ proportional. Es gilt

$$\boldsymbol{D} = \varepsilon_0 \boldsymbol{E} \quad \text{und} \quad \boldsymbol{B} = \mu_0 \boldsymbol{H}, \tag{4.115}$$

wobei ε_0 die elektrische und μ_0 die magnetische Feldkonstante bedeuten. Damit gewinnen die maxwellschen Gleichungen (4.87) im Vakuum ($\boldsymbol{J} = 0$) die symmetrische Form

$$\operatorname{rot} \boldsymbol{E} = -\mu_0 \dot{\boldsymbol{H}} \quad \text{und} \quad \operatorname{rot} \boldsymbol{H} = \varepsilon_0 \dot{\boldsymbol{E}}. \tag{4.116}$$

Wir differenzieren die 1. Gleichung partiell nach t, wenden auf die 2. Gleichung den Operator rot an und erhalten

$$\operatorname{rot} \dot{\boldsymbol{E}} = -\mu_0 \ddot{\boldsymbol{H}} \quad \text{und} \quad \underbrace{\operatorname{rot}\operatorname{rot} \boldsymbol{H}}_{\operatorname{grad}\operatorname{div} \boldsymbol{H} - \Delta \boldsymbol{H}} = \varepsilon_0 \underbrace{\operatorname{rot} \dot{\boldsymbol{E}}}_{-\mu_0 \ddot{\boldsymbol{H}}}. \tag{4.117}$$

Im Vakuum ist das Magnetfeld quellenfrei ($\operatorname{div} \boldsymbol{H} = 0$). Daraus schloss Maxwell 1864

$$\Delta \boldsymbol{H} = \varepsilon_0 \mu_0 \ddot{\boldsymbol{H}} \quad \text{und analog} \quad \Delta \boldsymbol{E} = \varepsilon_0 \mu_0 \ddot{\boldsymbol{E}}. \tag{4.118}$$

Diese beiden partiellen Differenzialgleichungen beschreiben elektromagnetische Wellen, die angesichts des 1856 von Wilhelm Weber[22] experimentell entdeckten Zusammenhangs

$$\frac{1}{\sqrt{\varepsilon_0 \mu_0}} = c \tag{4.119}$$

mit der universalen Lichtgeschwindigkeit c fortschreiten. Dies sensationelle Ergebnis der maxwellschen Theorie stützte damals die Auffassung, dass Licht ein elektromagnetisches Phänomen und keine Ätherschwingung sei, erst recht, als Heinrich Hertz[23] in den Jahren 1886-1888 Erzeugung und Nachweis derartiger Wellen gelang.

Übrigens gehen (4.118) für harmonische Feldschwingungen der Form

$$\boldsymbol{H}(\boldsymbol{r}, t) = \boldsymbol{H}_0(\boldsymbol{r}) e^{\pm i\omega t} \quad \text{und} \quad \boldsymbol{E}(\boldsymbol{r}, t) = \boldsymbol{E}_0(\boldsymbol{r}) e^{\pm i\omega t} \tag{4.120}$$

mit der konstanten Kreisfrequenz ω in die helmholtzschen Differenzialgleichungen

$$\Delta \boldsymbol{H}_0(\boldsymbol{r}) + \frac{\omega^2}{c^2} \boldsymbol{H}_0(\boldsymbol{r}) = 0 \quad \text{bzw.} \quad \Delta \boldsymbol{E}_0(\boldsymbol{r}) + \frac{\omega^2}{c^2} \boldsymbol{E}_0(\boldsymbol{r}) = 0 \tag{4.121}$$

[22] Wilhelm Eduard Weber (1804-1891), deutscher Physiker

[23] Heinrich Rudolf Hertz (1857-1894), Schüler Helmholtz', deutscher Physik-Professor in Karlsruhe und Bonn

über; sie lauten mit der Wellenzahl $k \equiv \frac{\omega}{c}$ in der symbolischen Operatorschreibweise

$$(\Delta + k^2)\boldsymbol{H}_0(\boldsymbol{r}) = 0 \quad \text{bzw.} \quad (\Delta + k^2)\boldsymbol{E}_0(\boldsymbol{r}) = 0. \tag{4.122}$$

Aufgabe 4.25 Berechnen Sie $\nabla\,|\boldsymbol{r} - \boldsymbol{k}|^n$ und $\Delta\,|\boldsymbol{r} - \boldsymbol{k}|^n$ in räumlichen sowie $\Delta \ln|\boldsymbol{r} - \boldsymbol{k}|$ in ebenen Koordinaten!

Aufgabe 4.26 Wenden Sie die Operatoren ∇ und Δ auf eine beliebige Funktion des Arguments $|\boldsymbol{r} - \boldsymbol{r}_0|$ an!

Aufgabe 4.27 Beweisen Sie (4.101)!

Aufgabe 4.28 Beweisen Sie (4.102) und (4.103)!

Aufgabe 4.29 Beweisen Sie $\mathrm{grad}(\boldsymbol{k} \cdot \mathrm{grad}\,\frac{1}{r}) = -\,\mathrm{rot}(\boldsymbol{k} \times \mathrm{grad}\,\frac{1}{r})$ für $r > 0$!

5 Differenzialgeometrie

In der analytischen Geometrie waren die Raumkurven ein besonderes Problem, weil sie sich nicht wie ebene Kurven durch je eine algebraische Beziehung zwischen ihren Koordinaten beschreiben lassen. Als Erster bemühte sich der 18-jährige Clairaut[1] um eine allgemeine Kurventheorie, die aber erst hundert Jahre später ausreifte.

Inzwischen hatte Gauß 1827, angeregt durch seine Vermessung des Königreichs Hannover, eine allgemeine Flächentheorie geschaffen, nach heutigem Verständnis neben der Kurventheorie die 2. Säule der Differenzialgeometrie. Diese wurde dann vor allem am Pariser Collège de France durch die französischen Mathematiker Liouville[2], Frenet[3], Serret[4] und Darboux[5] ausgebaut. Letzterer gab 1887-1896 ein 4-bändiges Standardlehrbuch heraus.

5.1 Ebene Kurvenscharen

5.1.1 Orthogonaltrajektorien

Zwei Kurvenscharen $\Phi(\boldsymbol{r}, c) = 0$ und $\Psi(\boldsymbol{r}, C) = 0$ mit den individuellen Parametern c bzw. C bilden ein sog. Orthogonaltrajektorienfeld, wenn jede Kurve der einen Schar jede Kurve der anderen Schar irgendwo rechtwinklig schneidet. Man findet die $\Phi(\boldsymbol{r}, c) = 0$ entsprechende Kurvenschar $\Psi(\boldsymbol{r}, C) = 0$ aus der Bedingung

$$\operatorname{grad}\Phi(\boldsymbol{r}, c) \cdot \operatorname{grad}\Psi(\boldsymbol{r}, C) = 0 \quad \Rightarrow \quad \frac{\partial\Phi(\boldsymbol{r}, c)}{\partial x}\, y' - \frac{\partial\Phi(\boldsymbol{r}, c)}{\partial y} = 0. \tag{5.1}$$

Hieraus folgt in Verbindung mit $\Phi(\boldsymbol{r}, c) = 0$ eine c-freie Gleichung für die Steigung y' der gesuchten Kurvenschar. Ihre Integration führt zu der Lösung $y = y(x, C)$ oder implizit $\Psi(\boldsymbol{r}, C) = 0$ mit der Integrationskonstanten C.

Das Verfahren sei am Beispiel der zur x-Achse symmetrischen Parabelschar mit der Scheitelgleichung $\Phi(\boldsymbol{r}, c) = y^2 - 2cx = 0$ erläutert (Fig. 5.1). Mit ihrem

[1] Alexis Claude Clairaut (1713-1765), französischer Mathematiker
[2] Joseph Liouville (1809-1882)
[3] Jean-Frédéric Frenet (1816-1900)
[4] Joseph Alfred Serret (1819-1885)
[5] Gaston Darboux (1842-1917)

Gradienten grad $\Phi(\boldsymbol{r}, c) = -2c\boldsymbol{e}_x + 2y\boldsymbol{e}_y$ ergibt sich die Orthogonalitätsbedingung $cy' + y = 0$. Nach Einsetzen von $c = \frac{y^2}{2x}$ entsteht die c-freie Differenzialglei-

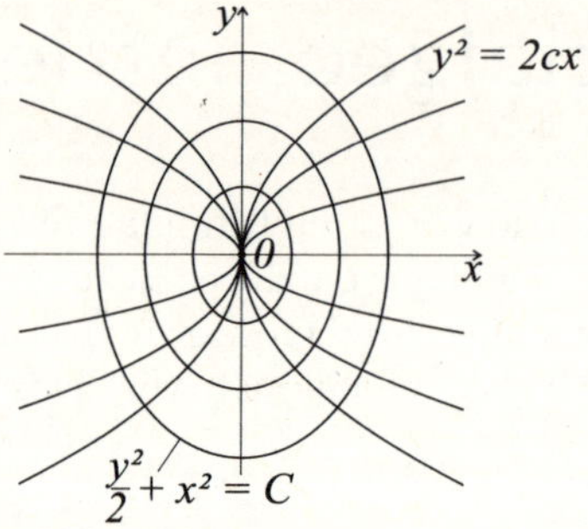

Fig. 5.1

chung $y(yy' + 2x) = 0$ mit der singulären Lösung $y = 0$. Im Übrigen führt ihre Integration zu der konzentrischen Ellipsenschar mit der Hauptachsengleichung

$$\Psi(\boldsymbol{r}, C) = \frac{y^2}{2} + x^2 - C = 0. \tag{5.2}$$

Die singuläre Lösung stellt geometrisch die x-Achse dar; sie schneidet alle Parabeln unter rechtem Winkel im Scheitelpunkt.

Aufgabe 5.1 Beweisen Sie, dass Realteil $u(x, y)$ und Imaginärteil $v(x, y)$ einer regulären komplexen Funktion $f(x \pm iy) = \text{const}$ Orthogonaltrajektorien sind!

Aufgabe 5.2 Mit welcher ebenen Kurvenschar $\Psi(\boldsymbol{r}, C) = 0$ bildet die konzentrische Kreisschar $(\boldsymbol{r} - \boldsymbol{r}_0)^2 = c^2$ ein Orthogonaltrajektorienfeld?

Aufgabe 5.3 Zeigen Sie, dass die konzentrische Kugelschar $(\boldsymbol{r} - \boldsymbol{r}_0)^2 = R^2$ mit dem Parameter R und die Ebenenschar $(\boldsymbol{r} - \boldsymbol{r}_0) \cdot \boldsymbol{e}_n = 0$ mit dem Parameter $\boldsymbol{e}_n$ ein räumliches Orthogonaltrajektorienfeld bilden!

5.1.2 Einhüllende

Manche Kurvenschar $\Phi(\boldsymbol{r}, c) = 0$ mit dem individuellen Parameter c hat eine sog. Einhüllende, d. h. eine Hüllkurve, die in jedem ihrer Punkte eine andere Kurve der Schar tangential berührt (Fig. 5.2). Jeder Punkt $\boldsymbol{r}$ der Einhüllenden entsteht aus einem Schnittpunkt zweier eng benachbarter, durch c bzw. $c + \Delta c$ markierter Kurven für $\Delta c \to 0$. Die maßgebende Bedingung lautet

$$\Phi(\boldsymbol{r}, c) = \Phi(\boldsymbol{r}, c + \Delta c) \quad \Rightarrow \quad \frac{\partial \Phi(\boldsymbol{r}, c)}{\partial c} \Delta c = 0. \tag{5.3}$$

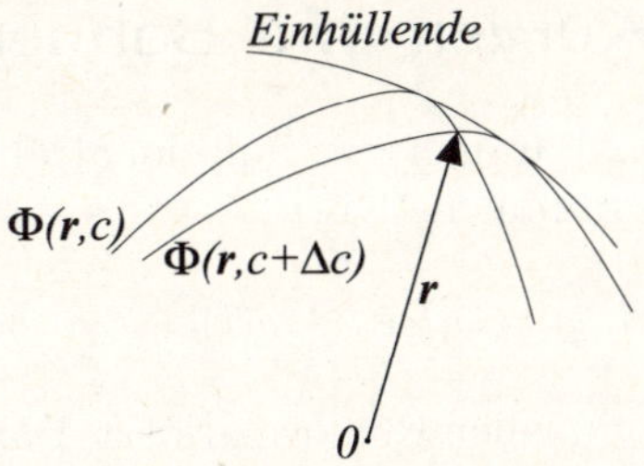

Fig. 5.2

Der Grenzfall $\Delta c = 0$ scheidet freilich aus, weil die beiden Kurven dann, statt sich zu schneiden, zusammenfallen würden. Daraus folgt $\frac{\partial \Phi(\boldsymbol{r},c)}{\partial c} = 0$, was die Einhüllende auch unabhängig von c macht.

Man gewinnt jetzt eine etwa vorhandene Einhüllende durch Eliminieren von c aus den beiden Gleichungen

$$\Phi(\boldsymbol{r}, c) = 0 \quad \text{und} \quad \frac{\partial \Phi(\boldsymbol{r}, c)}{\partial c} = 0. \tag{5.4}$$

Dies Verfahren führt freilich nur zu einer genau alle Berührungspunkte enthaltenden Kurve, wobei es sich ebenso gut um tangential berührte wie singuläre Punkte handeln kann. Insofern bedarf der Prüfung, ob das Ergebnis wirklich eine Einhüllende darstellt.

Als Beispiel suchen wir die Einhüllende der Geradenschar $y = 2cx - c^2$ aus den Bedingungen

$$\Phi(\boldsymbol{r}, c) = y - 2cx + c^2 = 0 \quad \text{und} \quad \frac{\partial \Phi(\boldsymbol{r}, c)}{\partial c} = -2x + 2c = 0. \tag{5.5}$$

Eliminieren von c ergibt die Parabel $y = x^2$.

Jede Kurve $y = y(x)$ ist übrigens die Einhüllende ihrer Tangentenschar $y = (x - c)y'(c) + y(c)$, wie sich leicht beweisen lässt.

Aufgabe 5.4 Bestimmen Sie die Einhüllende der Kreisschar

$$(x - c)^2 + y^2 = (kc)^2$$

mit der Konstanten $|k| < 1$!

Aufgabe 5.5 Hat die Kurvenschar $(y + c)^2 = x^3$ eine Einhüllende?

5.2 Räumliche Kurven und Bahnen

Der von einem beliebigen Parameter t funktional abhängige Ortsvektor beschreibt geometrisch eine räumliche Kurve

$$\boldsymbol{r} = \boldsymbol{r}(t) = x(t)\boldsymbol{e}_x + y(t)\boldsymbol{e}_y + z(t)\boldsymbol{e}_z, \tag{5.6}$$

wo jeder t-Wert einen individuellen Punkt markiert. Damit verbindet man gerne die anschauliche Vorstellung einer Bahn, auf der ein Punkt P den Ort $\boldsymbol{r}$ zur

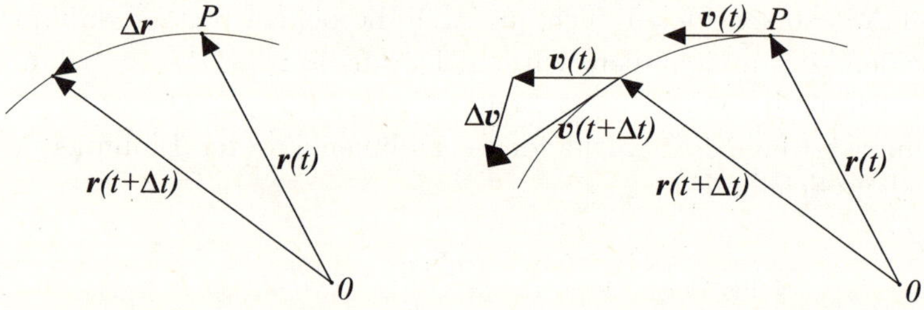

Fig. 5.3

Zeit t mit der Geschwindigkeit

$$\boldsymbol{v} \equiv \frac{d\boldsymbol{r}}{dt} = \lim_{\Delta t \to 0} \frac{\boldsymbol{r}(t+\Delta t) - \boldsymbol{r}(t)}{\Delta t} = \dot{\boldsymbol{r}}(t) \tag{5.7}$$

und der Beschleunigung

$$\dot{\boldsymbol{v}} \equiv \frac{d\boldsymbol{v}}{dt} = \lim_{\Delta t \to 0} \frac{\boldsymbol{v}(t+\Delta t) - \boldsymbol{v}(t)}{\Delta t} = \ddot{\boldsymbol{r}}(t) \tag{5.8}$$

durchläuft (Fig. 5.3). Der Ortsvektor $\boldsymbol{r} = \boldsymbol{r}(t)$ heißt dann Fahrstrahl.

Freilich muss der Parameter t keineswegs die Zeit bedeuten, sondern kann Winkel, Abstand von einer Ebene, Linienlänge oder andere geometrische Größen vertreten (siehe Kap. 4.1.2).

Aufgabe 5.6 Stellen Sie die Kettenlinie $y = a\cosh\frac{x}{a}$ in je einer Parameterform $x = x(t)$, $y = y(t)$ für 1.) $t \geq 0$ und 2.) $t \geq 1$ dar!

5.2.1 Tangentenvektor

Der infinitesimale Differenzvektor $d\boldsymbol{r} = \dot{\boldsymbol{r}}(t)dt$ hat in jedem Kurvenpunkt $\boldsymbol{r}$ die Richtung der Tangente. Sein Betrag

$$ds = |d\boldsymbol{r}| = \sqrt{dx^2 + dy^2 + dz^2} = \sqrt{\dot{x}^2 + \dot{y}^2 + \dot{z}^2}\, dt \tag{5.9}$$

heißt Linienelement, wobei die übliche Schreibweise dx^2 für $(dx)^2$, nicht etwa $d(x)^2$ steht. Damit lautet der Einsvektor in Tangentenrichtung, der sog. Tangentenvektor

$$\boldsymbol{t} \equiv \frac{d\boldsymbol{r}}{ds} \equiv \frac{\dot{\boldsymbol{r}}}{|\dot{\boldsymbol{r}}|} \equiv \boldsymbol{r}'. \tag{5.10}$$

Der hochgesetzte Strich wie in $\boldsymbol{r}' = \frac{d\boldsymbol{r}}{ds}$ diene zur Unterscheidung von $\dot{\boldsymbol{r}} = \frac{d\boldsymbol{r}}{dt}$.

Zur Übung betrachten wir den Kreis $|\boldsymbol{r} - \boldsymbol{r}_0| = a$ in der Ebene $z = 0$ mit dem Mittelpunkt $\boldsymbol{r}_0$ (Fig. 5.4). Hierfür eignet sich besonders die anschauliche

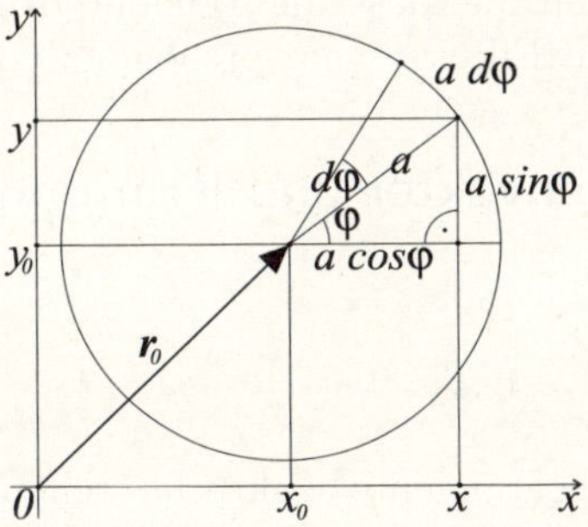

Fig. 5.4

Parameterdarstellung

$$\boldsymbol{r} - \boldsymbol{r}_0 = a\cos\varphi\,\boldsymbol{e}_x + a\sin\varphi\,\boldsymbol{e}_y, \quad \Rightarrow \quad d\boldsymbol{r} = (-a\sin\varphi\,\boldsymbol{e}_x + a\cos\varphi\,\boldsymbol{e}_y)\,d\varphi \tag{5.11}$$

mit der Polarkoordinate $\varphi = \measuredangle(\boldsymbol{r}, \boldsymbol{e}_x)$. Daraus ergeben sich das Linienelement $ds = ad\varphi$ und der Tangentenvektor $\boldsymbol{t} = -\sin\varphi\boldsymbol{e}_x + \cos\varphi\boldsymbol{e}_y$, wobei die Lage des Mittelpunkts ersichtlich keine Rolle spielt.

Aufgabe 5.7 Bestimmen Sie die Gleichung der Tangente an die räumliche Kurve $\boldsymbol{r} = \boldsymbol{r}(t)$ im Punkt $\boldsymbol{r}_1$! Wie lautet ihre Projektion $y = y(x)$ in die Ebene $z = \text{const}$?

Aufgabe 5.8 Zwei Kreise mit den Radien a und b haben die Mittelpunkte 0 bzw. $c\boldsymbol{e}_x$. Wo berühren sie ihre gemeinsamen Tangenten?

Aufgabe 5.9 Bestimmen Sie die Schnittkurve von

$$\text{Zylinder } x^2 + y^2 = a^2 \quad \text{und Wendelfläche } z = b\arctan\frac{y}{x}$$

mit den Konstanten a, b sowie ihren Tangentenvektor in kartesischer und Parameterform!

Aufgabe 5.10 Bestimmen Sie in kartesischen und Polarkoordinaten eine ebene Kurve, die jeden vom Punkt $F(x_0, 0)$ ausgehenden Fahrstrahl $\boldsymbol{r}$ in x-Richtung reflektiert!

Aufgabe 5.11 Zeigen Sie, dass die von den beiden Brennpunkten $F_1(-e, 0)$ und $F_2(e, 0)$ der Hyperbel $\frac{x^2}{a^2} - \frac{y^2}{b^2} = 1$ ausgehenden Strahlen $\boldsymbol{r}_1$ bzw. $\boldsymbol{r}_2$ die Tangente im Punkt $P(x, y)$ unter dem gleichen Winkel α schneiden (vgl. Aufgabe 4.5)!

Aufgabe 5.12 Bestätigen Sie, dass die Tangentenvektoren der in Kap. 5.1.1 behandelten Parabel- und Ellipsenschar orthogonale Richtungsfelder bilden!

5.2.2 Hauptnormalenvektor und Krümmung

Aus $\boldsymbol{t}^2 = 1$ folgt unmittelbar

$$\boldsymbol{t} \cdot \boldsymbol{t}' = 0 \quad \Rightarrow \quad \boldsymbol{t}' \perp \boldsymbol{t}. \tag{5.12}$$

Der so abgeleitete, auf der Tangente senkrecht stehende Vektor

$$\boldsymbol{t}' = \boldsymbol{r}'' = \frac{\dot{\boldsymbol{t}}}{\dot{s}} = \frac{(\dot{\boldsymbol{r}} \times \ddot{\boldsymbol{r}}) \times \dot{\boldsymbol{r}}}{|\dot{\boldsymbol{r}}|^4} \tag{5.13}$$

zeigt ins Innere des zum Kurvenpunkt $\boldsymbol{r}$ gehörigen Krümmungskreises (Fig.

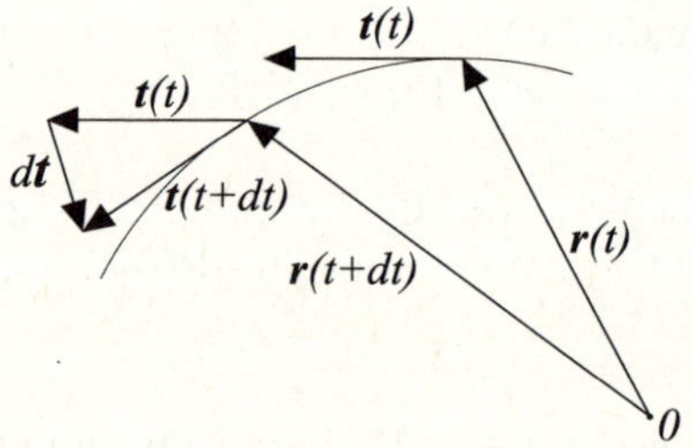

Fig. 5.5

5.5). Der Einsvektor

$$\boldsymbol{n} \equiv \frac{\boldsymbol{r}''}{|\boldsymbol{r}''|} = \frac{(\dot{\boldsymbol{r}} \times \ddot{\boldsymbol{r}}) \times \dot{\boldsymbol{r}}}{|\dot{\boldsymbol{r}} \times \ddot{\boldsymbol{r}}|\,|\dot{\boldsymbol{r}}|} \perp \boldsymbol{t} \tag{5.14}$$

heißt Hauptnormalenvektor.

Eine durchweg glatte Kurve hat an allen Punkten nur je eine Tangente, aber unendlich viele Normalen. Davon heißt diejenige Hauptnormale, die in der Ebene der benachbarten Tangenten liegt.

Der Betrag

$$|\boldsymbol{r}''| = \frac{|\dot{\boldsymbol{r}} \times \ddot{\boldsymbol{r}}|}{|\dot{\boldsymbol{r}}|^3} \equiv \frac{\sqrt{\dot{\boldsymbol{r}}^2\ddot{\boldsymbol{r}}^2 - (\dot{\boldsymbol{r}} \cdot \ddot{\boldsymbol{r}})^2}}{|\dot{\boldsymbol{r}}|^3} = \kappa(\boldsymbol{r}) \tag{5.15}$$

definiert die örtliche Krümmung der Kurve, ihr Kehrwert $\kappa^{-1} \equiv \rho$ den örtlichen Krümmungsradius, also den Radius des zugehörigen Krümmungskreises. Bezogen auf den Kreis (5.11) gilt z. B.

$$\boldsymbol{t}' = -\frac{\cos\varphi \boldsymbol{e}_x + \sin\varphi \boldsymbol{e}_y}{a}, \quad \boldsymbol{n} = -\cos\varphi \boldsymbol{e}_x - \sin\varphi \boldsymbol{e}_y = -\frac{\boldsymbol{r}}{a}, \quad \rho = a. \tag{5.16}$$

Der Kreis ist sein eigener Krümmungskreis.

Aus der Orthogonalität $\boldsymbol{t} \cdot \boldsymbol{n} = 0 \quad \Rightarrow \quad \boldsymbol{r}' \cdot \boldsymbol{r}'' = 0$ folgt übrigens

$$\underbrace{\boldsymbol{r}''^2}_{\kappa^2} + \boldsymbol{r}' \cdot \boldsymbol{r}''' = 0 \quad \Rightarrow \quad \kappa^2 = -\boldsymbol{r}' \cdot \boldsymbol{r}'''. \tag{5.17}$$

Aufgabe 5.13 Beweisen Sie die Gleichung $\boldsymbol{r} \cdot \boldsymbol{r}'' = -1$ für die Hauptnormale $\boldsymbol{r}''$ jeder Kurve $\boldsymbol{r} = \boldsymbol{r}(s)$ auf der Kugel $r = \text{const}$!

Aufgabe 5.14 Vergleichen Sie Normale $\boldsymbol{n}$ und Gradient im Punkt $P(x, y)$ der Ellipse $\frac{x^2}{a^2} + \frac{y^2}{b^2} = 1$! Wie groß ist dort die Krümmung?

Aufgabe 5.15 Welche Kurve $\boldsymbol{r}_e(t)$ besteht aus genau allen Krümmungsmittelpunkten der ebenen Kurve $\boldsymbol{r} = \boldsymbol{r}(t)$ und speziell der in Aufgabe 5.14 behandelten Ellipse?

Aufgabe 5.16 Bestätigen Sie die allgemeine Beziehung

$$\boldsymbol{n}\kappa = -\boldsymbol{t} \times \operatorname{rot} \boldsymbol{t}$$

für eine Kurve mit dem örtlichen Tangentenvektor $\boldsymbol{t}(\boldsymbol{r})$!

5.2.3 Binormalenvektor und Windung

Der durch

$$\boldsymbol{b} \equiv \boldsymbol{t} \times \boldsymbol{n} = \frac{\boldsymbol{r}' \times \boldsymbol{r}''}{|\boldsymbol{r}''|} \tag{5.18}$$

definierte Einsvektor heißt Binormalenvektor. Er steht sowohl auf dem Tangentenvektor $\boldsymbol{t}$ als auch auf dem Hauptnormalenvektor $\boldsymbol{n}$ senkrecht. Das zwar starr orthogonale, aber keineswegs raumfeste Vektorentripel

$$\boldsymbol{t} = \boldsymbol{n} \times \boldsymbol{b}, \quad \boldsymbol{n} = \boldsymbol{b} \times \boldsymbol{t}, \quad \boldsymbol{b} = \boldsymbol{t} \times \boldsymbol{n} \tag{5.19}$$

bildet wegen $[\boldsymbol{t}, \boldsymbol{n}, \boldsymbol{b}] = (\boldsymbol{t} \times \boldsymbol{n})^2 = +1$ ein Rechtssystem und heißt das begleitende Dreibein der Kurve. Im Bahnmodell begleitet es den laufenden Punkt und bewegt sich dabei in einer bahnspezifischen Weise.

Es liegen die Vektorenpaare

- $\boldsymbol{t}$ und $\boldsymbol{n}$ in der sog. Schmiegebene,
- $\boldsymbol{n}$ und $\boldsymbol{b}$ in der sog. Normalebene,
- $\boldsymbol{b}$ und $\boldsymbol{t}$ in der sog. Streckebene.

Der aus (5.18) durch Ableitung nach s hervorgehende Vektor

$$\boldsymbol{b}' = \underbrace{\boldsymbol{t}' \times \boldsymbol{n}}_{\sim(\boldsymbol{r}'' \times \boldsymbol{r}'')=0} + \boldsymbol{t} \times \boldsymbol{n}' \tag{5.20}$$

steht offenbar senkrecht auf $\boldsymbol{t}$ und als Differenzialquotient des Einsvektors $\boldsymbol{b}$ auch senkrecht auf diesem, ist mithin parallel zu $\boldsymbol{n}$. Man setzt nun

$$\boldsymbol{b}' = -\tau \boldsymbol{n} \quad \Rightarrow \quad \tau = -\boldsymbol{n} \cdot \boldsymbol{b}' = \underbrace{-(\boldsymbol{n} \times \boldsymbol{t})}_{\boldsymbol{b}} \cdot \boldsymbol{n}', \tag{5.21}$$

nennt τ die Windung der Kurve und spricht bei $\tau > 0$ von Rechts-, bei $\tau < 0$ von Linkswindung.

Aus (5.14) ergibt sich

$$\boldsymbol{n}' = \frac{\boldsymbol{r}''^2 \boldsymbol{r}''' - \boldsymbol{r}''(\boldsymbol{r}'' \cdot \boldsymbol{r}''')}{|\boldsymbol{r}''|^3} = \frac{(\boldsymbol{r}'' \times \boldsymbol{r}''') \times \boldsymbol{r}''}{|\boldsymbol{r}''|^3} = \frac{\boldsymbol{n} \times \boldsymbol{r}'''}{\kappa} \times \boldsymbol{n}, \tag{5.22}$$

was oben eingesetzt zu der übersichtlichen Windungsformel

$$\tau = \frac{\boldsymbol{r}' \times \boldsymbol{r}''}{|\boldsymbol{r}''|} \cdot \frac{\boldsymbol{r}'''}{|\boldsymbol{r}''|} = \frac{[\boldsymbol{r}', \boldsymbol{r}'', \boldsymbol{r}''']}{|\boldsymbol{r}''|^2} \tag{5.23}$$

führt.

Ebene Kurven haben das Merkmal $\tau = 0$. Es gibt krumme Kurven ohne Windung, aber keine gewundenen Kurven ohne Krümmung. Geraden zeichnen sich durch die Eigenschaft $\boldsymbol{r}'' \equiv 0$ aus. Sie haben keine (eindeutige) Hauptnormale, keine Krümmung und keine Windung.

Aufgabe 5.17 Zeigen Sie, dass Geschwindigkeit $\boldsymbol{v}$ und Beschleunigung $\boldsymbol{b}$ eines Massepunkts auf seiner Bahn $\boldsymbol{r} = \boldsymbol{r}(t)$ in der örtlichen Schmiegebene liegen!

Aufgabe 5.18 Bestimmen Sie die Bahn $\boldsymbol{r} = \boldsymbol{r}(t)$ aus der Bedingung $\dot{\boldsymbol{r}} = t\ddot{\boldsymbol{r}}$!

Ende Sept.

5.2.4 Frenetsche Formeln

Der in (5.22) auftretende Faktor $\frac{\boldsymbol{n}\times\boldsymbol{r}'''}{\kappa} \equiv \boldsymbol{d} \perp \boldsymbol{n}$ heißt darbouxscher Vektor. Er lässt sich offenbar vollständig in Teilvektoren parallel zu $\boldsymbol{t}$ und $\boldsymbol{b}$ zerlegen:

$$\frac{\boldsymbol{n}\times\boldsymbol{r}'''}{\kappa} = \boldsymbol{t}(\boldsymbol{t}\cdot\frac{\boldsymbol{n}\times\boldsymbol{r}'''}{\kappa}) + \boldsymbol{b}(\boldsymbol{b}\cdot\frac{\boldsymbol{n}\times\boldsymbol{r}'''}{\kappa}) \equiv \boldsymbol{d}. \tag{5.24}$$

Seine einschlägigen Komponenten lauten

$$\boldsymbol{t}\cdot\frac{\boldsymbol{n}\times\boldsymbol{r}'''}{\kappa} = \frac{\boldsymbol{r}'\cdot(\boldsymbol{r}''\times\boldsymbol{r}''')}{\kappa^2} = \tau, \tag{5.25}$$

$$\boldsymbol{b}\cdot\frac{\boldsymbol{n}\times\boldsymbol{r}'''}{\kappa} = \underbrace{(\boldsymbol{b}\times\boldsymbol{n})}_{-\boldsymbol{t}=-\boldsymbol{r}'}\cdot\frac{\boldsymbol{r}'''}{\kappa} = -\frac{\boldsymbol{r}'\cdot\boldsymbol{r}'''}{\kappa} = \kappa, \tag{5.26}$$

$$\Rightarrow \quad \boldsymbol{d} = \tau\boldsymbol{t} + \kappa\boldsymbol{b}. \tag{5.27}$$

Einsetzung in (5.22) führt zu

$$\boldsymbol{n}' = \boldsymbol{d}\times\boldsymbol{n} = \tau\underbrace{(\boldsymbol{t}\times\boldsymbol{n})}_{\boldsymbol{b}} + \kappa\underbrace{(\boldsymbol{b}\times\boldsymbol{n})}_{-\boldsymbol{t}} = \tau\boldsymbol{b} - \kappa\boldsymbol{t}. \tag{5.28}$$

Somit gelten für die Ableitungen der Einsvektoren $\boldsymbol{t}, \boldsymbol{n}, \boldsymbol{b}$ die frenetschen Formeln (1847):

$$\boldsymbol{t}' = \kappa\boldsymbol{n}, \quad \boldsymbol{n}' = -\kappa\boldsymbol{t} + \tau\boldsymbol{b}, \quad \boldsymbol{b}' = -\tau\boldsymbol{n}. \tag{5.29}$$

Sie bilden ein System linearer Differenzialgleichungen 1. Ordnung, darstellbar durch das schiefsymmetrische Schema

$$\begin{pmatrix}\boldsymbol{t}'\\ \boldsymbol{n}'\\ \boldsymbol{b}'\end{pmatrix} = \begin{pmatrix}0 & \kappa & 0\\ -\kappa & 0 & \tau\\ 0 & -\tau & 0\end{pmatrix}\begin{pmatrix}\boldsymbol{t}\\ \boldsymbol{n}\\ \boldsymbol{b}\end{pmatrix}. \tag{5.30}$$

Die 3 Ableitungen sind wegen $\boldsymbol{t}'\|\boldsymbol{b}'$ komplanar.

Im Übrigen findet man leicht mit Hilfe des darbouxschen Vektors die symmetrische Darstellung :

$$\boldsymbol{t}' = \boldsymbol{d}\times\boldsymbol{t}, \quad \boldsymbol{n}' = \boldsymbol{d}\times\boldsymbol{n}, \quad \boldsymbol{b}' = \boldsymbol{d}\times\boldsymbol{b}. \tag{5.31}$$

Offensichtlich beschreibt $\boldsymbol{d}$ die Drehung des begleitenden Dreibeins beim Wandern des Kurvenpunkts.

Aufgabe 5.19 Zeigen Sie, dass die Evolute $\boldsymbol{r}_e(t)$ der ebenen Kurve $\boldsymbol{r} = \boldsymbol{r}(t)$ die Einhüllende ihrer Normalenschar ist!

Aufgabe 5.20 Analysieren Sie die in Aufgabe 5.9 gefundene Schraubenlinie als Bahn mit $\dot{\varphi} = \text{const}$!

5.3 Krumme Flächen

Fläche sei hier der Sammelbegriff für 2-dimensionale Flächen*typen* (z. B. Ebene, Kugel, Zylinder, Dreh- oder Wendelfläche), zu unterscheiden von Flächen*maßen* wie Inhalt oder Oberfläche und Flächen*teilen* wie Grund-, Mantel- oder Stirnfläche. Leider sind die Begriffe Fläche in der deutschen ebenso wie surface in der englischen und französischen Umgangssprache doppeldeutig.

Jede Fläche lässt sich analytisch in

- expliziter Form $z = z(x, y)$ oder
- impliziter Form $\Phi(\boldsymbol{r}) = 0$ oder
- Parameterform $\boldsymbol{r} = \boldsymbol{r}(u, v)$

darstellen. Letztere verdient wegen ihrer Anschaulichkeit in der Differenzialgeometrie besonderes Augenmerk. Sie ist beliebig wählbar, solange sie die implizite Form identisch befriedigt:

$$\Phi[\boldsymbol{r}(u, v)] \equiv 0. \tag{5.32}$$

5.3.1 1. Grundform der Flächentheorie

Man kann sich jeden Punkt $\boldsymbol{r} = \boldsymbol{r}(u, v)$ auf der Fläche durch das zugehörige Wertepaar u, v markiert denken, so dass die Parameter u, v als Flächenkoordinaten gelten dürfen.

Unter der Bedingung $v = v_0$ beschreibt der Ortsvektor $\boldsymbol{r} = \boldsymbol{r}(u, v_0)$ eine sog. u-Koordinatenlinie mit dem Linienelement $\frac{\partial \boldsymbol{r}}{\partial u} du$. Analog beschreibt $\boldsymbol{r} = \boldsymbol{r}(u_0, v)$ eine v-Koordinatenlinie mit dem Linienelement $\frac{\partial \boldsymbol{r}}{\partial v} dv$. Beide Linien schneiden sich bei geeigneter Parameterwahl ($\frac{\partial \boldsymbol{r}}{\partial u} \times \frac{\partial \boldsymbol{r}}{\partial v} \neq 0$), im Punkt $\boldsymbol{r}_0 = \boldsymbol{r}(u_0, v_0)$. So gehören zu allen Wertepaaren $v = \text{const}_1, u = \text{const}_2$ individuelle u- bzw. v-Koordinatenlinien, die gemeinsam ein die gesamte Fläche überdeckendes Netz bilden. Selbst bei Verwendung rechtwinkliger Raumkoordinaten u, v, w sind die Flächenkoordinaten u, v im Allgemeinen schiefwinklig.

Wenn die Parameter Zeitfunktionen sind, beschreibt der Fahrstrahl $\boldsymbol{r} = \boldsymbol{r}[u(t), v(t)]$ auf der Fläche eine Bahn mit der Geschwindigkeit

$$\dot{\boldsymbol{r}} = \frac{\partial \boldsymbol{r}}{\partial u}\dot{u} + \frac{\partial \boldsymbol{r}}{\partial v}\dot{v}. \tag{5.33}$$

Ihr Quadrat

$$\dot{\boldsymbol{r}}^2 \equiv \dot{s}^2 = \left(\frac{\partial \boldsymbol{r}}{\partial u}\right)^2 \dot{u}^2 + 2\frac{\partial \boldsymbol{r}}{\partial u} \cdot \frac{\partial \boldsymbol{r}}{\partial v}\dot{u}\dot{v} + \left(\frac{\partial \boldsymbol{r}}{\partial v}\right)^2 \dot{v}^2 \tag{5.34}$$

geht mit den sog. metrischen Koeffizienten

$$E = E(u,v) \equiv \left(\frac{\partial \boldsymbol{r}}{\partial u}\right)^2, \quad F = F(u,v) \equiv \frac{\partial \boldsymbol{r}}{\partial u} \cdot \frac{\partial \boldsymbol{r}}{\partial v}, \quad G = G(u,v) \equiv \left(\frac{\partial \boldsymbol{r}}{\partial v}\right)^2$$

in die 1. Grundform der Flächentheorie über:

$$\dot{s}^2 = E\dot{u}^2 + 2F\dot{u}\dot{v} + G\dot{v}^2. \tag{5.35}$$

Sie bestimmt die Geometrie auf der Fläche und gilt daher als ihre Metrik. Unter der Bedingung $F = 0$ sind die u- und v-Koordinatenlinien rechtwinklig.

Euklidisch ist die Geometrie nur auf denjenigen Flächen, die sich längen-, also zugleich winkel- und flächentreu in die Ebene abwickeln lassen. Dies trifft z. B. für Zylinder und Kegel, nicht aber für Kugel und Paraboloid zu.

Aufgabe 5.21 Wie groß ist der Winkel zwischen den Koordinatenlinien $v = \text{const}_1$ und $u = \text{const}_2$ auf der Fläche $\boldsymbol{r} = \boldsymbol{r}(u,v)$?

Aufgabe 5.22 Wo ist $F = 0$ auf der Fläche $z = z(x,y)$?

Aufgabe 5.23 Welchen Bedingungen unterliegen Geschwindigkeit und Beschleunigung eines Massepunkts auf einer in der Fläche $\Phi(\boldsymbol{r}) = 0$ liegenden Bahn?

5.3.2 Maßbestimmung

In Kenntnis der (örtlich variablen) metrischen Koeffizienten E, F, G lassen sich auf allen Flächen Längen, Winkel und Oberflächen berechnen.

Längen

Aus (5.35) folgt für den Abstand zweier Flächenpunkte $\boldsymbol{r}_1 = \boldsymbol{r}[u(t_1), v(t_1)]$ und $\boldsymbol{r}_2 = \boldsymbol{r}[u(t_2), v(t_2)]$

$$s = \int_{t_1}^{t_2} \dot{s}\, dt = \int_{t_1}^{t_2} \sqrt{E\dot{u}^2 + 2F\dot{u}\dot{v} + G\dot{v}^2}\, dt \tag{5.36}$$

oder mit der Steigung $v' \equiv \frac{\dot{v}}{\dot{u}}$ der Flächenkurve $v = v(u)$

$$s = \int_{u_1}^{u_2} \sqrt{E + 2Fv' + Gv'^2}\, du. \tag{5.37}$$

Winkel

Der von den Tangenten zweier Bahnen $\boldsymbol{r} = \boldsymbol{r}[u(t), v(t)]$ und $\boldsymbol{r}^* = \boldsymbol{r}[u^*(t), v^*(t)]$ eingeschlossene Winkel $\measuredangle(\dot{\boldsymbol{r}}, \dot{\boldsymbol{r}}^*)$ berechnet sich aus

$$\cos\measuredangle(\dot{\boldsymbol{r}}, \dot{\boldsymbol{r}}^*) = \frac{\dot{\boldsymbol{r}} \cdot \dot{\boldsymbol{r}}^*}{\dot{s}\dot{s}^*} = \frac{E\dot{u}\dot{u}^* + F(\dot{u}\dot{v}^* + \dot{u}^*\dot{v}) + G\dot{v}\dot{v}^*}{\sqrt{E\dot{u}^2 + 2F\dot{u}\dot{v} + G\dot{v}^2}\sqrt{E\dot{u}^{*2} + 2F\dot{u}^*\dot{v}^* + G\dot{v}^{*2}}}.$$

Offensichtlich kommt es nur auf die Verhältnisse $\frac{\dot{v}}{\dot{u}} = \frac{dv}{du}$ und $\frac{\dot{v}^*}{\dot{u}^*} = \frac{dv^*}{du^*}$ an. Im Zähler steht die sog. Bilinearform der 1. Grundform. Sie entsteht aus der quadratischen Form (5.35), wenn man $\dot{u}^2$ durch $\dot{u}\dot{u}^*$, $\dot{v}^2$ durch $\dot{v}\dot{v}^*$ und $\dot{u}\dot{v}$ durch $\frac{1}{2}(\dot{u}\dot{v}^* + \dot{u}^*\dot{v})$ ersetzt.

Oberflächen

Das elementare Parallelogramm an der Stelle $\boldsymbol{r} = \boldsymbol{r}(u, v)$ mit den Seiten $\frac{\partial \boldsymbol{r}}{\partial u}du$ und $\frac{\partial \boldsymbol{r}}{\partial v}dv$ hat den Inhalt (Fig. 5.6)

$$d\boldsymbol{S} = \left(\frac{\partial \boldsymbol{r}}{\partial u} \times \frac{\partial \boldsymbol{r}}{\partial v}\right) du\, dv. \qquad (5.38)$$

Er gibt die Richtung der örtlichen Flächennormale an und beträgt

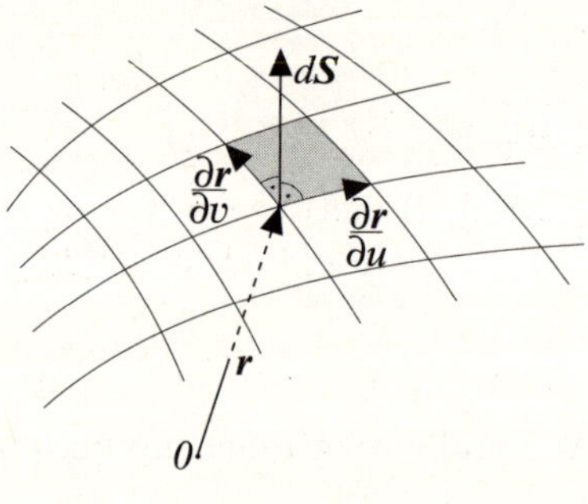

Fig. 5.6

$$|d\boldsymbol{S}| = \left|\frac{\partial \boldsymbol{r}}{\partial u} \times \frac{\partial \boldsymbol{r}}{\partial v}\right| du\, dv = \underbrace{\sqrt{\left(\frac{\partial \boldsymbol{r}}{\partial u}\right)^2 \left(\frac{\partial \boldsymbol{r}}{\partial v}\right)^2 - \left(\frac{\partial \boldsymbol{r}}{\partial u} \cdot \frac{\partial \boldsymbol{r}}{\partial v}\right)^2}}_{\sqrt{EG - F^2}} du\, dv. \qquad (5.39)$$

In vorgegebenen Grenzen führt die Integration

- über alle Elemente $d\boldsymbol{S}$ zur *vektoriellen* Oberfläche,
- über alle Elemente $|d\boldsymbol{S}|$ zur *skalaren* Oberfläche.

Wenn die Fläche eben ist, heißt ihr Maß gewöhnlich Inhalt statt Oberfläche.

Aufgabe 5.24 Bestimmen Sie den Normalen-Einsvektor $\boldsymbol{e}_n$ der Fläche $\boldsymbol{r} = \boldsymbol{r}(u,v)$!

Aufgabe 5.25 Zeigen Sie, dass Gradient und Normale $\frac{\partial \boldsymbol{r}}{\partial x} \times \frac{\partial \boldsymbol{r}}{\partial y}$ der Fläche $\Phi(\boldsymbol{r}) = z - z(x,y) \equiv 0$ gleich sind!

6 Krummlinige rechtwinklige Koordinaten

Koordinaten – zwar erst von Leibniz[1] so genannt – kannte man bereits im alten Ägypten um 3500 v. Chr. Ptolemaios[2] bestimmte Punkte auf der Erde sogar schon mit Hilfe ihrer geografischen Länge und Breite.

Zweckmäßige Formulierung und geschickte Lösung geometrisch-physikalischer Probleme beginnen mit der Wahl passender Koordinaten, wobei man meistens mit *rechtwinkligen* auskommt. *Dreidimensionale* gehören zum elementaren Rüstzeug jedes Praktikers; aber schon die einsteinsche Relativitätstheorie erschließt sich nur demjenigen, der auch den Umgang mit *vierdimensionalen* Koordinaten beherrscht.

6.1 Allgemeines Bezugssystem u, v, w

6.1.1 Grundlagen der Transformation

Wir gehen vom kartesischen Bezugssystem x, y, z vermittels eines geeigneten Transformators

$$x = x(u, v, w), \quad y = y(u, v, w), \quad z = z(u, v, w) \tag{6.1}$$

zu einem ebenfalls rechtwinkligen, jedoch krummlinigen Bezugssystem u, v, w über, das den Raum zwar anders einteilt, aber die relative Lage seiner Punkte beibehält. Die krummen u, v, w-Koordinatenflächen bilden ein räumliches Orthogonaltrajektorienfeld. Die Detailtreue der Abbildung verlangt für jeden Punkt und seine enge Nachbarschaft

$$\hat{\boldsymbol{r}}(x, y, z) = x(u, v, w)\, \boldsymbol{e}_x + y(u, v, w)\, \boldsymbol{e}_y + z(u, v, w)\, \boldsymbol{e}_z = \boldsymbol{r}(u, v, w), \tag{6.2}$$

$$d\hat{\boldsymbol{r}} = dx\boldsymbol{e}_x + dy\boldsymbol{e}_y + dz\boldsymbol{e}_z = d\boldsymbol{r} = \underline{\underline{\frac{\partial \boldsymbol{r}}{\partial u}du + \frac{\partial \boldsymbol{r}}{\partial v}dv + \frac{\partial \boldsymbol{r}}{\partial w}dw}}. \tag{6.3}$$

[1] Gottfried Wilhelm Leibniz (1646-1716), deutscher Universalgelehrter, studierte bei Huygens in Paris, war seit 1673 Mitglied der Royal Society in London, seit 1676 Hofrat des Welfenhauses in Hannover und wurde 1700 Gründungspräsident der Akademie in Berlin.

[2] Ptolemaios von Alexandria (etwa 85-165 n. Chr.), griechischer Astronom

Bei aller Gleichheit $d\hat{\boldsymbol{r}} = d\boldsymbol{r}$ ist die Zerlegung in Teilvektoren natürlich verschieden. Als Abstand eng benachbarter Punkte bleibt das Linienelement $|d\boldsymbol{r}|$ unverändert und heißt daher Invariante der Transformation. Sein Quadrat lautet wegen der Orthogonalität der Koordinatenflächen

$$|d\boldsymbol{r}|^2 = \left|\frac{\partial \boldsymbol{r}}{\partial u}\right|^2 du^2 + \left|\frac{\partial \boldsymbol{r}}{\partial v}\right|^2 dv^2 + \left|\frac{\partial \boldsymbol{r}}{\partial w}\right|^2 dw^2 \qquad (6.4)$$

und gewinnt mit den Transformationsmerkmalen

$$\left|\frac{\partial \boldsymbol{r}}{\partial u}\right|^{-1} \equiv U, \quad \left|\frac{\partial \boldsymbol{r}}{\partial v}\right|^{-1} \equiv V, \quad \left|\frac{\partial \boldsymbol{r}}{\partial w}\right|^{-1} \equiv W \qquad (6.5)$$

die übersichtliche Form

$$|d\boldsymbol{r}|^2 = \frac{du^2}{U^2} + \frac{dv^2}{V^2} + \frac{dw^2}{W^2}. \qquad (6.6)$$

Die neuen rechtwinkligen Einsvektoren

$$\boldsymbol{e}_u = U\frac{\partial \boldsymbol{r}}{\partial u}, \quad \boldsymbol{e}_v = V\frac{\partial \boldsymbol{r}}{\partial v}, \quad \boldsymbol{e}_w = W\frac{\partial \boldsymbol{r}}{\partial w} \qquad (6.7)$$

sind Normalen der krummen Koordinatenflächen $u = \mathrm{const}_1$, $v = \mathrm{const}_2$, $w = \mathrm{const}_3$. Ihre Richtung ist daher – anders als bei kartesischen Einsvektoren – ortsabhängig, wobei die Differenzialquotienten aller Einsvektoren auf diesen

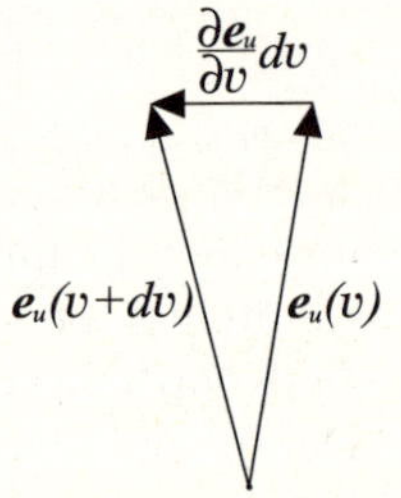

Fig. 6.1

senkrecht stehen (Fig. 6.1). Für $\boldsymbol{e}_u(u, v, w)$ folgt z. B. aus dem Merkmal $\boldsymbol{e}_u^2 = 1$ (vgl. 4.8):

$$\boldsymbol{e}_u \cdot \frac{\partial \boldsymbol{e}_u}{\partial u} = 0, \quad \boldsymbol{e}_u \cdot \frac{\partial \boldsymbol{e}_u}{\partial v} = 0, \quad \boldsymbol{e}_u \cdot \frac{\partial \boldsymbol{e}_u}{\partial w} = 0. \qquad (6.8)$$

Die Einsvektoren genügen in einem Rechtssystem der Bedingung

$$[\boldsymbol{e}_u, \boldsymbol{e}_v, \boldsymbol{e}_w] = UVW\left[\frac{\partial \boldsymbol{r}}{\partial u}, \frac{\partial \boldsymbol{r}}{\partial v}, \frac{\partial \boldsymbol{r}}{\partial w}\right] = +1, \qquad (6.9)$$

$e_u^2 = 1$

$\frac{\partial}{\partial u}(e_u^2) = 0 \qquad 2e_u \cdot \frac{\partial e_u}{\partial u} = 0 \Rightarrow e_u \cdot \frac{\partial e_u}{\partial u} = 0$

wobei das Spatprodukt

$$\left[\frac{\partial \boldsymbol{r}}{\partial u}, \frac{\partial \boldsymbol{r}}{\partial v}, \frac{\partial \boldsymbol{r}}{\partial w}\right] = \begin{vmatrix} \frac{\partial x}{\partial u} & \frac{\partial y}{\partial u} & \frac{\partial z}{\partial u} \\ \frac{\partial x}{\partial v} & \frac{\partial y}{\partial v} & \frac{\partial z}{\partial v} \\ \frac{\partial x}{\partial w} & \frac{\partial y}{\partial w} & \frac{\partial z}{\partial w} \end{vmatrix} \equiv \frac{\partial(x, y, z)}{\partial(u, v, w)} \tag{6.10}$$

hierzulande Funktionaldeterminante, im angloamerikanischen Schrifttum vielfach Jacobi zu Ehren jacobische Determinante[3] heißt.

Die Differenziale der Koordinatenflächen $u = \text{const}_1$, $v = \text{const}_2$, $w = \text{const}_3$ lauten

$$d\boldsymbol{S}_u = \left(\frac{\partial \boldsymbol{r}}{\partial v} \times \frac{\partial \boldsymbol{r}}{\partial w}\right) dv\, dw = \frac{dv}{V}\frac{dw}{W}\, \boldsymbol{e}_u, \tag{6.11a}$$

$$d\boldsymbol{S}_v = \left(\frac{\partial \boldsymbol{r}}{\partial w} \times \frac{\partial \boldsymbol{r}}{\partial u}\right) dw\, du = \frac{dw}{W}\frac{du}{U}\, \boldsymbol{e}_v, \tag{6.11b}$$

$$d\boldsymbol{S}_w = \left(\frac{\partial \boldsymbol{r}}{\partial u} \times \frac{\partial \boldsymbol{r}}{\partial v}\right) du\, dv = \frac{du}{U}\frac{dv}{V}\, \boldsymbol{e}_w, \tag{6.11c}$$

während an die Stelle von $dx\, dy\, dz$ das neue Raumelement (Fig. 6.2)

$$d\tau = \left[\frac{\partial \boldsymbol{r}}{\partial u}, \frac{\partial \boldsymbol{r}}{\partial v}, \frac{\partial \boldsymbol{r}}{\partial w}\right] du\, dv\, dw = \frac{du}{U}\frac{dv}{V}\frac{dw}{W} \tag{6.12}$$

tritt. Dies ist ein leicht verformter infinitesimaler Quader mit krummen Kanten und Seiten. Gegenüberliegende Seiten sind im Allgemeinen hinsichtlich ihres vektoriellen Inhalts etwas verschieden. Dennoch differieren die Volumina des

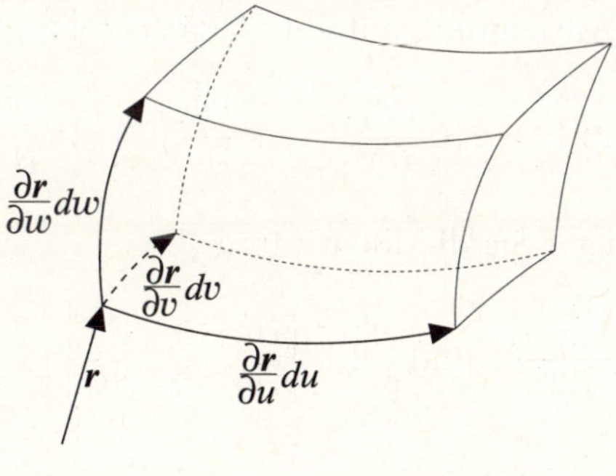

Fig. 6.2

leicht verformten und des idealen Quaderelements nur um vernachlässigbar kleine Größen höherer Ordnung (Aufgabe 6.2).

---

[3]Die Widmung stammt vom englischen Mathematiker James Joseph Sylvester (1814-1897), dem wohl bedeutendsten Schöpfer mathematischer Begriffe.

Aufgabe 6.1 Beweisen Sie, dass jedes von 4 eng benachbarten (nicht notwendig orthogonalen) Koordinatenlinien $u, u + dv, v, v + dv$ begrenzte Viereck ein infinitesimales Parallelogramm ist, wenn man kleine Größen 2. und höherer Ordnung vernachlässigt!

Aufgabe 6.2 Beweisen Sie, dass jedes von 6 eng benachbarten (nicht notwendig orthogonalen) Koordinatenflächen

$$u = \text{const}_1, \quad u + du = \text{const}_2, \quad v = \text{const}_3, \quad v + dv = \text{const}_4,$$
$$w = \text{const}_5, \quad w + dw = \text{const}_6$$

begrenzte Raumelement bis auf vernachlässigbar kleine Größen ein infinitesimaler Spat ist!

Aufgabe 6.3 Beweisen Sie

$$\frac{\partial(x,y,z)}{\partial(u,v,w)} \cdot \frac{\partial(u,v,w)}{\partial(x,y,z)} = 1\,!$$

6.1.2 Gradient

Der Nabla-Operator hat jetzt die Teilvektoren

$$\boldsymbol{e}_u(\boldsymbol{e}_u \cdot \nabla) = \boldsymbol{e}_u U \underbrace{\left(\frac{\partial \boldsymbol{r}}{\partial u} \cdot \nabla\right)}_{\frac{\partial}{\partial u}} = \boldsymbol{e}_u U \frac{\partial}{\partial u}, \quad \boldsymbol{e}_v V \frac{\partial}{\partial v}, \quad \boldsymbol{e}_w W \frac{\partial}{\partial w}. \tag{6.13}$$

Damit erhält man in Anwendung auf ein Skalarfeld $\Phi(\boldsymbol{r})$

$$\operatorname{grad} \Phi = \boldsymbol{e}_u U \frac{\partial \Phi}{\partial u} + \boldsymbol{e}_v V \frac{\partial \Phi}{\partial v} + \boldsymbol{e}_w W \frac{\partial \Phi}{\partial w}. \tag{6.14}$$

Aufgabe 6.4 Bestätigen Sie die Identitäten

$$1.)\ \nabla u = \frac{\frac{\partial \boldsymbol{r}}{\partial v} \times \frac{\partial \boldsymbol{r}}{\partial w}}{\left[\frac{\partial \boldsymbol{r}}{\partial u}, \frac{\partial \boldsymbol{r}}{\partial v}, \frac{\partial \boldsymbol{r}}{\partial w}\right]} \quad \text{und} \quad 2.)\ \left[\frac{\partial \boldsymbol{r}}{\partial u}, \frac{\partial \boldsymbol{r}}{\partial v}, \frac{\partial \boldsymbol{r}}{\partial w}\right] (\nabla u, \nabla v, \nabla w) = 1\,!$$

6.1.3 Divergenz

Zur Transformation der Divergenz betrachten wir den Vektorfluss

$$\boldsymbol{a}(\boldsymbol{r}) \cdot d\boldsymbol{S}_u = a_u \frac{dv}{V} \frac{dw}{W}, \tag{6.15}$$

der in Fig. 6.2 an der Stelle $\boldsymbol{r}$ in u-Richtung durch die Fläche $d\boldsymbol{S}_u$ in das Raumelement $d\tau$ eintreten möge. Eine zu Kap. 4.2.2 analoge Überlegung ergibt zwischen dem an der Stelle $\boldsymbol{r}$ eintretenden und dem an der eng benachbarten Stelle $\boldsymbol{r} + \frac{\partial \boldsymbol{r}}{\partial u} du$ austretenden Vektorfluss eine Differenz

$$\underbrace{du\left(\frac{\partial \boldsymbol{r}}{\partial u} \cdot \nabla\right)}_{\frac{\partial}{\partial u}} \left(\frac{a_u}{VW}\right) dv\, dw$$

$$= \frac{\partial}{\partial u}\left(\frac{a_u}{VW}\right) du\, dv\, dw = \underbrace{UVW \frac{\partial}{\partial u}\left(\frac{a_u}{VW}\right)}_{\operatorname{div}(a_u \boldsymbol{e}_u)} d\tau. \qquad (6.16)$$

Mitsamt den analogen Differenzen in v- und w-Richtung gewinnt die Divergenz gemäß Definition die neue Form

$$\operatorname{div} \boldsymbol{a} = UVW\left[\frac{\partial}{\partial u}\left(\frac{a_u}{VW}\right) + \frac{\partial}{\partial v}\left(\frac{a_v}{WU}\right) + \frac{\partial}{\partial w}\left(\frac{a_w}{UV}\right)\right]. \qquad (6.17)$$

6.1.4 Rotor

Zur Berechnung der u-Komponente des Rotors von $\boldsymbol{a}$ betrachten wir die Zirkulation $d\Gamma_u$ von $\boldsymbol{a}$ auf dem Rand des Flächenelements $d\boldsymbol{S}_u$ (Fig. 6.3). Die

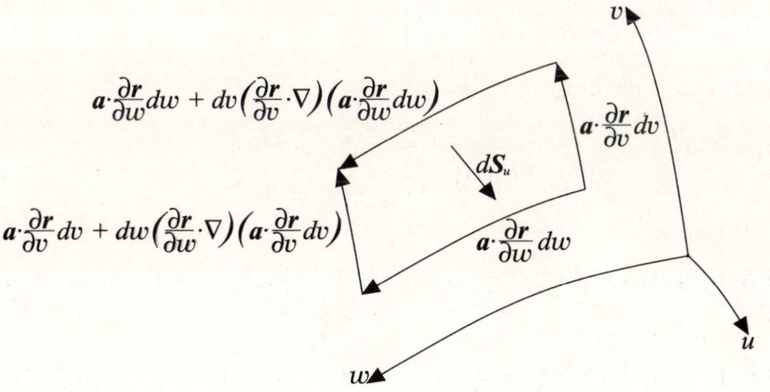

Fig. 6.3

Randsumme im Sinne der Rechtsschraubenregel, also gegen den Uhrzeigersinn, ergibt analog Kap. 4.2.3

$$d\Gamma_u = dv \underbrace{\left(\frac{\partial \boldsymbol{r}}{\partial v} \cdot \nabla\right)}_{\frac{\partial}{\partial v}} \left(\boldsymbol{a} \cdot \frac{\partial \boldsymbol{r}}{\partial w} dw\right) - dw \underbrace{\left(\frac{\partial \boldsymbol{r}}{\partial w} \cdot \nabla\right)}_{\frac{\partial}{\partial w}} \left(\boldsymbol{a} \cdot \frac{\partial \boldsymbol{r}}{\partial v} dv\right) \tag{6.18}$$

$$= \frac{\partial}{\partial v}\left(\frac{a_w}{W}\right) dv\, dw - \frac{\partial}{\partial w}\left(\frac{a_v}{V}\right) dv\, dw \tag{6.19}$$

$$= VW \left[\frac{\partial}{\partial v}\left(\frac{a_w}{W}\right) - \frac{\partial}{\partial w}\left(\frac{a_v}{V}\right)\right] \boldsymbol{e}_u \cdot d\boldsymbol{S}_u . \tag{6.20}$$

Hinzu kommen die analogen Beiträge $d\Gamma_v$ und $d\Gamma_w$ der Flächenelemente $d\boldsymbol{S}_v$ und $d\boldsymbol{S}_w$. Zusammenfassend erhält man

$$d\Gamma = d\Gamma_u + d\Gamma_v + d\Gamma_w \tag{6.21}$$

$$\begin{aligned} &= VW \left[\frac{\partial}{\partial v}\left(\frac{a_w}{W}\right) - \frac{\partial}{\partial w}\left(\frac{a_v}{V}\right)\right] \boldsymbol{e}_u \cdot d\boldsymbol{S}_u \\ &\quad + WU \left[\frac{\partial}{\partial w}\left(\frac{a_u}{U}\right) - \frac{\partial}{\partial u}\left(\frac{a_w}{w}\right)\right] \boldsymbol{e}_v \cdot d\boldsymbol{S}_v \\ &\quad + UV \left[\frac{\partial}{\partial u}\left(\frac{a_v}{V}\right) - \frac{\partial}{\partial v}\left(\frac{a_u}{U}\right)\right] \boldsymbol{e}_w \cdot d\boldsymbol{S}_w \equiv \operatorname{rot} \boldsymbol{a} \cdot d\boldsymbol{S}. \end{aligned} \tag{6.22}$$

Der Faktor des Flächenelements $d\boldsymbol{S} = d\boldsymbol{S}_u + d\boldsymbol{S}_v + d\boldsymbol{S}_w$ ist definitionsgemäß der gesuchte Rotor:

$$\begin{aligned} \operatorname{rot} \boldsymbol{a} = {} & VW \left[\frac{\partial}{\partial v}\left(\frac{a_w}{W}\right) - \frac{\partial}{\partial w}\left(\frac{a_v}{V}\right)\right] \boldsymbol{e}_u + WU \left[\frac{\partial}{\partial w}\left(\frac{a_u}{U}\right) - \frac{\partial}{\partial u}\left(\frac{a_w}{W}\right)\right] \boldsymbol{e}_v \\ & + UV \left[\frac{\partial}{\partial u}\left(\frac{a_v}{V}\right) - \frac{\partial}{\partial v}\left(\frac{a_u}{U}\right)\right] \boldsymbol{e}_w . \end{aligned}$$

Er lautet in Matrixschreibweise

$$\operatorname{rot} \boldsymbol{a} = UVW \begin{vmatrix} \frac{\boldsymbol{e}_u}{U} & \frac{\boldsymbol{e}_v}{V} & \frac{\boldsymbol{e}_w}{W} \\ \frac{\partial}{\partial u} & \frac{\partial}{\partial v} & \frac{\partial}{\partial w} \\ \frac{a_u}{U} & \frac{a_v}{V} & \frac{a_w}{W} \end{vmatrix} . \tag{6.23}$$

Aufgabe 6.5 Bestätigen Sie $\nabla \cdot (a_u \boldsymbol{e}_u) = UVW \frac{\partial}{\partial u}\left(\frac{a_u}{VW}\right)$ durch formale ∇-Anwendung!

Aufgabe 6.6 Bestätigen Sie $(\boldsymbol{e}_u \times \nabla) \cdot \boldsymbol{e}_u = 0$ durch formale ∇-Anwendung!

Aufgabe 6.7 Bestimmen Sie $\boldsymbol{e}_u \cdot \operatorname{rot} \boldsymbol{a}$ durch formale ∇-Anwendung!

6.1.5 Laplace-Operator

Angesichts (4.95) führt die Zusammenfassung von (4.11) und (6.17) zu

$$\Delta\Phi = UVW\left[\frac{\partial}{\partial u}\left(\frac{U}{VW}\frac{\partial\Phi}{\partial u}\right) + \frac{\partial}{\partial v}\left(\frac{V}{WU}\frac{\partial\Phi}{\partial v}\right) + \frac{\partial}{\partial w}\left(\frac{W}{UV}\frac{\partial\Phi}{\partial w}\right)\right]. \quad (6.24)$$

Ein Blick auf (6.14) bestätigt übrigens, dass die Gleichung $\nabla^2 = \Delta$ nur im Fall $U = V = W = 1$, also bei Verwendung kartesischer Koordinaten, gilt (vgl. Kap. 4.4.1).

6.2 Spezielle Bezugssysteme

Für ausgefallene Probleme gibt es auch ausgefallene Koordinaten, z. B. elliptische, parabolische, bipolare, Dreiecks-, Ring-, Spindel- und Kegelkoordinaten. Der Praktiker kommt im Allgemeinen mit kartesischen, Polar-, Zylinder- und Kugelkoordinaten aus.

6.2.1 Zylinderkoordinaten ($u = \rho$, $v = \varphi$, $w = z$)

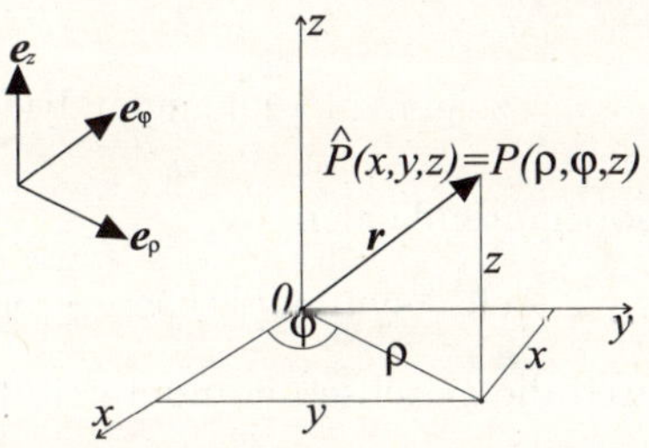

Fig. 6.4

Es handelt sich lediglich um die Transformation der beiden ebenen kartesischen Koordinaten x, y in die Polarkoordinaten ρ, φ. Die kartesische z-Koordinate bleibt unverändert.

Der Transformator lautet (Fig. 6.4)

$$x = \rho\cos\varphi, \qquad \rho = \sqrt{x^2 + y^2}, \quad (6.25a)$$

$$y = \rho\sin\varphi, \qquad \varphi = \arctan\frac{y}{x}, \quad (6.25b)$$

$$z = z. \quad (6.25c)$$

Daraus folgt unmittelbar

$$\boldsymbol{r}(\rho,\varphi,z) = \underbrace{\rho\cos\varphi\,\boldsymbol{e}_x + \rho\sin\varphi\,\boldsymbol{e}_y}_{\rho\boldsymbol{e}_\rho} + z\,\boldsymbol{e}_z, \quad (6.26)$$

$$\frac{\partial \boldsymbol{r}}{\partial \rho} = \cos\varphi\,\boldsymbol{e}_x + \sin\varphi\,\boldsymbol{e}_y = \boldsymbol{e}_\rho \qquad \Rightarrow \quad U = \left|\frac{\partial \boldsymbol{r}}{\partial \rho}\right|^{-1} = 1, \tag{6.27}$$

$$\frac{\partial \boldsymbol{r}}{\partial \varphi} = -\rho\sin\varphi\,\boldsymbol{e}_x + \rho\cos\varphi\,\boldsymbol{e}_y \qquad \Rightarrow \quad V = \left|\frac{\partial \boldsymbol{r}}{\partial \varphi}\right|^{-1} = \frac{1}{\rho}, \tag{6.28}$$

$$\frac{\partial \boldsymbol{r}}{\partial z} = \boldsymbol{e}_z \qquad \Rightarrow \quad W = \left|\frac{\partial \boldsymbol{r}}{\partial z}\right|^{-1} = 1, \tag{6.29}$$

$$|d\boldsymbol{r}|^2 = d\rho^2 + \rho^2 d\varphi^2 + dz^2. \tag{6.30}$$

Zylinderkoordinaten haben den Wertevorrat

$$0 \le \rho \le \infty; \quad 0 \le \varphi \le 2\pi; \quad -\infty \le z \le \infty. \tag{6.31}$$

Für die beiden ortsabhängigen Einsvektoren und ihre Ableitungen ergibt sich

$$\boldsymbol{e}_\rho = \cos\varphi\,\boldsymbol{e}_x + \sin\varphi\,\boldsymbol{e}_y, \quad \boldsymbol{e}_\varphi = -\sin\varphi\,\boldsymbol{e}_x + \cos\varphi\,\boldsymbol{e}_y, \tag{6.32}$$

$$\frac{\partial \boldsymbol{e}_\rho}{\partial \rho} = 0, \qquad \frac{\partial \boldsymbol{e}_\rho}{\partial \varphi} = \boldsymbol{e}_\varphi, \qquad \frac{\partial \boldsymbol{e}_\rho}{\partial z} = 0, \tag{6.33a}$$

$$\frac{\partial \boldsymbol{e}_\varphi}{\partial \rho} = 0, \qquad \frac{\partial \boldsymbol{e}_\varphi}{\partial \varphi} = -\boldsymbol{e}_\rho, \qquad \frac{\partial \boldsymbol{e}_\varphi}{\partial z} = 0. \tag{6.33b}$$

Die Einsvektoren $\boldsymbol{e}_\rho$ und $\boldsymbol{e}_\varphi$ zeigen in diejenigen Richtungen, wo ρ bzw. φ zunehmen.

Es beschreiben die Koordinatenflächen

- $\rho = \text{const}_1$ einen zur z-Achse symmetrischen Kreiszylinder,
- $\varphi = \text{const}_2$ eine durch die z-Achse berandete Halbebene,
- $z = \text{const}_3$ eine zur z-Achse senkrechte Ebene.

Dazu gehören analog (6.11) die Flächenelemente

$$d\boldsymbol{S}_\rho = \left(\frac{\partial \boldsymbol{r}}{\partial \varphi} \times \frac{\partial \boldsymbol{r}}{\partial z}\right) d\varphi\, dz = \rho\, d\varphi\, dz\, \boldsymbol{e}_\rho, \tag{6.34a}$$

$$d\boldsymbol{S}_\varphi = \left(\frac{\partial \boldsymbol{r}}{\partial z} \times \frac{\partial \boldsymbol{r}}{\partial \rho}\right) dz\, d\rho = dz\, d\rho\, \boldsymbol{e}_\varphi, \tag{6.34b}$$

$$d\boldsymbol{S}_z = \left(\frac{\partial \boldsymbol{r}}{\partial \rho} \times \frac{\partial \boldsymbol{r}}{\partial \varphi}\right) d\rho\, d\varphi = \rho\, d\rho\, d\varphi\, \boldsymbol{e}_z. \tag{6.34c}$$

Funktionaldeterminante und Raumelement gewinnen die Formen

$$\frac{\partial(x,y,z)}{\partial(\rho,\varphi,z)} = \rho, \quad d\tau = \rho\, d\rho\, d\varphi\, dz. \tag{6.35}$$

Die Differenzialoperationen lauten nunmehr

$$\operatorname{grad}\Phi = \frac{\partial\Phi}{\partial\rho}\,\boldsymbol{e}_\rho + \frac{1}{\rho}\frac{\partial\Phi}{\partial\varphi}\,\boldsymbol{e}_\varphi + \frac{\partial\Phi}{\partial z}\,\boldsymbol{e}_z, \tag{6.36}$$

$$\operatorname{div}\boldsymbol{a} = \frac{1}{\rho}\frac{\partial(\rho a_\rho)}{\partial\rho} + \frac{1}{\rho}\frac{\partial a_\varphi}{\partial\varphi} + \frac{\partial a_z}{\partial z}, \tag{6.37}$$

$$\operatorname{rot}\boldsymbol{a} = \left[\frac{1}{\rho}\frac{\partial a_z}{\partial\varphi} - \frac{\partial a_\varphi}{\partial z}\right]\boldsymbol{e}_\rho + \left[\frac{\partial a_\rho}{\partial z} - \frac{\partial a_z}{\partial\rho}\right]\boldsymbol{e}_\varphi + \frac{1}{\rho}\left[\frac{\partial(\rho a_\varphi)}{\partial\rho} - \frac{\partial a_\rho}{\partial\varphi}\right]\boldsymbol{e}_z, \tag{6.38}$$

$$\Delta\Phi = \frac{1}{\rho}\frac{\partial}{\partial\rho}\left(\rho\frac{\partial\Phi}{\partial\rho}\right) + \frac{1}{\rho^2}\frac{\partial^2\Phi}{\partial\varphi^2} + \frac{\partial^2\Phi}{\partial z^2}. \tag{6.39}$$

Anwendung in der Kreiseltheorie

Ein starrer Kreisel rotiere um die z-Achse unseres Bezugssystems (Fig. 6.5). Dann bleiben die Zylinderkoordinaten ρ (Abstand zur Drehachse) und z (Ab-

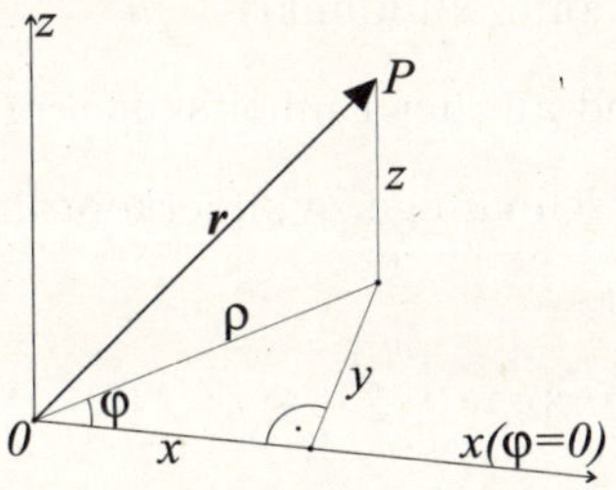

Fig. 6.5

stand zur Ebene $z = 0$) irgendeines Körperpunkts $P(\boldsymbol{r})$ konstant. Dieser beschreibt wegen $\boldsymbol{r} = \rho\boldsymbol{e}_\rho + z\boldsymbol{e}_z$ eine Kreisbahn mit der Geschwindigkeit

$$\boldsymbol{v} = \frac{d\boldsymbol{r}}{dt} = \rho\frac{d\boldsymbol{e}_\rho}{dt} = \rho\frac{d\boldsymbol{e}_\rho}{d\varphi}\dot{\varphi} = \rho\dot{\varphi}\boldsymbol{e}_\varphi, \tag{6.40}$$

die mit Hilfe der Identität $\boldsymbol{e}_\varphi = \boldsymbol{e}_z \times \boldsymbol{e}_\rho$ die Form

$$\boldsymbol{v} = \dot{\varphi}\boldsymbol{e}_z \times \rho\boldsymbol{e}_\rho \tag{6.41}$$

gewinnt. Der zur Drehachse parallele Vektor $\dot{\varphi}\boldsymbol{e}_z \equiv \boldsymbol{w}$ heißt Drehgeschwindigkeit. Damit gilt

$$\boldsymbol{v} = \boldsymbol{w} \times \boldsymbol{r}. \tag{6.42}$$

Die Bahnen aller Körperpunkte bilden gemeinsam ein koaxiales Drehfeld. Dessen Rotor lautet wegen der $\boldsymbol{w}$-Homogenität gemäß (4.68) oder (6.38)

$$\operatorname{rot}\boldsymbol{v} = \operatorname{rot}(\boldsymbol{w} \times \boldsymbol{r}) = 2\boldsymbol{w}. \tag{6.43}$$

Er ist also parallel zu $\boldsymbol{w}$ und ebenfalls homogen. Dieses Drehfeld enthält zwar keine echten Wirbel, ist aber im mathematischen Sinn wegen $\operatorname{rot}\boldsymbol{v} \neq 0$ keineswegs wirbelfrei.

Aufgabe 6.8 Bestätigen Sie $d\boldsymbol{e}_\rho = d\varphi\,\boldsymbol{e}_\varphi$ und $d\boldsymbol{e}_\varphi = -d\varphi\,\boldsymbol{e}_\rho$ durch eine geometrische Überlegung!

Aufgabe 6.9 Bestimmen Sie in reellen und komplexen Polarkoordinaten Geschwindigkeit $\boldsymbol{v}$ und Beschleunigung $\boldsymbol{b}$ eines Massepunkts auf irgendeiner ebenen Bahn!

Aufgabe 6.10 Beweisen Sie für einen Kreis $(\boldsymbol{r}-\boldsymbol{r}_0)^2 = a^2$ in der Ebene $z=0$ den Zusammenhang $\boldsymbol{r}'' = \frac{\boldsymbol{e}_z \times \boldsymbol{r}'}{a}$!

6.2.2 Kugelkoordinaten ($u = r$, $v = \vartheta$, $w = \varphi$)

Es bezeichnen die Kugelkoordinaten (Fig. 6.6)

- $r = |\boldsymbol{r}|$ den Abstand zum Nullpunkt,
- ϑ den sog. Polabstand auf der Einheitskugel und
- φ (ebenso wie die gleichnamige Zylinderkoordinate) das sog. Azimut.

Sie haben den Wertevorrat

$$0 \leq r \leq \infty; \quad 0 \leq \vartheta \leq \pi; \quad 0 \leq \varphi \leq 2\pi. \tag{6.44}$$

Die Transformationsgleichungen lauten

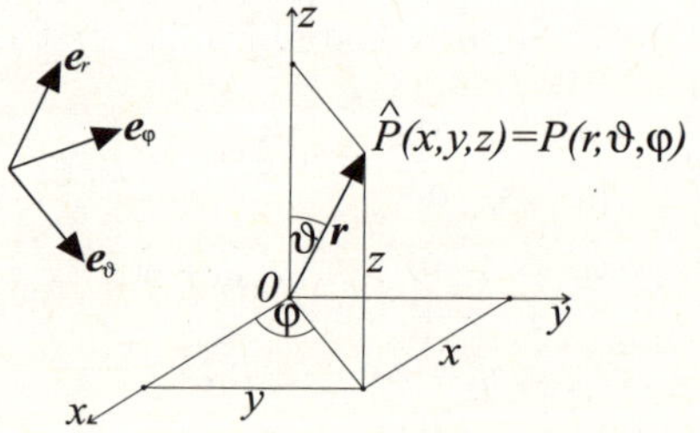

Fig. 6.6

$$x = r\sin\vartheta\cos\varphi, \qquad r = \sqrt{x^2+y^2+z^2}, \tag{6.45a}$$

$$y = r\sin\vartheta\sin\varphi, \qquad \vartheta = \arctan\frac{\sqrt{x^2+y^2}}{z}, \tag{6.45b}$$

$$z = r\cos\vartheta, \qquad \varphi = \arctan\frac{y}{x} \tag{6.45c}$$

oder zusammengefasst

$$\boldsymbol{r}(r,\vartheta,\varphi) \equiv r\boldsymbol{e}_r = r\sin\vartheta\cos\varphi\,\boldsymbol{e}_x + r\sin\vartheta\sin\varphi\,\boldsymbol{e}_y + r\cos\vartheta\,\boldsymbol{e}_z. \tag{6.46}$$

Damit erhält man

$$\begin{aligned}
\frac{\partial \boldsymbol{r}}{\partial r} &= \sin\vartheta\cos\varphi\,\boldsymbol{e}_x + \sin\vartheta\sin\varphi\,\boldsymbol{e}_y + \cos\vartheta\,\boldsymbol{e}_z = \boldsymbol{e}_r \Rightarrow U = \left|\frac{\partial \boldsymbol{r}}{\partial r}\right|^{-1} = 1,\\
\frac{\partial \boldsymbol{r}}{\partial \vartheta} &= r\cos\vartheta\cos\varphi\,\boldsymbol{e}_x + r\cos\vartheta\sin\varphi\,\boldsymbol{e}_y - r\sin\vartheta\,\boldsymbol{e}_z \Rightarrow V = \left|\frac{\partial \boldsymbol{r}}{\partial \vartheta}\right|^{-1} = \frac{1}{r},\\
\frac{\partial \boldsymbol{r}}{\partial \varphi} &= -r\sin\vartheta\sin\varphi\,\boldsymbol{e}_x + r\sin\vartheta\cos\varphi\,\boldsymbol{e}_y \Rightarrow W = \left|\frac{\partial \boldsymbol{r}}{\partial \varphi}\right|^{-1} = \frac{1}{r\sin\vartheta},
\end{aligned}$$

$$|d\boldsymbol{r}|^2 = dr^2 + r^2 d\vartheta^2 + r^2\sin^2\vartheta d\varphi^2. \tag{6.47}$$

Die zugehörigen Einsvektoren und ihre Ableitungen berechnen sich zu

$$\boldsymbol{e}_r = \sin\vartheta\cos\varphi\,\boldsymbol{e}_x + \sin\vartheta\sin\varphi\,\boldsymbol{e}_y + \cos\vartheta\,\boldsymbol{e}_z, \tag{6.48}$$

$$\boldsymbol{e}_\vartheta = \cos\vartheta\cos\varphi\,\boldsymbol{e}_x + \cos\vartheta\sin\varphi\,\boldsymbol{e}_y - \sin\vartheta\,\boldsymbol{e}_z, \tag{6.49}$$

$$\boldsymbol{e}_\varphi = -\sin\varphi\,\boldsymbol{e}_x + \cos\varphi\,\boldsymbol{e}_y, \tag{6.50}$$

$$\frac{\partial \boldsymbol{e}_r}{\partial r} = 0, \quad \frac{\partial \boldsymbol{e}_r}{\partial \vartheta} = \boldsymbol{e}_\vartheta, \quad \frac{\partial \boldsymbol{e}_r}{\partial \varphi} = \sin\vartheta\,\boldsymbol{e}_\varphi, \tag{6.51}$$

$$\frac{\partial \boldsymbol{e}_\vartheta}{\partial r} = 0, \quad \frac{\partial \boldsymbol{e}_\vartheta}{\partial \vartheta} = -\boldsymbol{e}_r, \quad \frac{\partial \boldsymbol{e}_\vartheta}{\partial \varphi} = \cos\vartheta\,\boldsymbol{e}_\varphi, \tag{6.52}$$

$$\frac{\partial \boldsymbol{e}_\varphi}{\partial r} = 0, \quad \frac{\partial \boldsymbol{e}_\varphi}{\partial \vartheta} = 0, \quad \frac{\partial \boldsymbol{e}_\varphi}{\partial \varphi} = -\sin\vartheta\,\boldsymbol{e}_r - \cos\vartheta\,\boldsymbol{e}_\vartheta. \tag{6.53}$$

In jedem Punkt $P(r,\vartheta,\varphi)$ schneiden sich je 3 individuelle Koordinatenflächen. Davon beschreiben

- $r = \text{const}_1$ eine Kugel mit dem Mittelpunkt 0,
- $\vartheta = \text{const}_2$ einen zur z-Achse symmetrischen Kreiskegel mit der Spitze in 0 und
- $\varphi = \text{const}_3$ eine durch die z-Achse berandete Meridianhalbebene.

Nunmehr lauten die entsprechenden Flächenelemente

$$d\boldsymbol{S}_r = r^2\sin\vartheta\,d\vartheta\,d\varphi\,\boldsymbol{e}_r, \quad d\boldsymbol{S}_\vartheta = r\sin\vartheta\,d\varphi\,dr\,\boldsymbol{e}_\vartheta, \quad d\boldsymbol{S}_\varphi = r\,dr\,d\vartheta\,\boldsymbol{e}_\varphi. \tag{6.54}$$

Das skalare Flächenelement der Einheitskugel ($r = 1$)

$$|d\boldsymbol{S}_r| = \sin\vartheta\,d\vartheta\,d\varphi \equiv d\Omega \tag{6.55}$$

definiert das sog. Raumwinkelelement $d\Omega$. Damit beträgt die Oberfläche

$$\oint |d\boldsymbol{S}_r| = \int_0^{2\pi}\int_0^{\pi} \sin\vartheta\, d\vartheta\, d\varphi = \int_0^{4\pi} d\Omega = 4\pi. \tag{6.56}$$

Für Funktionaldeterminante und Raumelement gilt

$$\frac{\partial(x,y,z)}{\partial(r,\vartheta,\varphi)} = r^2 \sin\vartheta, \qquad d\tau = r^2 \sin\vartheta\, dr\, d\vartheta\, d\varphi. \tag{6.57}$$

Die Differenzialoperationen gewinnen die Form

$$\operatorname{grad}\Phi = \frac{\partial\Phi}{\partial r}\boldsymbol{e}_r + \frac{1}{r}\frac{\partial\Phi}{\partial\vartheta}\boldsymbol{e}_\vartheta + \frac{1}{r\sin\vartheta}\frac{\partial\Phi}{\partial\varphi}\boldsymbol{e}_\varphi, \tag{6.58a}$$

$$\operatorname{div}\boldsymbol{a} = \frac{1}{r^2}\frac{\partial(r^2 a_r)}{\partial r} + \frac{1}{r\sin\vartheta}\frac{\partial(\sin\vartheta\, a_\vartheta)}{\partial\vartheta} + \frac{1}{r\sin\vartheta}\frac{\partial a_\varphi}{\partial\varphi}, \tag{6.58b}$$

$$\begin{aligned}\operatorname{rot}\boldsymbol{a} = {} & \frac{1}{r\sin\vartheta}\left[\frac{\partial(\sin\vartheta\, a_\varphi)}{\partial\vartheta} - \frac{\partial a_\vartheta}{\partial\varphi}\right]\boldsymbol{e}_r + \frac{1}{r}\left[\frac{1}{\sin\vartheta}\frac{\partial a_r}{\partial\varphi} - \frac{\partial(r a_\varphi)}{\partial r}\right]\boldsymbol{e}_\vartheta \\ & + \frac{1}{r}\left[\frac{\partial(r a_\vartheta)}{\partial r} - \frac{\partial a_r}{\partial\vartheta}\right]\boldsymbol{e}_\varphi, \end{aligned} \tag{6.58c}$$

$$\Delta\Phi = \underbrace{\frac{1}{r^2}\frac{\partial}{\partial r}\left(r^2\frac{\partial\Phi}{\partial r}\right)}_{\frac{1}{r}\frac{\partial^2}{\partial r^2}(r\Phi)} + \frac{1}{r^2\sin\vartheta}\frac{\partial}{\partial\vartheta}\left(\sin\vartheta\frac{\partial\Phi}{\partial\vartheta}\right) + \frac{1}{r^2\sin^2\vartheta}\frac{\partial^2\Phi}{\partial\varphi^2}. \tag{6.58d}$$

Aufgabe 6.11 Wie lauten Linienelement ds und Tangentenvektor $\boldsymbol{t}$ einer allgemeinen Bahn $\boldsymbol{r} = \boldsymbol{r}(t)$ 1.) auf einem Zylinder und 2.) auf einer Kugel?

Aufgabe 6.12 Ein Beobachter, der sich in der Umgebung des Pols $\vartheta = 0$ einer Riesenkugel $r = R$ befindet, aber auf einer Ebene wähnt, möge den Umfang l des polnahen Breitenkreises $\vartheta = \vartheta_0$ messen und aus dem Polabstand berechnen. Was findet er?

Aufgabe 6.13 Ein Beobachter, der sich auf einem Riesenzylinder $\rho = a$ befindet, aber auf einer Ebene wähnt, möge den Umfang derjenigen Linie berechnen und messen, die überall den gleichen Abstand s zu P_0 hat. Was findet er?

Aufgabe 6.14 Berechnen Sie $\frac{\partial^2\boldsymbol{e}_r}{\partial\vartheta^2}$, $\frac{\partial^2\boldsymbol{e}_\vartheta}{\partial\vartheta^2}$, $\frac{\partial^2\boldsymbol{e}_\varphi}{\partial\varphi^2}$!

Aufgabe 6.15 Bestimmen Sie das Raumelement in Kugelkoordinaten mit Hilfe der Definition $\boldsymbol{r} = r\boldsymbol{e}_r$!

7 Vektorielle Integrale

Differenzieren und Integrieren sind in der Vektor- ebenso wie in der skalaren Analysis umgekehrte Operationen. Integrale über Kurven und Flächen lassen sich vektoriell besonders anschaulich darstellen und elegant auswerten.

7.1 Grundregeln

Für vektorielle Integranden gilt – skalaren analog – allgemein

$$\int \underbrace{\dot{\boldsymbol{a}}(t)dt}_{d\boldsymbol{a}(t)} = \boldsymbol{a}(t) + \mathbf{const}. \tag{7.1}$$

Die bestimmte Integration von t_1 bis t_2 ergibt

$$\int_{t_1}^{t_2} \dot{\boldsymbol{a}}(t)dt = \left[\boldsymbol{a}(t) + \mathbf{const}\right]_{t_1}^{t_2} = \boldsymbol{a}(t_2) - \boldsymbol{a}(t_1). \tag{7.2}$$

Konstante Faktoren darf man vor das Integral ziehen:

$$\int \boldsymbol{k} \cdot d\boldsymbol{a} = \boldsymbol{k} \cdot \int d\boldsymbol{a} \quad \text{oder} \quad \int \boldsymbol{k} \times d\boldsymbol{a} = \boldsymbol{k} \times \int d\boldsymbol{a}. \tag{7.3}$$

Die Regeln der partiellen Integration entsprechen den Ableitungsregeln (4.4):

$$\int \boldsymbol{a}\, d\Phi = \Phi \boldsymbol{a} - \int \Phi\, d\boldsymbol{a}, \tag{7.4a}$$

$$\int \boldsymbol{a} \cdot d\boldsymbol{b} = \boldsymbol{a} \cdot \boldsymbol{b} - \int \boldsymbol{b} \cdot d\boldsymbol{a}, \tag{7.4b}$$

$$\int \boldsymbol{a} \times d\boldsymbol{b} = \boldsymbol{a} \times \boldsymbol{b} - \int d\boldsymbol{a} \times \boldsymbol{b} = \boldsymbol{a} \times \boldsymbol{b} + \int \boldsymbol{b} \times d\boldsymbol{a}. \tag{7.4c}$$

Integrale über eine Summe zerfallen in eine Summe von Integralen:

$$\int (\boldsymbol{a}+\boldsymbol{b})\, d\Phi = \int \boldsymbol{a}\, d\Phi + \int \boldsymbol{b}\, d\Phi, \tag{7.5a}$$

$$\int (\boldsymbol{a}+\boldsymbol{b}) \cdot d\boldsymbol{c} = \int \boldsymbol{a} \cdot d\boldsymbol{c} + \int \boldsymbol{b} \cdot d\boldsymbol{c}, \tag{7.5b}$$

$$\int (\boldsymbol{a}+\boldsymbol{b}) \times d\boldsymbol{c} = \int \boldsymbol{a} \times d\boldsymbol{c} + \int \boldsymbol{b} \times d\boldsymbol{c}. \tag{7.5c}$$

Die Differenziale sind häufig Kurven- oder Flächenelemente.

Patentlösungen gibt es ebenso wenig wie in der gewöhnlichen Integralrechnung.

Aufgabe 7.1 Berechnen Sie das Volumen einer Kugel vom Radius a in kartesischen, Zylinder- und Kugelkoordinaten!

Aufgabe 7.2 Bestimmen Sie das Volumen eines Drehellipsoids mit den Halbachsen a und $b < a$ in Zylinder- und Kugelkoordinaten!

7.2 Linien- und Umlaufintegrale

Integrale über den Abschnitt einer räumlichen Kurve heißen Linien- oder Kurvenintegrale. So beträgt z. B. die auf einem bestimmten Weg von $\boldsymbol{r}_1$ bis $\boldsymbol{r}_2$ in einem Kraftfeld $\boldsymbol{F}(\boldsymbol{r})$ aufgewendete Arbeit

$$W = \int_{\boldsymbol{r}_1}^{\boldsymbol{r}_2} \boldsymbol{F}(\boldsymbol{r}) \cdot d\boldsymbol{r}. \tag{7.6}$$

Integrale dieser Art hängen vom Verlauf des Integrationswegs zwischen den Punkten $\boldsymbol{r}_1$ und $\boldsymbol{r}_2$ ab, es sei denn hinter dem Integralzeichen steht ein totales Differenzial. So spielt bei Integralen des Typs

$$\int_{\boldsymbol{r}_1}^{\boldsymbol{r}_2} d\boldsymbol{r} = \boldsymbol{r}_2 - \boldsymbol{r}_1 \quad \text{und} \tag{7.7}$$

$$\int_{\boldsymbol{r}_1}^{\boldsymbol{r}_2} \underbrace{\operatorname{grad} \Phi(\boldsymbol{r}) \cdot d\boldsymbol{r}}_{d\Phi(\boldsymbol{r})} = \Phi(\boldsymbol{r}_2) - \Phi(\boldsymbol{r}_1) \tag{7.8}$$

der Integrationsweg zwischen den Punkten $\boldsymbol{r}_1$ und $\boldsymbol{r}_2$ ausnahmsweise keine Rolle. Alle Wege zwischen $\boldsymbol{r}_1$ und $\boldsymbol{r}_2$ führen zum gleichen Ergebnis.

Besonderes Interesse verdient der Fall $\boldsymbol{r}_1 = \boldsymbol{r}_2$. Dann erstreckt sich das Linienintegral – kenntlich durch einen Ring im Integralzeichen – über eine geschlossene Kurve. Allgemein gilt

$$\oint d\boldsymbol{r} = 0 \quad \text{(vgl. Kap. 1.2.1)} \tag{7.9}$$

und für eindeutige Funktionen $\Phi(\boldsymbol{r})$

$$\oint \operatorname{grad} \Phi(\boldsymbol{r}) \cdot d\boldsymbol{r} = 0. \tag{7.10}$$

Linienintegrale über geschlossene Kurven heißen Umlauf- oder auch Randintegrale, wenn der Integrationsweg eine bestimmte Fläche umrandet. Ein wichtiges Beispiel ist die Zirkulation (vgl. Kap. 4.2.3 und 6.1.4)

$$\Gamma \equiv \oint \boldsymbol{a}(\boldsymbol{r}) \cdot d\boldsymbol{r}. \tag{7.11}$$

Dies Randintegral entspricht der Randsumme bei Flächenelementen.

Für geschlossene Kurven in der Ebene $\boldsymbol{r} \cdot \boldsymbol{e}_n = \text{const}$ gilt allgemein

$$\oint \boldsymbol{e}_n \times d\boldsymbol{r} = \boldsymbol{e}_n \times \underbrace{\oint d\boldsymbol{r}}_{0} = 0, \tag{7.12}$$

was geometrisch besagt, dass die Resultante der Hauptnormalenelemente solcher Kurven verschwindet; sie bilden eine eigene geschlossene Kurve (Evolute).

Der Umfang einer geschlossenen Kurve hat wegen (5.9) die Form

$$s = \oint |d\boldsymbol{r}| = \oint \sqrt{\dot{x}^2 + \dot{y}^2 + \dot{z}^2}\, dt. \tag{7.13}$$

Wir finden z. B. für den Kreis $|\boldsymbol{r} - \boldsymbol{r}_0| = a$ in der Ebene $z = 0$ mit Hilfe des in Kap. 5.2.1 berechneten Linienelements mühelos

$$s = \oint ds = a \int_0^{2\pi} d\varphi = 2\pi a. \tag{7.14}$$

Nicht alle Aufgaben sind so einfach. Schon die Berechnung des Ellipsenumfangs führt zu einem sog. elliptischen Integral 2. Gattung, was sich numerisch zwar tabellieren, aber nicht geschlossen auswerten lässt.

Aufgabe 7.3 Bestimmen Sie die Länge derjenigen Kurve, die auf der Kugel vom Radius a Nord- und Südpol verbindet und alle Meridiane unter demselben Winkel α schneidet!

Aufgabe 7.4 Beweisen Sie für beliebige Kurven die Ungleichung

$$\left|\int_{t_1}^{t_2} \dot{\boldsymbol{r}}(t)dt\right| \leq \int_{t_1}^{t_2} |\dot{\boldsymbol{r}}(t)|\, dt\,!$$

7.3 Flächen- und Hüllenintegrale

7.3.1 Inhalte ebener Flächen

In der Ebene $z = 0$ hat jede geschlossene doppelpunktfreie[1] Kurve, die den Nullpunkt umschlingt, in Zylinderkoordinaten die Form $\rho = \rho(\varphi)$ mit $0 \leq \varphi \leq 2\pi$. Ein Element der umrandeten ebenen Fläche hat gemäß (6.34) den Inhalt

$$d\boldsymbol{S} = \left(\frac{\partial \boldsymbol{r}}{\partial \rho} \times \frac{\partial \boldsymbol{r}}{\partial \varphi}\right) d\rho\, d\varphi = (\boldsymbol{e}_\rho \times \rho \boldsymbol{e}_\varphi)\, d\rho\, d\varphi, \tag{7.15}$$

so dass man für die gesamte Fläche

$$\boldsymbol{S} = \int_0^{2\pi} \int_0^{\rho(\varphi)} (\boldsymbol{e}_\rho \times \rho \boldsymbol{e}_\varphi)\, d\rho\, d\varphi \tag{7.16}$$

erhält. Integration über ρ ergibt mühelos

$$\boldsymbol{S} = \int_0^{2\pi} (\boldsymbol{e}_\rho \times \boldsymbol{e}_\varphi) \frac{\rho^2(\varphi)}{2} d\varphi = \frac{1}{2} \int_0^{2\pi} [\underbrace{\rho(\varphi)\boldsymbol{e}_\rho}_{\boldsymbol{r}(\varphi)} \times \underbrace{\rho(\varphi) d\varphi \boldsymbol{e}_\varphi}_{d\boldsymbol{r}(\varphi) - d\rho(\varphi)\boldsymbol{e}_\rho}\ ]$$
$$= \frac{1}{2} \oint \boldsymbol{r}(\varphi) \times d\boldsymbol{r}(\varphi). \tag{7.17}$$

Das Element $d\boldsymbol{r}(\varphi)$ der Randkurve bestimmt die Integrationsrichtung entgegen dem Uhrzeigersinn, so dass die Innenfläche zur Linken liegt. Dieser Umlaufsinn heißt mathematisch positiv und bildet mit $\boldsymbol{S} = S\boldsymbol{e}_z$ eine Rechtsschraube. Man überzeugt sich anhand der Fig. 7.1 leicht, dass (7.17) auch dann gilt, wenn die Kurve den Nullpunkt nicht umschlingt. Der Inhalt $d\boldsymbol{S}$ des schraffierten Dreiecks ist der halbe Inhalt des von $\boldsymbol{r}(\varphi)$ und $d\boldsymbol{r}(\varphi)$ aufgespannten Parallelogramms:

$$d\boldsymbol{S} = \frac{1}{2}[\boldsymbol{r}(\varphi) \times d\boldsymbol{r}(\varphi)]. \tag{7.18}$$

Der Fahrstrahl $\boldsymbol{r}(\varphi)$ überstreicht bei einem Umlauf entlang der Randkurve den Sektor P_2OP_1 zweimal in entgegengesetzter Richtung, was seinen Beitrag

[1]Eine Kurve heißt doppelpunktfrei, wenn sie sich nirgends selbst schneidet.

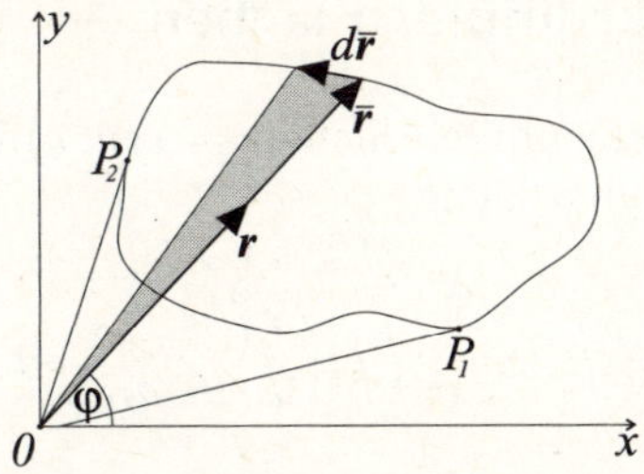

Fig. 7.1

vektoriell verschwinden und nur den Beitrag der Innenfläche übrig lässt. Die Lage des Nullpunkts spielt also keine Rolle.

Gewöhnlich schreibt man statt (7.17) der Einfachheit halber

$$\boldsymbol{S} = \frac{1}{2}\oint \boldsymbol{r} \times d\boldsymbol{r} \tag{7.19a}$$

$$\Rightarrow \quad S = \frac{1}{2}\oint \boldsymbol{e}_z(\boldsymbol{r} \times d\boldsymbol{r}) = \frac{1}{2}\oint (x\,dy - y\,dx) = \frac{1}{2}\oint \rho^2\,d\varphi, \tag{7.19b}$$

behält aber im Auge, dass die Integranden zur Randkurve gehören. Die zeitliche Änderung

$$\dot{\boldsymbol{S}} = \frac{1}{2}(\boldsymbol{r} \times \dot{\boldsymbol{r}}) \tag{7.20}$$

heißt Flächengeschwindigkeit und bedeutet die zeitliche Änderung des (vektoriellen) Inhalts der vom Fahrstrahl überstrichenen Fläche.

Zur Übung bestimmen wir den Inhalt der Ellipse mit den Halbachsen a und b, die in die x- bzw. y-Achsen fallen mögen. Dann lautet die Parameterdarstellung der Ellipse (Aufgabe 3.9)

$$\boldsymbol{r} = a\cos t\,\boldsymbol{e}_x + b\sin t\,\boldsymbol{e}_y \quad (0 \leq t \leq 2\pi). \tag{7.21}$$

Daraus folgt mühelos

$$d\boldsymbol{r} = (-a\sin t\,\boldsymbol{e}_x + b\cos t\,\boldsymbol{e}_y)\,dt, \tag{7.22}$$

$$\boldsymbol{r} \times d\boldsymbol{r} = \boldsymbol{e}_z(ab\cos^2 t + ab\sin^2 t)\,dt = \boldsymbol{e}_z ab\,dt, \tag{7.23}$$

$$\boldsymbol{S} = \frac{\boldsymbol{e}_z}{2}ab\int_0^{2\pi} dt = \pi ab\boldsymbol{e}_z; \quad S = \pi ab. \tag{7.24}$$

Aufgabe 7.5 Bestimmen Sie den Inhalt S eines ebenen Dreiecks $P_1P_2P_3$ mit Hilfe von (7.19) in kartesischen Koordinaten!

7.3.2 Oberflächen krummer Flächen

Nach Kap. 5.3.2 hat eine krumme Fläche $\boldsymbol{r} = \boldsymbol{r}(u, v)$ innerhalb der Randkurve $v = v(u)$ die *vektorielle* Oberfläche

$$\boldsymbol{S} = \int d\boldsymbol{S} = \iint \left(\frac{\partial \boldsymbol{r}}{\partial u} \times \frac{\partial \boldsymbol{r}}{\partial v} \right) du\, dv \tag{7.25}$$

und die *skalare* Oberfläche

$$O = \int |d\boldsymbol{S}| = \iint \left| \frac{\partial \boldsymbol{r}}{\partial u} \times \frac{\partial \boldsymbol{r}}{\partial v} \right| du\, dv \geq |\boldsymbol{S}| \,. \tag{7.26}$$

Im Allgemeinen lassen sich glatte Flächen elegant mit Kugelkoordinaten berechnen. Dann hat eine Fläche der allgemeinen Form

$$r = r(\vartheta, \varphi) \quad \Rightarrow \quad \boldsymbol{r} = r(\vartheta, \varphi)\boldsymbol{e}_r \equiv \boldsymbol{r}(\vartheta, \varphi)$$

das nach außen gerichtete Flächenelement

$$d\boldsymbol{S} = \left(\frac{\partial \boldsymbol{r}}{\partial \vartheta} \times \frac{\partial \boldsymbol{r}}{\partial \varphi} \right) d\vartheta d\varphi \equiv \frac{1}{2} \frac{\partial}{\partial \vartheta} \left(\boldsymbol{r} \times \frac{\partial \boldsymbol{r}}{\partial \varphi} \right) d\vartheta d\varphi - \frac{1}{2} \frac{\partial}{\partial \varphi} \left(\boldsymbol{r} \times \frac{\partial \boldsymbol{r}}{\partial \vartheta} \right) d\vartheta d\varphi .$$

Die resultierende Oberfläche $\boldsymbol{S}$ folgt daraus durch Integration bis zu einem gewissen Rand $\vartheta = \vartheta(\varphi)$:

$$\boldsymbol{S} = \frac{1}{2} \int_0^{2\pi} \int_0^{\vartheta(\varphi)} \frac{\partial}{\partial \vartheta} \left(\boldsymbol{r} \times \frac{\partial \boldsymbol{r}}{\partial \varphi} \right) d\vartheta d\varphi - \frac{1}{2} \int_0^{2\pi} \int_0^{\vartheta(\varphi)} \frac{\partial}{\partial \varphi} \left(\boldsymbol{r} \times \frac{\partial \boldsymbol{r}}{\partial \vartheta} \right) d\vartheta d\varphi . \tag{7.27}$$

Für die ϑ-Integrale gilt im Einzelnen

$$\int_0^{\vartheta(\varphi)} \frac{\partial}{\partial \vartheta} \left(\boldsymbol{r} \times \frac{\partial \boldsymbol{r}}{\partial \varphi} \right) d\vartheta = \boldsymbol{r}[\vartheta(\varphi), \varphi] \times \frac{\partial \boldsymbol{r}[\vartheta(\varphi), \varphi]}{\partial \varphi} - \boldsymbol{r}(0, \varphi) \times \underbrace{\frac{\partial \boldsymbol{r}(0, \varphi)}{\partial \varphi}}_{0} ,$$

$$\int_0^{\vartheta(\varphi)} \frac{\partial}{\partial \varphi} \left(\boldsymbol{r} \times \frac{\partial \boldsymbol{r}}{\partial \vartheta} \right) d\vartheta = \frac{d}{d\varphi} \int_0^{\vartheta(\varphi)} \left(\boldsymbol{r} \times \frac{\partial \boldsymbol{r}}{\partial \vartheta} \right) d\vartheta - \boldsymbol{r}[\vartheta(\varphi), \varphi] \times \frac{\partial \boldsymbol{r}[\vartheta(\varphi), \varphi]}{\partial \vartheta} \vartheta'(\varphi).$$

Somit erhält man zusammenfassend

$$S = \frac{1}{2}\int\limits_0^{2\pi} \left\{ r[\vartheta(\varphi),\varphi] \times \left(\frac{\partial r[\vartheta(\varphi),\varphi]}{\partial\varphi} + \frac{\partial r[\vartheta(\varphi),\varphi]}{\partial\vartheta}\vartheta'(\varphi) \right) \right\} d\varphi$$

$$+ \underbrace{\int\limits_0^{\vartheta(\varphi)} \left(r \times \frac{\partial r}{\partial\vartheta} \right) d\vartheta \Bigg|_{\varphi=0}^{\varphi=2\pi}}_{0} . \qquad (7.28)$$

Der erste Term ist ein Linienintegral über den Flächenrand; der letzte Term verschwindet, weil wir dem Flächenrand die Periodizität $\vartheta(\varphi) = \vartheta(\varphi \pm 2\pi)$ einer geschlossenen Kurve unterstellen.

Das mit (7.19) formal übereinstimmende Ergebnis lautet also:

$$S = \frac{1}{2}\oint r \times dr, \qquad (7.29)$$

gültig nunmehr auch für krumme Flächen mit räumlichen Rändern. Hierbei fällt auf, dass allein das Linienintegral über den Flächenrand die resultierende Oberfläche S bestimmt, folglich S für alle Flächen mit gleichem Rand gleich ist.

Wenn der Rand auf einen Punkt r = const zusammenschrumpft, schließt sich die Fläche zu einer sog. Hülle. Dann gilt

$$S = \oint dS = 0. \qquad (7.30)$$

Flächenintegrale über Hüllflächen heißen Hüllenintegrale und tragen ebenso wie Randintegrale einen Ring im Integralzeichen.

Als einfache Beispiele berechnen wir die vektorielle und skalare Oberfläche einer vom Breitenkreis $\vartheta = \vartheta_1$ umrandeten Kugelkappe (Fig. 7.2). Mit $r = re_r$ und $dr = r\sin\vartheta_1 d\varphi e_\varphi$ lautet (7.29):

$$S = \frac{1}{2}\int\limits_0^{2\pi} \underbrace{(e_r \times e_\varphi)}_{-e_\vartheta} r^2 \sin\vartheta_1 d\varphi = -\frac{r^2\sin\vartheta_1}{2}\int\limits_0^{2\pi} e_\vartheta\, d\varphi. \qquad (7.31)$$

Angesichts (6.48) erhält man rasch

$$S = -\frac{r^2\sin\vartheta_1\cos\vartheta_1}{2}\underbrace{\int\limits_0^{2\pi}[\cos\varphi e_x + \sin\varphi e_y]d\varphi}_{0} + \frac{r^2\sin^2\vartheta_1 e_z}{2}\int\limits_0^{2\pi} d\varphi. \qquad (7.32)$$

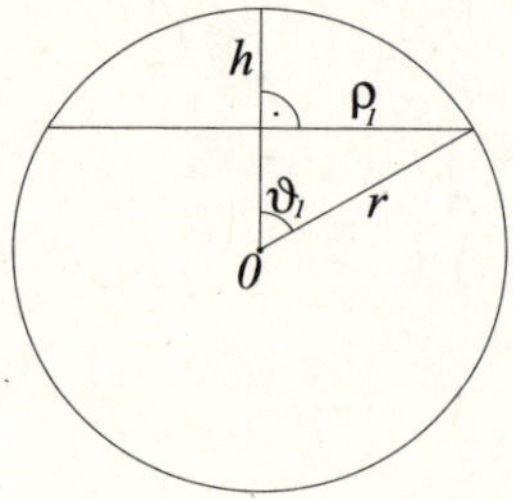

Fig. 7.2

Die x- und y-Teilvektoren verschwinden wegen der φ-Symmetrie, so dass nur die z-Komponente übrig bleibt:

$$\boldsymbol{S} = \pi r^2 \sin^2 \vartheta_1 \boldsymbol{e}_z = \pi \rho_1^2 \boldsymbol{e}_z. \tag{7.33}$$

Die resultierende Oberfläche $\boldsymbol{S}$ ist ersichtlich der Inhalt des Randkreises, also der Kugelkappen-Grundfläche.

Ebenso mühelos findet man die skalare Oberfläche

$$O = \int |d\boldsymbol{S}_r| = r^2 \int_0^{\vartheta_1} \sin\vartheta d\vartheta \int_0^{2\pi} d\varphi = r^2(1-\cos\vartheta_1)2\pi, \tag{7.34}$$

die angesichts des Zusammenhangs $\cos\vartheta_1 = 1 - \frac{h}{r}$ mit der Höhe h die geläufige Form $O = 2\pi r h$ annimmt. Es bestätigt sich wegen

$$2(1-\cos\vartheta_1) \geq \sin^2\vartheta_1 \quad \Rightarrow \quad 1 \geq \cos^2\frac{\vartheta_1}{2} \tag{7.35}$$

die Ungleichung $O \geq |\boldsymbol{S}|$.

7.3.3 Anwendung in der Astronomie (Keplersche[2] Gesetze)

Uns interessieren die Bahnen der Planeten im Feld der vom Sonnenzentrum ausgehenden Schwerkraft (Gravitation) $\boldsymbol{F}$, wobei die von den Planeten auf die Sonne wirkenden Gegenkräfte angesichts der Massenverhältnisse vernachlässigbar sind.

Zweckmäßig wählen wir das (ruhende) Sonnenzentrum als Nullpunkt unseres Bezugssystems. Dann sind die Beschleunigung $\ddot{\boldsymbol{r}} \sim \boldsymbol{F}$ jedes Planetenschwerpunkts und sein Fahrstrahl $\boldsymbol{r}$ (gegensinnig) parallel. Somit gilt die Differenzialgleichung

$$\boldsymbol{r} \times \ddot{\boldsymbol{r}} = 0 \quad \text{oder} \quad \boldsymbol{r} \times \ddot{\boldsymbol{r}} = \frac{d}{dt}(\boldsymbol{r} \times \dot{\boldsymbol{r}}) - \underbrace{\dot{\boldsymbol{r}} \times \dot{\boldsymbol{r}}}_{0} = 0 \tag{7.36}$$

[2] Johannes Kepler (1571-1630), deutscher Astronom, wirkte als kaiserlicher Hofmathematiker 1600-1612 in Prag, später in Linz.

mit der intermediären Lösung

$$\boldsymbol{r} \times \dot{\boldsymbol{r}} = \boldsymbol{k} \quad \Rightarrow \quad \boldsymbol{k} \cdot \boldsymbol{r} = 0. \tag{7.37}$$

Sie bedeutet zweierlei:

- Der konstante Vektor $\boldsymbol{k}$ ist die Normale einer Ebene durch den Nullpunkt; in ihr liegt jeder Fahrstrahl, also die gesamte Planetenbahn. Es empfiehlt sich daher, $\boldsymbol{k} = k\boldsymbol{e}_z$ zu setzen und die Bahn in der Ebene $z = 0$ mit Polarkoordinaten $\boldsymbol{r}(\rho, \varphi)$ zu analysieren.
- Nach (7.20) bedeutet $\boldsymbol{k}$ zugleich die doppelte Flächengeschwindigkeit des Planeten. Sein Fahrstrahl überstreicht je Zeiteinheit eine Fläche konstanten Inhalts:

  $$2\dot{\boldsymbol{S}} = (\rho \boldsymbol{e}_\rho \times \rho\dot{\varphi}\boldsymbol{e}_\varphi) = \rho^2\dot{\varphi}\boldsymbol{e}_z = \boldsymbol{k} \quad \Rightarrow \quad \rho^2\dot{\varphi} = k. \tag{7.38}$$

  Hier finden wir den sog. Flächensatz (2. keplersches Gesetz). Er entspricht allgemein dem Erhaltungssatz des Dralls.

Nach Newton (1684) lautet die von der Sonnenmasse M auf die Planetenmasse m im Abstand $|\boldsymbol{r}| = \rho$ ausgeübte Schwerkraft

$$\boldsymbol{F} = -\gamma \frac{mM}{\rho^2} \boldsymbol{e}_\rho, \tag{7.39}$$

wobei $\gamma = 6,67 \cdot 10^{-11} \frac{\mathrm{m}^3}{\mathrm{kg} \cdot \mathrm{s}^2}$ die 1798 erstmals von Cavendish[3] gemessene Gravitationskonstante ist. Folglich hat jeder Planet die Beschleunigung

$$\ddot{\boldsymbol{r}} = \frac{\boldsymbol{F}}{m} = -\gamma \frac{M}{\rho^2} \boldsymbol{e}_\rho, \tag{7.40}$$

die nach Einsetzung von (7.38) die mühelos integrierbare Form

$$\ddot{\boldsymbol{r}} = -\gamma \frac{M}{k} \underbrace{\dot{\varphi}\boldsymbol{e}_\rho}_{-\dot{\boldsymbol{e}}_\varphi} = \gamma \frac{M}{k} \dot{\boldsymbol{e}}_\varphi \tag{7.41}$$

gewinnt. Man erhält mit der Integrationskonstanten $\boldsymbol{C} \perp \boldsymbol{e}_z$

$$\dot{\boldsymbol{r}} = \gamma \frac{M}{k} \boldsymbol{e}_\varphi + \boldsymbol{C} \tag{7.42}$$

und im Zusammenhang mit (7.37)

$$\boldsymbol{r} \times \dot{\boldsymbol{r}} = \gamma \frac{M}{k} \underbrace{(\boldsymbol{r} \times \boldsymbol{e}_\varphi)}_{\rho \boldsymbol{e}_z} + \boldsymbol{r} \times \boldsymbol{C} = k\boldsymbol{e}_z. \tag{7.43}$$

[3]Henry Cavendish (1731-1810), englischer Naturforscher

Beidseitige punktweise Multiplikation mit $\frac{k}{\gamma M}\boldsymbol{e}_z$ führt zu

$$\rho + \frac{k}{\gamma M}\boldsymbol{r}\cdot(\boldsymbol{C}\times\boldsymbol{e}_z) = \frac{k^2}{\gamma M}. \tag{7.44}$$

Ein Vergleich mit (3.43) erweist die Lösung als Brennpunktsgleichung eines Kegelschnitts mit der numerischen Exzentrizität

$$\varepsilon = \frac{k}{\gamma M}\,|\boldsymbol{C}| \tag{7.45}$$

und dem Parameter

$$p = \frac{k^2}{\gamma M}. \tag{7.46}$$

Ein Brennpunkt liegt im Sonnenzentrum. Der Kegelschnitt ist bei Planeten eine Ellipse (1. keplersches Gesetz); er kann bei Kometen, Meteoren und Weltraumsonden aber auch eine Parabel oder Hyperbel sein.

Die Bestimmung der großen und kleinen Halbachse a bzw. b gelingt nun leicht mit Hilfe der geometrischen Formeln

$$a = \frac{p}{1-\varepsilon^2} \quad \text{und} \quad b = \frac{p}{\sqrt{1-\varepsilon^2}}. \tag{7.47}$$

Der Fahrstrahl $\boldsymbol{r}$ überstreicht während der Umlaufzeit T den Inhalt

$$\boldsymbol{S}\cdot\boldsymbol{e}_z = \frac{k}{2}T = \pi ab \tag{7.48}$$

der Ellipsenbahn. Angesichts der geometrischen Identität $p = \frac{b^2}{a}$ folgt aus (7.46)

$$\gamma M = \frac{k^2}{p} = \frac{4\pi^2 a^3}{T^2} \quad \Rightarrow \quad \frac{T^2}{a^3} = \frac{4\pi^2}{\gamma M}. \tag{7.49}$$

Die Quadrate der Umlaufzeiten verhalten sich also bei allen Planeten wie die Kuben der großen Halbachsen (3. keplersches Gesetz).

Die vorstehende Rechnung entspricht nicht der historischen Reihenfolge. Tatsächlich knüpfte Newton an Kepler an, nicht umgekehrt. Kepler fand seine 3 Gesetze empirisch. Er veröffentlichte 1609 das 1. und 2., 1619 das 3. Gesetz. Erst viel später kam die Idee auf, die Himmelsmechanik auf eine zentrale Kraft zurückzuführen. Schließlich konnte Newton 1684 die mathematischen Schwierigkeiten überwinden und aus den keplerschen Gesetzen die universelle Schwerkraft herleiten.

Aufgabe 7.6 Bestimmen Sie den Oberflächenbetrag eines Elements der Fläche $z = z(x,y)$ und prüfen Sie das Ergebnis (7.34)!

Aufgabe 7.7 Beweisen Sie die Ungleichung

$$\left|\int d\boldsymbol{S}\right| \leq \int |d\boldsymbol{S}|$$

für beliebige Flächen mit einem ebenen Rand!

Aufgabe 7.8 Zeigen Sie, dass die Binormale der ebenen Randkurve einer beliebigen krummen Fläche zu deren vektorieller Oberfläche parallel ist!

Aufgabe 7.9 Beweisen Sie (7.30) für eine glatte, den Nullpunkt umschließende Hüllfläche $r = r(\vartheta, \varphi)$ durch Doppelintegration über

$$d\boldsymbol{S} = \left(\frac{\partial \boldsymbol{r}}{\partial \vartheta} \times \frac{\partial \boldsymbol{r}}{\partial \varphi}\right) d\vartheta d\varphi\,!$$

7.4 Schwerpunkte

7.4.1 Körperschwerpunkt

Ein Körper der Masse m hat bei einer Geschwindigkeit $\boldsymbol{v}$ den Impuls $m\boldsymbol{v}$. Daran ist sein Masseelement dm an der Stelle $\boldsymbol{r}$ mit dem Teilimpuls $\dot{\boldsymbol{r}}dm$ beteiligt. Insgesamt gilt

$$m\boldsymbol{v} = \boldsymbol{v}\int dm = \int \dot{\boldsymbol{r}}dm. \tag{7.50}$$

Physiker ordnen nun die Körpergeschwindigkeit $\boldsymbol{v}$ dem sog. Schwerpunkt[4] $\boldsymbol{r}_0$ zu und schreiben:

$$\boldsymbol{v} = \dot{\boldsymbol{r}}_0 \quad \Rightarrow \quad \boldsymbol{r}_0 = \frac{\int \boldsymbol{r}\, dm}{\int dm}. \tag{7.51}$$

Damit ist $\boldsymbol{r}_0$ als der mit den örtlichen Masseelementen gewichtete Mittelwert aller Körperpunkte plausibel definiert. Mit der örtlichen Materialdichte $\sigma(\boldsymbol{r})$ gilt wegen $dm = \sigma(\boldsymbol{r})\, d\tau$ allgemein

$$\boldsymbol{r}_0 = \frac{1}{m}\int \boldsymbol{r}\sigma(\boldsymbol{r})\, d\tau. \tag{7.52}$$

Der Schwerpunkt liegt übrigens häufig außerhalb des Integrationsgebiets; man denke nur an Ring- und Hohlkörper oder gar Planetensysteme.

Dazu betrachten wir als anschauliches Beispiel eine Kugelschale vom Innenradius a und Außenradius b um den Nullpunkt mit der radialsymmetrischen

[4] Der Begriff geht auf den griechischen Naturforscher Archimedes von Syrakus (287?-212 v Chr.) zurück.

Dichte $\sigma(r)$. Hier berechnet sich der Schwerpunkt in Kugelkoordinaten angesichts (6.57) und (6.55)

$$\boldsymbol{r}_0 = \int_0^{4\pi}\int_a^b \boldsymbol{e}_r \sigma(r) r^3 \, dr \, d\Omega = \int_a^b \sigma(r) r^3 \, dr \underbrace{\int_0^{4\pi} \boldsymbol{e}_r \, d\Omega}_{0} = 0.$$

Bei symmetrischer Dichteverteilung fallen Schwerpunkt und geometrisches Symmetriezentrum zusammen.

Anwendung in der Stereomechanik

Ein schiefer Kraftstoß auf einen starren Körper der Masse m möge u. a. den relativen, vom Schwerpunkt $\boldsymbol{r}_0$ zu einem anderen Körperpunkt $\boldsymbol{r}$ weisenden Ortsvektor $\boldsymbol{r} - \boldsymbol{r}_0$, dessen Betrag ja konstant bleibt, mit einer Drehgeschwindigkeit $\boldsymbol{w}$ um $\boldsymbol{r}_0$ drehen:

$$\dot{\boldsymbol{r}} - \dot{\boldsymbol{r}}_0 = \boldsymbol{w} \times (\boldsymbol{r} - \boldsymbol{r}_0).$$

Integration über alle mit den örtlichen Masseelementen dm behafteten Körperpunkte ergibt

$$\int (\dot{\boldsymbol{r}} - \dot{\boldsymbol{r}}_0) \, dm = \boldsymbol{w} \times \int (\boldsymbol{r} - \boldsymbol{r}_0) \, dm.$$

Wegen (7.51) verschwindet das rechte Integral; die Drehung trägt also zum Impuls des Körpers nichts bei. Daraus folgt der Schwerpunktsatz (1788) von Lagrange:

$$\int \dot{\boldsymbol{r}} \, dm = \dot{\boldsymbol{r}}_0 m.$$

Er begründet das bequeme Modell des „Massepunkts", wo der mit m behaftete Schwerpunkt $\boldsymbol{r}_0$ kinematisch den gesamten Körper vertritt; daher gilt die Punktmechanik sogar für Planetenbahnen.

7.4.2 Flächenschwerpunkt

Für eine Fläche $S = \boldsymbol{S} \cdot \boldsymbol{e}_z$ in der Ebene $z = 0$ definiert man analog (7.51):

$$\bar{\boldsymbol{r}} \equiv \frac{\int \boldsymbol{r} \, dS}{\int dS}. \tag{7.53}$$

In Polarkoordinaten gilt mit dem Flächenelement $dS = \rho \, d\rho \, d\varphi$

$$\bar{\boldsymbol{r}} = \frac{1}{S} \int_0^{\rho(\varphi)} \int_0^{2\pi} \boldsymbol{e}_\rho \rho^2 \, d\rho \, d\varphi = \frac{1}{S} \oint \underbrace{\boldsymbol{e}_\rho \rho(\varphi)}_{\boldsymbol{r}(\varphi)} \frac{\rho^2(\varphi)}{3} \, d\varphi, \tag{7.54}$$

ende Nov.

was wegen $\rho^2(\varphi)\,d\varphi = \boldsymbol{e}_z \cdot [\boldsymbol{r}(\varphi) \times d\boldsymbol{r}(\varphi)]$ zu der wichtigen Formel

$$\bar{\boldsymbol{r}} = \frac{1}{3S} \oint \boldsymbol{r}[\boldsymbol{e}_z(\boldsymbol{r} \times d\boldsymbol{r})] \tag{7.55}$$

führt.

Als bequemes Beispiel suchen wir den Flächenschwerpunkt der Ellipse (7.21) und finden erwartungsgemäß

$$\bar{\boldsymbol{r}} = \frac{1}{3\pi ab} \oint (a \cos t\boldsymbol{e}_x + b \sin t\boldsymbol{e}_y)ab\,dt = 0. \tag{7.56}$$

Aufgabe 7.10 Bestätigen Sie (1.39) mit Hilfe der Formel (7.55)!

8 Integralsätze

Die folgenden Sätze verknüpfen 3-dimensionale Raum- mit 2-dimensionalen Hüllen- und 2-dimensionale Flächen- mit 1-dimensionalen Randintegralen. Sie taugen vorzüglich zur eleganten Integration wichtiger linearer Differenzialgleichungen und spielen daher in Strömungslehre, Elektrodynamik und Wellenoptik eine große Rolle.

8.1 Satz von Stokes

Eine Fläche S sei in Kugelkoordinaten r, ϑ, φ durch die Gleichung

$$r = r(\vartheta, \varphi) \quad \Rightarrow \quad \boldsymbol{r} = r(\vartheta, \varphi)\boldsymbol{e}_r \equiv \boldsymbol{r}(\vartheta, \varphi) \tag{8.1}$$

beschrieben (Fig. 8.1). Ihre Tangentenvektoren $\frac{\partial \boldsymbol{r}(\vartheta,\varphi)}{\partial \vartheta} d\vartheta$ und $\frac{\partial \boldsymbol{r}(\vartheta,\varphi)}{\partial \varphi} d\varphi$ span-

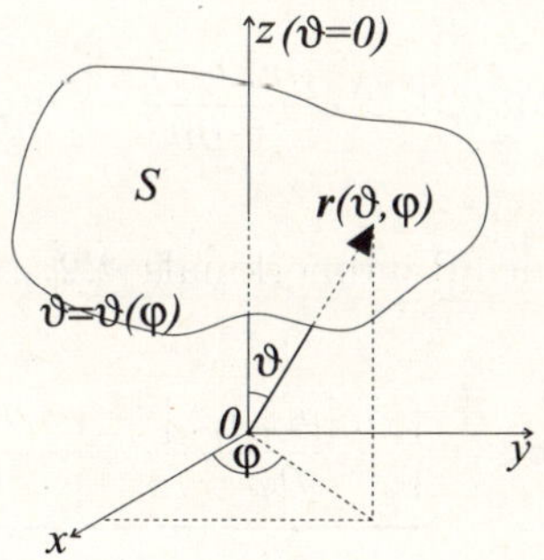

Fig. 8.1

nen ein vektorielles Flächenelement

$$d\boldsymbol{S} = \left[\frac{\partial \boldsymbol{r}(\vartheta, \varphi)}{\partial \vartheta} \times \frac{\partial \boldsymbol{r}(\vartheta, \varphi)}{\partial \varphi}\right] d\vartheta \, d\varphi \tag{8.2}$$

auf. Punktweise Multiplikation mit dem Rotor eines Vektors $\boldsymbol{a}(\vartheta,\varphi)$ ergibt gemäß (4.64)

$$\operatorname{rot}\boldsymbol{a}\cdot d\boldsymbol{S} = \frac{\partial \boldsymbol{r}}{\partial\varphi}\cdot\underbrace{\left(\frac{\partial \boldsymbol{r}}{\partial\vartheta}\cdot\nabla\right)}_{\frac{\partial}{\partial\vartheta}}\boldsymbol{a}\,d\vartheta\,d\varphi - \frac{\partial \boldsymbol{r}}{\partial\vartheta}\cdot\underbrace{\left(\frac{\partial \boldsymbol{r}}{\partial\varphi}\cdot\nabla\right)}_{\frac{\partial}{\partial\varphi}}\boldsymbol{a}\,d\vartheta\,d\varphi \tag{8.3}$$

$$= \frac{\partial}{\partial\vartheta}\left(\boldsymbol{a}\cdot\frac{\partial \boldsymbol{r}}{\partial\varphi}\right)d\vartheta\,d\varphi - \frac{\partial}{\partial\varphi}\left(\boldsymbol{a}\cdot\frac{\partial \boldsymbol{r}}{\partial\vartheta}\right)d\vartheta\,d\varphi. \tag{8.4}$$

Integration über die Fläche S innerhalb einer Randkurve $\vartheta=\vartheta(\varphi)$ bedeutet

$$\int_S \operatorname{rot}\boldsymbol{a}\cdot d\boldsymbol{S} = \int_0^{2\pi}\int_0^{\vartheta(\varphi)}\left[\frac{\partial}{\partial\vartheta}\left(\boldsymbol{a}\cdot\frac{\partial \boldsymbol{r}}{\partial\varphi}\right) - \frac{\partial}{\partial\varphi}\left(\boldsymbol{a}\cdot\frac{\partial \boldsymbol{r}}{\partial\vartheta}\right)\right]d\vartheta\,d\varphi. \tag{8.5}$$

Das 1. innere Integral führt zu

$$\int_0^{\vartheta(\varphi)}\frac{\partial}{\partial\vartheta}\left(\boldsymbol{a}\cdot\frac{\partial \boldsymbol{r}}{\partial\varphi}\right)d\vartheta = \boldsymbol{a}\cdot\frac{\partial \boldsymbol{r}}{\partial\varphi}\bigg|_{\vartheta=0}^{\vartheta=\vartheta(\varphi)}$$
$$= \boldsymbol{a}[\vartheta(\varphi),\varphi]\cdot\frac{\partial \boldsymbol{r}[\vartheta(\varphi),\varphi]}{\partial\varphi} - \boldsymbol{a}(0,\varphi)\cdot\underbrace{\frac{\partial \boldsymbol{r}(0,\varphi)}{\partial\varphi}}_{0},$$

während sich das 2. nach einer elementaren Regel umformen lässt:

$$-\int_0^{\vartheta(\varphi)}\frac{\partial}{\partial\varphi}\left(\boldsymbol{a}\cdot\frac{\partial \boldsymbol{r}}{\partial\vartheta}\right)d\vartheta = \boldsymbol{a}[\vartheta(\varphi),\varphi]\cdot\frac{\partial \boldsymbol{r}[\vartheta(\varphi),\varphi]}{\partial\vartheta}\vartheta'(\varphi) - \frac{d}{d\varphi}\int_0^{\vartheta(\varphi)}\left(\boldsymbol{a}\cdot\frac{\partial \boldsymbol{r}}{\partial\vartheta}\right)d\vartheta.$$

Damit erhalten wir wegen des Randmerkmals $\vartheta(2\pi)=\vartheta(0)$ zusammenfassend

$$\int_S \operatorname{rot}\boldsymbol{a}\cdot d\boldsymbol{S} = \int_0^{2\pi}\boldsymbol{a}[\vartheta(\varphi),\varphi]\cdot\underbrace{\left\{\frac{\partial \boldsymbol{r}[\vartheta(\varphi),\varphi]}{\partial\varphi}d\varphi + \frac{\partial \boldsymbol{r}[\vartheta(\varphi),\varphi]}{\partial\vartheta}d\vartheta\right\}}_{d\boldsymbol{r}[\vartheta(\varphi),\varphi]}$$
$$\underbrace{-\int_0^{\vartheta(\varphi)}\boldsymbol{a}\cdot\frac{\partial \boldsymbol{r}}{\partial\vartheta}d\vartheta\bigg|_{\varphi=0}^{\varphi=2\pi}}_{0}.$$

Das Ergebnis ist der Satz von Stokes[1]

$$\int_S \operatorname{rot} \boldsymbol{a} \cdot d\boldsymbol{S} = \oint \boldsymbol{a} \cdot d\boldsymbol{r} = \Gamma. \tag{8.6}$$

Links steht das Flächenintegral über den Rotor eines Vektorfelds $\boldsymbol{a}$, rechts die Zirkulation in diesem Vektorfeld auf der Randkurve, wobei Integrationsrichtung/Umlaufsinn ($\boldsymbol{e}_\varphi$) und resultierende Oberfläche eine Rechtsschraube bilden.

Ersichtlich spielen die Eigenschaften der Fläche keine Rolle; es kommt nur auf die Randkurve $\vartheta = \vartheta(\varphi)$ an. Sie begrenzt das Integrationsgebiet, nicht notwendig die Fläche selbst.

Zum besseren Verständnis des stokesschen Satzes denke man sich die Fläche S in lauter elementare Rechtecke eingeteilt. Für dasjenige mit dem Inhalt $d\boldsymbol{S}$ gilt gemäß Kap. 4.2.3 die Definition $\operatorname{rot} \boldsymbol{a} \cdot d\boldsymbol{S} = d\Gamma$, wobei $d\Gamma$ die Zirkulation auf seinem Rand bedeutet. Das Integral über die gesamte Fläche S ist dann die

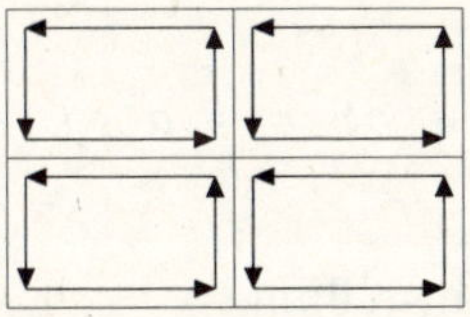

Fig. 8.2

Summe der Zirkulationen auf allen Rechteckrändern. Dazu tragen die Rechteck-Binnengrenzen nichts bei, weil sie je zweimal gegensinnig durchlaufen werden (Fig. 8.2). Übrig bleiben die Integrationswege über die Rechteck-Außengrenzen, also über den Rand der Fläche S.

Bisher wurde stillschweigend vorausgesetzt, dass die Fläche S nur einen äußeren, aber keine inneren Ränder hat, also z. B. keine Ringfläche ist. In einem solchen Fall müsste man das Integrationsgebiet durch geeignete Schnitte teilen und dann den stokesschen Satz auf die Teilflächen anwenden.

8.1.1 Folgerungen

- Für $\boldsymbol{a} = \operatorname{grad} \Phi$ gilt wegen (4.28) und (7.10)

$$\int_S \operatorname{rot} \operatorname{grad} \Phi \cdot d\boldsymbol{S} = \oint \operatorname{grad} \Phi \cdot d\boldsymbol{r} = 0. \tag{8.7}$$

[1]Der Satz wurde lange dem irischen Mathematik-Professor George Gabriel Stokes (1819-1903) zugeschrieben, weil er 1854 in Cambridge auf seinen Beweis einen Preis ausgesetzt hatte; aber Stokes kannte ihn seit Juli 1850 aus einem Brief von William Thomson.

- Wenn sich die Fläche S zu einer Hülle schließt, schrumpft die Randkurve auf den Punkt $\vartheta = \pi$ zusammen. Dann gewinnt der stokessche Satz wegen $d\boldsymbol{r}(\pi, \varphi) = 0$ die spezielle Form

$$\oint \operatorname{rot} \boldsymbol{a} \cdot d\boldsymbol{S} = 0. \tag{8.8}$$

Auf einer Hülle kompensieren sich alle Zirkulationen gegenseitig.

- Der Vektor $\boldsymbol{a} = \boldsymbol{k}\Phi(\boldsymbol{r})$ führt angesichts (4.52) zu

$$-\int_S (\boldsymbol{k} \times \operatorname{grad} \Phi) \cdot d\boldsymbol{S} = -\boldsymbol{k} \cdot \int_S \operatorname{grad} \Phi \times d\boldsymbol{S} = \boldsymbol{k} \cdot \oint \Phi d\boldsymbol{r}$$

$$\Rightarrow \quad \int_S d\boldsymbol{S} \times \operatorname{grad} \Phi = \oint \Phi d\boldsymbol{r}. \tag{8.9}$$

- Einsetzung des Vektorfelds $\boldsymbol{a} \times \boldsymbol{k}$ anstelle $\boldsymbol{a}$ ergibt zunächst

$$\int_S [\nabla \times (\boldsymbol{a} \times \boldsymbol{k})] \cdot d\boldsymbol{S} = \oint (\boldsymbol{a} \times \boldsymbol{k}) \cdot d\boldsymbol{r} = \boldsymbol{k} \cdot \oint d\boldsymbol{r} \times \boldsymbol{a}$$

und nach elementarer Umstellung

$$[\nabla \times (\boldsymbol{a} \times \boldsymbol{k})] \cdot d\boldsymbol{S} = (d\boldsymbol{S} \times \nabla) \cdot (\boldsymbol{a} \times \boldsymbol{k}) = [(d\boldsymbol{S} \times \nabla) \times \boldsymbol{a}] \cdot \boldsymbol{k}$$

schließlich die nützliche Formel

$$\int_S (d\boldsymbol{S} \times \nabla) \times \boldsymbol{a} = \oint d\boldsymbol{r} \times \boldsymbol{a}. \tag{8.10}$$

8.1.2 Anwendung in der Elektrostatik

Uns interessiert das Magnetfeld innerhalb und außerhalb eines geraden Stromleiters. Dazu betrachten wir einen unendlich langen, zylindrischen, zur z-Achse symmetrischen Draht des Querschnitts $\pi\bar{\rho}^2$. Die Stromdichte $\boldsymbol{J} = |\boldsymbol{J}|\, \boldsymbol{e}_z$ sei konstant. Der Leiter schneide eine beliebige gedachte Fläche mit der resultierenden Oberfläche $\boldsymbol{S} = |\boldsymbol{S}|\, \boldsymbol{e}_z$ und dem Kreisrand $|\boldsymbol{r}| = \rho = \text{const.}$ Zur Bestimmung des Magnetfelds $\boldsymbol{H}$ setzt man zweckmäßig das ampèresche[2] Durchflutungsgesetz (1826) in der maxwellschen Fassung $\operatorname{rot} \boldsymbol{H} = \boldsymbol{J}$ in den stokesschen Satz

[2]André Marie Ampère (1775-1836) wirkte ab 1804 als Mathematik-Professor an der École Polytechnique, ab 1826 als Physik-Professor am Collège de France in Paris. Er gab 1826 das erste Lehrbuch der Elektrodynamik heraus.

ein und erhält wegen $|\boldsymbol{J}| = 0$ für $\rho > \bar{\rho}$

$$\int \operatorname{rot} \boldsymbol{H} \cdot d\boldsymbol{S} = \oint \boldsymbol{H} \cdot d\boldsymbol{r} = \int \boldsymbol{J} \cdot d\boldsymbol{S} = \begin{cases} |\boldsymbol{J}|\,\pi\rho^2 & \text{für } \rho \leq \bar{\rho} \\ |\boldsymbol{J}|\,\pi\bar{\rho}^2 & \text{für } \rho \geq \bar{\rho} \end{cases}. \tag{8.11}$$

Aus der polaren Symmetrie $\frac{\partial}{\partial\varphi} = 0$ des Modells folgt $\oint \boldsymbol{H} \cdot d\boldsymbol{r} = (\boldsymbol{H} \cdot \boldsymbol{e}_\varphi)\, 2\pi\rho$. Mit der Stromstärke $I = |\boldsymbol{J}|\,\pi\bar{\rho}^2$ ergibt sich schließlich die bekannte Formel

$$\boldsymbol{H} \cdot \boldsymbol{e}_\varphi = \begin{cases} \frac{I}{2\pi}\frac{\rho}{\bar{\rho}^2} & \text{für } \rho \leq \bar{\rho} \\ \frac{I}{2\pi\rho} & \text{für } \rho \geq \bar{\rho} \end{cases}. \tag{8.12}$$

Hier tritt das Verfahren, eine lineare Differenzialgleichung mit Hilfe eines Integralsatzes zu lösen, deutlich hervor.

Aufgabe 8.1 Berechnen Sie aus dem Vektorpotenzial $\boldsymbol{A}$ und der magnetischen Flussdichte $\boldsymbol{B} = \operatorname{rot} \boldsymbol{A}$ den magnetischen Fluss $\Phi = \int \boldsymbol{B} \cdot d\boldsymbol{S}$ durch eine begrenzte krumme Fläche S!

Aufgabe 8.2 Wenden Sie (8.10) auf den Ortsvektor $\boldsymbol{a} = \boldsymbol{r}$ an!

8.2 Satz von Gauß

Die 2. Lösung der Aufgabe 4.16 gewinnt in Kugelkoordinaten r, ϑ, φ mit

$$\boldsymbol{b} = \frac{\partial(r\boldsymbol{e}_r)}{\partial r} dr, \quad \boldsymbol{c} = \frac{\partial(r\boldsymbol{e}_r)}{\partial\vartheta} d\vartheta, \quad \boldsymbol{d} = \frac{\partial(r\boldsymbol{e}_r)}{\partial\varphi} d\varphi \tag{8.13}$$

die Form

$$\underbrace{\left[\frac{\partial(r\boldsymbol{e}_r)}{\partial r} \cdot \nabla\right]}_{\frac{\partial}{\partial r}} \left\{\boldsymbol{a}(r\boldsymbol{e}_r) \cdot \left[\frac{\partial(r\boldsymbol{e}_r)}{\partial\vartheta} \times \frac{\partial(r\boldsymbol{e}_r)}{\partial\varphi}\right]\right\} dr\, d\vartheta\, d\varphi$$

$$= \left[\frac{\partial(r\boldsymbol{e}_r)}{\partial\vartheta} \times \frac{\partial(r\boldsymbol{e}_r)}{\partial\varphi}\right] \cdot \operatorname{rot}\left[\boldsymbol{a}(r\boldsymbol{e}_r) \times \frac{\partial(r\boldsymbol{e}_r)}{\partial r}\right] dr\, d\vartheta\, d\varphi$$

$$+ \underbrace{\left[\frac{\partial(r\boldsymbol{e}_r)}{\partial r}, \frac{\partial(r\boldsymbol{e}_r)}{\partial\vartheta}, \frac{\partial(r\boldsymbol{e}_r)}{\partial\varphi}\right] dr\, d\vartheta\, d\varphi}_{d\tau} \operatorname{div} \boldsymbol{a}.$$

Integration über einen den Nullpunkt umschließenden Raum mit der Hülle $r = r(\vartheta, \varphi) \quad \Rightarrow \quad \boldsymbol{r} = r(\vartheta, \varphi)\boldsymbol{e}_r = \boldsymbol{r}(\vartheta, \varphi)$ ergibt:

$$\oint d\vartheta\, d\varphi \left\{ \boldsymbol{a}(r\boldsymbol{e}_r) \cdot \left[\frac{\partial(r\boldsymbol{e}_r)}{\partial\vartheta} \times \frac{\partial(r\boldsymbol{e}_r)}{\partial\varphi} \right] \right\}_{r=0}^{r=r(\vartheta,\varphi)}$$

$$= \oint d\vartheta\, d\varphi \left[\frac{\partial(r\boldsymbol{e}_r)}{\partial\vartheta} \times \frac{\partial(r\boldsymbol{e}_r)}{\partial\varphi} \right] \cdot \operatorname{rot} \left[\boldsymbol{a}(r\boldsymbol{e}_r) \times \frac{\partial(r\boldsymbol{e}_r)}{\partial r} \right]_{r=0}^{r=r(\vartheta,\varphi)} + \int \operatorname{div} \boldsymbol{a}\, d\tau.$$

Daraus folgt unter Verwendung des vektoriellen, nach außen gerichteten Hüllenelements (8.2) schließlich der wichtige Satz von Gauß (1813)

$$\oint \boldsymbol{a} \cdot d\boldsymbol{S} = \underbrace{\oint \operatorname{rot} \left[\boldsymbol{a} \times \frac{\partial \boldsymbol{r}(\vartheta, \varphi)}{\partial r} \right] \cdot d\boldsymbol{S}}_{0 \text{ wegen } (8.8)} + \int \operatorname{div} \boldsymbol{a}\, d\tau \tag{8.14}$$

$$\Rightarrow \quad \oint \boldsymbol{a} \cdot d\boldsymbol{S} = \int \operatorname{div} \boldsymbol{a}\, d\tau. \tag{8.15}$$

Die Punktprodukte $\boldsymbol{a} \cdot d\boldsymbol{S} \gtrless 0$ beschreiben die elementaren Vektorflüsse ins Äußere bzw. Innere des Integrationsgebiets τ. Das Hüllenintegral bildet die Bilanz, also den Netto-Vektorfluss nach außen. Das Raumintegral ist ein Maß für die gesamte Ergiebigkeit der im Innern liegenden Quellen.

Ähnlich wie der stokessche leuchtet auch der gaußsche Satz anhand eines anschaulichen Modells leicht ein. Dazu denken wir uns den umhüllten Raum in lauter Elementarquader eingeteilt. Für denjenigen mit dem Volumen $d\tau$ und der Oberfläche $d\boldsymbol{S}$ gilt gemäß Kap. 4.2.2 die Definition $\operatorname{div} \boldsymbol{a}\, d\tau = \boldsymbol{a} \cdot d\boldsymbol{S}$. Integration über den umhüllten Raum bedeutet dann Summierung über die Vektorflüsse durch je 6 Seitenflächen aller Elementarquader. An allen Binnenflächen grenzen je 2 Elementarquader aneinander; dort heben sich die Vektorflüsse paarweise gegenseitig auf, tragen also zur Summe nichts bei. Es bleiben nur die Vektorflüsse durch die Außenflächen übrig. Ihre Summe ist der Netto-Vektorfluss durch die Hülle nach außen.

8.2.1 Folgerungen

- Wir ersetzen in (8.15) $\boldsymbol{a}$ durch $\operatorname{rot} \boldsymbol{a}$ und finden wegen (4.30) im Einklang mit (8.8) $\oint \operatorname{rot} \boldsymbol{a} \cdot d\boldsymbol{S} = 0$.

- Einsetzung von $\boldsymbol{a} = \operatorname{grad} \Phi$ führt wegen (4.95) zu

$$\oint \operatorname{grad} \Phi \cdot d\boldsymbol{S} = \int \Delta\Phi\, d\tau. \tag{8.16}$$

- Mit dem Vektor $\boldsymbol{a} = \boldsymbol{k}\Phi(\boldsymbol{r})$ erhält man angesichts (4.51)

$$\oint \Phi \, d\boldsymbol{S} = \int \operatorname{grad} \Phi \, d\tau \tag{8.17}$$

und im Fall $\Phi(\boldsymbol{r}) = \text{const}$ speziell $\oint d\boldsymbol{S} = 0$, was (7.30) bestätigt.

- Aus (8.15) folgt mit $\boldsymbol{a} \times \boldsymbol{k}$ anstelle $\boldsymbol{a}$ wegen (4.62)

$$\oint \underbrace{(\boldsymbol{a} \times \boldsymbol{k}) \cdot d\boldsymbol{S}}_{\boldsymbol{k}\cdot(d\boldsymbol{S}\times\boldsymbol{a})} = \int \boldsymbol{k} \cdot \operatorname{rot} \boldsymbol{a} \, d\tau \quad \Rightarrow \quad \oint d\boldsymbol{S} \times \boldsymbol{a} = \int \operatorname{rot} \boldsymbol{a} \, d\tau. \tag{8.18}$$

- (8.15) lautet angewandt auf den Vektor $(\boldsymbol{k} \cdot \boldsymbol{a})\boldsymbol{b}$ statt $\boldsymbol{a}$

$$\oint (\boldsymbol{k} \cdot \boldsymbol{a})\boldsymbol{b} \cdot d\boldsymbol{S} = \int \operatorname{div}[(\boldsymbol{k} \cdot \boldsymbol{a})\boldsymbol{b}] \, d\tau \tag{8.19}$$

und gewinnt mit Hilfe der Identität

$$\nabla \cdot [(\boldsymbol{k} \cdot \boldsymbol{a})\boldsymbol{b}] = \underbrace{(\boldsymbol{b} \cdot \nabla)(\boldsymbol{k} \cdot \boldsymbol{a})}_{\boldsymbol{k}\cdot(\boldsymbol{b}\cdot\nabla)\boldsymbol{a}} + (\boldsymbol{k} \cdot \boldsymbol{a})(\nabla \cdot \boldsymbol{b}) = \boldsymbol{k} \cdot [(\nabla \cdot \boldsymbol{b})\boldsymbol{a}] \tag{8.20}$$

die übersichtliche Form

$$\oint \boldsymbol{a}(\boldsymbol{b} \cdot d\boldsymbol{S}) = \int (\nabla \cdot \boldsymbol{b})\boldsymbol{a} \, d\tau, \tag{8.21}$$

die speziell für den auf $\boldsymbol{a}$ wirkenden Operator $\boldsymbol{b} = \Phi\nabla$ in

$$\oint \Phi(d\boldsymbol{S} \cdot \nabla)\boldsymbol{a} = \int (\nabla \cdot \Phi\nabla)\boldsymbol{a} \, d\tau \tag{8.22}$$

$$= \int [(\operatorname{grad} \Phi \cdot \nabla)\boldsymbol{a} + \Phi\Delta\boldsymbol{a}] \, d\tau \tag{8.23}$$

übergeht. Daraus folgt für $\Phi = \text{const}$ weiter

$$\oint (d\boldsymbol{S} \cdot \nabla)\boldsymbol{a} = \int \Delta\boldsymbol{a} \, d\tau. \tag{8.24}$$

Aufgabe 8.3 Wenden Sie (8.15) auf Massenströmungen an und berücksichtigen Sie das Prinzip von der Erhaltung der Masse!

Aufgabe 8.4 Welche Hülle hat bei gegebenem Volumen τ die kleinste Oberfläche S?

Aufgabe 8.5 Bestimmen Sie für einen beliebigen konstanten Vektor $\boldsymbol{h}$ die Hüllenintegrale

$$\oint (\boldsymbol{h} \cdot \boldsymbol{r})\, d\boldsymbol{S} \quad \text{und} \quad \oint \boldsymbol{r}(\boldsymbol{h} \cdot d\boldsymbol{S})\,!$$

Aufgabe 8.6 Beweisen Sie die Identität

$$\oint (d\boldsymbol{S} \cdot \nabla)\boldsymbol{a} = \oint \operatorname{div} \boldsymbol{a}\, d\boldsymbol{S} + \oint \operatorname{rot} \boldsymbol{a} \times d\boldsymbol{S} = \int \Delta \boldsymbol{a}\, d\tau\,!$$

Aufgabe 8.7 Wandeln Sie die Hüllenintegrale

$$\oint \boldsymbol{b} \times (\boldsymbol{a} \times d\boldsymbol{S}) \quad \text{und} \quad \oint \boldsymbol{a}(\boldsymbol{a} \cdot d\boldsymbol{S}) - \frac{\boldsymbol{a}^2}{2} d\boldsymbol{S}$$

in Raumintegrale um!

8.3 Formel von Gauß

Für ebene Probleme, gekennzeichnet durch $\boldsymbol{k} \cdot \boldsymbol{a} = 0$ und $\boldsymbol{k} \cdot \nabla = 0$, lässt sich der Satz von Gauß vereinfachen. Dazu wählen wir als Hülle zweckmäßig einen geraden Zylinder der Höhe $\boldsymbol{k}$ mit beliebigem Querschnitt, was Vektorflüsse durch

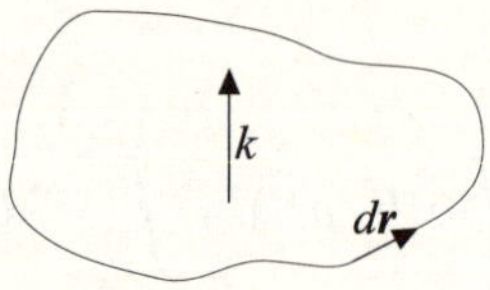

Fig. 8.3

die beiden Stirnflächen ausschließt. Somit gewinnt der Satz von Gauß mit dem Querschnittselement $d\boldsymbol{S} \| \boldsymbol{k}$, dem Mantelelement $d\boldsymbol{r} \times \boldsymbol{k}$ und dem Raumelement $d\tau = d\boldsymbol{S} \cdot \boldsymbol{k}$ die spezielle Form

$$\oint \boldsymbol{a} \cdot (d\boldsymbol{r} \times \boldsymbol{k}) = \int \operatorname{div} \boldsymbol{a}\, d\boldsymbol{S} \cdot \boldsymbol{k}, \tag{8.25}$$

die unmittelbar in die Formel von Gauß

$$\oint \boldsymbol{a} \times d\boldsymbol{r} = \int \operatorname{div} \boldsymbol{a}\, d\boldsymbol{S} \tag{8.26}$$

übergeht. Hierbei bilden die Vektoren $d\boldsymbol{r}$ (Integrationsrichtung/Umlaufsinn) und $d\boldsymbol{S}$ eine Rechtsschraube (Fig. 8.3). Links steht der Überschuss des 2-dimensionalen Vektorflusses über den Rand einer ebenen Fläche nach außen, rechts die gesamte Ergiebigkeit der eingeschlossenen Quellen.

Aufgabe 8.8 Welches ebene Flächenstück hat bei gegebenem Inhalt S den kleinsten Umfang U?

8.3.1 Folgerungen

Mit $\boldsymbol{a} = \operatorname{grad}\Phi$ erhält man unschwer

$$\oint \operatorname{grad}\Phi \times d\boldsymbol{r} = \int \Delta\Phi\, d\boldsymbol{S}. \tag{8.27}$$

Durch Einsetzen von $\boldsymbol{a} \times \boldsymbol{k}\Phi$ anstelle $\boldsymbol{a}$ in (8.26) folgt wegen $\boldsymbol{k} \cdot d\boldsymbol{r} = 0$ angesichts (4.62) und (4.52)

$$\oint \boldsymbol{k}\Phi(\boldsymbol{a} \cdot d\boldsymbol{r}) = \int \operatorname{div}(\boldsymbol{a} \times \boldsymbol{k}\Phi) d\boldsymbol{S} \tag{8.28}$$

$$= \int [\boldsymbol{k}\Phi \cdot \operatorname{rot} \boldsymbol{a} + \boldsymbol{a} \cdot (\boldsymbol{k} \times \operatorname{grad}\Phi)] d\boldsymbol{S}. \tag{8.29}$$

Man erhält mit Blick auf die Lösung der Aufgabe 2.31 schließlich

$$\oint \Phi(\boldsymbol{a} \cdot d\boldsymbol{r}) = \int [\Phi \operatorname{rot} \boldsymbol{a} - (\boldsymbol{a} \times \operatorname{grad}\Phi)] \cdot d\boldsymbol{S} = \int \operatorname{rot} \Phi\boldsymbol{a} \cdot d\boldsymbol{S}. \tag{8.30}$$

Daraus ergeben sich unmittelbar

- für $\Phi = \text{const}$ der Satz von Stokes und
- für $\boldsymbol{a} = \mathbf{const}$ dessen Folgerung (8.9).

Umgekehrt gewinnt man (8.26) leicht aus (8.10) unter der Bedingung $\boldsymbol{k} \cdot \boldsymbol{a} = 0$.

Somit darf die Formel von Gauß als Spezialisierung sowohl des gaußschen als auch des stokesschen Satzes auf 2-dimensionale Modelle gelten.

Weiter folgt aus (8.30) für $\Phi = \boldsymbol{h} \cdot \boldsymbol{b}$ mit irgendeinem konstanten Vektor $\boldsymbol{h}$

$$\oint (\boldsymbol{h} \cdot \boldsymbol{b})(\boldsymbol{a} \cdot d\boldsymbol{r}) = \int [\nabla \times (\boldsymbol{h} \cdot \boldsymbol{b})\boldsymbol{a}] \cdot d\boldsymbol{S} = \int [(d\boldsymbol{S} \times \nabla) \cdot \boldsymbol{a}](\boldsymbol{h} \cdot \boldsymbol{b})$$

$$\Rightarrow \quad \oint \boldsymbol{b}(\boldsymbol{a} \cdot d\boldsymbol{r}) = \int [(d\boldsymbol{S} \times \nabla) \cdot \boldsymbol{a}]\boldsymbol{b}. \tag{8.31}$$

8.3.2 Anwendung in der Funktionentheorie

Der Integralsatz von Cauchy[3] (1825)

$$\oint f(x \pm iy)(dx + i\, dy) = 0 \tag{8.32}$$

[3]Gauß behandelte den Satz bereits 1811 in einem Brief an den Königsberger Astronomen Friedrich Wilhelm Bessel (1784-1846), ohne ihn zu veröffentlichen.

gilt für den Rand jedes Gebiets, in dem $f(x \pm iy)$ regulär ist. Zum Beweis trennen wir Real- und Imaginärteil:

$$\oint (u \pm iv)(dx + i\,dy) = \oint (u\,dx \mp v\,dy) + i \oint (u\,dy \pm v\,dx) = 0. \tag{8.33}$$

Mit Hilfe des in Kap. 4.4.3 konstruierten Vektorfelds $\boldsymbol{p} = u\boldsymbol{e}_x \mp v\boldsymbol{e}_y$ findet man angesichts (8.30) und (8.26) leicht

$$\oint \boldsymbol{p} \cdot d\boldsymbol{r} + i\boldsymbol{e}_z \cdot \oint (\boldsymbol{p} \times d\boldsymbol{r}) = \int \operatorname{rot} \boldsymbol{p} \cdot d\boldsymbol{S} + i\boldsymbol{e}_z \cdot \int \operatorname{div} \boldsymbol{p}\, d\boldsymbol{S} = 0, \tag{8.34}$$

sofern $\boldsymbol{p}$ in dem umrandeten Gebiet $\boldsymbol{S}$ wirbel- und quellenfrei ist, was der vorausgesetzten Regularität entspricht.

Aufgabe 8.9 Wandeln Sie die Randintegrale

$$\oint \boldsymbol{a} \times (\boldsymbol{b} \times d\boldsymbol{r}) \quad \text{und} \quad \oint \boldsymbol{b}(\boldsymbol{a} \cdot d\boldsymbol{r}) - \frac{1}{2}(\boldsymbol{a} \cdot \boldsymbol{b})d\boldsymbol{r}$$

mit den komplanaren Vektoren $\boldsymbol{a}, \boldsymbol{b}, d\boldsymbol{r}$ in Flächenintegrale um!

8.3.3 Anwendung in der Aerodynamik

Ein Tragflügel der Länge $\boldsymbol{L} = L\boldsymbol{e}_z$ mit konstantem Profil störe eine parallele Luftströmung der Dichte ϱ und der (fernab gemessenen) Geschwindigkeit $\boldsymbol{v}_\infty = v_\infty \boldsymbol{e}_x$ (Fig. 8.4). Dadurch entsteht in seiner Umgebung ein profilabhängiges, quellen- und wirbelfreies Störfeld $\tilde{\boldsymbol{v}}$, das sich dem homogenen Feld $\boldsymbol{v}_\infty$ überlagert: $\boldsymbol{v} = \boldsymbol{v}_\infty + \tilde{\boldsymbol{v}}$. Die von den Flügelenden ausgehenden Wirbel seien vernachlässigt, so dass keine Komponente v_z auftritt. Der am Tragflügel

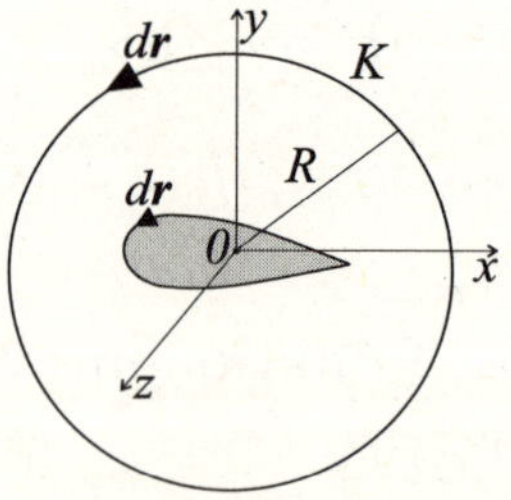

Fig. 8.4

rundum wirksame Luftdruck p erzeugt einen resultierenden Auftrieb

$$\boldsymbol{A} = \oint_{\text{Profil}} p(d\boldsymbol{r} \times \boldsymbol{L}), \tag{8.35}$$

der nach Einsetzung von (4.94) die Form

$$\boldsymbol{A} = \boldsymbol{L} \times \varrho \oint_{\text{Profil}} \frac{\boldsymbol{v}^2}{2} d\boldsymbol{r} \tag{8.36}$$

gewinnt.

Wie in Aufgabe 8.9 gezeigt, machen die Quellen- und Wirbelfreiheit des Strömungsfelds $\boldsymbol{v}$ die Umlaufintegrale

$$\oint_{\text{Profil}} \boldsymbol{v}(\boldsymbol{v} \cdot d\boldsymbol{r}) - \frac{\boldsymbol{v}^2}{2} d\boldsymbol{r} = \oint_K \boldsymbol{v}(\boldsymbol{v} \cdot d\boldsymbol{r}) - \frac{\boldsymbol{v}^2}{2} d\boldsymbol{r} \tag{8.37}$$

über das Profil und über den Kreis K gleich. Auf dem Profil folgt aus der Parallelität von Integrationsweg und (laminarer) Stromlinie

$$d\boldsymbol{r} \times \boldsymbol{v} = 0 \quad \Rightarrow \quad \oint_{\text{Profil}} \boldsymbol{v}(\boldsymbol{v} \cdot d\boldsymbol{r}) - \frac{\boldsymbol{v}^2}{2} d\boldsymbol{r} = \oint_{\text{Profil}} \frac{\boldsymbol{v}^2}{2} d\boldsymbol{r}. \tag{8.38}$$

Auf dem Kreis K mit dem Wegelement $d\boldsymbol{r} = \boldsymbol{e}_\varphi R d\varphi$ gilt die Identität

$$\begin{aligned}\oint_K \boldsymbol{v}(\boldsymbol{v} \cdot d\boldsymbol{r}) - \frac{\boldsymbol{v}^2}{2} d\boldsymbol{r} &= \boldsymbol{v}_\infty \oint_K \boldsymbol{v} \cdot d\boldsymbol{r} + \oint_K \tilde{\boldsymbol{v}}(\tilde{\boldsymbol{v}} \cdot d\boldsymbol{r}) - \frac{\tilde{\boldsymbol{v}}^2}{2} d\boldsymbol{r} \\ &\quad + \boldsymbol{v}_\infty \times \oint_K \tilde{\boldsymbol{v}} \times d\boldsymbol{r} - \frac{\boldsymbol{v}_\infty^2}{2} \underbrace{\oint d\boldsymbol{r}}_{0}.\end{aligned}$$

Die Quellenfreiheit des Störfelds $\tilde{\boldsymbol{v}}$ bedeutet

$$\begin{aligned}\oint_K \tilde{\boldsymbol{v}} \times d\boldsymbol{r} = 0 \quad \Rightarrow \quad & \oint_K \boldsymbol{v}(\boldsymbol{v} \cdot d\boldsymbol{r}) - \frac{\boldsymbol{v}^2}{2} d\boldsymbol{r} \\ &= \boldsymbol{v}_\infty \oint_K \boldsymbol{v} \cdot d\boldsymbol{r} + \oint_K \tilde{\boldsymbol{v}}(\tilde{\boldsymbol{v}} \cdot d\boldsymbol{r}) - \frac{\tilde{\boldsymbol{v}}^2}{2} d\boldsymbol{r}.\end{aligned} \tag{8.39}$$

Hierbei möge das Störfeld $\tilde{\boldsymbol{v}}(R, \varphi)$ für $R \to \infty$ wie $\tilde{\boldsymbol{v}}(\frac{1}{\epsilon}, \varphi) \equiv \boldsymbol{a}(\epsilon, \varphi)$ für $\epsilon \to 0$ in 1. Näherung verschwinden:

$$\lim_{\epsilon \to 0} \frac{\partial \boldsymbol{a}(0, \varphi)}{\partial \epsilon} \epsilon = 0 \quad \Rightarrow \quad \lim_{R \to \infty} \tilde{\boldsymbol{v}}(R, \varphi) = \frac{\partial \boldsymbol{a}(0, \varphi)}{\partial \epsilon} \frac{1}{R} = 0 \tag{8.40}$$

$$\Rightarrow \quad \lim_{R \to \infty} \oint_K \tilde{\boldsymbol{v}}(\tilde{\boldsymbol{v}} \cdot d\boldsymbol{r}) - \frac{\tilde{\boldsymbol{v}}^2}{2} d\boldsymbol{r} = 0. \tag{8.41}$$

Gleichsetzung der Umlaufintegrale über Profil und Kreis K ergibt

$$\oint_{\text{Profil}} \frac{\boldsymbol{v}^2}{2} d\boldsymbol{r} = \boldsymbol{v}_\infty \oint_K \boldsymbol{v} \cdot d\boldsymbol{r}. \tag{8.42}$$

Aus der Wirbelfreiheit des Strömungsfelds folgt für seine Zirkulation

$$\Gamma = \oint_{\text{Profil}} \boldsymbol{v} \cdot d\boldsymbol{r} = \oint_K \boldsymbol{v} \cdot d\boldsymbol{r} = \int_0^{2\pi} \left(\frac{\partial \boldsymbol{a}(0, \varphi)}{\partial \epsilon} \cdot \boldsymbol{e}_\varphi \right) d\varphi, \tag{8.43}$$

so dass schließlich die von Kutta[4] und Shukowski[5] unabhängig voneinander gefundene Auftriebsformel resultiert:

$$\boldsymbol{A} = \boldsymbol{L} \times \varrho \oint_{\text{Profil}} \frac{\boldsymbol{v}^2}{2} d\boldsymbol{r} = (\boldsymbol{L} \times \boldsymbol{v}_\infty) \varrho \Gamma = L v_\infty \varrho \Gamma \boldsymbol{e}_y. \tag{8.44}$$

Man erkennt, dass der Auftrieb eines Tragflügels von seinem Störfeld abhängt und bei einem symmetrischen Profil verschwindet. Freilich kann ein um die z-Achse rotierender, auch symmetrischer Körper die Grenzschicht der Luft mitreißen, dadurch ein unsymmetrisches Störfeld $\tilde{\boldsymbol{v}}$ erzeugen und den Magnus-Effekt[6] bewirken.

8.4 Satz von Green[7]

Der greensche Satz beherrscht nicht nur die Potenzialtheorie, für die er ursprünglich gedacht war, sondern leistet auch sonst in der praktischen, ja sogar in der reinen Mathematik unschätzbare Dienste.

Der Beweis des greenschen Satzes geht zweckmäßig vom gaußschen Satz aus. Durch Einsetzung des Vektors $\boldsymbol{a} = \Phi \operatorname{grad} \Psi$ in (8.15) gewinnen wir wegen

$$\operatorname{div} \boldsymbol{a} = \operatorname{grad} \Phi \cdot \operatorname{grad} \Psi + \Phi \underbrace{\operatorname{div} \operatorname{grad} \Psi}_{\Delta \Psi} \tag{8.45}$$

[4] Wilhelm Martin Kutta (1867-1944), deutscher Mathematiker, leitete 1902 in seiner Habilitationsschrift an der T. H. München die Auftriebsformel her; sie wurde 1910 von Shukowski erneut gefunden; beide rechneten mit komplexen Potenzialen.

[5] Nikolaj Jegorowitsch Shukowski (1847-1921), Professor an der Moskauer Universität, gilt als Vater der russischen Luftfahrt.

[6] Heinrich Gustav Magnus (1802-1870), deutscher Physiker, entdeckte 1852 den nach ihm benannten Effekt.

[7] Der englische Bäcker und Mathematik-Liebhaber George Green (1793-1841) entwickelte den Satz im Rahmen seiner 1828 veröffentlichten elektromagnetischen Theorie, ohne den gaußschen Satz oder die Arbeiten des ukrainischen Mathematikers Michael Wassilewitsch Ostrogradski (1801-1862) zu kennen. Die greensche Abhandlung fand erst 1846 allgemeine Aufmerksamkeit, als William Thomson sie in einer Fachzeitschrift nachdrucken ließ.

unmittelbar die sog. unsymmetrische Form des greenschen Satzes

$$\oint \Phi \operatorname{grad} \Psi \cdot d\boldsymbol{S} = \int (\operatorname{grad} \Phi \cdot \operatorname{grad} \Psi + \Phi \Delta \Psi) d\tau. \tag{8.46}$$

Vertauschung von Φ und Ψ ergibt die formal äquivalente Gleichung

$$\oint \Psi \operatorname{grad} \Phi \cdot d\boldsymbol{S} = \int (\operatorname{grad} \Phi \cdot \operatorname{grad} \Psi + \Psi \Delta \Phi) d\tau, \tag{8.47}$$

die von (8.46) abgezogen zur sog. symmetrischen Form des greenschen[8] Satzes führt:

$$\oint \underbrace{(\Phi \operatorname{grad} \Psi - \Psi \operatorname{grad} \Phi)}_{-\Psi^2 \operatorname{grad} \frac{\Phi}{\Psi}} \cdot d\boldsymbol{S} = \int (\Phi \Delta \Psi - \Psi \Delta \Phi) d\tau. \tag{8.48}$$

Zur Übung beweisen wir den Satz, dass alle Lösungen der laplaceschen Differenzialgleichung $\Delta\Phi = 0$ überall in einem umhüllten Raum verschwinden, wenn sie überall auf seiner Hülle verschwinden.

Für $\Psi = \Phi$ und $\Delta\Phi = 0$ lautet (8.46):

$$\oint \Phi \operatorname{grad} \Phi \cdot d\boldsymbol{S} = \int \operatorname{grad}^2 \Phi d\tau. \tag{8.49}$$

Die Bedingung $\Phi = 0$ auf der Hülle hat im Innenraum zur Folge

$$\operatorname{grad}^2 \Phi = 0 \quad \Rightarrow \quad \Phi = \text{const} \quad \Rightarrow \quad \Phi = 0. \tag{8.50}$$

Bei ebenen Problemen erhält man analog aus der Formel von Gauß anstelle (8.46) und (8.48)

$$\oint \Phi \operatorname{grad} \Psi \times d\boldsymbol{r} = \int (\operatorname{grad} \Phi \cdot \operatorname{grad} \Psi + \Phi \Delta \Psi) d\boldsymbol{S}, \tag{8.51}$$

$$\oint (\Phi \operatorname{grad} \Psi - \Psi \operatorname{grad} \Phi) \times d\boldsymbol{r} = \int (\Phi \Delta \Psi - \Psi \Delta \Phi) d\boldsymbol{S}. \tag{8.52}$$

8.5 Singuläre Stellen im Integrationsgebiet

Im Allgemeinen geht der Praktiker von der hinlänglichen Differenzierbarkeit seiner Funktionen aus, ohne sie näher zu prüfen. Diese Unachtsamkeit kann beim Umgang mit den Integralsätzen irreführen, was drei harmlos scheinende Beispiele aus der Potenzialtheorie zeigen mögen. Dazu betrachten wir drei quellen- und wirbelfreie Potenzialströmungen (Kap. 4.4.2).

---

[8] 1828 kannte auch Ostrogradski diesen Satz.

8.5.1 Ebene Zirkulationsströmung

In Zylinderkoordinaten bestimmen das Potenzial $\Phi = -\varphi$ und die polare, überall quellenfreie Geschwindigkeit $\boldsymbol{a} = -\operatorname{grad}\Phi = \frac{\boldsymbol{e}_\varphi}{\rho}$ ein trotz

$$\operatorname{rot}\boldsymbol{a} = -\operatorname{rot}\operatorname{grad}\Phi = 0$$

physikalisch echtes Wirbelfeld, vorstellbar etwa als Strudel (Hohlwirbel) über der Abflussöffnung einer Badewanne. Die Zirkulation auf dem Rand $\boldsymbol{r} = \boldsymbol{r}(t)$ irgendeiner ebenen, den Pol $\rho = 0$ enthaltenden Fläche $S = \boldsymbol{S} \cdot \boldsymbol{e}_z$ beträgt angesichts (8.6)

$$\Gamma = \oint \boldsymbol{a} \cdot d\boldsymbol{r} = -\oint \underbrace{\operatorname{grad}\Phi \cdot d\boldsymbol{r}}_{d\Phi} = \int_0^{2\pi} d\varphi = 2\pi = \int_S \operatorname{rot}\boldsymbol{a} \cdot d\boldsymbol{S}. \qquad (8.53)$$

Demnach kann die Bedingung $\operatorname{rot}\boldsymbol{a} = 0$ eines *mathematisch* wirbelfreien Strömungsfelds im Integrationsgebiet S nicht überall herrschen. Tatsächlich ist der Vektor $\boldsymbol{a}$ an der Stelle $\rho = 0$ undifferenzierbar und der Operation $\nabla \times \boldsymbol{a}$ gar nicht zugänglich. Mithin gilt die Aussage $\operatorname{rot}\boldsymbol{a} = 0$ nur für $\rho > 0$; $\Phi(\boldsymbol{r})$ ist beim Umlauf um den Pol $\rho = 0$ keine eindeutige Funktion und (7.10) deshalb ungültig.

Daraus folgt der wichtige Satz für überall quellenfreie Vektorfelder $\boldsymbol{a} = -\operatorname{grad}\Phi$:

$$\oint \boldsymbol{a} \cdot d\boldsymbol{r} = \int_S \operatorname{rot}\boldsymbol{a} \cdot d\boldsymbol{S} = 0, \qquad (8.54)$$

sofern auf der umrandeten Fläche S *überall* $\operatorname{rot}\boldsymbol{a} = 0$ ist.

Es kommt also entscheidend darauf an, ob der singuläre Punkt $\rho = 0$ im Integrationsgebiet S liegt oder nicht. Je nachdem genügt die Funktion $\operatorname{rot}\boldsymbol{a}$ den Bedingungen

$$\int_S \operatorname{rot}\boldsymbol{a} \cdot d\boldsymbol{S} = \begin{cases} 2\pi & \text{für } \rho = 0 \in S \\ 0 & \text{für } \rho = 0 \notin S \end{cases}. \qquad (8.55)$$

Daraus folgt unmittelbar

$$\operatorname{rot}\frac{\boldsymbol{e}_\varphi}{\rho} = 2\pi\delta(\rho)\boldsymbol{e}_z. \qquad (8.56)$$

Hierbei bezeichnet $\delta(\rho)$ die 2-dimensionale diracsche Deltafunktion[9] mit den

[9] Paul Adrien Maurice Dirac (1902-1984), englischer Physiker und Nobelpreisträger (1933), verwendete die von ihm so genannte Deltafunktion seit 1925 in seiner Quantenmechanik. Sie geht im Prinzip auf Cauchy zurück und findet sich bereits bei Poisson, Hermite, Kirchhoff, Helmholtz und Sommerfeld.

Merkmalen

$$\delta(\rho) = \begin{cases} \infty & \text{für } \rho = 0 \\ 0 & \text{für } \rho > 0 \end{cases} \quad \text{und} \quad \int\limits_0^\infty \delta(\rho) 2\pi\rho \, d\rho = 1, \tag{8.57}$$

von Schwartz[10] für jede an der Stelle $\boldsymbol{r} = \boldsymbol{r}_0$ stetige Funktion $\Phi(\boldsymbol{r})$ streng als Distribution

$$\int\limits_S \Phi(\boldsymbol{r})\delta(\boldsymbol{r} - \boldsymbol{r}_0) dS = \begin{cases} \Phi(\boldsymbol{r}_0) & \text{für } \boldsymbol{r}_0 \in S \\ 0 & \text{für } \boldsymbol{r}_0 \notin S \end{cases} \tag{8.58}$$

definiert. Da es offenbar nur auf den Punkt $\boldsymbol{r} = \boldsymbol{r}_0$ ankommt, gilt $\delta(\boldsymbol{r} - \boldsymbol{r}_0) = \delta(|\boldsymbol{r} - \boldsymbol{r}_0|)$.

Der Ausdruck (8.56) zeigt physikalisch-anschaulich die unendliche, mit der z-Achse zusammenfallende Wirbeldichte („Wirbelfaden").

Dies Modell einer ebenen Zirkulationsströmung passt physikalisch auch zum Magnetfeld $\boldsymbol{H} = \frac{I\boldsymbol{e}_\varphi}{2\pi\rho}$ eines unendlich dünnen, in die z-Achse fallenden Leiters mit der Stromstärke I (vgl. Kap. 8.1.2).

8.5.2 Ebene Quellströmung

In Zylinderkoordinaten folgt aus dem Potenzial $\Phi = -\ln\rho$ die radiale, überall wirbelfreie Geschwindigkeit $\boldsymbol{a} = -\operatorname{grad}\Phi = \frac{\boldsymbol{e}_\rho}{\rho}$. Der Überschuss des Vektorflusses über den Rand $\boldsymbol{r} = \boldsymbol{r}(t)$ irgendeiner ebenen, den Punkt $\rho = 0$ enthaltenden Fläche S berechnet sich angesichts (8.26) zu

$$\oint \boldsymbol{a} \times d\boldsymbol{r} = \int\limits_0^{2\pi} \frac{\boldsymbol{e}_\rho}{\rho} \times \rho \, d\varphi \boldsymbol{e}_\varphi = 2\pi \boldsymbol{e}_z = \int\limits_S \operatorname{div} \boldsymbol{a} \, d\boldsymbol{S}. \tag{8.59}$$

Daher kann das Kriterium $\operatorname{div}\boldsymbol{a} = -\Delta\Phi = 0$ eines quellenfreien Strömungsfelds nicht im gesamten Gebiet S gelten. Der Vektor $\boldsymbol{a}$ ist ja auch an der Stelle $\rho = 0$ undifferenzierbar und dort der Operation $\nabla \cdot \boldsymbol{a}$ gar nicht zugänglich. Die Bedingung $\operatorname{div}\boldsymbol{a} = 0$ herrscht also nur außerhalb des Pols $\rho = 0$, wo eine unendlich starke Quelle sprudeln muss.

Je nachdem, ob die umrandete Fläche S den singulären Punkt $\rho = 0$ enthält oder nicht, gilt

$$\int\limits_S \operatorname{div} \boldsymbol{a} \, d\boldsymbol{S} = \begin{cases} 2\pi \boldsymbol{e}_z & \text{für } \rho = 0 \in S \\ 0 & \text{für } \rho = 0 \notin S \end{cases}, \tag{8.60}$$

[10] Laurent Schwartz (1915-2002), französischer Mathematiker

was zu der unendlichen, aber auf die z-Achse beschränkten Quelldichte

$$\operatorname{div} \frac{\boldsymbol{e}_\rho}{\rho} = 2\pi\delta(\rho) = \Delta \ln \rho \tag{8.61}$$

führt.

8.5.3 Räumliche Quellströmung

In Kugelkoordinaten gehört zum sog. newtonschen[11] Potenzial $\Phi = \frac{1}{r}$ das radiale, überall wirbelfreie Geschwindigkeitsfeld $\boldsymbol{a} = -\operatorname{grad}\Phi = \frac{\boldsymbol{e}_r}{r^2}$. Der Überschuss des Vektorflusses durch die Hülle irgendeines, den Nullpunkt enthaltenden Raums τ beträgt wegen (8.15)

$$\oint \boldsymbol{a} \cdot d\boldsymbol{S} = \int_0^{2\pi}\int_0^{\pi} \sin\vartheta \, d\vartheta \, d\varphi = 4\pi = \int_\tau \operatorname{div} \boldsymbol{a} \, d\tau. \tag{8.62}$$

Augenscheinlich kann die Strömung nicht im gesamten Raum τ quellenfrei sein. Tatsächlich ist $\boldsymbol{a}$ an der Stelle $r = 0$ undifferenzierbar, so dass die Aussage $\operatorname{div} \boldsymbol{a} = -\Delta\Phi = 0$ nur für $r > 0$ gilt. Im Nullpunkt sprudelt eine Quelle unendlich großer Dichte, denn je nachdem, ob der singuläre Nullpunkt im Integrationsgebiet τ liegt oder nicht, unterliegt die Divergenz des Strömungsfelds den Bedingungen

$$\int_\tau \operatorname{div} \boldsymbol{a} \, d\tau = \begin{cases} 4\pi & \text{für } r = 0 \in \tau \\ 0 & \text{für } r = 0 \notin \tau \end{cases} \tag{8.63}$$

$$\Rightarrow \quad \operatorname{div} \frac{\boldsymbol{e}_r}{r^2} = 4\pi\delta(r) = -\Delta\frac{1}{r}. \tag{8.64}$$

Hier bezeichnet $\delta(r)$ die 3-dimensionale Deltafunktion mit den Merkmalen

$$\delta(r) = \begin{cases} \infty & \text{für } r = 0 \\ 0 & \text{für } r > 0 \end{cases} \quad \text{und} \quad \int_0^\infty \delta(r) 4\pi r^2 \, dr = 1, \tag{8.65}$$

streng definiert analog (8.58) durch

$$\int_\tau \Phi(\boldsymbol{r})\delta(\boldsymbol{r} - \boldsymbol{r}_0) d\tau = \begin{cases} \Phi(\boldsymbol{r}_0) & \text{für } \boldsymbol{r}_0 \in \tau \\ 0 & \text{für } \boldsymbol{r}_0 \notin \tau \end{cases}. \tag{8.66}$$

[11] Die Widmung lässt außer Acht, dass Newton noch keine Potenziale kannte.

Übrigens lässt sich (8.64) als poissonsche Potenzialgleichung (4.106)

$$\Delta \frac{L}{4\pi r} = -L\delta(r) \tag{8.67}$$

deuten. Danach hat eine Punktquelle mit der Ergiebigkeit $L = \int L\delta(r)\, d\tau$ die Divergenz div $\frac{L\boldsymbol{e}_r}{4\pi r^2} = L\delta(r) = q(\boldsymbol{r})$ und erzeugt das Potenzial

$$\Phi = \frac{L}{4\pi r}. \tag{8.68}$$

Die eigentlich anfallende Integrationskonstante spielt hier keine Rolle; sie würde ein überlagerndes, überall konstantes Fremdfeld darstellen, was physikalisch keinen Sinn hätte.

Modellmäßig beschreibt (8.68) z. B. auch das coulombsche Potenzial der elektrischen Flussdichte, die von einer Ladung L im Nullpunkt ausgeht. Die Potenzialtheorie behandelt jeden Punkt, wo Feldlinien anfangen oder enden, als Quelle.

Erläuterung

Die drei behandelten Potenzialströmungen sind partikuläre Integrale der laplaceschen Differenzialgleichung $\Delta\Phi = 0$. Diese gilt bekanntlich nur außerhalb von Quell- und Wirbelgebieten (Kap. 4.4.2), die sich hier auf die singuläre Stelle im Nullpunkt beschränken. Daher sind die drei Potenzialströmungen nur in ihrem Regularitätsgebiet ($\boldsymbol{r} > 0$) sowohl quellen- als auch wirbelfrei.

Aufgabe 8.10 Welchen poissonschen Differentialgleichungen genügen

1. die ebene Zirkulationsströmung $\boldsymbol{a} = \frac{\boldsymbol{e}_\varphi}{\rho}$,
2. die ebene Quellströmung $\boldsymbol{a} = \frac{\boldsymbol{e}_\rho}{\rho}$, und
3. die räumliche Quellströmung $\boldsymbol{a} = \frac{\boldsymbol{e}_r}{r^2}$?

Aufgabe 8.11 Untersuchen Sie die Zirkulation im ebenen Vektorfeld

$$\boldsymbol{a} = -\frac{\boldsymbol{e}_\rho \sin n\varphi - \boldsymbol{e}_\varphi \cos n\varphi}{\rho^{n+1}}$$

auf einem Weg rings um den Nullpunkt! Hat $\boldsymbol{a}$ ein Potenzial? Ist der stokessche Satz anwendbar?

Aufgabe 8.12 Wie verhält sich im Unendlichen das Potenzial $\Phi(\boldsymbol{r})$ eines überall wirbelfreien Vektorfelds $\boldsymbol{a}(\boldsymbol{r})$ unter dem Einfluss eines begrenzten Quellgebiets τ mit beschränkter Ergiebigkeit L?

Aufgabe 8.13 Fassen Sie die Potenziale der ebenen Quell- und Zirkulationsströmung zu einem komplexen Potenzial Ψ zusammen und wenden Sie den cauchyschen Integralsatz auf die Ableitung Ψ' sowie den komplexen Vektor $\operatorname{grad}\Psi$ an!

Aufgabe 8.14 Bestimmen Sie das Hüllenintegral

$$\oint \frac{\boldsymbol{r}-\boldsymbol{a}}{|\boldsymbol{r}-\boldsymbol{a}|^3}\cdot d\boldsymbol{S}\,!$$

8.6 Greensche Funktion

Die symmetrische Form (8.48) des greenschen Satzes taugt vorzüglich zur Integration partieller, linearer Differenzialgleichungen 2. Ordnung für Φ, wenn man ihnen individuelle, je nach Randbedingung passend konstruierte Hilfsfunktionen, sog. greensche Funktionen Ψ zuordnet. Drei übersichtliche Beispiele mögen das Verfahren zur Lösung von Randwertaufgaben erläutern. Hierbei interessieren die Funktionswerte $\Phi(\bar{\boldsymbol{r}})$ im Innern von Randkurven oder Hüllflächen, auf denen die Funktionswerte $\Phi(\boldsymbol{r})$ vorgegeben sind.

8.6.1 Integration der poissonschen Differenzialgleichung

Anknüpfend an Kap. 4.4.2 zeigt Fig. 8.5 das klassische Modell der Potenzialtheorie: In einem *begrenzten* Quellgebiet τ mit *beschränkter* Ergiebigkeit $L=\int q\,d\tau$ trägt jeder Quellpunkt Q mit seiner individuellen Quelldichte $q(\boldsymbol{r})$ nach Maßgabe der poissonschen Differenzialgleichung (4.106) zum Potenzial $\Phi(\bar{\boldsymbol{r}})$ im Messpunkt P bei. Dieses Potenzial $\Phi(\bar{\boldsymbol{r}})$ verschwindet mit zunehmendem Abstand $|\bar{\boldsymbol{r}}|=R\to\infty$ in der newtonschen Form (Aufgabe 8.12)

$$\lim_{R\to\infty} R\Phi=\frac{L}{4\pi}, \tag{8.69}$$

was die Integration von (4.106) innerhalb einer Kugel K vom Radius $R\to\infty$ mit Hilfe des greenschen Satzes (8.48) nahe legt. Das Verfahren beginnt mit dem Einsetzen von (4.106) in (8.48) und dem Ansatz

$$\Phi(\bar{\boldsymbol{r}})=\int \Phi(\boldsymbol{r})\Delta\Psi\,d\tau. \tag{8.70}$$

Diese Gleichung definiert $\Delta\Psi$ als Distribution

$$\Delta\Psi=\delta(\boldsymbol{r}-\bar{\boldsymbol{r}}). \tag{8.71}$$

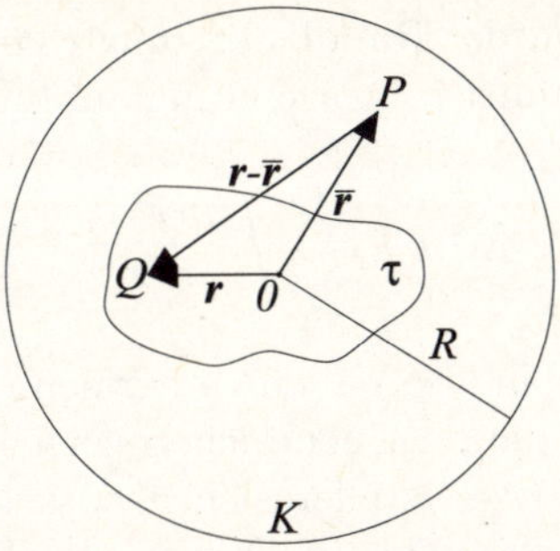

Fig. 8.5

Die greensche Funktion $\Psi = \Psi(\boldsymbol{r}, \bar{\boldsymbol{r}})$ erfüllt also ebenfalls eine poissonsche Differenzialgleichung. Ihre Lösung (vgl. 8.64)

$$\Psi(\boldsymbol{r}, \bar{\boldsymbol{r}}) = -\frac{1}{4\pi\,|\boldsymbol{r} - \bar{\boldsymbol{r}}|} \tag{8.72}$$

beschreibt das von einer fiktiven dimensionslosen Feldquelle im Quellpunkt $Q(\boldsymbol{r})$ erzeugte newtonsche Potenzial im Messpunkt $P(\bar{\boldsymbol{r}})$. Ersichtlich geht $\Psi(\boldsymbol{r}, \bar{\boldsymbol{r}})$ fern von τ wegen $|\boldsymbol{r}| \ll |\bar{\boldsymbol{r}}| = R \to \infty$ in die Form

$$\Psi(\boldsymbol{r}, \bar{\boldsymbol{r}}) = -\frac{1}{4\pi R} \tag{8.73}$$

über und genügt dort analog (8.69) der Randbedingung

$$\lim_{R\to\infty} R\Psi = \text{const.} \tag{8.74}$$

Das Hüllenintegral auf der linken Seite von (8.48) lautet mit dem Raumwinkelelement $d\Omega$

$$\oint_K (\Phi \operatorname{grad} \Psi - \Psi \operatorname{grad} \Phi) \cdot \boldsymbol{e}_r R^2 d\Omega = \oint_K \left[R\Phi \frac{d(R\Psi)}{dR} - R\Psi \frac{d(R\Phi)}{dR} \right] d\Omega. \tag{8.75}$$

Es verschwindet für $R \to \infty$ wegen der Randbedingungen (8.69) und (8.74). Damit folgt aus (8.48) der poissonsche Satz für das skalare Potenzial

$$\Phi(\bar{\boldsymbol{r}}) = \int \Psi \Delta\Phi \, d\tau = \frac{1}{4\pi} \int_\tau \frac{q(\boldsymbol{r}) d\tau}{|\boldsymbol{r} - \bar{\boldsymbol{r}}|}. \tag{8.76}$$

Das Raumintegral beschränkt sich auf das Quellgebiet τ, weil $\Delta\Phi$ außerhalb τ verschwindet. Fern vom Quellgebiet τ gilt wegen $|\boldsymbol{r}| \ll |\bar{\boldsymbol{r}}| = R$

$$\Phi(R) \approx \frac{1}{4\pi R} \underbrace{\int_\tau q(\boldsymbol{r})\, d\tau}_{L} \tag{8.77}$$

im Einklang mit (8.68) und der Randbedingung (8.69).

Ein analoges Verfahren führt in Anwendung auf (4.109) zum Vektorpotenzial $A(\bar{\boldsymbol{r}})$

$$\boldsymbol{A}(\bar{\boldsymbol{r}}) = \frac{1}{4\pi} \int\limits_{\tau} \frac{\boldsymbol{p}(\boldsymbol{r})\, d\tau}{|\boldsymbol{r} - \bar{\boldsymbol{r}}|}. \tag{8.78}$$

Die gefundenen Lösungen sind von allen Integralen der poissonschen Differenzialgleichung die einzigen, die im Unendlichen verschwinden.

Greensche Funktionen $\Psi(\bar{\boldsymbol{r}}, \boldsymbol{r})$ stellen sicher, dass $\Phi(\boldsymbol{r})$ seine Randbedingung erfüllt. Sie genügen einer inhomogenen Differenzialgleichung,

- deren Differentialoperator mit demjenigen der Differenzialgleichung für $\Phi(\boldsymbol{r})$ übereinstimmt,
- deren Inhomogenität eine δ-Funktion ist und
- deren maßgebende Lösung im Sinne $\Psi(\bar{\boldsymbol{r}}, \boldsymbol{r}) = \Psi(\boldsymbol{r}, \bar{\boldsymbol{r}})$ symmetrisch ist. Eine Feldquelle im Punkt $\boldsymbol{r}$ wirkt an der Stelle $\bar{\boldsymbol{r}}$ genauso wie eine Feldquelle im Punkt $\bar{\boldsymbol{r}}$ an der Stelle $\boldsymbol{r}$. Ursache und Wirkung sind gewissermaßen örtlich vertauschbar.

Es leuchtet ein, dass die greensche Funktion singulär wird, wenn Mess- und Quellpunkt zusammenrücken.

Übrigens lässt sich jedes im Unendlichen verschwindende Vektorfeld $\boldsymbol{a}(\boldsymbol{r})$ mit endlich begrenzten Quell- und Wirbelgebieten eindeutig als Überlagerung eines wirbel- und eines quellenfreien Bestandteils darstellen:

$$\boldsymbol{a} = -\operatorname{grad}\Phi + \operatorname{rot}\boldsymbol{A} \quad \text{mit } \operatorname{div}\boldsymbol{A} = 0. \tag{8.79}$$

Daraus folgt mit Blick auf (8.76) und (8.78) sowie Kap. 4.4.2:

$$\boldsymbol{a} = -\operatorname{grad}\int \frac{\operatorname{div}\boldsymbol{a}\, d\tau}{4\pi\, |\boldsymbol{r} - \bar{\boldsymbol{r}}|} + \operatorname{rot}\int \frac{\operatorname{rot}\boldsymbol{a}\, d\tau}{4\pi\, |\boldsymbol{r} - \bar{\boldsymbol{r}}|}. \tag{8.80}$$

Dieser Fundamentalsatz der Vektoranalysis wurde im Wesentlichen 1849 von Stokes bewiesen und 1858 von Helmholtz ergänzt.

Aufgabe 8.15 Bestimmen Sie die 3- und 2-dimensionale greensche Funktion $\Psi(\boldsymbol{r}, \bar{\boldsymbol{r}})$ der poissonschen Differenzialgleichung durch Integration ohne Randbedingungen!

Aufgabe 8.16 Bestimmen Sie das Potenzial Φ eines kugelförmigen Quellgebiets homogener Quelldichte q!

Aufgabe 8.17 Bestätigen Sie durch Differenzieren, dass

$$\Phi(\bar{\boldsymbol{r}}) = -\int q(\boldsymbol{r})\Psi(\boldsymbol{r},\bar{\boldsymbol{r}})\,d\tau$$

die poissonsche Differenzialgleichung $\Delta\Phi = -q(\boldsymbol{r})$ befriedigt, wenn $\Psi(\boldsymbol{r},\bar{\boldsymbol{r}})$ die zugehörige greensche Funktion ist!

Aufgabe 8.18 Berechnen Sie aus (8.76) den Vektor $\boldsymbol{a} = -\operatorname{grad}\Phi$ und bestätigen Sie (4.105)!

Aufgabe 8.19 Bestätigen Sie, dass (8.78) der in Kap. 4.4.2 eingeführten Nebenbedingung $\operatorname{div}\boldsymbol{A} = 0$ genügt!

Aufgabe 8.20 Warum gilt der Fundamentalsatz (8.79) der Vektoranalysis ausschließlich für Vektorfelder $\boldsymbol{a}(\boldsymbol{r})$, die im Unendlichen verschwinden?

Anwendung in der Elektrostatik

Als Beispiel bestimmen wir das Magnetfeld $\boldsymbol{H}$ eines Gleichstroms der Stärke I in einer isotropen Umgebung. Somit gelten die maxwellschen Gleichungen in der Form

$$\operatorname{div}\boldsymbol{H} = 0 \quad \text{und} \quad \operatorname{rot}\boldsymbol{H} = \boldsymbol{J}, \tag{8.81}$$

wobei $\boldsymbol{J}$ die Stromdichte bedeutet. Wir ordnen nun dem Magnetfeld $\boldsymbol{H}$ das Vektorpotenzial $\boldsymbol{A}$ zu und erhalten im Sinne des Kap. 4.4.2

$$\boldsymbol{H} = \operatorname{rot}\boldsymbol{A}; \quad \Delta\boldsymbol{A} = -\boldsymbol{J} \quad \Rightarrow \quad \boldsymbol{A}(\bar{\boldsymbol{r}}) = \frac{1}{4\pi}\int_\tau \frac{\boldsymbol{J}(\boldsymbol{r})\,d\tau}{|\boldsymbol{r}-\bar{\boldsymbol{r}}|}. \tag{8.82}$$

Daraus folgt durch ∇-Anwendung auf die Koordinaten des Messpunkts $\bar{\boldsymbol{r}}$ (vgl. Aufgabe 4.25):

$$\boldsymbol{H}(\bar{\boldsymbol{r}}) = \frac{1}{4\pi}\int \nabla\times\frac{\boldsymbol{J}(\boldsymbol{r})}{|\boldsymbol{r}-\bar{\boldsymbol{r}}|}\,d\tau = -\frac{1}{4\pi}\int \boldsymbol{J}(\boldsymbol{r})\,d\tau\times\nabla\frac{1}{|\boldsymbol{r}-\bar{\boldsymbol{r}}|} \tag{8.83}$$

$$= -\frac{1}{4\pi}\int\frac{\boldsymbol{J}(\boldsymbol{r})\times(\boldsymbol{r}-\bar{\boldsymbol{r}})}{|\boldsymbol{r}-\bar{\boldsymbol{r}}|^3}\,d\tau. \tag{8.84}$$

Der Stromleiter τ möge so dünn sein, dass die Näherung $\boldsymbol{J}\,d\tau = I\,d\boldsymbol{r}$ gilt. Damit folgt das biot-savartsche[12] Gesetz (1820)

$$\boldsymbol{H}(\bar{\boldsymbol{r}}) = \frac{I}{4\pi}\int_{\text{Leiter}}\frac{(\boldsymbol{r}-\bar{\boldsymbol{r}})\times d\boldsymbol{r}}{|\boldsymbol{r}-\bar{\boldsymbol{r}}|^3}. \tag{8.85}$$

[12] Jean Baptiste Biot (1774-1862) und Felix Savart (1791-1841), französische Physik-Professoren am Pariser Collège de France

Aufgabe 8.21 Berechnen Sie aus (8.85) das Magnetfeld

1.) auf der Achse eines kreisförmigen Leiters vom Radius ρ,
2.) im Abstand ρ von einem geradlinigen, endlosen Leiter!

8.6.2 Integration der laplaceschen Differenzialgleichung

Uns interessiert im Kreisgebiet $|\boldsymbol{r}| \leq R$ diejenige Lösung von $\Delta\Phi(\boldsymbol{r}) = 0$, die auf dem Rand vorgegebene Werte $\Phi(R,\varphi)$ annimmt. Fig. 8.6 zeigt das Integrationsgebiet S mit dem Quellpunkt $\boldsymbol{r}$, dem Messpunkt $\bar{\boldsymbol{r}}$ sowie dessen Spiegelpunkt $\frac{\boldsymbol{R}^2}{\bar{\boldsymbol{r}}^2}\bar{\boldsymbol{r}}$, der außen liegt. Nach Einsetzen von $\Delta\Phi(\boldsymbol{r}) = 0$ lautet (8.52) mit $d\boldsymbol{r} = \boldsymbol{e}_\varphi R\,d\varphi$ und $d\boldsymbol{S} = \boldsymbol{e}_z\,dS$

$$\oint_{\text{Kreis}} (\Phi\,\text{grad}\,\Psi - \Psi\,\text{grad}\,\Phi) \times \boldsymbol{e}_\varphi R\,d\varphi = \boldsymbol{e}_z \int_S \Phi\Delta\Psi\,dS \tag{8.86}$$

$$\Rightarrow \quad \oint_{\text{Kreis}} \left(\Phi\frac{\partial\Psi}{\partial R} - \Psi\frac{\partial\Phi}{\partial R}\right) R\,d\varphi = \int_S \Phi\Delta\Psi\,dS. \tag{8.87}$$

Mit dem üblichen Ansatz

$$\Phi(\bar{\boldsymbol{r}}) = \int_S \Phi(\boldsymbol{r})\Delta\Psi\,dS \quad \Rightarrow \quad \Delta\Psi = \delta(\boldsymbol{r} - \bar{\boldsymbol{r}}) \tag{8.88}$$

für das gesuchte Potenzial im Messpunkt erhält man die Zwischenlösung

$$\Phi(\bar{\boldsymbol{r}}) = \oint_{\text{Kreis}} \left(\Phi\frac{\partial\Psi}{\partial R} - \Psi\frac{\partial\Phi}{\partial R}\right) R\,d\varphi. \tag{8.89}$$

In Kenntnis von Φ, aber Unkenntnis von $\frac{\partial\Phi}{\partial R}$ auf dem Randkreis unterwerfen wir

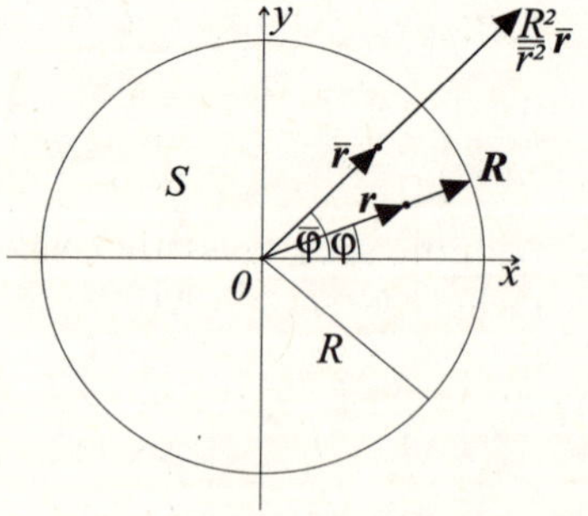

Fig. 8.6

die greensche Funktion $\Psi(\boldsymbol{r},\bar{\boldsymbol{r}})$ zweckmäßig der Randbedingung $\Psi(\boldsymbol{R},\bar{\boldsymbol{r}}) = 0$.

Ihr genügt von allen Lösungen der Differenzialgleichung (8.88) einzig (Aufgabe 8.24):

$$\Psi(\boldsymbol{r},\bar{\boldsymbol{r}}) = \frac{1}{2\pi} \ln \frac{|\boldsymbol{r}-\bar{\boldsymbol{r}}|}{\left|\frac{\bar{\boldsymbol{r}}}{\boldsymbol{R}}\right| \left|\boldsymbol{r} - \frac{\boldsymbol{R}^2}{\bar{\boldsymbol{r}}^2}\bar{\boldsymbol{r}}\right|}. \tag{8.90}$$

Daraus folgt allgemein (vgl. Aufgabe 4.25)

$$\operatorname{grad}\Psi(\boldsymbol{r},\bar{\boldsymbol{r}}) = \frac{1}{2\pi}\left[\frac{\boldsymbol{r}-\bar{\boldsymbol{r}}}{(\boldsymbol{r}-\bar{\boldsymbol{r}})^2} - \frac{\boldsymbol{r}-\frac{\boldsymbol{R}^2}{\bar{\boldsymbol{r}}^2}\bar{\boldsymbol{r}}}{(\boldsymbol{r}-\frac{\boldsymbol{R}^2}{\bar{\boldsymbol{r}}^2}\bar{\boldsymbol{r}})^2}\right] \tag{8.91}$$

und speziell auf dem Randkreis $\boldsymbol{r} = \boldsymbol{R}$

$$\frac{\partial\Psi(\boldsymbol{R},\bar{\boldsymbol{r}})}{\partial R} = \frac{1}{2\pi R}\frac{(\boldsymbol{R}^2-\bar{\boldsymbol{r}}^2)}{(\boldsymbol{R}-\bar{\boldsymbol{r}})^2}. \tag{8.92}$$

Einsetzung in die Zwischenlösung führt schließlich zu dem Ergebnis

$$\Phi(\bar{\boldsymbol{r}}) = \frac{1}{2\pi}\int_0^{2\pi} \Phi(\boldsymbol{R})\frac{\boldsymbol{R}^2-\bar{\boldsymbol{r}}^2}{(\boldsymbol{R}-\bar{\boldsymbol{r}})^2}\,d\varphi, \tag{8.93}$$

aus der Funktionentheorie bekannt als poissonsche Integralformel für den Kreis und geläufig in der skalaren Form

$$\Phi(\bar{r},\bar{\varphi}) = \frac{1}{2\pi}\int_0^{2\pi} \Phi(R,\varphi)\frac{(R^2-\bar{r}^2)\,d\varphi}{R^2 - 2R\bar{r}\cos(\bar{\varphi}-\varphi)+\bar{r}^2}. \tag{8.94}$$

Man erkennt, dass Ψ zwar ebenso wie Φ die Lösung einer Randwertaufgabe verlangt, aber einer vergleichsweise leichten.

Aufgabe 8.22 Bestimmen Sie das Vektorfeld $\boldsymbol{a}(\boldsymbol{r}) = -\operatorname{grad}\Phi$ mit der Quelldichte $q(\boldsymbol{r}) = L\delta(\boldsymbol{r})$

1. durch Integration der Differenzialgleichung $\operatorname{div}\boldsymbol{a} = L\delta(\boldsymbol{r})$,
2. durch Integration der laplaceschen Differenzialgleichung $\Delta\Phi = 0$,
3. mit Hilfe des poissonschen Satzes!

Aufgabe 8.23 Beweisen Sie die wichtige Identität

$$I = \int_0^{2\pi} \frac{d\varphi}{1+\varepsilon\cos\varphi} = \frac{2\pi}{\sqrt{1-\varepsilon^2}} \quad \text{für} \quad \varepsilon < 1$$

1. durch Spezialisierung der poissonschen Integralformel (8.94),
2. durch Umlaufintegration in einer ebenen Zirkulationsströmung und
3. durch Umlaufintegration in der komplexen Zahlenebene!

Aufgabe 8.24 Zeigen Sie, dass (8.90) alle Merkmale einer greenschen Funktion hat!

Aufgabe 8.25 Beweisen Sie, dass

$$\Psi(\boldsymbol{r},\bar{\boldsymbol{r}}) = \frac{1}{4\pi}\frac{R}{|\bar{\boldsymbol{r}}|}\frac{1}{\left|\boldsymbol{r}-\frac{R^2}{\bar{r}^2}\bar{\boldsymbol{r}}\right|} - \frac{1}{4\pi}\frac{1}{|\boldsymbol{r}-\bar{\boldsymbol{r}}|}$$

im Innern der Kugel $|\boldsymbol{r}| \leq |\boldsymbol{R}| \equiv R$ diejenige, der 3-dimensionalen laplaceschen Differenzialgleichung zugeordnete, greensche Funktion ist, die auf der Kugel verschwindet! Wie lautet $\operatorname{grad}\Psi(\boldsymbol{r},\bar{\boldsymbol{r}})$ auf der Kugel?

8.6.3 Integration der helmholtzschen Differenzialgleichung

Fig. 8.7 zeigt das klassische Beugungsmodell der Wellenoptik. Es geht um den Einfluss der Bündelbegrenzung auf die Beleuchtung des Messpunkts $P_1(\bar{\boldsymbol{r}})$ im Raum τ, dessen (gedachte) Hülle S nur durch eine kleine Öffnung Licht einfallen lässt, im Übrigen aber zur Beleuchtung des Messpunkts nichts beiträgt. Als Hülle gelte die Ebene $z = 0$ und die unendlich ferne Halbkugel vom Radius $R \to \infty$ um den Nullpunkt, den wir zweckmäßig mitten in die Lichtöffnung legen. Eigentlich müsste man die helmholtzsche Differenzialgleichung (4.122) für das elektromagnetische Feld der Lichtschwingung integrieren; es interessiert aber hauptsächlich ihr Amplitudenquadrat, so dass man den elektischen Feldvektor $\boldsymbol{E}_0(\boldsymbol{r})$ näherungsweise durch einen Skalar $\Phi(\boldsymbol{r})$ ersetzen darf:

$$\Delta\Phi(\boldsymbol{r}) + k^2\Phi(\boldsymbol{r}) = 0 \quad \text{oder} \quad (\Delta + k^2)\Phi(\boldsymbol{r}) = 0. \tag{8.95}$$

Hierbei kommt nur eine Lösung $\Phi(\bar{\boldsymbol{r}}) = \Phi(\bar{r},\bar{\vartheta},\bar{\varphi})$ in Betracht, die mit zunehmendem Abstand $\bar{r}$ von der Lichtöffnung angesichts eines Zeitfaktors $e^{-i\omega t}$ in eine *ausstrahlende* Kugelwelle

$$\Phi(\bar{r},\bar{\vartheta},\bar{\varphi}) = f(\bar{\vartheta},\bar{\varphi})\frac{e^{ik\bar{r}}}{\bar{r}} \quad \Rightarrow \quad \frac{\partial\Phi}{\partial\bar{r}} = ik\Phi - f(\bar{\vartheta},\bar{\varphi})\frac{e^{ik\bar{r}}}{\bar{r}^2} \tag{8.96}$$

übergeht und für $\bar{r} = R \to \infty$ der sommerfeldschen Ausstrahlungsbedingung

$$\lim_{R\to\infty} R\left(\frac{\partial\Phi}{\partial R} - ik\Phi\right) = 0 \tag{8.97}$$

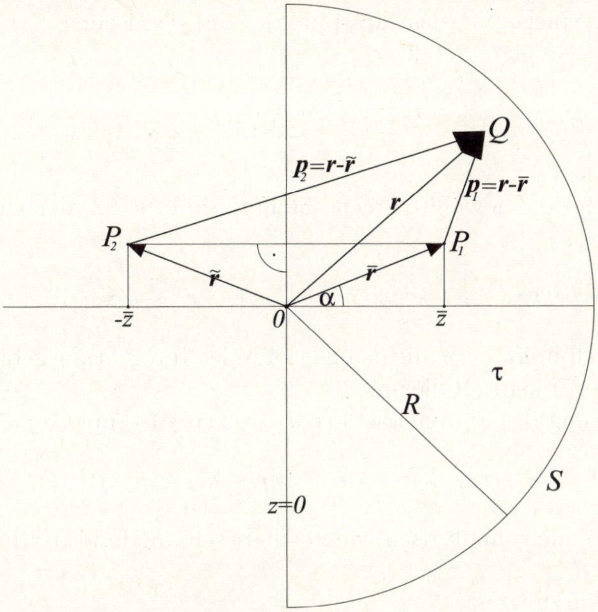

Fig. 8.7

genügt. *Einstrahlende* Kugel- und ebene Wellen scheiden also z. B. aus.

Einsetzung der helmholtzschen Differenzialgleichung (8.95) in (8.48) ergibt

$$\oint (\Phi \operatorname{grad} \Psi - \Psi \operatorname{grad} \Phi) \cdot d\boldsymbol{S} = \int \Phi(\boldsymbol{r})(\Delta\Psi + k^2\Psi) d\tau, \tag{8.98}$$

was mit dem naheliegenden Ansatz

$$\Phi(\bar{\boldsymbol{r}}) = \int \Phi(\boldsymbol{r})(\Delta\Psi + k^2\Psi) d\tau \tag{8.99}$$

zu der inhomogenen helmholtzschen Differenzialgleichung

$$\Delta\Psi + k^2\Psi = (\Delta + k^2)\Psi(\boldsymbol{r}, \bar{\boldsymbol{r}}) = \delta(\boldsymbol{r} - \bar{\boldsymbol{r}}) \tag{8.100}$$

für $\Psi = \Psi(\boldsymbol{r}, \bar{\boldsymbol{r}})$ und der Zwischenlösung

$$\Phi(\bar{\boldsymbol{r}}) = \oint (\Phi \operatorname{grad} \Psi - \Psi \operatorname{grad} \Phi) \cdot d\boldsymbol{S} \tag{8.101}$$

führt.

Unsere Unkenntnis von $\operatorname{grad} \Phi$ auf der Hülle zwingt zu der Bedingung, dass die greensche Funktion $\Psi(\boldsymbol{r}, \bar{\boldsymbol{r}})$ auf der gesamten Hülle hinreichend verschwindet. Dies leistet

$$\Psi(\boldsymbol{r}, \bar{\boldsymbol{r}}) = -\frac{e^{ik|\boldsymbol{r}-\bar{\boldsymbol{r}}|}}{4\pi\,|\boldsymbol{r}-\bar{\boldsymbol{r}}|} + \frac{e^{ik|\boldsymbol{r}-\tilde{\boldsymbol{r}}|}}{4\pi\,|\boldsymbol{r}-\tilde{\boldsymbol{r}}|}, \tag{8.102}$$

wobei $\tilde{\boldsymbol{r}}$ durch Spiegelung des Messpunkts $\bar{\boldsymbol{r}}$ an der Ebene $z = 0$, also durch den Übergang $\bar{z} \to -\bar{z}$ entsteht:

$$\tilde{\boldsymbol{r}} \equiv \bar{\boldsymbol{r}} - 2\underbrace{(\bar{\boldsymbol{r}} \cdot \boldsymbol{e}_z)}_{\bar{z}}\boldsymbol{e}_z. \tag{8.103}$$

Eigentlich genügt die gewählte greensche Funktion (8.102) der Differenzialgleichung

$$\Delta\Psi + k^2\Psi = (\Delta + k^2)\Psi(\boldsymbol{r}, \bar{\boldsymbol{r}}) = \delta(\boldsymbol{r} - \bar{\boldsymbol{r}}) - \delta(\boldsymbol{r} - \tilde{\boldsymbol{r}}); \tag{8.104}$$

aber der Spiegelpunkt $P_2(\tilde{\boldsymbol{r}})$ liegt außerhalb des Integrationsgebiets τ, so dass der Term $\delta(\boldsymbol{r} - \tilde{\boldsymbol{r}})$ keine Rolle spielt.

Zur Bestätigung der Symmetrie $\Psi(\boldsymbol{r}, \bar{\boldsymbol{r}}) = \Psi(\bar{\boldsymbol{r}}, \boldsymbol{r})$ genügt der Nachweis

$$|\boldsymbol{r} - \tilde{\boldsymbol{r}}| = |\boldsymbol{r} - \bar{\boldsymbol{r}} + 2(\bar{\boldsymbol{r}} \cdot \boldsymbol{e}_z)\boldsymbol{e}_z| = |\bar{\boldsymbol{r}} - \boldsymbol{r} + 2(\boldsymbol{r} \cdot \boldsymbol{e}_z)\boldsymbol{e}_z|, \tag{8.105}$$

der sich ebenso leicht analytisch wie geometrisch an Hand der Fig. 8.7 führen lässt.

Mit den Abkürzungen

$$\boldsymbol{p}_1 \equiv \boldsymbol{r} - \bar{\boldsymbol{r}}, \quad p_1 = |\boldsymbol{r} - \bar{\boldsymbol{r}}| \quad \text{und} \quad \boldsymbol{p}_2 \equiv \boldsymbol{r} - \tilde{\boldsymbol{r}}, \quad p_2 = |\boldsymbol{r} - \tilde{\boldsymbol{r}}| \tag{8.106a}$$

$$\Rightarrow \quad \boldsymbol{p}_2 - \boldsymbol{p}_1 = 2\bar{z}\boldsymbol{e}_z \tag{8.106b}$$

gilt allgemein

$$\begin{aligned}
\operatorname{grad}\Psi(\boldsymbol{r}, \bar{\boldsymbol{r}}) &= -\frac{d}{dp_1}\frac{e^{ikp_1}}{4\pi p_1}\frac{\boldsymbol{p}_1}{p_1} + \frac{d}{dp_2}\frac{e^{ikp_2}}{4\pi p_2}\frac{\boldsymbol{p}_2}{p_2} \\
&= -\left[\frac{(ikp_1 - 1)e^{ikp_1}}{4\pi p_1^2} - \frac{(ikp_2 - 1)e^{ikp_2}}{4\pi p_2^2}\right]\frac{\boldsymbol{p}_2}{p_2} \\
&\quad + \frac{(ikp_1 - 1)e^{ikp_1}}{4\pi p_1^2}\left(\frac{\boldsymbol{p}_2}{p_2} - \frac{\boldsymbol{p}_1}{p_1}\right).
\end{aligned}$$

Wir integrieren über die Hülle S des Integrationsgebiets τ in 2 Schritten, erst über die unendlich ferne Halbkugel, dann über die Ebene $z = 0$. Auf der fernen Halbkugel findet man wegen $\boldsymbol{p}_1 \approx \boldsymbol{p}_2 \approx \boldsymbol{r}$ und $r = R \to \infty$ (Fig. 8.8) in guter Näherung

$$\Psi(\boldsymbol{r}, \bar{\boldsymbol{r}}) = -\frac{1}{4\pi R}\left(e^{ikp_1} - e^{ikp_2}\right), \quad \operatorname{grad}\Psi(\boldsymbol{r}, \bar{\boldsymbol{r}}) = ik\Psi(\boldsymbol{r}, \bar{\boldsymbol{r}})\boldsymbol{e}_r + ik\bar{z}\frac{e^{ikp_1}}{2\pi R^2}\boldsymbol{e}_z$$

$$\Rightarrow \quad \frac{\partial\Psi}{\partial R} - ik\Psi = ik\bar{z}\frac{e^{ikp_1}}{2\pi R^2}(\boldsymbol{e}_z \cdot \boldsymbol{e}_r) \;\text{ oder }\; \lim_{R\to\infty} R\left(\frac{\partial\Psi}{\partial R} - ik\Psi\right) = 0. \tag{8.107}$$

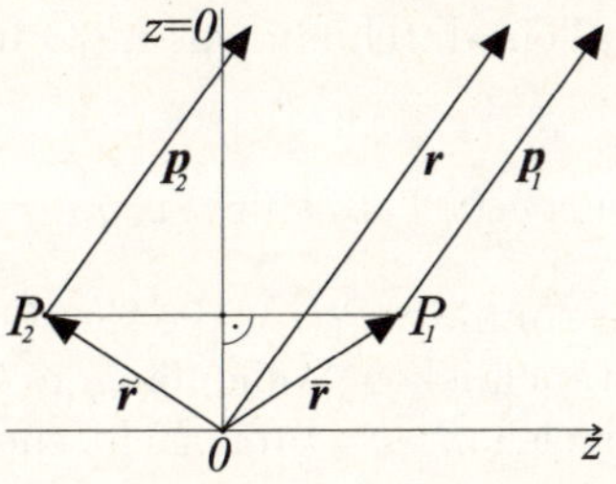

Fig. 8.8

Die greensche Funktion genügt also ebenfalls der sommerfeldschen Ausstrahlungsbedingung.

Das Flächenintegral über die Halbkugel lautet wegen $d\boldsymbol{S} = R^2 d\Omega \boldsymbol{e}_r$, wobei $d\Omega$ wieder das Raumwinkelelement bezeichnen möge:

$$\int \left(\Phi \frac{\partial \Psi}{\partial R} - \Psi \frac{\partial \Phi}{\partial R} \right) R^2\, d\Omega = \int \left[\Phi \left(\frac{\partial \Psi}{\partial R} - ik\Psi \right) - \Psi \left(\frac{\partial \Phi}{\partial R} - ik\Phi \right) \right] R^2\, d\Omega.$$

Dieses Integral beschreibt den Beitrag der fernen Halbkugelfläche zur Beleuchtung des Messpunkts $P_1(\bar{\boldsymbol{r}})$. Es verschwindet für $R \to \infty$ infolge der Randbedingungen (8.97) und (8.107). Von dem Hüllenintegral bleibt also nur das

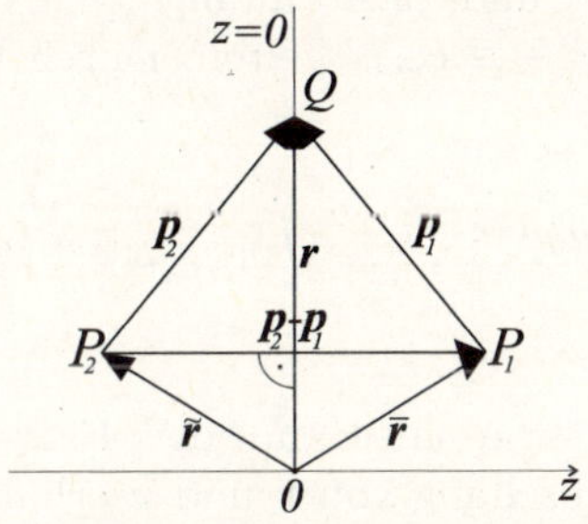

Fig. 8.9

Integral über die Ebene $z = 0$ übrig (Fig. 8.9). Wegen $p_1 = p_2$ gilt

$$\operatorname{grad} \Psi(\boldsymbol{r}, \bar{\boldsymbol{r}}) = \frac{(ikp_1 - 1)e^{ikp_1}}{2\pi p_1^3} \bar{z} \boldsymbol{e}_z = \frac{\partial \Psi}{\partial z} \boldsymbol{e}_z. \tag{8.108}$$

Damit gewinnt das Integral wegen der Randwerte $\Psi(\boldsymbol{r}, \bar{\boldsymbol{r}}) = 0$ und $d\boldsymbol{S} = -dx\, dy \boldsymbol{e}_z$ die Form

$$\Phi(\bar{\boldsymbol{r}}) = \frac{-\bar{z}}{2\pi} \int \Phi(\boldsymbol{r}) \frac{(ikp_1 \quad 1)c^{ikp_1}}{p_1^3}\, dx\, dy. \tag{8.109}$$

Licht fällt in den Raum τ allein durch eine kleine Öffnung σ; im Übrigen wirkt die Ebene als Blende:

$$\Phi(x,y,0) = 0 \quad \text{für} \quad x,y \notin \sigma. \tag{8.110}$$

Außerdem gilt für alle Messpunkte $P_1(\bar{\boldsymbol{r}})$, die der Öffnung nicht gar zu nahe liegen, angesichts der gebräuchlichen Wellenlängen $kp_1 \gg 1$. Diese Vereinfachung führt schließlich zur eleganten sommerfeldschen Formulierung des huygensschen[13] Prinzips (1690) :

$$\Phi(\bar{\boldsymbol{r}}) = \frac{-ik\bar{z}}{2\pi} \int\limits_{\sigma} \Phi(\boldsymbol{r}) \frac{e^{ikp_1}}{p_1^2}\, dx\, dy. \tag{8.111}$$

Danach entsteht das Strahlungsfeld $\Phi(\bar{\boldsymbol{r}})$ durch Überlagerung der allen Quellpunkten $Q(\boldsymbol{r})$ entquellenden individuellen Kugelwellen $\Phi(\boldsymbol{r})\frac{e^{ikp_1}}{p_1}$ nach Maßgabe der Richtung $\frac{\bar{z}}{p_1}$.

Wer nach dem Vorbild Kirchhoffs[14] allein die vom Messpunkt $P_1(\bar{\boldsymbol{r}})$ ausgehende Kugelwelle anstelle (8.102) als greensche Funktion wählt, kann zwar den Rechengang vereinfachen, erhält aber eine weniger handliche Formulierung des huygensschen Prinzips.

Technisches Interesse verdient das Strahlungsfeld vor allem bei großem Abstand zwischen Messpunkt und Lichtöffnung ($p_1 \gg r$), wo die Näherungen $p_1 \approx \bar{r} - (\boldsymbol{r} \cdot \boldsymbol{e}_{\bar{r}})$ und $\frac{\bar{z}}{p_1} \approx \frac{\bar{z}}{\bar{r}} \equiv \cos\bar{\vartheta}$ gelten. Durch Einsetzen in (8.111) folgt im Einklang mit (8.96):

$$\Phi(\bar{\boldsymbol{r}}) = \frac{-ik\cos\bar{\vartheta}\, e^{ik\bar{r}}}{2\pi\bar{r}} \int\limits_{\sigma} \Phi(\boldsymbol{r}) e^{-ik(\boldsymbol{r}\cdot\boldsymbol{e}_{\bar{r}})}\, dx\, dy. \tag{8.112}$$

Aufgabe 8.26 Bestätigen Sie an Hand der Fig. 8.7, dass die Gleichung $|\boldsymbol{r} - \bar{\boldsymbol{r}}| = |\boldsymbol{r} - \tilde{\boldsymbol{r}}|$ bei Vertauschung von $\bar{\boldsymbol{r}}$ und $\boldsymbol{r}$ erhalten bleibt!

Aufgabe 8.27 Bestätigen Sie, dass die gefundene Lösung $\Phi(\bar{\boldsymbol{r}})$ die helmholtzsche Differenzialgleichung befriedigt!

Aufgabe 8.28 Bestimmen Sie das Fernfeld $\Phi(\bar{\boldsymbol{r}})$ einer homogen strahlenden, im Nullpunkt zentrierten Kreisfläche σ vom Radius a!

---

[13]Christiaan Huygens (1629-1695), niederländischer Mathematiker, Physiker und Astronom, wirkte in den Haag und an der Pariser Académie des Sciences. Er hielt wie Hooke im Gegensatz zu Newton Licht für eine Wellenbewegung im Äther.

[14]Gustav Robert Kirchhoff (1824-1887), deutscher Physik-Professor in Breslau, Heidelberg und Berlin

9 Parameterintegrale

Abweichend von der gewöhnlichen Analysis geht es im Folgenden nicht um Integrale mit parameterabhängigen Grenzen, sondern um Linien- und Flächenintegrale über parameterabhängige Bereiche mit festen Grenzen, z. B. über orts- und formveränderliche Flächenstücke.

9.1 Linienintegrale

Auf der krummen, sich bewegenden Fläche $\boldsymbol{r} = \boldsymbol{r}(t, w, u)$ möge sich das Linienintegral des Vektors $\boldsymbol{a}(t, \boldsymbol{r})$ entlang der Bahn $\boldsymbol{r} = \boldsymbol{r}[t, w(u), u]$ mit dem Wegelement $d\boldsymbol{r} = \frac{\partial \boldsymbol{r}}{\partial u} du$ zwischen den flächenfesten Punkten $P_1[w(u_1), u_1]$ und $P_2[w(u_2), u_2]$ erstrecken. Somit lautet das Integral ausführlich

$$I(t) = \int_{P_1}^{P_2} \boldsymbol{a} \cdot d\boldsymbol{r} = \int_{u_1}^{u_2} \boldsymbol{a}(t, \boldsymbol{r}) \cdot \frac{\partial \boldsymbol{r}}{\partial u} du. \tag{9.1}$$

Seine zeitliche Ableitung ergibt mit der Geschwindigkeit $\boldsymbol{v} \equiv \frac{\partial \boldsymbol{r}}{\partial t}$ des Wegelements angesichts (4.80) zunächst

$$\frac{dI}{dt} = \int_{P_1}^{P_2} \left[\frac{\partial \boldsymbol{a}}{\partial t} + (\boldsymbol{v} \cdot \nabla)\boldsymbol{a} \right] \cdot d\boldsymbol{r} + \int_{u_1}^{u_2} \underbrace{\boldsymbol{a} \cdot \frac{\partial \boldsymbol{v}}{\partial u}}_{(\frac{\partial \boldsymbol{r}}{\partial u} \cdot \nabla)(\boldsymbol{v} \cdot \boldsymbol{a}_c)} du \tag{9.2}$$

$$= \int_{P_1}^{P_2} \left[\frac{\partial \boldsymbol{a}}{\partial t} + (\boldsymbol{v} \cdot \nabla)\boldsymbol{a} + \nabla(\boldsymbol{v} \cdot \boldsymbol{a}_c) \right] \cdot d\boldsymbol{r}. \tag{9.3}$$

Daraus folgt mit Hilfe von (4.55) schließlich die nützliche Formel

$$\frac{d}{dt} \int \boldsymbol{a}(t, \boldsymbol{r}) \cdot d\boldsymbol{r} = \int \left[\frac{\partial \boldsymbol{a}}{\partial t} + \operatorname{grad}(\boldsymbol{v} \cdot \boldsymbol{a}) - \boldsymbol{v} \times \operatorname{rot} \boldsymbol{a} \right] \cdot d\boldsymbol{r}. \tag{9.4}$$

9.1.1 Sonderfälle

- Aus (9.4) ergibt sich für geschlossene Integrationswege ($P_1 = P_2$) wegen (7.10) unmittelbar

$$\frac{d}{dt}\oint \boldsymbol{a}(t,\boldsymbol{r})\cdot d\boldsymbol{r} = \oint\left(\frac{\partial \boldsymbol{a}}{\partial t} - \boldsymbol{v}\times \operatorname{rot}\boldsymbol{a}\right)\cdot d\boldsymbol{r}. \tag{9.5}$$

- Für Integranden konstanter Richtung ($\boldsymbol{a} = a\boldsymbol{k}$) folgt aus (9.4) wegen (4.52), (2.54) und (4.79)

$$\begin{aligned}\frac{d}{dt}\int a\boldsymbol{k}\cdot d\boldsymbol{r} &= \int\left[\frac{\partial a}{\partial t}\boldsymbol{k} + \nabla(a\boldsymbol{k}\cdot\boldsymbol{v}) + \boldsymbol{v}\times(\boldsymbol{k}\times\nabla a)\right]\cdot d\boldsymbol{r}\\ &= \int \frac{da}{dt}\boldsymbol{k}\cdot d\boldsymbol{r} + a(d\boldsymbol{r}\cdot\nabla)(\boldsymbol{k}\cdot\boldsymbol{v})\\ \Rightarrow\quad \frac{d}{dt}\int a\,d\boldsymbol{r} &= \int\frac{da}{dt}\,d\boldsymbol{r} + a(d\boldsymbol{r}\cdot\nabla)\boldsymbol{v},\end{aligned} \tag{9.6}$$

was im Fall $a = \text{const}$ zu

$$\frac{d}{dt}\int d\boldsymbol{r} = \int(d\boldsymbol{r}\cdot\nabla)\boldsymbol{v} \tag{9.7}$$

führt.

9.1.2 Anwendung in der Strömungslehre

In einer reibungsfreien Strömung der Dichte ϱ und der Geschwindigkeit $\boldsymbol{v}(t,\boldsymbol{r})$ sei $\Gamma = \oint \boldsymbol{v}\cdot d\boldsymbol{r}$ die Zirkulation entlang einer beliebigen, passiv mitschwimmenden Linie. Uns interessiert, welche Änderung Γ dabei erfährt.

Mit Hilfe von (9.5) und (4.91) findet man wegen (7.10) allgemein

$$\frac{d\Gamma}{dt} = \oint\left(\boldsymbol{f} - \frac{1}{\varrho}\operatorname{grad}p\right)\cdot d\boldsymbol{r}. \tag{9.8}$$

Vorausgesetzt, dass $\boldsymbol{f}$ im Sinne von $\boldsymbol{f} = -\operatorname{grad}U$ ein Potenzial hat und die Dichte ϱ vom Druck p abhängt, ergibt sich unmittelbar die Integralform des helmholtzschen Wirbelsatzes (1858)

$$\frac{d\Gamma}{dt} = -\oint \operatorname{grad}\left(U + \int\frac{dp}{\varrho}\right)\cdot d\boldsymbol{r} = 0, \tag{9.9}$$

oft auch benannt nach Thomson[1], der hier 1869 seinen Begriff Zirkulation einführte. In der Tat handelt es sich um einen Erhaltungssatz der Zirkulation.

[1] William Thomson (1824-1907), seit 1892 Lord Kelvin of Largs, irischer Physiker, wirkte als Professor in Glasgow.

9.2 Flächenintegrale

Wir integrieren den Vektor $\boldsymbol{a}$ über den Bereich S der krummen, sich bewegenden Fläche $\boldsymbol{r} = \boldsymbol{r}(t, w, u)$. Das Flächenintegral lautet angesichts (5.38) ausführlich

$$J(t) = \int\limits_S \boldsymbol{a} \cdot d\boldsymbol{S} = \iint \boldsymbol{a}(t, \boldsymbol{r}) \cdot \left(\frac{\partial \boldsymbol{r}}{\partial w} \times \frac{\partial \boldsymbol{r}}{\partial u} \right) dw\, du. \tag{9.10}$$

Seine zeitliche Ableitung ergibt wegen (4.80)

$$\frac{dJ}{dt} = \int\limits_S \left[\frac{\partial \boldsymbol{a}}{\partial t} + (\boldsymbol{v} \cdot \nabla)\boldsymbol{a} \right] \cdot d\boldsymbol{S} + \iint \left[\boldsymbol{a} \cdot \left(\frac{\partial \boldsymbol{v}}{\partial w} \times \frac{\partial \boldsymbol{r}}{\partial u} + \frac{\partial \boldsymbol{r}}{\partial w} \times \frac{\partial \boldsymbol{v}}{\partial u} \right) \right] dw\, du,$$

wobei $\boldsymbol{v} = \frac{\partial \boldsymbol{r}}{\partial t}$ wieder die Geschwindigkeit des Flächenelements $d\boldsymbol{S}$ bezeichnen möge. Der rechte Integrand lässt sich mit Hilfe von (4.64) und (4.67) umformen:

$$\begin{aligned}
\boldsymbol{a} \cdot &\left(\frac{\partial \boldsymbol{v}}{\partial w} \times \frac{\partial \boldsymbol{r}}{\partial u} + \frac{\partial \boldsymbol{r}}{\partial w} \times \frac{\partial \boldsymbol{v}}{\partial u} \right) \\
&= \frac{\partial \boldsymbol{r}}{\partial u} \left(\frac{\partial \boldsymbol{r}}{\partial w} \cdot \nabla \right) \cdot (\boldsymbol{a}_c \times \boldsymbol{v}) - \frac{\partial \boldsymbol{r}}{\partial w} \left(\frac{\partial \boldsymbol{r}}{\partial u} \cdot \nabla \right) \cdot (\boldsymbol{a}_c \times \boldsymbol{v}) \\
&= \left(\frac{\partial \boldsymbol{r}}{\partial w} \times \frac{\partial \boldsymbol{r}}{\partial u} \right) \cdot \operatorname{rot}(\boldsymbol{a}_c \times \boldsymbol{v}) \\
&= \left(\frac{\partial \boldsymbol{r}}{\partial w} \times \frac{\partial \boldsymbol{r}}{\partial u} \right) \cdot [\operatorname{rot}(\boldsymbol{a} \times \boldsymbol{v}) + \boldsymbol{v} \operatorname{div} \boldsymbol{a} - (\boldsymbol{v} \cdot \nabla)\boldsymbol{a}].
\end{aligned}$$

Man findet zusammenfassend schließlich die helmholtzsche Formel

$$\frac{d}{dt} \int\limits_S \boldsymbol{a} \cdot d\boldsymbol{S} = \int\limits_S \left[\frac{\partial \boldsymbol{a}}{\partial t} + \operatorname{rot}(\boldsymbol{a} \times \boldsymbol{v}) + \boldsymbol{v} \operatorname{div} \boldsymbol{a} \right] \cdot d\boldsymbol{S}. \tag{9.11}$$

9.2.1 Sonderfälle

- Für Hüllflächen gilt wegen (8.8)

$$\frac{d}{dt} \oint \boldsymbol{a}(t, \boldsymbol{r}) \cdot d\boldsymbol{S} = \oint \left[\frac{\partial \boldsymbol{a}}{\partial t} + \boldsymbol{v} \operatorname{div} \boldsymbol{a} \right] \cdot d\boldsymbol{S}. \tag{9.12}$$

- Aus (9.11) folgt für Vektoren konstanter Richtung (siehe Aufgabe 9.2):

$$\frac{d}{dt} \int a(t, \boldsymbol{r}) d\boldsymbol{S} = \int \frac{da}{dt} d\boldsymbol{S} - \int a(d\boldsymbol{S} \times \nabla) \times \boldsymbol{v}. \tag{9.13}$$

9.2.2 Anwendung in der Elektrodynamik

Nach dem von Faraday 1831 entdeckten Induktionsgesetz erzeugt eine zeitliche Änderung des magnetischen Flusses durch eine beliebige Fläche auf deren Rand eine elektrische Ringspannung. Maxwell beschreibt den Zusammenhang zwischen magnetischer Flussdichte $\boldsymbol{B}$, Fläche S und induziertem elektrischen Wirbelfeld $\boldsymbol{E}$ durch die anschauliche Formel

$$\frac{d}{dt}\int\limits_S \boldsymbol{B}\cdot d\boldsymbol{S} = -\oint \boldsymbol{E}\cdot d\boldsymbol{r}. \tag{9.14}$$

Daraus folgt wegen der allgemeinen Quellenfreiheit $\operatorname{div}\boldsymbol{B} = 0$ und des Zusammenhangs $\boldsymbol{B} = \operatorname{rot}\boldsymbol{A}$ mit einem Vektorpotenzial $\boldsymbol{A}$ durch Anwendung des stokesschen Satzes

$$\oint \left(\frac{\partial \boldsymbol{A}}{\partial t} + \boldsymbol{B}\times\boldsymbol{v}\right)\cdot d\boldsymbol{r} = -\oint \boldsymbol{E}\cdot d\boldsymbol{r} \tag{9.15}$$

$$\Rightarrow \quad \boldsymbol{E} = -\frac{\partial \boldsymbol{A}}{\partial t} + \boldsymbol{v}\times\boldsymbol{B} + \operatorname{grad}\Phi, \tag{9.16}$$

wobei Φ das Potenzial eines etwa überlagernden elektrischen Feldes sein möge.

Bei stationärem magnetischen Fluss erhält man das allein durch die zeitliche Änderung der durchflossenen Fläche induzierte elektrische Feld

$$\boldsymbol{E} = \boldsymbol{v}\times\boldsymbol{B}, \tag{9.17}$$

das auf eine elektrische Ladung e die sog. Lorentz-Kraft[2] $\boldsymbol{F} = e\boldsymbol{E} = e(\boldsymbol{v}\times\boldsymbol{B})$ ausübt.

Aufgabe 9.1 Was folgt aus (9.11) für konstante Vektoren $\boldsymbol{a}$? Wie lässt sich das Ergebnis geometrisch erläutern?

Aufgabe 9.2 Bestätigen Sie die Formel (9.13)! Wie lautet sie im ebenen Fall $\boldsymbol{S} = S\boldsymbol{e}_z$, $\boldsymbol{a} = a(\boldsymbol{r})\boldsymbol{e}_z$, $\frac{\partial}{\partial z} = 0$?

9.3 Raumintegrale

Wir betrachten in Kugelkoordinaten r, ϑ, φ einen den Nullpunkt einschließenden Raum τ mit der zeitlich variablen Hüllfläche $\boldsymbol{r} = \boldsymbol{R}(t, \vartheta, \varphi)$. Das Raumintegral des Vektors $\boldsymbol{a}$ lautet dann ausführlich

$$\int \boldsymbol{a}\,d\tau = \int\limits_0^{2\pi}\int\limits_0^{\pi}\int\limits_0^{|\boldsymbol{R}(t,\vartheta,\varphi)|} \boldsymbol{a}(t,\boldsymbol{r})\left[\frac{\partial \boldsymbol{r}}{\partial r}dr\cdot\left(\frac{\partial \boldsymbol{r}}{\partial \vartheta}\times\frac{\partial \boldsymbol{r}}{\partial \varphi}\right)\right]d\vartheta\,d\varphi. \tag{9.18}$$

[2]Hendrik Antoon Lorentz (1853-1928), niederländischer Physiker und Nobelpreisträger (1902), wirkte als Professor in Leiden.

Seine zeitliche Ableitung führt unmittelbar zu

$$\frac{d}{dt}\int \boldsymbol{a}\,d\tau = \int \frac{\partial \boldsymbol{a}(t,\boldsymbol{r})}{\partial t} d\tau + \oint \boldsymbol{a}(t,\boldsymbol{R})(\boldsymbol{v}\cdot d\boldsymbol{S}), \tag{9.19}$$

wobei $d\boldsymbol{S} = (\frac{\partial \boldsymbol{R}}{\partial \vartheta} \times \frac{\partial \boldsymbol{R}}{\partial \varphi})d\vartheta\, d\varphi$ das Flächenelement und $\boldsymbol{v} = \frac{\partial \boldsymbol{R}}{\partial t}$ seine Geschwindigkeit bezeichnen möge. Man erhält schließlich mit Hilfe von (8.21) die Formel

$$\frac{d}{dt}\int \boldsymbol{a}\,d\tau = \int \left[\frac{\partial \boldsymbol{a}}{\partial t} + (\nabla\cdot\boldsymbol{v})\boldsymbol{a}\right] d\tau. \tag{9.20}$$

Daraus folgt für den Skalar $a = \boldsymbol{a}\cdot\boldsymbol{k}$

$$\frac{d}{dt}\int a\,d\tau = \int \left[\frac{\partial a}{\partial t} + \mathrm{div}(a\boldsymbol{v})\right] d\tau. \tag{9.21}$$

Eine physikalische Anwendung liegt nahe: Wenn a die Dichte des in τ enthaltenen Mediums bezeichnet, ist $\int a\,d\tau$ dessen Masse; soll sie bei Bewegungen der Hülle konstant bleiben, muss der rechte Integrand verschwinden. Diese Bedingung entspricht der Kontinuitätsgleichung (vgl. 4.22).

10 Variationsrechnung

Gewöhnlich hängen Linienintegrale

$$I = \int\limits_{\boldsymbol{r}(t_1)}^{\boldsymbol{r}(t_2)} \boldsymbol{F}(\boldsymbol{r}) \cdot d\boldsymbol{r} = \int\limits_{t_1}^{t_2} \boldsymbol{F}(\boldsymbol{r}) \cdot \dot{\boldsymbol{r}}\, dt \text{ oder allgemeiner } I = \int\limits_{t_1}^{t_2} \Phi(\boldsymbol{r}, \dot{\boldsymbol{r}})\, dt$$

vom Integrationsweg $\boldsymbol{r} = \boldsymbol{r}(t)$ ab (Kap. 7.2), so dass sich die Frage stellt, auf welchen individuellen Wegen (sog. Extremalen[1]) die Integrale extreme Werte annehmen. Probleme dieser Art behandelt die Variationsrechnung.

10.1 Geschichte

Als Dido, die sagenhafte Königin von Karthago, ihr klassisches Problem (Kap. 10.3.3) stellte, überforderte sie die Mathematiker noch 2000 Jahre später. Selbst die Aufrufe Johann Bernoullis[2] von Juni 1696 und Januar 1697 zur Lösung des vergleichsweise leichten Brachistochronen-Problems (Kap. 10.2.6) führten zwar zu originellen Ergebnissen durch seinen Bruder Jakob Bernoulli[3] sowie Newton, Leibniz und l'Hospital[4], aber keinen erkennbar neuen Ideen.

Die Geburtsstunde der Variationsrechnung schlug erst 1744, als Euler ihre systematisch-methodischen Grundlagen schuf. Der 19-jährige Lagrange fand die eulersche Darstellung zu umständlich und entwickelte ab 1755 die Variationsrechnung in der eleganten, bis heute üblichen Form.

---

[1] Der Begriff stammt von dem deutschen Mathematiker Adolf Kneser (1862-1930).

[2] Johann Bernoulli (1667-1748), Schweizer Mediziner und Mathematiker, wirkte als Mathematik-Professor ab 1695 in Groningen und ab 1705 als Nachfolger seines älteren Bruders Jakob in Basel.

[3] Jakob Bernoulli (1654-1705), Schweizer Theologe und Mathematiker. Der Spross einer Basler Gelehrtenfamilie wirkte ab 1687 als Mathematik-Professor in Basel.

[4] Guillaume François Antoine Marquis de l'Hospital (1661-1704), französischer Mathematiker und Privatschüler Johann Bernoullis

10.2 Probleme ohne Nebenbedingungen

10.2.1 Eulersche Differenzialgleichung

Es geht um denjenigen Weg $\boldsymbol{r} = \boldsymbol{r}(t)$ von $\boldsymbol{r}(t_1) = \boldsymbol{r}_1$ nach $\boldsymbol{r}(t_2) = \boldsymbol{r}_2$, der zu extremen Werten des bestimmten Integrals

$$I = \int_{t_1}^{t_2} \Phi(\boldsymbol{r}, \dot{\boldsymbol{r}})dt \tag{10.1}$$

führt. Zum Vergleich betrachten wir das Integral

$$I(\epsilon) = \int_{t_1}^{t_2} \Phi[\boldsymbol{r}(t,\epsilon); \dot{\boldsymbol{r}}(t,\epsilon)]\, dt \tag{10.2}$$

über alternative, durch den individuellen Parameter ϵ markierte Wege (Fig. 10.1)

$$\boldsymbol{r}(t,\epsilon) \equiv \boldsymbol{r}(t) + \epsilon \boldsymbol{u}(t) \quad \Rightarrow \quad \underline{\boldsymbol{r}}(t,\epsilon) \equiv \underline{\boldsymbol{r}}(t) + \epsilon \underline{\boldsymbol{u}}(t) = \begin{pmatrix} x + \epsilon u_x \\ y + \epsilon u_y \\ z + \epsilon u_z \end{pmatrix} \tag{10.3}$$

von $\boldsymbol{r}(t_1,\epsilon) = \boldsymbol{r}_1$ nach $\boldsymbol{r}(t_2,\epsilon) = \boldsymbol{r}_2$. Dazu muss die weitgehend beliebige

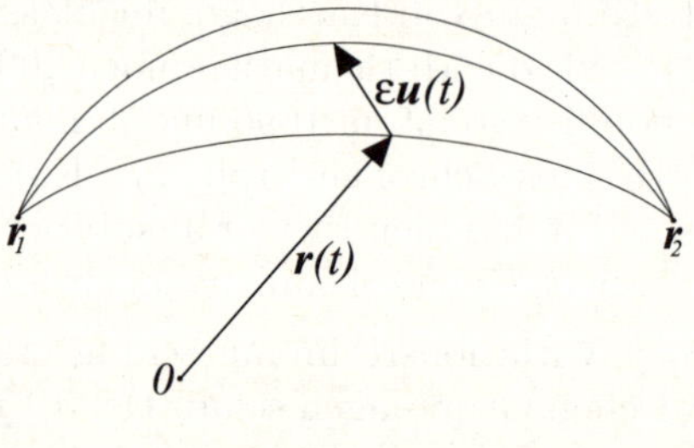

Fig. 10.1

Hilfsfunktion $\boldsymbol{u}(t)$ lediglich die Voraussetzungen $\boldsymbol{u}(t_1) = \boldsymbol{u}(t_2) = 0$ erfüllen. Somit gilt

$$I(\epsilon) = \int_{t_1}^{t_2} \Phi[\boldsymbol{r}(t) + \epsilon \boldsymbol{u}(t); \dot{\boldsymbol{r}}(t) + \epsilon \dot{\boldsymbol{u}}(t)]\, dt \tag{10.4}$$

$$= \int_{t_1}^{t_2} \Phi(x + \epsilon u_x, y + \epsilon u_y, z + \epsilon u_z; \dot{x} + \epsilon \dot{u}_x, \dot{y} + \epsilon \dot{u}_y, \dot{z} + \epsilon \dot{u}_z)\, dt. \tag{10.5}$$

Der Weg $\boldsymbol{r}(t,0) = \boldsymbol{r}(t)$ ist die gesuchte Extremale, wenn $I(0)$ ein Extremum ist. Das maßgebende Kriterium lautet also

$$\frac{dI(0)}{d\epsilon} = 0 = \int_{t_1}^{t_2} \left(\frac{\partial \Phi}{\partial x} u_x + \frac{\partial \Phi}{\partial y} u_y + \frac{\partial \Phi}{\partial z} u_z + \frac{\partial \Phi}{\partial \dot{x}} \dot{u}_x + \frac{\partial \Phi}{\partial \dot{y}} \dot{u}_y + \frac{\partial \Phi}{\partial \dot{z}} \dot{u}_z \right) dt,$$

was mit Hilfe des zweckmäßigen „Punkt-Nabla"-Operators

$$\underset{\bullet}{\nabla} \equiv \boldsymbol{e}_x \frac{\partial}{\partial \dot{x}} + \boldsymbol{e}_y \frac{\partial}{\partial \dot{y}} + \boldsymbol{e}_z \frac{\partial}{\partial \dot{z}} \tag{10.6}$$

in die vektorielle Form

$$\int_{t_1}^{t_2} (\boldsymbol{u} \cdot \nabla \Phi + \dot{\boldsymbol{u}} \cdot \underset{\bullet}{\nabla} \Phi)\, dt = 0 \tag{10.7}$$

übergeht. Durch partielle Integration

$$\int_{t_1}^{t_2} \dot{\boldsymbol{u}} \cdot \underset{\bullet}{\nabla} \Phi\, dt = \underbrace{\boldsymbol{u} \cdot \underset{\bullet}{\nabla} \Phi \Big|_{t_1}^{t_2}}_{0} - \int_{t_1}^{t_2} \boldsymbol{u} \cdot \frac{d}{dt} \underset{\bullet}{\nabla} \Phi\, dt \tag{10.8}$$

erhält man weiter

$$\int_{t_1}^{t_2} \boldsymbol{u} \cdot \left(\nabla \Phi - \frac{d}{dt} \underset{\bullet}{\nabla} \Phi \right) dt = 0. \tag{10.9}$$

Wegen der weitgehenden Beliebigkeit des Vektors $\boldsymbol{u}$ folgt[5] schließlich die eulersche Differenzialgleichung 2. Ordnung

$$\nabla \Phi - \frac{d}{dt} \underset{\bullet}{\nabla} \Phi = 0. \tag{10.10}$$

Sie ist wohlgemerkt eine notwendige, keineswegs hinreichende Existenzbedingung für Extremalen; z. B. erfüllt der Integrand $\Phi = \boldsymbol{c} \cdot \dot{\boldsymbol{r}}$ zwar die eulersche Differenzialgleichung, aber das Integral

$$I = \int_{t_1}^{t_2} \boldsymbol{c} \cdot \dot{\boldsymbol{r}}\, dt = \int_{\boldsymbol{r}_1}^{\boldsymbol{r}_2} \boldsymbol{c} \cdot d\boldsymbol{r} = \boldsymbol{c} \cdot (\boldsymbol{r}_2 - \boldsymbol{r}_1) \tag{10.11}$$

hat keine echte Extremale, weil es vom Integrationsweg überhaupt nicht abhängt.

In der Praxis sind die Extrema der maßgebenden Integrale meistens Minima.

[5]Dies bewies erst 1879 der deutsche Mathematiker Paul du Bois-Reymond (1831-1889).

10.2.2 Bewegliche Randpunkte

Nachträglich fällt auf, dass die Existenz der eulerschen Differenzialgleichung lediglich

$$\boldsymbol{u} \cdot \underset{\bullet}{\nabla} \Phi \Big|_{t_1}^{t_2} = 0, \text{ nicht notwendig } \boldsymbol{u}\Big|_{t_1}^{t_2} = 0 \tag{10.12}$$

voraussetzt. Offenbar genügt, wenn $\boldsymbol{u}$ im Anfangs- und Endpunkt auf $\underset{\bullet}{\nabla} \Phi$ senkrecht steht. Überdies spielt die Lage der durch t_1 und t_2 markierten Punkte $\boldsymbol{r}_1$ bzw. $\boldsymbol{r}_2$ in dem Verfahren keine Rolle.

Damit liegt die Idee nahe, $\boldsymbol{r}_1$ und $\boldsymbol{r}_2$ als bewegliche Punkte auf individuellen Raumkurven zu betrachten. So möge z. B. der Endpunkt $\boldsymbol{r}_2$ auf der Kurve $\boldsymbol{r}(t_2, \tau) \equiv \boldsymbol{r}_2(\tau)$ liegen. Die gesuchte Extremale $\boldsymbol{r} = \boldsymbol{r}(t, \tau)$ muss nun im Vergleich mit ihren Nachbarkurven

$$\boldsymbol{r} = \boldsymbol{r}(t, \tau + \epsilon) = \boldsymbol{r}(t, \tau) + \epsilon \frac{\partial \boldsymbol{r}(t, \tau)}{\partial \tau} + \epsilon^2 \ldots \tag{10.13}$$

das maßgebende Integral $I(\epsilon)$ für $\epsilon = 0$ zu einem Extremum machen, also dem Auswahlkriterium $\frac{dI(0)}{d\epsilon} = 0$ genügen. Wer hier $\frac{\partial \boldsymbol{r}(t,\tau)}{\partial \tau} = \boldsymbol{u}(t)$ setzt, kann das Variationsergebnis in Kap. 10.2.1 sogleich übernehmen:

$$\frac{\partial \boldsymbol{r}(t, \tau)}{\partial \tau} \cdot \underset{\bullet}{\nabla} \Phi \Big|_{t_1}^{t_2} + \int_{t_1}^{t_2} \frac{\partial \boldsymbol{r}(t, \tau)}{\partial \tau} \cdot \underbrace{\left(\nabla \Phi - \frac{d}{dt} \underset{\bullet}{\nabla} \Phi \right)}_{0} dt = 0. \tag{10.14}$$

Bei festem Anfangspunkt $\boldsymbol{r}_1$ verschwindet der erste Term wegen $\frac{\partial \boldsymbol{r}(t_1,\tau)}{\partial \tau} \equiv 0$ unter der sog. Transversalitätsbedingung

$$\frac{\partial \boldsymbol{r}(t, \tau)}{\partial \tau} \cdot \underset{\bullet}{\nabla} \Phi \Big|_{t=t_2} = 0 \tag{10.15}$$

im Endpunkt $\boldsymbol{r}_2(\tau)$. Dort steht also der Vektor $\underset{\bullet}{\nabla} \Phi[\boldsymbol{r}(t_2, \tau); \frac{\partial \boldsymbol{r}(t_2,\tau)}{\partial t}]$ auf der Kurventangente mit Richtung $\frac{\partial \boldsymbol{r}(t_2,\tau)}{\partial \tau}$ senkrecht.

Man kann analog auch den Anfangspunkt $\boldsymbol{r}_1$ auf einer eigenen Raumkurve $\boldsymbol{r} = \boldsymbol{r}(t_1, \theta) \equiv \boldsymbol{r}_1(\theta)$ beweglich machen und (10.10) die weitere Transversalitätsbedingung

$$\frac{\partial \boldsymbol{r}(t, \theta)}{\partial \theta} \cdot \underset{\bullet}{\nabla} \Phi \Big|_{t=t_1} = 0 \tag{10.16}$$

hinzufügen.

10.2.3 Zweidimensionale Probleme

Die Bedingung für beliebige Extremalen $\boldsymbol{r} = \boldsymbol{r}(t)$ lautet allgemein

$$I = \int_{t_1}^{t_2} \Phi(\boldsymbol{r}, \dot{\boldsymbol{r}})\, dt = \text{Extr.!} \tag{10.17}$$

und für 2-dimensionale (nicht notwendig ebene) Extremalen $v = v(u)$ mit der Steigung $v' \equiv \frac{dv}{du} = \frac{\dot{v}}{\dot{u}}$ speziell

$$I = \int_{u_1}^{u_2} \Phi^*(u, v, v')\, du = \text{Extr.!}, \tag{10.18}$$

so dass man in diesem Fall wegen $du = \dot{u}\, dt$

$$\Phi(u, v, \dot{u}, \dot{v}) = \dot{u}\Phi^*(u, v, v') \tag{10.19}$$

setzen darf. Daraus folgt

$$\frac{\partial \Phi}{\partial \dot{u}} = \Phi^* + \dot{u}\frac{\partial \Phi^*}{\partial v'}\frac{\partial v'}{\partial \dot{u}} \quad \text{und} \quad \frac{\partial \Phi}{\partial \dot{v}} = \dot{u}\frac{\partial \Phi^*}{\partial v'}\frac{\partial v'}{\partial \dot{v}} \tag{10.20}$$

$$\Rightarrow \quad \dot{u}\frac{\partial \Phi}{\partial \dot{u}} + \dot{v}\frac{\partial \Phi}{\partial \dot{v}} = \dot{u}\Phi^* + \dot{u}\frac{\partial \Phi^*}{\partial v'}\underbrace{\left(\dot{u}\frac{\partial v'}{\partial \dot{u}} + \dot{v}\frac{\partial v'}{\partial \dot{v}}\right)}_{0} = \Phi. \tag{10.21}$$

Wir finden so in vektorieller Form das eulersche Kriterium

$$\Phi = \dot{\boldsymbol{r}} \cdot \underset{\bullet}{\nabla} \Phi \tag{10.22}$$

homogener Funktionen 1. Grades. Sie begegnen uns vielfach in der Form (vgl. 5.35)

$$\begin{aligned}\Phi = \Psi(\boldsymbol{r})\,|\dot{\boldsymbol{r}}| &= \Psi(u, v)\sqrt{E\dot{u}^2 + 2F\dot{u}\dot{v} + G\dot{v}^2} \\ &= \dot{u}\Psi(u, v)\sqrt{E + 2Fv' + Gv'^2} = \dot{u}\Phi^*(u, v, v').\end{aligned}$$

Für derartige Integranden gewinnt (10.10) wegen

$$\frac{\partial \Phi}{\partial v} = \dot{u}\frac{\partial \Phi^*}{\partial v} \quad \text{und} \quad \frac{\partial \Phi}{\partial \dot{v}} = \frac{\partial \Phi^*}{\partial v'} \tag{10.23}$$

die 2-dimensionale Form der eulerschen Differenzialgleichung

$$\frac{\partial \Phi^*}{\partial v} - \frac{d}{du}\frac{\partial \Phi^*}{\partial v'} = 0, \tag{10.24}$$

wobei die Koordinaten u, v gerad- oder krummlinig, recht- oder schiefwinklig sein dürfen.

Aufgabe 10.1 Zeigen Sie, dass (10.22) ein intermediäres Integral der eulerschen Differenzialgleichung (10.10) ist!

10.2.4 Anwendung in der Geometrie

Die Kurve $\boldsymbol{r} = \boldsymbol{r}(t)$ mit der kürzesten Linienlänge zwischen $\boldsymbol{r}(t_1) = \boldsymbol{r}_1$ und $\boldsymbol{r}(t_2) = \boldsymbol{r}_2$ genügt wegen (5.9) der Bedingung

$$\int_{t_1}^{t_2} |\dot{\boldsymbol{r}}|\, dt = \text{Extr.!} \quad \text{mit} \quad \Phi(\dot{\boldsymbol{r}}) = |\dot{\boldsymbol{r}}|\,. \tag{10.25}$$

Die eulersche Differenzialgleichung ergibt

$$\frac{d}{dt}\frac{\dot{\boldsymbol{r}}}{|\dot{\boldsymbol{r}}|} = 0 \quad (\text{vgl. Aufgabe 4.20}) \quad \Rightarrow \quad \frac{\dot{\boldsymbol{r}}}{|\dot{\boldsymbol{r}}|} = \textbf{const}. \tag{10.26}$$

Die gesuchte Extremale hat demnach einen konstanten Tangentenvektor, der sie als Gerade $\boldsymbol{r} = \boldsymbol{C}_1 t + \boldsymbol{C}_2$ ausweist. Sie muss die beiden Punkte $\boldsymbol{r}_1$ und $\boldsymbol{r}_2$ berühren, was für die beiden Integrationskonstanten

$$\boldsymbol{C}_1 = \frac{\boldsymbol{r}_2 - \boldsymbol{r}_1}{t_2 - t_1} \quad \text{und} \quad \boldsymbol{C}_2 = \frac{\boldsymbol{r}_1 t_2 - \boldsymbol{r}_2 t_1}{t_2 - t_1} \tag{10.27}$$

bedeutet. Somit beträgt das gesuchte Extremum

$$\int_{t_1}^{t_2} |\boldsymbol{C}_1|\; dt = |\boldsymbol{C}_1|\,(t_2 - t_1) = |\boldsymbol{r}_2 - \boldsymbol{r}_1|\,. \tag{10.28}$$

Übrigens haben alle Integranden der Form $\Phi(\dot{\boldsymbol{r}})$, wenn überhaupt, geradlinige Extremalen. Nach (10.10) gilt nämlich

$$\nabla\Phi(\dot{\boldsymbol{r}}) = 0 \quad \Rightarrow \quad \frac{d}{dt}\underset{\bullet}{\nabla}\,\Phi(\dot{\boldsymbol{r}}) = 0; \;\; \underset{\bullet}{\nabla}\,\Phi(\dot{\boldsymbol{r}}) = \boldsymbol{k}_1; \;\; \Phi(\dot{\boldsymbol{r}}) = \boldsymbol{k}_1 \cdot \dot{\boldsymbol{r}} + k_2.$$

Auflösung nach $\dot{\boldsymbol{r}}$ führt zu $\dot{\boldsymbol{r}} = \boldsymbol{C}_1$ und nach Integration zur Geradengleichung $\boldsymbol{r} = \boldsymbol{C}_1 t + \boldsymbol{C}_2$.

10.2.5 Anwendung in der Strahlenoptik

Fermatsches Prinzip

Fermat entdeckte 1661/62, dass Lichtstrahlen zwischen 2 beliebigen Punkten $\boldsymbol{r}(t_1)$ und $\boldsymbol{r}(t_2)$ prinzipiell Wege mit extremer (meist minimaler) Laufzeit nehmen. Demgemäß gilt in einem Medium mit der Brechzahl $n(\boldsymbol{r})$ und der örtlichen

Lichtgeschwindigkeit $\dot{\boldsymbol{r}}$

$$\int_{t_1}^{t_2} n(\boldsymbol{r})\,|\dot{\boldsymbol{r}}|\,dt = \text{Extr.!} \quad \text{mit} \quad \Phi(\boldsymbol{r},\dot{\boldsymbol{r}}) = n(\boldsymbol{r})\,|\dot{\boldsymbol{r}}|\,. \tag{10.29}$$

Man findet leicht die Formeln

$$\nabla\Phi = |\dot{\boldsymbol{r}}|\,\nabla n, \quad \underset{\bullet}{\nabla}\,\Phi = n\,\underset{\bullet}{\nabla}\,|\dot{\boldsymbol{r}}| = n\frac{\dot{\boldsymbol{r}}}{|\dot{\boldsymbol{r}}|} = n\boldsymbol{r}',$$
$$\frac{d}{dt}\,\underset{\bullet}{\nabla}\,\Phi = (\dot{\boldsymbol{r}}\cdot\nabla n)\boldsymbol{r}' + n\frac{d\boldsymbol{r}'}{ds}\frac{ds}{dt}$$

und damit die eulersche Differenzialgleichung

$$|\dot{\boldsymbol{r}}|\,\nabla n - (\dot{\boldsymbol{r}}\cdot\nabla n)\boldsymbol{r}' - n\boldsymbol{r}''\dot{s} = 0$$
$$\Rightarrow \quad \boldsymbol{r}'' = \nabla\ln n - (\boldsymbol{r}'\cdot\nabla\ln n)\boldsymbol{r}' = \boldsymbol{r}'\times(\nabla\ln n\times\boldsymbol{r}'). \tag{10.30}$$

Aus ihr folgt wegen (5.15) sogleich die Krümmung des Lichtstrahls

$$\kappa = |\nabla\ln n\times\boldsymbol{t}|\,. \tag{10.31}$$

Geradlinige Lichtstrahlen ($\kappa = 0$) gibt es also nur

- in optisch homogenen Medien ($n = \text{const}$) oder
- wo grad n und Tangentenvektor $\boldsymbol{t}$ parallel sind.

Snelliussches[6] Brechungsgesetz

Ein Lichtstrahl durchquere von $P_1(\boldsymbol{r}_1)$ mit der Geschwindigkeit c_1 das optisch homogene Medium 1 und nach Brechung an der Trennfläche $\Psi(\boldsymbol{r}) = 0$ mit der Geschwindigkeit c_2 das ebenfalls optisch homogene Medium 2 nach $P_2(\boldsymbol{r}_2)$ (Fig. 10.2(1)). In beiden Medien sind die Brechzahlen $n_1 = \frac{c_0}{c_1}$ bzw. $n_2 = \frac{c_0}{c_2}$ individuell konstant und die Lichtwege daher geradlinig ($\boldsymbol{t} = \mathbf{const}$). Nach Fermat ist die Laufzeit des Lichts von $\boldsymbol{r}_1$ über den noch unbekannten Punkt $\boldsymbol{r}$ auf der Trennfläche nach $\boldsymbol{r}_2$

$$\frac{|\boldsymbol{r}-\boldsymbol{r}_1|}{c_1} + \frac{|\boldsymbol{r}_2-\boldsymbol{r}|}{c_2}$$

[6]Snellius, wie sich der niederländische Physiker Willebrord Snel van Royen (1591-1626) nannte, fand das fundamentale Brechungsgesetz der Optik um 1620/21, behielt es aber für sich. Cartesius veröffentlichte 1637 das von ihm wohl erneut entdeckte Brechungsgesetz. Erst 1656 wies Huygens auf die Urheberschaft Snellius' nach Einblick in dessen Nachlass hin.

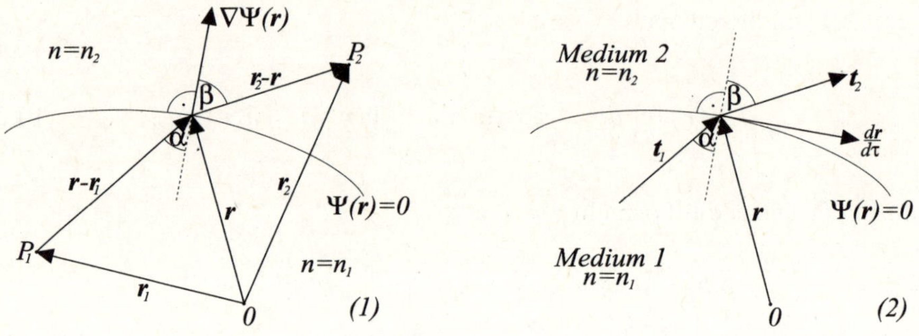

Fig. 10.2

extremal; deshalb lautet die maßgebende Bedingung mit dem lagrangeschen Multiplikator λ

$$\frac{|\boldsymbol{r}-\boldsymbol{r}_1|}{c_1}+\frac{|\boldsymbol{r}_2-\boldsymbol{r}|}{c_2}-\lambda\Psi(\boldsymbol{r})=\text{Extr.!} \tag{10.32}$$

Sie bedeutet nach den Regeln der Vektoranalysis (siehe Kap. 4.2.1)

$$\frac{\boldsymbol{r}-\boldsymbol{r}_1}{c_1\,|\boldsymbol{r}-\boldsymbol{r}_1|}-\frac{\boldsymbol{r}_2-\boldsymbol{r}}{c_2\,|\boldsymbol{r}_2-\boldsymbol{r}|}-\lambda\nabla\Psi(\boldsymbol{r})=0.$$

Offenbar liegen die beiden Lichtwege $\boldsymbol{r}-\boldsymbol{r}_1$ und $\boldsymbol{r}_2-\boldsymbol{r}$ mit der Flächennormale $\nabla\Psi(\boldsymbol{r})$ gemeinsam in einer Ebene. Es folgt zunächst

$$\nabla\Psi\times\frac{\boldsymbol{r}-\boldsymbol{r}_1}{c_1\,|\boldsymbol{r}-\boldsymbol{r}_1|}=\nabla\Psi\times\frac{\boldsymbol{r}_2-\boldsymbol{r}}{c_2\,|\boldsymbol{r}_2-\boldsymbol{r}|}\quad\Rightarrow\quad|\nabla\Psi|\,\frac{\sin\alpha}{c_1}=|\nabla\Psi|\,\frac{\sin\beta}{c_2}$$

und schließlich das Brechungsgesetz von Snellius in der üblichen Form

$$\frac{\sin\alpha}{\sin\beta}=\frac{c_1}{c_2}=\frac{n_2}{n_1}. \tag{10.33}$$

Ein eleganterer Beweis gelingt, wenn man $\boldsymbol{r}$ als beweglichen Punkt auf einer Flächenkurve $\Psi[\boldsymbol{r}(\tau)]=0$ mit der Tangentenrichtung $\frac{d\boldsymbol{r}}{d\tau}$ in der Zeichenebene der Fig. 10.2(1) behandelt. Er ist im Medium 1 ($\underset{\bullet}{\nabla}\,\Phi=n_1\boldsymbol{t}_1$) Endpunkt, im Medium 2 ($\underset{\bullet}{\nabla}\,\Phi=n_2\boldsymbol{t}_2$) Anfangspunkt. Daher führt die Transversalitätsbedingung

$$\frac{d\boldsymbol{r}}{d\tau}\cdot(n_1\boldsymbol{t}_1-n_2\boldsymbol{t}_2)=0 \tag{10.34}$$

angesichts Fig. 10.2(2) unmittelbar zu

$$n_1\cos(90-\alpha)-n_2\cos(90-\beta)=0, \tag{10.35}$$

was mit (10.33) übereinstimmt.

10.2.6 Anwendungen in der Mechanik

Hamiltonsches Prinzip

Jede Bewegung eines Massepunkts m am Ort $\boldsymbol{r}$ mit der Geschwindigkeit $\dot{\boldsymbol{r}}$ genügt in der Zeit von t_1 bis t_2 dem hamiltonschen Prinzip der kleinsten Wirkung (1834)

$$\int_{t_1}^{t_2} L(\boldsymbol{r}, \dot{\boldsymbol{r}})\, dt = \text{Extr.!}, \tag{10.36}$$

wobei der Integrand $L(\boldsymbol{r}, \dot{\boldsymbol{r}})$ Lagrange-Funktion heißt. Die eulersche Differenzialgleichung führt unmittelbar zur lagrangeschen Bewegungsgleichung

$$\nabla L - \frac{d}{dt} \underset{\bullet}{\nabla} L = 0. \tag{10.37}$$

In einem konservativen Kraftfeld $\boldsymbol{F}(\boldsymbol{r})$ ist $L(\boldsymbol{r}, \dot{\boldsymbol{r}})$ die Differenz aus kinetischer Energie $W_{\text{kin}} = m\frac{\dot{\boldsymbol{r}}^2}{2}$ und potenzieller Energie $W_{\text{pot}}(\boldsymbol{r})$:

$$L(\boldsymbol{r}, \dot{\boldsymbol{r}}) = m\frac{\dot{\boldsymbol{r}}^2}{2} - W_{\text{pot}}(\boldsymbol{r}). \tag{10.38}$$

Daraus folgt wegen $\boldsymbol{F}(\boldsymbol{r}) = -\nabla W_{\text{pot}}(\boldsymbol{r})$, $\nabla L = \boldsymbol{F}$, $\underset{\bullet}{\nabla} L = m\dot{\boldsymbol{r}}$ das 2. newtonsche Axiom

$$\boldsymbol{F} = \frac{d}{dt}(m\dot{\boldsymbol{r}}). \tag{10.39}$$

Nach punktweiser Multiplikation mit der Geschwindigkeit $\dot{\boldsymbol{r}}$ ergibt sich überdies der Energiesatz (siehe Kap. 4.3.2)

$$\underbrace{-\dot{\boldsymbol{r}} \cdot \nabla W_{\text{pot}}}_{\frac{dW_{\text{pot}}}{dt}} = \underbrace{m\dot{\boldsymbol{r}} \cdot \ddot{\boldsymbol{r}}}_{\frac{dW_{\text{kin}}}{dt}} \quad \Rightarrow \quad W_{\text{kin}} + W_{\text{pot}} = \text{const.} \tag{10.40}$$

Brachistochrone

Wir suchen in der Ebene $z = 0$ diejenige Form einer Schiene, auf der ein Massepunkt m kraft seines Gewichts $mg\boldsymbol{e}_y$ vom Startpunkt $\boldsymbol{r}_1(0,0)$ bis zum Zielpunkt $\boldsymbol{r}_2(x_2, y_2)$ in kürzester Zeit reibungsfrei entlanggleitet (Fig. 10.3). Am Start- und einem beliebigen Bahnpunkt $\boldsymbol{r}(x, y)$ sind die Summen aus potenzieller und kinetischer Energie gemäß (4.85) gleich:

$$W_{\text{pot}}(\boldsymbol{r}_1) = m\frac{v^2}{2} + W_{\text{pot}}(\boldsymbol{r}_1) - mgy \quad \Rightarrow \quad v = \sqrt{2gy}$$

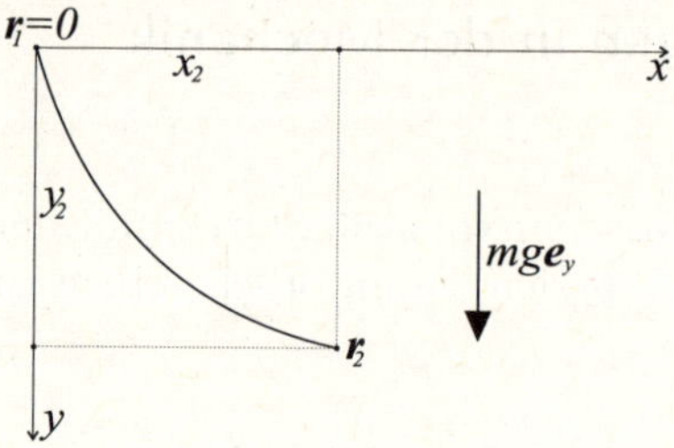

Fig. 10.3

Damit gilt für die Laufzeit des Massepunkts

$$\int_0^{t_2} \frac{\sqrt{\dot{x}^2+\dot{y}^2}\,dt}{v} = \text{Extr.!} \quad \text{mit} \quad \Phi = \frac{\sqrt{\dot{x}^2+\dot{y}^2}}{\sqrt{2gy}}. \tag{10.41}$$

Der Integrand hängt ersichtlich nicht explizit von x ab; daher lautet die eulersche Extremalbedingung

$$\frac{d}{dt}\frac{\partial\Phi}{\partial\dot{x}} = 0 \quad \Rightarrow \quad \frac{\dot{x}}{\sqrt{2gy}\sqrt{\dot{x}^2+\dot{y}^2}} = \text{const} \equiv \frac{1}{\sqrt{4gk}}, \tag{10.42}$$

die wegen $\frac{\dot{y}}{\dot{x}} = \frac{dy}{dx} \equiv y'$ zu der gewöhnlichen Differenzialgleichung

$$y' = \sqrt{\frac{2k-y}{y}} \quad \Rightarrow \quad dx = \sqrt{\frac{y}{2k-y}}\,dy \tag{10.43}$$

führt. Sie lässt sich mit Hilfe der Transformation

$$y = 2k\sin^2\frac{t}{2}; \quad dy = 2k\sin\frac{t}{2}\cos\frac{t}{2}\,dt \tag{10.44}$$

bequem integrieren: $x = k(t-\sin t)$; die 2. Integrationskonstante verschwindet hier wegen der Anfangsbedingung $x_1 = x(0) = y_1 = y(0) = 0$. Die gefundene Bahn

$$x = k(t-\sin t); \quad y = k(1-\cos t) \tag{10.45}$$

heißt Brachistochrone und ist eine gewöhnliche Zykloide. Die 1.Integrationskonstante k folgt aus der Endbedingung $x_2 = x(t_2)$; $y_2 = y(t_2)$.

10.3 Probleme mit Nebenbedingungen

In der Praxis geht es oft um Extremalen mit besonderen Merkmalen, sei es, dass sie z. B. auf einer vorgegebenen Fläche liegen oder eine bestimmte Linienlänge haben sollen. Nebenbedingungen schränken die in Kap. 10.2.1 beschriebene Auswahl ein. Dennoch bereiten die wichtigsten Typen methodisch wenig Schwierigkeiten.

10.3.1 Nebenbedingungen in Gleichungsform

Wenn eine Extremale auf der Fläche $\Psi(\boldsymbol{r}) = 0$ liegen soll, kommen von den konkurrierenden Kurven (10.3) nur diejenigen in Betracht, die ebenfalls dort liegen. Für $\epsilon \to 0$ muss ihr gemeinsamer Vektor $\boldsymbol{u}$ die Fläche berühren, also senkrecht auf der Flächennormale stehen:

$$\boldsymbol{u} \cdot \nabla\Psi = 0. \tag{10.46}$$

Diese Gleichung multiplizieren wir mit dem lagrangeschen Multiplikator λ (Kap. 4.2.1), der hier durchaus eine t-Funktion sein kann. Nach Subtraktion des Ausdrucks $\boldsymbol{u} \cdot \nabla(\lambda\Psi) = 0$ vom Integranden in (10.9) erhält man mit der Hilfsfunktion $\hat{\Phi} \equiv \Phi - \lambda\Psi$ wegen $\underset{\bullet}{\nabla}\, \lambda\Psi = 0$

$$\int_{t_1}^{t_2} \boldsymbol{u} \cdot (\nabla\hat{\Phi} - \frac{d}{dt} \underset{\bullet}{\nabla}\, \hat{\Phi})\, dt = 0. \tag{10.47}$$

Daraus folgt die eulersche Differenzialgleichung in der angepassten Form

$$\nabla\hat{\Phi} - \frac{d}{dt} \underset{\bullet}{\nabla}\, \hat{\Phi} = 0. \tag{10.48}$$

10.3.2 Nebenbedingungen in Integralform

Wenn zu der Hauptbedingung

$$\int_{t_1}^{t_2} \Phi(\boldsymbol{r}, \dot{\boldsymbol{r}})\, dt = \text{Extr.!} \tag{10.49}$$

eine Nebenbedingung der Form

$$\int_{t_1}^{t_2} \Psi(\boldsymbol{r}, \dot{\boldsymbol{r}})\, dt = \text{const} \tag{10.50}$$

hinzutritt, bietet sich das in Kap. 4.2.1 beschriebene Verfahren an: Man multipliziert die Nebenbedingung mit einem (konstanten) lagrangeschen Multiplikator λ und subtrahiert sie sodann von der Hauptbedingung:

$$\int_{t_1}^{t_2} [\Phi(\boldsymbol{r}, \dot{\boldsymbol{r}}) - \lambda\Psi(\boldsymbol{r}, \dot{\boldsymbol{r}})]\, dt = \text{Extr.!} \tag{10.51}$$

Mit der Hilfsfunktion $\hat{\Phi} \equiv \Phi - \lambda\Psi$ entsteht eine veränderte Extremalaufgabe ohne Nebenbedingung und entsprechend lautet die eulersche Differenzialgleichung

$$\nabla\hat{\Phi} - \frac{d}{dt}\underset{\bullet}{\nabla}\hat{\Phi} = 0. \tag{10.52}$$

10.3.3 Anwendungen in der Geometrie

Geodätische Linien

Uns interessiert die Kurve mit der kürzesten Linienlänge auf der Fläche $\Psi(\boldsymbol{r}) = 0$ zwischen den Punkten $\boldsymbol{r}_1$ und $\boldsymbol{r}_2$. Die Hilfsfunktion lautet $\hat{\Phi}(\boldsymbol{r}, \dot{\boldsymbol{r}}) = |\dot{\boldsymbol{r}}| - \lambda\Psi(\boldsymbol{r})$. Damit ergibt die eulersche Differenzialgleichung

$$-\lambda\nabla\Psi(\boldsymbol{r}) - \frac{d}{dt}\frac{\dot{\boldsymbol{r}}}{|\dot{\boldsymbol{r}}|} = 0. \tag{10.53}$$

Hierbei ist $\frac{\dot{\boldsymbol{r}}}{|\dot{\boldsymbol{r}}|} = \frac{d\boldsymbol{r}}{ds} = \boldsymbol{r}'$ der Tangentenvektor der Kurve. Wir schreiben $\frac{d}{dt}\boldsymbol{r}' = \frac{d\boldsymbol{r}'}{ds}\frac{ds}{dt} = \boldsymbol{r}''\dot{s}$ und erhalten

$$\boldsymbol{r}'' = -\frac{\lambda}{\dot{s}}\nabla\Psi(\boldsymbol{r}). \tag{10.54}$$

Hauptnormale ($\sim \boldsymbol{r}''$) der Kurve und Flächennormale ($\sim \nabla\Psi$) sind überall parallel, was sog. geodätische Linien oder kurz Geodäten ausweist.

Speziell für die Kugel $\Psi(\boldsymbol{r}) = \boldsymbol{r}^2 - R^2 = 0 \quad \Rightarrow \quad \nabla\Psi = 2\boldsymbol{r}$ gilt

$$\boldsymbol{r}'' = -\frac{2\lambda}{\dot{s}}\boldsymbol{r} \quad \Rightarrow \quad \boldsymbol{r}'' \times \boldsymbol{r} = 0, \;\; \boldsymbol{r}' \times \boldsymbol{r} = \mathbf{const}. \tag{10.55}$$

Die gesuchte Kurve hat demnach überall eine Hauptnormale $\|\boldsymbol{r}$ und eine konstante Binormale; sie ist also ein Großkreis.

Das Ergebnis wird anschaulich, wenn man den Äquator durch $\boldsymbol{r}_1$ und $\boldsymbol{r}_2$ legt. Dann gilt in Kugelkoordinaten $\boldsymbol{r}_1 = \boldsymbol{r}_1(R, \frac{\pi}{2}, \varphi_1)$ und $\boldsymbol{r}_2 = \boldsymbol{r}_2(R, \frac{\pi}{2}, \varphi_2)$. Ihr kürzester Abstand beträgt nun $R(\varphi_2 - \varphi_1)$.

Nach Kap. 10.2.4 ist die Geodäte der Ebene eine Gerade.

Problem der Dido

Die klassische Aufgabe lautet: Wie ist eine gegebene Seilschlinge auf einer Ebene zu formen, damit das umrandete Flächenstück den größtmöglichen Inhalt hat? Es geht also um die Maximierung des Inhalts $\frac{1}{2}\oint |\boldsymbol{r} \times \dot{\boldsymbol{r}}|\, dt$ eines ebenen Flächenstücks bei konstantem Umfang (Perimeter) $\oint |\dot{\boldsymbol{r}}|\, dt$. Man spricht von einem isoperimetrischen Problem und versteht darunter heute alle Variationsaufgaben mit Nebenbedingungen in Integralform.

Als Extremale suchen wir die Form der Randkurve $\boldsymbol{r} = \boldsymbol{r}(t)$ in der Ebene $z = 0$. Für die Hilfsfunktion

$$\hat{\Phi}(\boldsymbol{r}, \dot{\boldsymbol{r}}) = \frac{1}{2} |\boldsymbol{r} \times \dot{\boldsymbol{r}}| - \lambda |\dot{\boldsymbol{r}}| \tag{10.56}$$

gilt (siehe Aufgabe 4.20)

$$\nabla \hat{\Phi} = -\frac{(\boldsymbol{r} \times \dot{\boldsymbol{r}}) \times \dot{\boldsymbol{r}}}{2 |\boldsymbol{r} \times \dot{\boldsymbol{r}}|}, \quad \underset{\bullet}{\nabla} \hat{\Phi} = \frac{(\boldsymbol{r} \times \dot{\boldsymbol{r}}) \times \boldsymbol{r}}{2 |\boldsymbol{r} \times \dot{\boldsymbol{r}}|} - \lambda \frac{\dot{\boldsymbol{r}}}{|\dot{\boldsymbol{r}}|} \tag{10.57}$$

und wegen $\frac{\boldsymbol{r} \times \dot{\boldsymbol{r}}}{|\boldsymbol{r} \times \dot{\boldsymbol{r}}|} = \boldsymbol{e}_z$ weiter

$$\nabla \hat{\Phi} = -\frac{1}{2} (\boldsymbol{e}_z \times \dot{\boldsymbol{r}}), \quad \underset{\bullet}{\nabla} \hat{\Phi} = \frac{1}{2} (\boldsymbol{e}_z \times \boldsymbol{r}) - \lambda \frac{\dot{\boldsymbol{r}}}{|\dot{\boldsymbol{r}}|}. \tag{10.58}$$

Hierbei ist $\frac{\dot{\boldsymbol{r}}}{|\dot{\boldsymbol{r}}|} \equiv \boldsymbol{r}'$ der Tangentenvektor der Randkurve. Einsetzung in die eulersche Differenzialgleichung führt rasch zu der Bedingung (vgl. 5.15)

$$-(\boldsymbol{e}_z \times \dot{\boldsymbol{r}}) + \lambda \frac{d\boldsymbol{r}'}{ds} \underbrace{\frac{ds}{dt}}_{|\dot{\boldsymbol{r}}|} = 0$$

$$\Rightarrow \quad \boldsymbol{r}'' = \frac{\boldsymbol{e}_z \times \boldsymbol{r}'}{\lambda}; \quad |\boldsymbol{r}''| \equiv \kappa = \frac{1}{|\lambda|} = \text{const.} \tag{10.59}$$

Die konstante Krümmung κ weist die Extremale als Kreis vom Radius $|\lambda|$ aus (vgl. Aufgabc 6.10).

Von allen ebenen Flächenstücken mit gegebenem Umfang hat der Kreis den größten Inhalt. Man hätte ebenso gut fragen können, welches ebene Flächenstück mit gegebenem Inhalt den kleinsten Umfang hat. Dies lässt sich mit der alternativen Hilfsfunktion $\hat{\Phi} = |\dot{\boldsymbol{r}}| - \frac{\lambda}{2} |\boldsymbol{r} \times \dot{\boldsymbol{r}}|$ leicht nachrechnen.

Aufgabe 10.2 Beweisen Sie, dass die in Aufgabe 5.9 behandelte Schraubenlinie eine Geodäte des Zylinders $x^2 + y^2 = a^2$ ist!

Aufgabe 10.3 Welcher Bedingung unterliegen die Geodäten auf einer durch die metrischen Koeffizienten E, F, G gekennzeichneten Fläche $\boldsymbol{r} = \boldsymbol{r}(u, v)$? Bestimmen Sie die kürzeste Verbindung auf dem Zylinder $\rho = a = \text{const}_1$ zwischen den Punkten $\boldsymbol{r}_1(\varphi_1, z_1)$ und $\boldsymbol{r}_2(\varphi_2, z_2)$!

Aufgabe 10.4 Bestimmen Sie die Gleichung der Extremalen aus der Differenzialgleichung (10.59)!

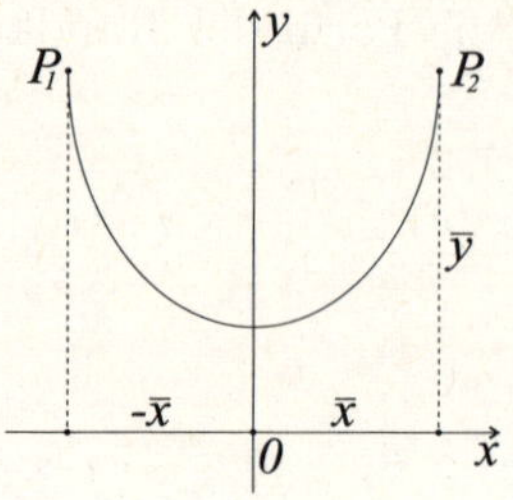

Fig. 10.4

Aufgabe 10.5 Welche Form hat ein homogenes, lockeres Seil der Länge l, das zwischen seinen ortsfesten Endpunkten $P_1(-\bar{x}, \bar{y})$ und $P_2(\bar{x}, \bar{y})$ unter dem Einfluss der in Richtung $-\boldsymbol{e}_y$ wirkenden Schwerkraft durchhängt (Fig. 10.4)?

11 Tensorrechnung

Tensoren sind quadratische Matrizen, die n-dimensionale Vektoren in andere n-dimensionale Vektoren – je nach analytischer oder geometrischer Betrachtungsweise – transformieren oder abbilden; derartige Operatoren finden vielfältige Anwendung in Differenzialgeometrie, Mechanik, Festigkeitslehre, Elektrodynamik, Relativitätstheorie u. a. m.

Die Tensorrechnung schließt die gewöhnliche Vektorrechnung ($n = 3$) ein, allerdings unter Verlust der Anschaulichkeit.

11.1 N-dimensionale Vektoren

Allgemein bezeichnet man n-dimensionale Vektoren

- vom Typ $\boldsymbol{a} = \sum_{i=1}^{n} a_i \boldsymbol{e}_i$ und $\boldsymbol{b} = \sum_{j=1}^{n} b_j \boldsymbol{e}_j$ als polar und
- vom Typ $\boldsymbol{a} \times \boldsymbol{b} = \sum_{i=1}^{n} \sum_{j=1}^{n} a_i b_j (\boldsymbol{e}_i \times \boldsymbol{e}_j)$ als axial.

Etwas vereinfacht ausgedrückt gilt:

- Polare Vektoren (z. B. Geschwindigkeit, Beschleunigung, Kraft) haben n Teilvektoren und eine *Richtung*,
- axiale Vektoren (z. B. Drehgeschwindigkeit, Drehbeschleunigung, Drehmoment) haben $\binom{n}{2}$ Teilvektoren und einen *Drehsinn*.

Bei einer Inversion (Koordinatenspiegelung am Nullpunkt) $\boldsymbol{e}_1, \boldsymbol{e}_2, \boldsymbol{e}_3, \ldots \to -\boldsymbol{e}_1, -\boldsymbol{e}_2, -\boldsymbol{e}_3, \ldots$ wechseln polare Vektoren ihr Vorzeichen, axiale Vektoren nicht. Also bleiben polare Vektoren dabei raumfest stehen, während axiale Vektoren ihre Richtung umkehren. Dies leuchtet beim Vergleich ebener Vektoren $\boldsymbol{a}$ und $\boldsymbol{b}$ in 2 gegeneinander um 180° gedrehten Bezugssystemen $\boldsymbol{e}_x, \boldsymbol{e}_y$ bzw. $-\boldsymbol{e}_x, -\boldsymbol{e}_y$ leicht ein. Hier beschreiben $\boldsymbol{a}$ sowie $\boldsymbol{b}$ im einen und $-\boldsymbol{a}$ sowie $-\boldsymbol{b}$ im anderen System dieselben Vektoren, während $\boldsymbol{a} \times \boldsymbol{b}$ im einen und $\boldsymbol{a} \times \boldsymbol{b}$ im anderen System Gegenvektoren darstellen.

Nur im 3-dimensionalen Raum haben polare und axiale Vektoren die gleiche Anzahl Teilvektoren, nämlich je $3 = \binom{3}{2}$, so dass ihre begriffliche Unterscheidung in diesem Fall praktisch keine Rolle spielt.

Aufgabe 11.1 Welche Richtungen haben die Teilvektoren 4-dimensionaler axialer Vektoren?

11.2 Allgemeine lineare Transformation

Die Rolle von Tensoren lässt sich anhand bequemer Transformationsmodelle anschaulich erläutern.

11.2.1 Tensormerkmale

Aufbauend auf Kap. 2.4.3 betrachten wir das lineare Gleichungssystem

$$b_1 = m_{11}a_1 + m_{12}a_2 + \cdots + m_{1n}a_n, \quad (11.1a)$$
$$b_2 = m_{21}a_1 + m_{22}a_2 + \cdots + m_{2n}a_n, \quad (11.1b)$$
$$\cdots\cdots\cdots\cdots\cdots\cdots \quad (11.1c)$$
$$b_n = m_{n1}a_1 + m_{n2}a_2 + \cdots + m_{nn}a_n. \quad (11.1d)$$

Es lautet in Kurzfassung

$$b_i = \sum_{j=1}^{n} m_{ij}a_j \quad \text{für } i = 1, 2, \ldots n, \quad (11.2)$$

in Matrixschreibweise

$$\underbrace{\begin{pmatrix} b_1 \\ b_2 \\ \cdots \\ b_n \end{pmatrix}}_{\underline{b}} = \underbrace{\begin{pmatrix} m_{11} & m_{12} & \cdots & m_{1n} \\ m_{21} & m_{22} & \cdots & m_{2n} \\ \cdots & \cdots & \cdots & \cdots \\ m_{n1} & m_{n2} & \cdots & m_{nn} \end{pmatrix}}_{\boldsymbol{M}} \underbrace{\begin{pmatrix} a_1 \\ a_2 \\ \cdots \\ a_n \end{pmatrix}}_{\underline{a}} \quad \Rightarrow \quad \underline{\boldsymbol{b}} = \boldsymbol{M}\underline{\boldsymbol{a}} \quad (11.3)$$

und ordnet unter der Linearitätsbedingung

$$\frac{\partial m_{ij}}{\partial a_j} \equiv 0 \quad \Rightarrow \quad m_{ij} \equiv \frac{\partial b_i}{\partial a_j} \quad (11.4)$$

dem Spaltenvektor $\underline{\boldsymbol{a}}$ den Spaltenvektor $\underline{\boldsymbol{b}}$ zu. Dies bedeutet die lineare Transformation oder affine Abbildung des Vektors $\boldsymbol{a}$

- entweder in einen anderen Vektor $\boldsymbol{b}$ in ein und demselben Bezugssystem
- oder in ein und denselben Vektor in einem anderen Bezugssystem.

Näheres folgt in Kap. 11.2.2.

Der maßgebende Operator $\boldsymbol{M} \equiv (m_{ij}) \equiv \left(\frac{\partial b_i}{\partial a_j}\right)$ ist eine spezielle quadratische Matrix, ein sog. Tensor. Entsprechend heißen die n^2 Matrixelemente m_{ij} Tensorkomponenten.

Tensor- und Matrixbegriffe stimmen weitgehend überein:

- Die Komponenten

$$\delta_{ij} = \begin{cases} 1 & \text{für } i = j \\ 0 & \text{für } i \neq j \end{cases}, \tag{11.5}$$

wobei δ_{ij} Kroneckersymbol[1] heißt, definieren den Einstensor

$$(\delta_{ij}) \equiv \boldsymbol{E} = \begin{pmatrix} 1 & 0 & \cdots & 0 \\ 0 & 1 & \cdots & 0 \\ \dots & \dots & \dots & \dots \\ 0 & 0 & \cdots & 1 \end{pmatrix}. \tag{11.6}$$

- *Transponierte* Tensoren entstehen durch Vertauschung von Zeilen und Spalten : $\boldsymbol{M}^T = (m_{ij})^T = (m_{ji})$.

- *Symmetrische* Tensoren haben das Merkmal

$$\boldsymbol{M}^T = \boldsymbol{M} \quad \Rightarrow \quad m_{ji} = m_{ij}. \tag{11.7}$$

- *Schiefsymmetrische* Tensoren haben die Eigenschaft

$$\boldsymbol{M}^T = -\boldsymbol{M} \quad \Rightarrow \quad m_{ji} = -m_{ij}, \tag{11.8}$$

was $m_{ii} = 0$ bedeutet. Die Komponenenten auf der Diagonale verschwinden.

Alle Tensoren lassen sich eindeutig als Summe eines symmetrischen und eines schiefsymmetrischen Tensors darstellen:

$$\boldsymbol{M} = \frac{1}{2}\underbrace{(\boldsymbol{M} + \boldsymbol{M}^T)}_{\text{symmetrisch}} + \frac{1}{2}\underbrace{(\boldsymbol{M} - \boldsymbol{M}^T)}_{\text{schiefsymmetrisch}} . \tag{11.9}$$

11.2.2 Transformationsmodelle

1.) In ein und demselben Bezugssystem mit den Einsvektoren $\boldsymbol{e}_1, \boldsymbol{e}_2, \dots \boldsymbol{e}_n$ ordnet die Operation $\underline{\boldsymbol{b}} = \boldsymbol{M}\underline{\boldsymbol{a}}$ dem Vektor

$$\boldsymbol{a} = (\boldsymbol{e}_1 \quad \boldsymbol{e}_2 \quad \cdots \quad \boldsymbol{e}_n) \begin{pmatrix} a_1 \\ a_2 \\ \dots \\ a_n \end{pmatrix} \tag{11.10}$$

[1] Leopold Kronecker (1823-1891), deutscher Mathematiker

einen anderen Vektor

$$\boldsymbol{b} = \begin{pmatrix}\boldsymbol{e}_1 & \boldsymbol{e}_2 & \cdots & \boldsymbol{e}_n\end{pmatrix} \boldsymbol{M} \begin{pmatrix} a_1 \\ a_2 \\ \dots \\ a_n \end{pmatrix} \tag{11.11}$$

zu.

2.) Wir können $\underline{\boldsymbol{b}} = \boldsymbol{M}\underline{\boldsymbol{a}}$ aber auch als Beschreibung ein und desselben Vektors $\boldsymbol{a}$ in einem anderen Bezugssystem deuten (vgl. 3.53). Dazu betrachten wir 3 rechtwinklige Bezugssysteme mit gemeinsamem Nullpunkt und zwar

- ein System S mit den Einsvektoren $\boldsymbol{e}_1, \boldsymbol{e}_2, \dots \boldsymbol{e}_n$,
- ein System S' mit den Einsvektoren $\boldsymbol{e}'_1, \boldsymbol{e}'_2, \dots \boldsymbol{e}'_n$ sowie
- ein System T mit den Basisvektoren $k_1\boldsymbol{e}'_1, k_2\boldsymbol{e}'_2, \dots k_n\boldsymbol{e}'_n$.

Die Vektoren $k_i\boldsymbol{e}'_i$ und $\boldsymbol{a}$ zerlegen sich im System S gemäß

$$k_i\boldsymbol{e}'_i = \sum_{j=1}^{n} \underbrace{k_i(\boldsymbol{e}'_i \cdot \boldsymbol{e}_j)}_{m_{ij}} \boldsymbol{e}_j \quad \text{bzw.} \quad \boldsymbol{a} = \sum_{j=1}^{n} a_j \boldsymbol{e}_j. \tag{11.12}$$

Ihre punktweise Multiplikation ergibt (vgl. 11.2)

$$k_i\boldsymbol{e}'_i \cdot \boldsymbol{a} = \sum_{j=1}^{n} m_{ij} a_j = b_i. \tag{11.13}$$

Der maßgebende Tensor

$$\boldsymbol{M} = \begin{pmatrix} k_1(\boldsymbol{e}'_1 \cdot \boldsymbol{e}_1) & k_1(\boldsymbol{e}'_1 \cdot \boldsymbol{e}_2) & \cdots & k_1(\boldsymbol{e}'_1 \cdot \boldsymbol{e}_n) \\ k_2(\boldsymbol{e}'_2 \cdot \boldsymbol{e}_1) & k_2(\boldsymbol{e}'_2 \cdot \boldsymbol{e}_2) & \cdots & k_2(\boldsymbol{e}'_2 \cdot \boldsymbol{e}_n) \\ \dots & \dots & \dots & \dots \\ k_n(\boldsymbol{e}'_n \cdot \boldsymbol{e}_1) & k_n(\boldsymbol{e}'_n \cdot \boldsymbol{e}_2) & \cdots & k_n(\boldsymbol{e}'_n \cdot \boldsymbol{e}_n) \end{pmatrix} \tag{11.14}$$

ist das (im Allgemeinen nicht vertauschbare) Produkt

$$\boldsymbol{M} = \underbrace{\begin{pmatrix} k_1 & 0 & \cdots & 0 \\ 0 & k_2 & \cdots & 0 \\ \dots & \dots & \dots & \dots \\ 0 & 0 & \cdots & k_n \end{pmatrix}}_{\boldsymbol{M}_2} \underbrace{\begin{pmatrix} \boldsymbol{e}'_1 \cdot \boldsymbol{e}_1 & \boldsymbol{e}'_1 \cdot \boldsymbol{e}_2 & \cdots & \boldsymbol{e}'_1 \cdot \boldsymbol{e}_n \\ \boldsymbol{e}'_2 \cdot \boldsymbol{e}_1 & \boldsymbol{e}'_2 \cdot \boldsymbol{e}_2 & \cdots & \boldsymbol{e}'_2 \cdot \boldsymbol{e}_n \\ \dots & \dots & \dots & \dots \\ \boldsymbol{e}'_n \cdot \boldsymbol{e}_1 & \boldsymbol{e}'_n \cdot \boldsymbol{e}_2 & \cdots & \boldsymbol{e}'_n \cdot \boldsymbol{e}_n \end{pmatrix}}_{\boldsymbol{M}_1}. \tag{11.15}$$

Somit kann man die Transformation $\boldsymbol{a} \to \boldsymbol{b}$ in 2 Schritten $\boldsymbol{a} \to \boldsymbol{c} \to \boldsymbol{b}$ durchführen, wobei der Vektor $\boldsymbol{c}$ das Zwischenergebnis bezeichnen möge.

Der 1. Schritt $\boldsymbol{a} \rightarrow \boldsymbol{c}$, beschrieben durch $\underline{\boldsymbol{c}} = \boldsymbol{M}_1 \underline{\boldsymbol{a}}$, bewirkt eine Drehung des Bezugssystems $S \rightarrow S'$, die die Länge des Vektors $\boldsymbol{a}$ unverändert lässt. Die $\boldsymbol{M}_1$-Komponenten sind ja die den S- und S'-Achsenpaaren zugeordneten Richtungskosinusse (vgl. 3.50).

Der 2. Schritt $\boldsymbol{c} \rightarrow \boldsymbol{b}$, beschrieben durch

$$\underline{\boldsymbol{b}} = \boldsymbol{M}_2 \underline{\boldsymbol{c}} = \begin{pmatrix} k_1 c_1 \\ k_2 c_2 \\ \dots \\ k_n c_n \end{pmatrix} \tag{11.16}$$

bedeutet den Übergang vom System S' zum System T, deren beider Achsen zwar paarweise zusammenfallen, deren Maßstabsfaktoren k_i aber verschieden sind. Dadurch wird der Teilvektor $\boldsymbol{c}_i$ um den individuellen Faktor k_i gestreckt ($k_i > 1$) oder gestaucht ($k_i < 1$), was im Allgemeinen sowohl die Richtung als auch die Länge von $\boldsymbol{c}$ ändert. Nur wenn alle $k_i = k$ gleich sind, bleibt die $\boldsymbol{c}$-Richtung erhalten ($\boldsymbol{b} = k\boldsymbol{c}$) und nur dann ist die Reihenfolge der beiden Transformationen vertauschbar ($\boldsymbol{M}_2 \boldsymbol{M}_1 = \boldsymbol{M}_1 \boldsymbol{M}_2$).

In diesem Modell führt die Operation $\underline{\boldsymbol{b}} = \boldsymbol{M} \underline{\boldsymbol{a}}$ vom Vektor $\boldsymbol{a}$ im System S zu demselben Vektor, nur jetzt dargestellt im System T :

$$\boldsymbol{b} = \begin{pmatrix} k_1 \boldsymbol{e}'_1 & k_2 \boldsymbol{e}'_2 & \cdots & k_n \boldsymbol{e}'_n \end{pmatrix} \boldsymbol{M}_1 \begin{pmatrix} a_1 \\ a_2 \\ \dots \\ a_n \end{pmatrix} . \tag{11.17}$$

Übrigens ist die Transformation $\underline{\boldsymbol{b}} = \boldsymbol{M} \underline{\boldsymbol{a}}$ im Sinne $\underline{\boldsymbol{a}} = \boldsymbol{M}^{-1} \underline{\boldsymbol{b}}$ umkehrbar, wenn der inverse Tensor $\boldsymbol{M}^{-1}$ existiert, was $\det \boldsymbol{M} \neq 0$ voraussetzt. Die Operation $\boldsymbol{M} \underline{\boldsymbol{a}}$ verallgemeinert die Multiplikation eines Vektors mit einem Skalar.

Aufgabe 11.2 Beweisen Sie, dass sich die Komponenten polarer Vektoren wie kartesische Koordinaten linear transformieren!

Aufgabe 11.3 Wieviele unabhängige Komponenten hat ein symmetrischer $n \times n$-Tensor?

Aufgabe 11.4 Lösen Sie das Gleichungssystem (11.2) nach a_k auf!

Aufgabe 11.5 Unter welchen Bedingungen gilt $\boldsymbol{a}^T \boldsymbol{M} \underline{\boldsymbol{b}} = \pm \underline{\boldsymbol{b}}^T \boldsymbol{M} \underline{\boldsymbol{a}}$ für n-dimensionale Spaltenvektoren $\underline{\boldsymbol{a}}$ und $\underline{\boldsymbol{b}}$?

11.2.3 Systematik

Aus dem n-dimensionalen Skalar $\Phi(x_1, x_2, \ldots x_n)$ entstehen

- durch 1-maliges Differenzieren der Spaltenvektor

$$\begin{pmatrix} \frac{\partial\Phi}{\partial x_1} \\ \frac{\partial\Phi}{\partial x_2} \\ \cdots \\ \frac{\partial\Phi}{\partial x_n} \end{pmatrix} = \underline{\nabla}\Phi \tag{11.18}$$

  mit n Komponenten,

- durch 2-maliges Differenzieren der symmetrische Tensor

$$\begin{pmatrix} \frac{\partial^2\Phi}{\partial x_1^2} & \frac{\partial^2\Phi}{\partial x_1 \partial x_2} & \cdots & \frac{\partial^2\Phi}{\partial x_1 \partial x_n} \\ \frac{\partial^2\Phi}{\partial x_2 \partial x_1} & \frac{\partial^2\Phi}{\partial x_2^2} & \cdots & \frac{\partial^2\Phi}{\partial x_2 \partial x_n} \\ \cdots & \cdots & \cdots & \cdots \\ \frac{\partial^2\Phi}{\partial x_n \partial x_1} & \frac{\partial^2\Phi}{\partial x_n \partial x_2} & \cdots & \frac{\partial^2\Phi}{\partial x_n^2} \end{pmatrix} \tag{11.19}$$

  mit n^2 Komponenten und allgemein

- durch k-maliges Differenzieren ein Tensor mit n^k Komponenten.

Nach dem Unterscheidungsmerkmal (Stufe) k erscheinen allgemein

- Skalare als Tensoren der Stufe 0 mit $n^0 = 1$ Komponente,
- Vektoren als Tensoren der Stufe 1 mit $n^1 = n$ Komponenten und
- eigentliche Tensoren als Tensoren der Stufe ≥ 2 mit $n^2, n^3 \ldots$ Komponenten.

Hinsichtlich ihrer Transformationseigenschaften gilt, dass

- jeder Vektor $\boldsymbol{a}$ einem Vektor $\boldsymbol{b}$ den Skalar $\boldsymbol{a} \cdot \boldsymbol{b}$ und
- jeder Tensor $\boldsymbol{M}$ einem Vektor $\boldsymbol{a}$ den Vektor $\boldsymbol{b}$ zuordnen.

Im Folgenden werden wir nur Tensoren der Stufe 2 behandeln.

11.2.4 Beispiele aus der Vektorrechnung

Axiale Vektoren

- Das Kreuzprodukt $\boldsymbol{a} \times \boldsymbol{b}$ ist ein axialer Vektor. Gemäß (2.21) gilt

$$\begin{pmatrix} a_y b_z - a_z b_y \\ a_z b_x - a_x b_z \\ a_x b_y - a_y b_x \end{pmatrix} = \begin{pmatrix} 0 & -a_z & a_y \\ a_z & 0 & -a_x \\ -a_y & a_x & 0 \end{pmatrix} \begin{pmatrix} b_x \\ b_y \\ b_z \end{pmatrix} = - \begin{pmatrix} 0 & -b_z & b_y \\ b_z & 0 & -b_x \\ -b_y & b_x & 0 \end{pmatrix} \begin{pmatrix} a_x \\ a_y \\ a_z \end{pmatrix}.$$

Die maßgebenden Tensoren sind ersichtlich schiefsymmetrisch.

- Analog schreibt sich der 3-dimensionale Rotor $\boldsymbol{b} = \operatorname{rot} \boldsymbol{a}$ gemäß (4.26) in der Form

$$\begin{pmatrix} b_x \\ b_y \\ b_z \end{pmatrix} = \begin{pmatrix} 0 & -\frac{\partial}{\partial z} & \frac{\partial}{\partial y} \\ \frac{\partial}{\partial z} & 0 & -\frac{\partial}{\partial x} \\ -\frac{\partial}{\partial y} & \frac{\partial}{\partial x} & 0 \end{pmatrix} \begin{pmatrix} a_x \\ a_y \\ a_z \end{pmatrix}. \tag{11.20}$$

Der Rotor ist mithin ein schiefsymmetrischer Tensor, der ein Vektorfeld $\boldsymbol{a}$ in ein Vektorfeld $\boldsymbol{b}$ transformiert. Dieses Beispiel zeigt übrigens, dass auch Differenzialoperatoren als Tensorkomponenten auftreten können.

Koordinatentransformation

Der Übergang (6.3) von kartesischen zu orthogonal-krummlinigen Koordinaten lautet in Tensorschreibweise

$$\begin{pmatrix} dx \\ dy \\ dz \end{pmatrix} = \begin{pmatrix} \frac{\partial x}{\partial u} & \frac{\partial x}{\partial v} & \frac{\partial x}{\partial w} \\ \frac{\partial y}{\partial u} & \frac{\partial y}{\partial v} & \frac{\partial y}{\partial w} \\ \frac{\partial z}{\partial u} & \frac{\partial z}{\partial v} & \frac{\partial z}{\partial w} \end{pmatrix} \begin{pmatrix} du \\ dv \\ dw \end{pmatrix} = \underbrace{\begin{pmatrix} U\frac{\partial x}{\partial u} & V\frac{\partial x}{\partial v} & W\frac{\partial x}{\partial w} \\ U\frac{\partial y}{\partial u} & V\frac{\partial y}{\partial v} & W\frac{\partial y}{\partial w} \\ U\frac{\partial z}{\partial u} & V\frac{\partial z}{\partial v} & W\frac{\partial z}{\partial w} \end{pmatrix}}_{\boldsymbol{M}} \begin{pmatrix} \frac{du}{U} \\ \frac{dv}{V} \\ \frac{dw}{W} \end{pmatrix}. \tag{11.21}$$

Hierbei gilt wegen (6.9) $\det \boldsymbol{M} = 1$.

11.2.5 Beispiele aus der Physik

Kristalloptik

In *isotropen* Medien ist die Permittivität ε eine skalare Materialkonstante, so dass dort elektrische Flussdichte $\boldsymbol{D}$ und elektrische Feldstärke $\boldsymbol{E}$ parallele Vektoren sind: $\boldsymbol{D} = \varepsilon \boldsymbol{E}$. In *anisotropen* Körpern (Kristallen) tritt an die Stelle des Skalars ε ein symmetrischer Tensor $(\varepsilon_{ij}) = (\varepsilon_{ji})$ mit achsenabhängigen Komponenten:

$$D_i = \sum_{i=1}^{3} \varepsilon_{ij} E_j. \tag{11.22}$$

Stereomechanik

Ein starrer Körper rotiere mit der Drehgeschwindigkeit

$$\boldsymbol{w} = \sum_{j=1}^{3} \boldsymbol{w}_j = \sum_{j=1}^{3} w_j \boldsymbol{e}_j \tag{11.23}$$

um eine feste Achse durch den Nullpunkt. Dann gilt für die Geschwindigkeit $\dot{\boldsymbol{r}}$ des Körperpunkts $\boldsymbol{r}$ bekanntlich $\dot{\boldsymbol{r}} = \boldsymbol{w} \times \boldsymbol{r}$ und für den Drall $d\boldsymbol{L}$ des dortigen Massenelements dm

$$d\boldsymbol{L} = dm(\boldsymbol{r} \times \dot{\boldsymbol{r}}) = dm[\boldsymbol{r} \times (\boldsymbol{w} \times \boldsymbol{r})]. \tag{11.24}$$

Seine i-Komponente lautet

$$\begin{aligned} \boldsymbol{e}_i \cdot d\boldsymbol{L} = dL_i = dm\, \boldsymbol{e}_i \cdot [\boldsymbol{r} \times (\boldsymbol{w} \times \boldsymbol{r})] &= dm(\boldsymbol{e}_i \times \boldsymbol{r}) \cdot (\boldsymbol{w} \times \boldsymbol{r}) \\ &= dm(\boldsymbol{e}_i \times \boldsymbol{r}) \cdot \sum_{j=1}^{3} (\boldsymbol{e}_j \times \boldsymbol{r}) w_j. \end{aligned}$$

Integration über alle Massenelemente dm ergibt mit der Abkürzung

$$\theta_{ij} \equiv \int (\boldsymbol{e}_i \times \boldsymbol{r}) \cdot (\boldsymbol{e}_j \times \boldsymbol{r})\, dm \equiv \theta_{ji} \tag{11.25}$$

wegen der Homogenität von $\boldsymbol{w}$

$$L_i = \sum_{j=1}^{3} \theta_{ij} w_j \quad \text{oder in Tensorschreibweise} \quad \underline{\boldsymbol{L}} = \underbrace{\begin{pmatrix} \theta_{11} & \theta_{12} & \theta_{13} \\ \theta_{21} & \theta_{22} & \theta_{23} \\ \theta_{31} & \theta_{32} & \theta_{33} \end{pmatrix}}_{\text{Trägheitstensor } \boldsymbol{\Theta}} \underline{\boldsymbol{w}}.$$

Die Komponenten θ_{ij} des offensichtlich symmetrischen Trägheitstensors heißen für $i = j$ Trägheitmomente[2] um die j-Achse und für $i \neq j$ Deviations- oder Zentrifugalmomente.

Aufgabe 11.6 Bestimmen Sie die Komponenten des Trägheitstensors in kartesischen Koordinaten!

[2] Der Begriff stammt von Euler.

Aufgabe 11.7 Gegeben sei der Trägheitstensor $\boldsymbol{\Theta}$ eines Körpers bezogen auf seinen Schwerpunkt $\boldsymbol{r}_0 = 0$. Bestimmen Sie den Trägheitstensor $\boldsymbol{\Theta}'$ desselben Körpers bezogen auf den Punkt $\boldsymbol{a}$!

Elastomechanik

Bei der Verformung eines 3-dimensionalen Körpers verschiebt sich ein Massepunkt vom Ort $\boldsymbol{r}$ nach $\boldsymbol{r}+\boldsymbol{s}(\boldsymbol{r})$. Die individuelle Verschiebung $\boldsymbol{s}(\boldsymbol{r})$ ändert sich zwischen den Nachbarorten $\boldsymbol{r}$ und $\boldsymbol{r}+d\boldsymbol{r}$ um $d\boldsymbol{s} = \boldsymbol{s}(\boldsymbol{r}+d\boldsymbol{r}) - \boldsymbol{s}(\boldsymbol{r})$. Für ihre i. Komponente gilt:

$$ds_i = \frac{\partial s_i}{\partial x_1}dx_1 + \frac{\partial s_i}{\partial x_2}dx_2 + \ldots + \frac{\partial s_i}{\partial x_n}dx_n = \sum_{j=1}^{3} \frac{\partial s_i}{\partial x_j}dx_j, \tag{11.26}$$

wobei $x_1 = x$, $x_2 = y$, $x_3 = z$ bedeuten. Die gesamte Änderung des Verschiebungsfelds ergibt sich im Einklang mit (4.36) zu

$$d\boldsymbol{s} = \sum_{i=1}^{3}\sum_{j=1}^{3} \boldsymbol{e}_i \frac{\partial s_i}{\partial x_j}dx_j = \underbrace{\left(\sum_{j=1}^{n} dx_j \frac{\partial}{\partial x_j}\right)}_{d\boldsymbol{r}\cdot\nabla} \boldsymbol{s}. \tag{11.27}$$

Der im Allgemeinen unsymmetrische, sog. Verschiebungstensor $(\frac{\partial s_i}{\partial x_j})$ hat einen symmetrischen und einen schiefsymmetrischen Bestandteil:

$$\left(\frac{\partial s_i}{\partial x_j}\right) = \frac{1}{2}\left(\frac{\partial s_i}{\partial x_j} + \frac{\partial s_j}{\partial x_i}\right) + \frac{1}{2}\left(\frac{\partial s_i}{\partial x_j} - \frac{\partial s_j}{\partial x_i}\right). \tag{11.28}$$

Der symmetrische Teil

$$\boldsymbol{V} \equiv \frac{1}{2}\left(\frac{\partial s_i}{\partial x_j} + \frac{\partial s_j}{\partial x_i}\right) \tag{11.29}$$

heißt Verzerrungstensor. Seine Spur, d. h. die Summe seiner Diagonalelemente, beträgt

$$\sum_{i=1}^{3} \frac{\partial s_i}{\partial x_i} = \operatorname{div} \boldsymbol{s} \tag{11.30}$$

und gibt die relative Volumänderung an.

Der schiefsymmetrische Tensor lautet

$$\frac{1}{2}\left(\frac{\partial s_i}{\partial x_j} - \frac{\partial s_j}{\partial x_i}\right) = \frac{1}{2}\begin{pmatrix} 0 & -\boldsymbol{e}_3\cdot\operatorname{rot}\boldsymbol{s} & \boldsymbol{e}_2\cdot\operatorname{rot}\boldsymbol{s} \\ \boldsymbol{e}_3\cdot\operatorname{rot}\boldsymbol{s} & 0 & -\boldsymbol{e}_1\cdot\operatorname{rot}\boldsymbol{s} \\ -\boldsymbol{e}_2\cdot\operatorname{rot}\boldsymbol{s} & \boldsymbol{e}_1\cdot\operatorname{rot}\boldsymbol{s} & 0 \end{pmatrix}$$

$$\Rightarrow \quad \sum_{j=1}^{3}\left(\frac{\partial s_i}{\partial x_j} - \frac{\partial s_j}{\partial x_i}\right)dx_j = \sum_{j=1}^{3}\left[(\boldsymbol{e}_j \times \boldsymbol{e}_i)\cdot\operatorname{rot}\boldsymbol{s}\right]dx_j = (\operatorname{rot}\boldsymbol{s} \times d\boldsymbol{r})\cdot\boldsymbol{e}_i.$$

Zusammenfassend ergibt sich der von Helmholtz 1858 gefundene Fundamentalsatz der Kinematik verformbarer Körper: Die elementare Verschiebung eines Körperelements besteht in einer linearen Verzerrung (Streckung oder Stauchung) in $x-, y-, z-$Richtung, darstellbar durch

$$d\underline{\boldsymbol{s}}' = \boldsymbol{V}\, d\underline{\boldsymbol{r}} \tag{11.31}$$

und einer Drehung, darstellbar durch den axialen Vektor

$$d\boldsymbol{s}'' = \frac{1}{2}(\operatorname{rot} \boldsymbol{s} \times d\boldsymbol{r}). \tag{11.32}$$

11.2.6 Tensortransformation

Wir suchen die Bedingung, unter der die durch

$$\underline{\boldsymbol{b}} = \boldsymbol{M}\underline{\boldsymbol{a}} \tag{11.33}$$

im Bezugssystem S beschriebene Zuordnung der Vektoren $\boldsymbol{a}$ und $\boldsymbol{b}$ beim Übergang zu einem anderen Bezugssystem S' erhalten bleibt. Dabei möge sich die Vektordarstellung (Komponentenzerlegung) gemäß

$$\underline{\boldsymbol{a}}' = \boldsymbol{C}\underline{\boldsymbol{a}} \quad \text{und} \quad \underline{\boldsymbol{b}}' = \boldsymbol{C}\underline{\boldsymbol{b}} \tag{11.34}$$

ändern, so dass die Zuordnung im System S' die Form

$$\boldsymbol{C}^{-1}\underline{\boldsymbol{b}}' = \boldsymbol{M}\boldsymbol{C}^{-1}\underline{\boldsymbol{a}}' \quad \Rightarrow \quad \underline{\boldsymbol{b}}' = \underbrace{\boldsymbol{C}\boldsymbol{M}\boldsymbol{C}^{-1}}_{\boldsymbol{M}'}\underline{\boldsymbol{a}}' \tag{11.35}$$

gewinnt. $\boldsymbol{M}'$ sei der im System S' maßgebende Tensor. Die gefundene Transformationseigenschaft $\boldsymbol{M}' = \boldsymbol{C}\boldsymbol{M}\boldsymbol{C}^{-1}$ zeichnet Tensoren vor anderen Matrizen aus. Symmetrische Tensoren bleiben symmetrisch. $\boldsymbol{M}$ und $\boldsymbol{C}\boldsymbol{M}\boldsymbol{C}^{-1}$ sind äquivalente oder ähnliche Tensoren; sie stellen dieselbe Transformation dar, haben denselben Rang und dieselbe Determinante:

$$\det \boldsymbol{M}' = \det \boldsymbol{C} \cdot \det \boldsymbol{M} \cdot \underbrace{\det \boldsymbol{C}^{-1}}_{(\det \boldsymbol{C})^{-1}} = \det \boldsymbol{M}. \tag{11.36}$$

Das Tensorkriterium von $\boldsymbol{M}'$ folgt auch unmittelbar aus dem von $\boldsymbol{C}$ und $\boldsymbol{M}$; denn mit

$$\boldsymbol{C} = \left(\frac{\partial b'_k}{\partial b_i}\right), \quad \boldsymbol{M} = \left(\frac{\partial b_i}{\partial a_j}\right) \quad \text{und} \quad \boldsymbol{C}^{-1} = \left(\frac{\partial a_j}{\partial a'_l}\right) \tag{11.37}$$

lautet das Produkt $\boldsymbol{C}\boldsymbol{M}\boldsymbol{C}^{-1} = \boldsymbol{M}'$ in Komponentenschreibweise

$$\sum_{i=1}^{n}\sum_{j=1}^{n} \frac{\partial b'_k}{\partial b_i}\frac{\partial b_i}{\partial a_j}\frac{\partial a_j}{\partial a'_l} = \frac{\partial b'_k}{\partial a'_l} \equiv m'_{kl}. \tag{11.38}$$

Man kann sich geometrisch vorstellen, dass $\boldsymbol{M}$ und $\boldsymbol{C}$ Drehungen bewirken. Erfolgen diese um dieselbe Achse, sind $\boldsymbol{M}$ und $\boldsymbol{C}$ vertauschbar; sie bilden eine sog. abelsche[3] Gruppe:

$$\boldsymbol{MC} = \boldsymbol{CM} \quad \Rightarrow \quad \boldsymbol{M}' = \boldsymbol{M}. \tag{11.39}$$

Z. B. mögen die Tensoren

$$\boldsymbol{M} = \begin{pmatrix} \cos\alpha & \sin\alpha \\ -\sin\alpha & \cos\alpha \end{pmatrix} \quad \text{und} \quad \boldsymbol{C} = \begin{pmatrix} \cos\beta & \sin\beta \\ -\sin\beta & \cos\beta \end{pmatrix} \tag{11.40}$$

einen polaren Vektor $\boldsymbol{a} = a_x\boldsymbol{e}_x + a_y\boldsymbol{e}_y$ um die z-Achse drehen. Der Übergang $\boldsymbol{a} \to \boldsymbol{b}$ bedeute eine Drehung um den Winkel α und der Übergang $\boldsymbol{b} \to \boldsymbol{b}'$ eine weitere Drehung um den Winkel β. Man überzeugt sich leicht von der Vertauschbarkeit

$$\boldsymbol{CM} = \begin{pmatrix} \cos(\alpha+\beta) & \sin(\alpha+\beta) \\ -\sin(\alpha+\beta) & \cos(\alpha+\beta) \end{pmatrix} = \boldsymbol{MC}. \tag{11.41}$$

11.3 Orthogonale lineare Transformation

11.3.1 Transformation n-dimensionaler Bezugssysteme

Besonderes Interesse verdienen lineare Koordinatentransformationen des polaren Vektors $\boldsymbol{a} \to \boldsymbol{a}'$ von einem Bezugssystem $S(\boldsymbol{e}_1, \boldsymbol{e}_2, \ldots \boldsymbol{e}_n)$ in ein anderes Bezugssystem $S'(\boldsymbol{e}_1', \boldsymbol{e}_2', \ldots \boldsymbol{e}_n')$, wenn dabei das Betragsquadrat in der Form $|\boldsymbol{a}|^2 = \sum_{i=1}^n a_i^2$ invariant bleibt. Somit gelten für den maßgebenden Tensor $\boldsymbol{M}$ die Gleichungen (siehe Aufgabe 2.2)

$$\underline{\boldsymbol{a}}' = \boldsymbol{M}\underline{\boldsymbol{a}} \quad \text{und} \quad \underline{\boldsymbol{a}}'^T\underline{\boldsymbol{a}}' = \underline{\boldsymbol{a}}^T\underline{\boldsymbol{a}}. \tag{11.42}$$

Daraus folgt angesichts der Identität $\underline{\boldsymbol{a}}'^T = (\boldsymbol{M}\underline{\boldsymbol{a}})^T = \underline{\boldsymbol{a}}^T\boldsymbol{M}^T$ unmittelbar

$$\underline{\boldsymbol{a}}'^T\underline{\boldsymbol{a}}' = \underline{\boldsymbol{a}}^T\boldsymbol{M}^T\boldsymbol{M}\underline{\boldsymbol{a}} \quad \Rightarrow \quad \boldsymbol{M}^T\boldsymbol{M} = \boldsymbol{E} \quad \Rightarrow \quad \boldsymbol{M}^T = \boldsymbol{M}^{-1} \tag{11.43}$$

und für die zugehörige Determinante wegen $\det \boldsymbol{M}^T = \det \boldsymbol{M}$

$$\det \boldsymbol{M} = \pm 1. \tag{11.44}$$

Derartige Transformationen und ihre Tensoren heißen orthogonal. Es handelt sich nämlich geometrisch um die n-dimensionale Drehung eines rechtwinkligen in ein anderes rechtwinkliges System um den gemeinsamen Nullpunkt. Dies

[3]Niels Henrik Abel (1802-1829), norwegischer Mathematiker

erklärt die pythagoräische Form des Betragsquadrats $|\boldsymbol{a}|^2$ (siehe auch Kap. 3.4.2).

Es leuchtet ein, dass eine orthogonale Transformation alle polaren Vektoren um den gleichen Winkel dreht (vgl. Aufgabe 11.2), so dass nicht nur $|\boldsymbol{a}|^2$ und $|\boldsymbol{b}|^2$, sondern auch $\boldsymbol{a} \cdot \boldsymbol{b}$ invariant bleiben. Diese Dreheigenschaft ist typisch für orthogonale Transformationen. So heißen alle Vektoren $\boldsymbol{a}$ und Skalare Φ bei Drehungen $S \to S'$ invariant, wenn sie sich gemäß

$$\boldsymbol{a}(\boldsymbol{r}) = \boldsymbol{a}'(\boldsymbol{r}') \quad \text{bzw.} \quad \Phi(\boldsymbol{r}) = \Phi'(\boldsymbol{r}') \tag{11.45}$$

transformieren. Diesem Kriterium genügen sogar die Operatoren ∇ und $\nabla \cdot \nabla = \Delta$, in aller Regel aber kein axialer Vektor $\boldsymbol{a} \times \boldsymbol{b}$ oder $\nabla \times \boldsymbol{a}$; er lässt sich ja nur für $n = 3$ wie ein polarer Vektor behandeln (Aufgaben 11.10 und 11.11).

Wenn im Dreidimensionalen S und S' beide *Rechts-* oder beide *Links*systeme sind, gilt $\det \boldsymbol{M} = 1$, während der Fall $\det \boldsymbol{M} = -1$ die Transformation von einem Rechts- in ein Linkssystem (oder umgekehrt) kennzeichnet. Dazu genügt die Inversion einer oder dreier Koordinatenachsen, z. B.

$$\begin{pmatrix} a_1' \\ a_2' \\ a_3' \end{pmatrix} = \begin{pmatrix} -a_1 \\ \pm a_2 \\ \pm a_3 \end{pmatrix} \quad \Rightarrow \quad \boldsymbol{M} = \begin{pmatrix} -1 & 0 & 0 \\ 0 & \pm 1 & 0 \\ 0 & 0 & \pm 1 \end{pmatrix}; \ \det \boldsymbol{M} = -1. \tag{11.46}$$

In Komponentenschreibweise ergibt sich übrigens aus

$$a_k' = \sum_{i=1}^{n} m_{ki} a_i \quad \text{und} \quad \sum_{k=1}^{n} a_k'^2 = \sum_{i=1}^{n} a_i^2 \tag{11.47}$$

im Einklang mit (11.43)

$$\sum_{k=1}^{n} \sum_{i=1}^{n} \sum_{j=1}^{n} m_{ki} a_i m_{kj} a_j = \sum_{i=1}^{n} \sum_{j=1}^{n} a_i a_j \delta_{ij} \quad \Rightarrow \quad \sum_{k=1}^{n} \underbrace{m_{ki}}_{m_{ik}^T} m_{kj} = \delta_{ij}. \tag{11.48}$$

Folglich genügen die aus den Komponenten m_{ki} der Tensorspalte i gebildeten Vektoren $\boldsymbol{m}_i \equiv \sum_{k=1}^{n} m_{ki} \boldsymbol{e}_k$ den Bedingungen $\boldsymbol{m}_i \cdot \boldsymbol{m}_j = \delta_{ij}$. Sie stehen paarweise aufeinander senkrecht und haben den Betrag $|\boldsymbol{m}_i| = 1$, was sie als Einsvektoren ausweist. Dasselbe gilt für die aus den Komponenten m_{jl} der Tensorzeile j analog gebildeten Vektoren.

Die Tensorkomponenten sind die aus Kap. 3.4.2 bekannten Richtungskosinusse.

Aufgabe 11.8 Ist der Tensor $\boldsymbol{M} = \begin{pmatrix} \cos\alpha & \sin\alpha \\ -\sin\alpha & \cos\alpha \end{pmatrix}$ symmetrisch, schiefsymmetrisch, orthogonal?

Aufgabe 11.9 Beweisen Sie, dass jede orthogonale Transformation $\underline{\boldsymbol{a}}' = \boldsymbol{M}\underline{\boldsymbol{a}}$ eines polaren Vektors $\boldsymbol{a}$ in der Form $\underline{\boldsymbol{a}} = \boldsymbol{M}^T\underline{\boldsymbol{a}}'$ umkehrbar ist!

Aufgabe 11.10 Zeigen Sie die Invarianz

1. des Punktprodukts $\boldsymbol{a} \cdot \boldsymbol{b}$ zweier polarer Vektoren $\boldsymbol{a}$ und $\boldsymbol{b}$,
2. des Nabla- und Delta-Operators sowie
3. des Skalars $\operatorname{div} \boldsymbol{a}$

bei orthogonalen Transformationen!

Aufgabe 11.11 Beweisen Sie die Invarianz des Kreuzprodukts $\boldsymbol{a} \times \boldsymbol{b}$ zweier 3-dimensionaler, polarer Vektoren $\boldsymbol{a}$ und $\boldsymbol{b}$ bei orthogonalen Transformationen!

Aufgabe 11.12 Bestimmen Sie den Operator $\boldsymbol{M}$, der in der Ebene $z = 0$ dem Vektor $\boldsymbol{a}$ einen dazu senkrechten Vektor $\boldsymbol{b}$ mit f-fachem Betrag zuordnet!

Aufgabe 11.13 Berechnen Sie $|d\boldsymbol{r}|^2$ aus (11.21)!

Aufgabe 11.14 Transformieren Sie den Ortsvektor

$$\boldsymbol{r} = r\left[\boldsymbol{e}_x \cos(\alpha+\beta) + \boldsymbol{e}_y \sin(\alpha+\beta)\right] \text{ in } \boldsymbol{r}' = r\left[\boldsymbol{e}_x \cos\beta + \boldsymbol{e}_y \sin\beta\right]$$

im festen Bezugssystem S!

11.3.2 Lorentz-Transformation

Michelson[4] entdeckte 1881, dass die Lichtgeschwindigkeit c auf der Erde trotz deren Eigenbewegung in allen Himmelsrichtungen gleich ist, also nicht vom Bezugssystem abhängt. Diese Isotropie der Lichtausbreitung bestätigte Maxwells Elektrodynamik, erschütterte hingegen Fresnels[5] Weltäther-Hypothese, ja sogar Newtons Relativitätsprinzip. Wie war das zu verstehen?

Erst 1905 gelang Einstein im Rahmen seiner Speziellen Relativitätstheorie die Lösung des Problems, indem er Newtons Postulat der absoluten (d. h. systemunabhängigen) Zeit aufgab und jedem Bezugssystem eine eigene Zeit zuordnete.

[4] Albert Abraham Michelson (1852-1931), deutsch-amerikanischer Physiker und 1. US-Nobelpreisträger (1907). Er unternahm seinen berühmten Versuch 1881 in Potsdam und wiederholte ihn 1887 mit E. W. Morley in Cleveland (Ohio).

[5] Augustin Jean Fresnel (1788-1827), französischer Ingenieur und Physiker

1908 deutete Einsteins Züricher Lehrer Minkowski[6] die Spezielle Relativitätstheorie als Physik in einem 4-dimensionalen, pseudo-euklidischen Raum mit den 4 rechtwinkligen Koordinaten

$$x_1 = x, \quad x_2 = y, \quad x_3 = z, \quad x_4 = ict, \tag{11.49}$$

wobei t die Zeit bezeichnete. Zu den 3 kartesischen Koordinaten x, y, z trat nunmehr $x_4 = ict$ als imaginäre 4. Koordinate hinzu, womit die Zeit ihre Sonderrolle verlor. In dieser sog. Minkowski-Welt gehörte zu jedem raum-zeitlichen Zustand ein 4-dimensionaler Ortsvektor

$$\boldsymbol{R} = x_1\boldsymbol{e}_1 + x_2\boldsymbol{e}_2 + x_3\boldsymbol{e}_3 + x_4\boldsymbol{e}_4, \tag{11.50}$$

der bei jeder raum-zeitlichen Änderung eine sog. Weltlinie beschrieb. In diesem Sinne galten alle raum-zeitlichen Vorgänge als rein geometrische Veränderungen in einer 4-dimensionalen Welt.

Wir betrachten die beiden relativ zueinander gradlinig und gleichförmig bewegten Bezugssysteme $S(x, y, z, ict)$ und $S'(x', y', z', ict')$. In dem Augenblick, wo ihre Nullpunkte zusammenfallen, möge dort ein Lichtblitz entstehen. Er breitet sich nach Michelson unabhängig vom Bezugssystem kugelförmig mit der einheitlichen Lichtgeschwindigkeit c aus:

$$x^2 + y^2 + z^2 - c^2t^2 = 0 = x'^2 + y'^2 + z'^2 - c^2t'^2 \quad \Rightarrow \quad \boldsymbol{R}^2 = \boldsymbol{R}'^2 = 0. \tag{11.51}$$

Diese Invariante weist den Übergang $S' \to S$ als orthogonale Koordinatentransformation $\underline{\boldsymbol{R}}' = \boldsymbol{M}\underline{\boldsymbol{R}}$ aus. Dabei mögen der Einfachheit halber y und z unverändert bleiben. Somit gilt

$$\begin{pmatrix} x' \\ y' \\ z' \\ ict' \end{pmatrix} = \begin{pmatrix} m_{11} & 0 & 0 & m_{14} \\ 0 & 1 & 0 & 0 \\ 0 & 0 & 1 & 0 \\ m_{41} & 0 & 0 & m_{44} \end{pmatrix} \begin{pmatrix} x \\ y \\ z \\ ict \end{pmatrix} \tag{11.52}$$

und für die Tensorkomponenten gemäß (11.48)

$$m_{11}^2 + m_{41}^2 = m_{14}^2 + m_{44}^2 = 1, \quad m_{11}m_{14} + m_{41}m_{44} = 0. \tag{11.53}$$

Wenn S und S' beide Rechtssysteme sein sollen, tritt die Voraussetzung

$$\det \boldsymbol{M} = +1 \quad \Rightarrow \quad m_{11}m_{44} - m_{14}m_{41} = 1 \tag{11.54}$$

hinzu. Daraus folgen die Relationen $m_{41} = -m_{14}$ und $m_{44} = m_{11}$; sie führen zu

$$x' = m_{11}\left(x + ic\frac{m_{14}}{m_{11}}t\right) \quad \text{und} \quad t' = m_{11}\left(t + \frac{i}{c}\frac{m_{14}}{m_{11}}x\right). \tag{11.55}$$

[6] Hermann Minkowski (1864-1909), baltendeutscher Mathematik-Professor in Königsberg, Zürich und Göttingen

Ein im System S' ruhender Punkt ($x' = \text{const}$) hat relativ zur x-Achse des Systems S offenbar die Geschwindigkeit $v = \frac{dx}{dt} = -ic\frac{m_{14}}{m_{11}}$. Daraus gewinnt man leicht

$$m_{11} = \pm\frac{1}{\sqrt{1-\frac{v^2}{c^2}}} \tag{11.56}$$

und erhält schließlich die Transformationsformeln

$$x' = \frac{x - vt}{\sqrt{1-\frac{v^2}{c^2}}}, \quad y' = y, \quad z' = z, \quad t' = \frac{t - \frac{v}{c^2}x}{\sqrt{1-\frac{v^2}{c^2}}}. \tag{11.57}$$

Das gewählte m_{11}-Vorzeichen passt zur naheliegenden Bedingung $\boldsymbol{R}' = \boldsymbol{R}$ für $v = 0$. Für die umgekehrte Transformation $S \to S'$ gilt

$$x = \frac{x' + vt'}{\sqrt{1-\frac{v^2}{c^2}}}, \quad y = y', \quad z = z', \quad t = \frac{t' + \frac{v}{c^2}x'}{\sqrt{1-\frac{v^2}{c^2}}}. \tag{11.58}$$

Man spricht i. A. von der Lorentz-Transformation, weil vor allem Lorentz, Larmor[7] und Poincaré schon etwa 10 Jahre vor Einstein mit derartigen Formeln operierten. Sie entsprangen indes keiner bahnbrechenden Idee, sondern dem beharrlichen Versuch, die Isotropie der Lichtausbreitung mit Äther-Hypothese und klassischem Relativitätsprinzip in Einklang zu bringen.

Übrigens verschwindet der Unterschied zwischen der relativistischen Lorentz- und der klassischen Galilei-Transformation (3.48) sichtlich für $\frac{v}{c} \to 0$.

Weitere Invarianten

Ergänzend sei noch gezeigt, dass neben $|\boldsymbol{R}|$ auch das Weltlinienelement $|d\boldsymbol{R}|$ eine Invariante der Lorentz-Transformation ist. Die Invarianz des 4-dimensionalen Abstands vom Systemursprung 0 soll ja für jeden Weltpunkt, also nicht nur für $\boldsymbol{R}$, sondern z. B. auch für $\boldsymbol{R} + d\boldsymbol{R}$ gelten:

$$\boldsymbol{R}^2 = \boldsymbol{R}'^2 \quad \text{und} \quad (\boldsymbol{R} + d\boldsymbol{R})^2 = (\boldsymbol{R}' + d\boldsymbol{R}')^2.$$

Daraus folgt wegen $\boldsymbol{R} \cdot d\boldsymbol{R} = \boldsymbol{R}' \cdot d\boldsymbol{R}'$ mühelos $|d\boldsymbol{R}|^2 = \left|d\boldsymbol{R}'\right|^2$.

Zum gleichen Ergebnis führt die Überlegung, dass alle polaren Vektoren, also neben $\boldsymbol{R}$ auch $d\boldsymbol{R}$, derselben orthogonalen Transformation unterliegen: $d\underline{\boldsymbol{R}}' = \boldsymbol{M}\, d\underline{\boldsymbol{R}}$. Deshalb berechnet sich das Quadrat des Weltlinienelements wegen (11.43) zu:

$$d\underline{\boldsymbol{R}}'^T\, d\underline{\boldsymbol{R}}' = \left|d\boldsymbol{R}'\right|^2 = |d\boldsymbol{R}|^2 .$$

[7] Joseph Larmor (1857-1942), britischer Physiker

Die durch das physikalische Modell bestimmten Bahnwerte von $\boldsymbol{R}^2$ und $|d\boldsymbol{R}|^2$, die $\gtreqless 0$ sein können, sind für die Lorentz-Transformation belanglos; so beschreibt z. B. $\boldsymbol{R}^2 = 0$ lediglich das oben behandelte Modell der Lichtausbreitung.

Mit dem Linienelement $|d\boldsymbol{R}|$ ist offenbar auch die sog. minkowskische Eigenzeit

$$d\tau \equiv \frac{|d\boldsymbol{R}|}{ic} = \frac{\sqrt{dx^2 + dy^2 + dz^2 - c^2 dt^2}}{ic} \tag{11.59a}$$

$$= \sqrt{1 - \frac{1}{c^2}\left[\left(\frac{dx}{dt}\right)^2 + \left(\frac{dy}{dt}\right)^2 + \left(\frac{dz}{dt}\right)^2\right]}\, dt = \sqrt{1 - \frac{v^2}{c^2}}\, dt \tag{11.59b}$$

eine Lorentzinvariante.

Anwendung in der Elektrodynamik

Im ruhenden System S induziert jede zeitliche Änderung der magnetischen Flussdichte $\boldsymbol{B}$ ein elektrisches Wirbelfeld $\boldsymbol{E}$ gemäß (4.87):

$$\frac{\partial \boldsymbol{B}}{\partial t} = -\operatorname{rot} \boldsymbol{E}. \tag{11.60}$$

In x-Richtung gilt speziell

$$\frac{\partial B_x}{\partial t} = \frac{\partial E_y}{\partial z} - \frac{\partial E_z}{\partial y}. \tag{11.61}$$

Was misst man im bewegten System S'?

Wir transformieren das spezielle Induktionsgesetz nach Lorentz und finden mit Hilfe der Formeln

$$\frac{\partial}{\partial t} = \frac{\partial}{\partial x'}\frac{\partial x'}{\partial t} + \frac{\partial}{\partial y'}\underbrace{\frac{\partial y'}{\partial t}}_{0} + \frac{\partial}{\partial z'}\underbrace{\frac{\partial z'}{\partial t}}_{0} + \frac{\partial}{\partial t'}\frac{\partial t'}{\partial t},$$

$$\frac{\partial}{\partial y} = \frac{\partial}{\partial y'}, \quad \frac{\partial}{\partial z} = \frac{\partial}{\partial z'}, \quad \frac{\partial x'}{\partial t} = -\frac{v}{\sqrt{1 - \frac{v^2}{c^2}}}, \quad \frac{\partial t'}{\partial t} = \frac{1}{\sqrt{1 - \frac{v^2}{c^2}}}$$

als Zwischenergebnis mühelos

$$\frac{1}{\sqrt{1 - \frac{v^2}{c^2}}}\left(\frac{\partial B_x}{\partial t'} - v\frac{\partial B_x}{\partial x'}\right) = \frac{\partial E_y}{\partial z'} - \frac{\partial E_z}{\partial y'}. \tag{11.62}$$

Die allgemeine Quellenfreiheit der magnetischen Flussdichte

$$\operatorname{div} \boldsymbol{B} = 0 \quad \Rightarrow \quad \frac{\partial B_x}{\partial x} + \frac{\partial B_y}{\partial y} + \frac{\partial B_z}{\partial z} = 0 \tag{11.63}$$

transformiert sich nach Lorentz gemäß

$$\frac{\partial B_x}{\partial x'}\frac{\partial x'}{\partial x} + \frac{\partial B_x}{\partial t'}\frac{\partial t'}{\partial x} + \frac{\partial B_y}{\partial y'} + \frac{\partial B_z}{\partial z'} = 0 \tag{11.64}$$

und gewinnt angesichts der Relationen

$$\frac{\partial x'}{\partial x} = \frac{1}{\sqrt{1-\frac{v^2}{c^2}}} \quad \text{und} \quad \frac{\partial t'}{\partial x} = -\frac{\frac{v}{c^2}}{\sqrt{1-\frac{v^2}{c^2}}} \tag{11.65}$$

die Form

$$\frac{1}{\sqrt{1-\frac{v^2}{c^2}}}\frac{\partial B_x}{\partial x'} = \frac{\frac{v}{c^2}}{\sqrt{1-\frac{v^2}{c^2}}}\frac{\partial B_x}{\partial t'} - \frac{\partial B_y}{\partial y'} - \frac{\partial B_z}{\partial z'}. \tag{11.66}$$

Durch Einsetzen in unser Zwischenergebnis erhalten wir schließlich das transformierte Induktionsgesetz

$$\frac{\partial B_x}{\partial t'} = \frac{\partial}{\partial z'}\frac{E_y - vB_z}{\sqrt{1-\frac{v^2}{c^2}}} - \frac{\partial}{\partial y'}\frac{E_z + vB_y}{\sqrt{1-\frac{v^2}{c^2}}}. \tag{11.67}$$

Es lässt zweierlei erkennen:

1. entspricht es der Form im ungestrichenen System S, was durch Einführung der naheliegenden Abkürzungen

$$B_x \equiv B'_x, \quad \frac{E_y - vB_z}{\sqrt{1-\frac{v^2}{c^2}}} \equiv E'_y, \quad \frac{E_z + vB_y}{\sqrt{1-\frac{v^2}{c^2}}} \equiv E'_z \tag{11.68}$$

besonders augenfällig wird. Das Induktionsgesetz ist also bei Lorentz-Transformation invariant. Dies gilt – wie man schon vor Einstein wusste, ohne es richtig zu deuten – für die gesamte maxwellsche Elektrodynamik, jedoch nicht für die newtonsche Mechanik.

2. kann man $E'_y = \frac{(\boldsymbol{E}+\boldsymbol{v}\times\boldsymbol{B})\cdot\boldsymbol{e}_y}{\sqrt{1-\frac{v^2}{c^2}}}$ und $E'_z = \frac{(\boldsymbol{E}+\boldsymbol{v}\times\boldsymbol{B})\cdot\boldsymbol{e}_z}{\sqrt{1-\frac{v^2}{c^2}}}$ schreiben. Das von Lorentz 1895 eingeführte, allein durch Fortbewegung induzierte elektrische Feld $\boldsymbol{v} \times \boldsymbol{B}$ erfuhr erst im Rahmen der Relativitätstheorie seine systematische Begründung. Die spezielle Herleitung in Kap. 9.2.2 hatte physikalisch nie recht befriedigt.

Anwendung in der Mechanik

Das einsteinsche Relativitätsprinzip (1905) verlangt, dass nicht nur die Lichtausbreitung, sondern *jeder* physikalische Vorgang in den beiden Bezugssystemen S und S' dem gleichen, d. h. lorentzinvarianten Gesetz genügt. Es müssen dann natürlich alle Beobachter dieselben Messvorschriften anwenden, folglich alle vektoriellen Messgrößen 4-dimensional und lorentzinvariant sein.

Es galt also, die Mechanik von der 3-dimensionalen Galilei- auf die 4-dimensionale Lorentzinvarianz umzustellen. Wie war jetzt z. B. die Geschwindigkeit eines Körpers zu bestimmen? Der Ausdruck $\frac{d\boldsymbol{r}}{dt}$ wäre nicht 4-dimensional, $\frac{d\boldsymbol{R}}{dt}$ nicht lorentzinvariant. Einstein definierte den Vierervektor der Geschwindigkeit, die sog. Vierergeschwindigkeit, mit Hilfe der minkowskischen Eigenzeit (11.59) durch die Form

$$\boldsymbol{V} \equiv \frac{d\boldsymbol{R}}{dt}\frac{dt}{d\tau} = \frac{1}{\sqrt{1-\frac{v^2}{c^2}}}\Big(\underbrace{\frac{dx}{dt}\boldsymbol{e}_1 + \frac{dy}{dt}\boldsymbol{e}_2 + \frac{dz}{dt}\boldsymbol{e}_3}_{\boldsymbol{v}} + ic\boldsymbol{e}_4\Big), \tag{11.69}$$

die ausweislich ihres Betragsquadrats $|\boldsymbol{V}|^2 = -c^2$ lorentzinvariant ist.

Ein Körper mit der konstanten Masse m_0 hat demnach den Viererimpuls

$$\boldsymbol{P} \equiv \underbrace{\frac{m_0}{\sqrt{1-\frac{v^2}{c^2}}}}_{m}(\boldsymbol{v} + ic\boldsymbol{e}_4) = m(\boldsymbol{v} + ic\boldsymbol{e}_4), \tag{11.70}$$

wobei m_0 Ruhmasse und die v-abhängige Größe m gewöhnlich relativistische oder Impulsmasse heißen.

Die 3-dimensional räumliche Kraft lautet nun im System S abweichend von der Form des 2. newtonschen Axioms

$$\boldsymbol{F} \equiv \frac{d\boldsymbol{P}}{dt} = \frac{d(m\boldsymbol{v})}{dt} \neq m\frac{d\boldsymbol{v}}{dt}. \tag{11.71}$$

Damit sind der Impuls- und Energiesatz lorentzinvariant.

Aufgabe 11.15 Stellen Sie die Wellengleichungen (4.118) in den Koordinaten $x_1 = x$, $x_2 = y$, $x_3 = z$, $x_4 = ict$ dar!

Aufgabe 11.16 Wie lautet der die spezielle Lorentz-Transformation

$$\begin{pmatrix} x' \\ ict' \end{pmatrix} = \boldsymbol{M}_{\text{spez}} \begin{pmatrix} x \\ ict \end{pmatrix}$$

bestimmende Tensor $\boldsymbol{M}_{\text{spez}}$?

Aufgabe 11.17 Welche Geschwindigkeit $u = \frac{dx}{dt}$ misst ein im System S ruhender Beobachter eines Punkts, der im System S' die Geschwindigkeit $u' = \frac{dx'}{dt'}$ hat?

Aufgabe 11.18 Um welchen Winkel α dreht die Lorentz-Transformation das System S' gegenüber dem System S? Deuten Sie die relativistische Zusammensetzung zweier konstanter Geschwindigkeiten u' und v (Aufgabe 11.17) als Ergebnis zweier Lorentz-Transformationen!

Aufgabe 11.19 Welche kinetische Energie W_{kin} gewinnt ein Teilchen der Ruhmasse m_0 in der Zeitspanne t im Kraftfeld $\boldsymbol{F}$?

11.4 Nichteuklidische Geometrie

Die Lorentz-Transformation gilt lediglich für geradlinig und gleichförmig bewegte Bezugssysteme mit pseudo-euklidischer Geometrie, lässt also die überall wirkende Schwerkraft außer Acht. Einstein suchte nun allgemeinere Transformationen in beschleunigte, d. h. nichteuklidische Bezugssysteme, die die Form der physikalischen Gesetze invariant lassen. Der 4-dimensionale Raum – bisher durch die imaginäre Zeitachse schon unanschaulich genug – bekam jetzt auch noch eine Krümmung infolge der Schwerkraft.

Natürlich kann man in der Minkowski-Welt jeden raum-zeitlichen Zustand $\boldsymbol{R}$ nicht nur durch 4 rechtwinklige Koordinaten x_1, x_2, x_3, x_4, sondern auch 4 andere, nicht notwendig rechtwinklige Koordinaten u_1, u_2, u_3, u_4 eindeutig bestimmen, wenn es einen funktionalen Zusammenhang $x_k = x_k(u_1, u_2, u_3, u_4)$ für $k = 1, 2, 3, 4$ gibt. Dann gilt für jede raum-zeitliche Änderung

$$d\boldsymbol{R} = \sum_{k=1}^{4} \frac{\partial \boldsymbol{R}}{\partial x_k} dx_k = \sum_{k=1}^{4} \sum_{i=1}^{4} \frac{\partial \boldsymbol{R}}{\partial x_k} \frac{\partial x_k}{\partial u_i} du_i = \sum_{i=1}^{4} \frac{\partial \boldsymbol{R}}{\partial u_i} du_i \tag{11.72}$$

und für das Quadrat des Linienelements

$$\underbrace{|d\boldsymbol{R}|^2}_{ds^2} = \sum_{i=1}^{4} \sum_{j-1}^{4} \underbrace{\frac{\partial \boldsymbol{R}}{\partial u_i} \cdot \frac{\partial \boldsymbol{R}}{\partial u_j}}_{g_{ij}} du_i\, du_j = \sum_{i=1}^{4} \sum_{j=1}^{4} g_{ij}\, du_i\, du_j . \tag{11.73}$$

Diese sog. metrische Form kennzeichnet riemannsche Geometrien; die Koeffizienten

$$g_{ij} \equiv \frac{\partial \boldsymbol{R}}{\partial u_i} \cdot \frac{\partial \boldsymbol{R}}{\partial u_j} = \sum_{k=1}^{4} \frac{\partial x_k}{\partial u_i} \frac{\partial x_k}{\partial u_j} = g_{ji} \tag{11.74}$$

bilden den sog. metrischen Tensor (g_{ij}). Er ist offenbar symmetrisch und bestimmt die maßgebende Metrik. Hier sind von den $4^2 = 16$ Koeffizienten nur $\frac{4 \cdot 5}{2} = 10$ verfügbar (Aufgabe 11.3), um die Geometrie einem gegebenen Schwerkraftfeld anzupassen.

In rechtwinkligen Bezugssystemen ist $g_{ij} = 0$ für $i \neq j$. Sonderfälle sind:

- die euklidische Geometrie auf der Ebene: $g_{11} = g_{22} = 1$,
- die euklidische Geometrie auf dem Zylinder $\rho = \text{const}$:

$$g_{11} = \rho^2,\ g_{22} = 1 \quad \text{(vgl. 6.30)},$$

- die elliptisch-nichteuklidische Geometrie auf der Kugel $r = \text{const}$:

$$g_{11} = r^2,\ g_{22} = r^2 \sin^2 \vartheta \quad \text{(vgl. 6.47)},$$

- die 3-dimensionale euklidische Geometrie im kartesischen Raum: $g_{11} = g_{22} = g_{33} = 1$,
- die 4-dimensionale pseudo-euklidische Geometrie in der Minkowski-Welt: $g_{11} = g_{22} = g_{33} = g_{44} = 1$,
- die 3-dimensionale Geometrie in krummlinigen Koordinaten u, v, w:

$$g_{11} = \frac{1}{U^2},\ g_{22} = \frac{1}{V^2},\ g_{33} = \frac{1}{W^2} \quad \text{(vgl. 6.6)}.$$

Auf der allgemeinen, 2-dimensionalen Fläche $\boldsymbol{r} = \boldsymbol{r}(u, v)$ gilt

$$g_{11} = E,\ g_{12} = g_{21} = F,\ g_{22} = G \quad \text{(vgl. 5.35)}. \tag{11.75}$$

11.5 Eigensystem

11.5.1 Eigenvektoren

Eine akademisch klingende, aber praktisch bedeutsame Frage betrifft denjenigen Vektor $\boldsymbol{r}$, dem der symmetrische (nicht notwendig orthogonale) Tensor $\boldsymbol{M}$ im Bezugssystem S einen parallelen Vektor $\lambda \boldsymbol{r}$ zuordnet, wobei λ ein noch zu bestimmender Skalar sein möge. Die maßgebende Bedingung

$$\boldsymbol{M}\underline{\boldsymbol{r}} = \lambda \underline{\boldsymbol{r}} \quad \Rightarrow \quad (\boldsymbol{M} - \lambda \boldsymbol{E})\underline{\boldsymbol{r}} = 0 \tag{11.76}$$

führt zu einem homogenen System aus n linearen Gleichungen mit nichttrivialen Lösungen ($\underline{\boldsymbol{r}} \neq 0$), wenn die charakteristische Gleichung n. Grades

$$\det(\boldsymbol{M} - \lambda \boldsymbol{E}) = 0 \tag{11.77}$$

erfüllt ist. Ihre n Wurzeln λ_j heißen Eigenwerte des Tensors $\boldsymbol{M}$ und sind wegen dessen Symmetrie sämtlich reell.

Zu jedem Eigenwert λ_j gehört ein sog. Eigenvektor $\underline{\boldsymbol{r}}_j$. Diese stehen paarweise aufeinander senkrecht. Es gilt nämlich

$$\underline{\boldsymbol{r}}_j^T \cdot| \quad \boldsymbol{M}\underline{\boldsymbol{r}}_i = \lambda_i \underline{\boldsymbol{r}}_i \quad (i \neq j) \tag{11.78}$$

$$\underline{\boldsymbol{r}}_i^T \cdot| \quad \boldsymbol{M}\underline{\boldsymbol{r}}_j = \lambda_j \underline{\boldsymbol{r}}_j \tag{11.79}$$

$$\Rightarrow \quad \underline{\boldsymbol{r}}_j^T \boldsymbol{M}\underline{\boldsymbol{r}}_i - \underline{\boldsymbol{r}}_i^T \boldsymbol{M}\underline{\boldsymbol{r}}_j = \lambda_i \underbrace{\underline{\boldsymbol{r}}_j^T \underline{\boldsymbol{r}}_i}_{\underline{\boldsymbol{r}}_i^T \underline{\boldsymbol{r}}_j} - \lambda_j \underline{\boldsymbol{r}}_i^T \underline{\boldsymbol{r}}_j = \underbrace{(\lambda_i - \lambda_j)}_{\neq 0} \underline{\boldsymbol{r}}_i^T \underline{\boldsymbol{r}}_j. \tag{11.80}$$

Aus der $\boldsymbol{M}$-Symmetrie folgt $\underline{\boldsymbol{r}}_i^T \boldsymbol{M}\underline{\boldsymbol{r}}_j = \underline{\boldsymbol{r}}_j^T \boldsymbol{M}\underline{\boldsymbol{r}}_i$ (vgl. Aufgabe 11.5) und deshalb $\underline{\boldsymbol{r}}_i^T \underline{\boldsymbol{r}}_j = 0 \quad \Rightarrow \quad \boldsymbol{r}_i \perp \boldsymbol{r}_j$. Die Gesamtheit der Eigenvektoren bestimmt also ein neues, gegenüber S um den gemeinsamen Nullpunkt gedrehtes, orthogonales Bezugssystem, das sog. Eigensystem S'.

Das homogene Gleichungssystem $(\boldsymbol{M} - \lambda \boldsymbol{E})\underline{\boldsymbol{r}} = 0$ lässt den Betrag der Eigenvektoren $\boldsymbol{r}_j$ unbestimmt. Wir normieren willkürlich $|\boldsymbol{r}_j| = 1$ und erklären $\boldsymbol{r}_j = \boldsymbol{e}'_j$ als (gestrichene) Basisvektoren des Eigensystems S' zur Unterscheidung von den (ungestrichenen) Basisvektoren $\boldsymbol{e}_i$ des Originalsystems S. Mit dem Spaltenvektor

$$\underline{\boldsymbol{e}}'_j = \begin{pmatrix} \boldsymbol{e}_1 \cdot \boldsymbol{e}'_j \\ \boldsymbol{e}_2 \cdot \boldsymbol{e}'_j \\ \dots \\ \boldsymbol{e}_n \cdot \boldsymbol{e}'_j \end{pmatrix} \tag{11.81}$$

gewinnt die Zeile i des Gleichungssystems $\boldsymbol{M}\underline{\boldsymbol{e}}'_j = \lambda_j \underline{\boldsymbol{e}}'_j$ für alle j von 1 bis n die Form

$$\sum_{k=1}^{n} m_{ik}(\boldsymbol{e}_k \cdot \boldsymbol{e}'_j) = (\boldsymbol{e}_i \cdot \boldsymbol{e}'_j)\lambda_j = \sum_{k=1}^{n} (\boldsymbol{e}_i \cdot \boldsymbol{e}'_j)\delta_{jk}\lambda_k. \tag{11.82}$$

Einführung des orthogonalen Tensors

$$\boldsymbol{C} \equiv (\boldsymbol{e}_i \cdot \boldsymbol{e}'_j) \quad \Rightarrow \quad \underline{\boldsymbol{r}} = \boldsymbol{C}\underline{\boldsymbol{r}}' \tag{11.83}$$

und des Diagonaltensors

$$\boldsymbol{D} \equiv (\delta_{ij}\lambda_j) = \begin{pmatrix} \lambda_1 & 0 & \cdots & 0 \\ 0 & \lambda_2 & \cdots & 0 \\ \dots & \dots & \dots & \dots \\ 0 & 0 & \cdots & \lambda_n \end{pmatrix} \tag{11.84}$$

führen unmittelbar zu $\boldsymbol{MC} = \boldsymbol{CD}$ und schließlich zur sog. Transformation des Tensors $\boldsymbol{M}$ in Diagonalform

$$\boldsymbol{C}^T \boldsymbol{MC} = \boldsymbol{D}. \tag{11.85}$$

Nach vorstehendem Verfahren lässt sich jeder symmetrische Tensor mit Hilfe seiner Eigenvektoren in Diagonalform transformieren. Das folgende Kapitel zeigt eine Nutzanwendung dieser Theorie.

Aufgabe 11.20 Bestimmen Sie die Eigenwerte des Tensors

$$\boldsymbol{M} = \begin{pmatrix} \cos\alpha & \sin\alpha \\ -\sin\alpha & \cos\alpha \end{pmatrix}!$$

Aufgabe 11.21 Welche Eigenwerte und -vektoren hat der Tensor

$$\boldsymbol{M} = \begin{pmatrix} \frac{3}{5} & \frac{4}{5} \\ \frac{4}{5} & -\frac{3}{5} \end{pmatrix}? \tag{11.86}$$

11.5.2 Tensorfläche

Der Praktiker hat vorwiegend mit 3-dimensionalen Tensoren zu tun und möchte wenigstens damit eine anschauliche Vorstellung verbinden. Für die besonders wichtigen symmetrischen Tensoren taugt die quadratische Form

$$\Phi(\boldsymbol{r}) = \underline{\boldsymbol{r}}^T \boldsymbol{M} \underline{\boldsymbol{r}} = \text{const.} \tag{11.87}$$

Sie beschreibt geometrisch eine Fläche 2. Grades in Mittelpunktsform

$$\Phi(x,y,z) = m_{11}x^2 + m_{22}y^2 + m_{33}z^2 + 2m_{12}xy + 2m_{13}xz + 2m_{23}yz = k \tag{11.88}$$

und heißt manchmal Tensorellipsoid, obwohl sie keineswegs wie beim Trägheitstensor stets ein Ellipsoid ist.

Schiefsymmetrische Tensoren lassen sich wegen

$$\begin{aligned} \underline{\boldsymbol{r}}^T \boldsymbol{M} \underline{\boldsymbol{r}} = m_{11}x^2 + m_{22}y^2 + m_{33}z^2 + (m_{12} + m_{21})xy \\ + (m_{23} + m_{32})yz + (m_{31} + m_{13})zx \equiv 0 \end{aligned} \tag{11.89}$$

(vgl. Aufgabe 11.5) so nicht veranschaulichen. Ersatzweise kann man die 3-dimensionale Identität

$$\begin{pmatrix} m_{13}z - m_{21}y \\ m_{21}x - m_{32}z \\ m_{32}y - m_{13}x \end{pmatrix} = \begin{pmatrix} 0 & -m_{21} & m_{13} \\ m_{21} & 0 & -m_{32} \\ -m_{13} & m_{32} & 0 \end{pmatrix} \begin{pmatrix} x \\ y \\ z \end{pmatrix} \tag{11.90}$$

ausnutzen (Kap. 11.2.4). Links steht das Kreuzprodukt des aus den 3 unabhängigen Tensorkomponenten gebildeten Vektors $\boldsymbol{m} \equiv m_{32}\boldsymbol{e}_x + m_{13}\boldsymbol{e}_y + m_{21}\boldsymbol{e}_z$ mit dem Ortsvektor. Dieser axiale Vektor spiegelt die Merkmale des Tensors anschaulich wieder.

Die Symmetrie der Tensorfläche (11.88) geht aus ihrer Hauptachsengleichung hervor. In der Regel gibt es 3 Hauptachsen, d. h. 3 Ortsvektoren, die sowohl die Gleichung $\Phi(\boldsymbol{r}) = k$ als auch die Bedingung $\boldsymbol{r}^2 =$ Extremum! erfüllen. Zweckmäßig suchen wir im Sinne von Lagrange (Kap. 4.2.1) die Extrema der Hilfsfunktion $\hat{\Phi}(\boldsymbol{r}) = \Phi(\boldsymbol{r}) - \lambda \boldsymbol{r}^2$ und finden unschwer $\operatorname{grad} \Phi - 2\lambda \boldsymbol{r} = 0$.

Dies Zwischenergebnis leuchtet sofort ein: Die gesuchten Ortsvektoren sind zur Flächennormale parallel. Es folgt angesichts (11.88) wegen

$$\underline{\nabla}\Phi = 2\begin{pmatrix} m_{11}x + m_{12}y + m_{13}z \\ m_{12}x + m_{22}y + m_{23}z \\ m_{13}x + m_{23}y + m_{33}z \end{pmatrix} = 2\underbrace{\begin{pmatrix} m_{11} & m_{12} & m_{13} \\ m_{12} & m_{22} & m_{23} \\ m_{13} & m_{23} & m_{33} \end{pmatrix}}_{\boldsymbol{M}}\underbrace{\begin{pmatrix} x \\ y \\ z \end{pmatrix}}_{\underline{\boldsymbol{r}}} \tag{11.91}$$

ein homogenes System aus 3 linearen Gleichungen

$$\boldsymbol{M}\underline{\boldsymbol{r}} = \lambda\underline{\boldsymbol{r}} \quad \Rightarrow \quad (\boldsymbol{M} - \lambda\boldsymbol{E})\underline{\boldsymbol{r}} = 0, \tag{11.92}$$

das nur dann nichttriviale Lösungen ($\underline{\boldsymbol{r}} \neq 0$) hat, wenn der Parameter λ die charakteristische Gleichung 3. Grades $\det(\boldsymbol{M} - \lambda\boldsymbol{E}) = 0$ befriedigt. Ihre 3 Wurzeln $\lambda_1, \lambda_2, \lambda_3$ sind die Eigenwerte des Tensors $\boldsymbol{M}$ und wegen der vorausgesetzten Tensorsymmetrie sämtlich reell. Ihnen entsprechen die 3 Eigenvektoren $\boldsymbol{r}_1 = \boldsymbol{e}_1'$, $\boldsymbol{r}_2 = \boldsymbol{e}_2'$, $\boldsymbol{r}_3 = \boldsymbol{e}_3'$, also die Basisvektoren des Eigensystems S'. Mit dem Spaltenvektor $\underline{\boldsymbol{r}}' = \begin{pmatrix} x' \\ y' \\ z' \end{pmatrix}$ gilt angesichts (11.85)

$$\underbrace{\underline{\boldsymbol{r}}'^T\boldsymbol{C}^T}_{(\boldsymbol{C}\underline{\boldsymbol{r}}')^T}\boldsymbol{M}\boldsymbol{C}\underline{\boldsymbol{r}}' - \underline{\boldsymbol{r}}'^T\boldsymbol{D}\underline{\boldsymbol{r}}', \tag{11.93}$$

was wegen $\boldsymbol{C}\underline{\boldsymbol{r}}' = \underline{\boldsymbol{r}}$ und $\underline{\boldsymbol{r}}^T\boldsymbol{M}\underline{\boldsymbol{r}} = k$ zur sog. kanonischen Form (Hauptachsengleichung) der Tensorfläche führt:

$$\underline{\boldsymbol{r}}'^T\boldsymbol{D}\underline{\boldsymbol{r}}' = \lambda_1 x'^2 + \lambda_2 y'^2 + \lambda_3 z'^2 = k. \tag{11.94}$$

Es handelt sich nur dann um ein Ellipsoid ist, wenn die 3 Eigenwerte und k das gleiche Vorzeichen haben.

Nach diesem Vorbild bestimmen Physiker z. B. die Symmetrie von Spannungs- und Trägheitstensoren . Das Verfahren dient aber allgemein in der analytischen Geometrie zur Identifizierung von Kegelschnitten und Flächen 2. Grades.

Aufgabe 11.22 Identifizieren Sie die Kurve $xy = 1$ durch die kanonische Form der maßgebenden Tensorfläche!

Aufgabe 11.23 Transformieren Sie den symmetrischen Tensor

$$M = \begin{pmatrix} 1 & \frac{1}{2}\sqrt{2} & 1 \\ \frac{1}{2}\sqrt{2} & 0 & -\frac{1}{2}\sqrt{2} \\ 1 & -\frac{1}{2}\sqrt{2} & 1 \end{pmatrix}$$

in Diagonal- und seine Tensorfläche in Hauptachsenform!

Aufgabe 11.24 Analysieren Sie die Fläche $\Phi(x, y) = k$ des Tensors $\boldsymbol{M} = \begin{pmatrix} m_{11} & m_{12} \\ m_{12} & m_{22} \end{pmatrix}$ mit der Eigenschaft $\det \boldsymbol{M} = 0$!

11.5.3 Invarianten

Jeder symmetrische, 2-stufige Tensor $\boldsymbol{M}$ hat n bei Koordinatentransformationen unveränderliche Größen, sog. Invarianten. So heißen die Konstanten $I_1, I_2, \ldots, I_n$ in der charakteristischen Gleichung.

Bei 3-dimensionalen Tensoren schreibt man die charakteristische Gleichung in der Form

$$\lambda^3 - I_1\lambda^2 + I_2\lambda - I_3 = 0. \tag{11.95}$$

Aus dem vietaschen[8] Wurzelsatz ergibt sich der Zusammenhang mit den Eigenwerten:

$$I_1 = \lambda_1 + \lambda_2 + \lambda_3 = m_{11} + m_{22} + m_{33} \quad \text{(Spur des Tensors)}, \tag{11.96a}$$

$$I_2 = \lambda_1\lambda_2 + \lambda_1\lambda_3 + \lambda_2\lambda_3 \tag{11.96b}$$

$$= m_{11}m_{22} + m_{22}m_{33} + m_{33}m_{11} - (m_{12}^2 + m_{13}^2 + m_{23}^2), \tag{11.96c}$$

$$I_3 = \lambda_1\lambda_2\lambda_3 = \det \boldsymbol{M}. \tag{11.96d}$$

[8]François Viète (1540-1603), französischer Rechtsanwalt und Mathematik-Liebhaber, nannte sich in seinen Schriften Franciscus Vieta. Er führte die Buchstabenalgebra ein.

Anhang A: Lösung der Aufgaben

Zu Kapitel 1

1.1 Gleichheit von Vektor und Skalar (Betrag) ist nur möglich, wenn beide verschwinden ($\boldsymbol{a} = a = 0$).

1.2 Alle der Bedingung $\boldsymbol{a}+\boldsymbol{b}+\boldsymbol{c} = 0$ genügenden Vektoren sind komplanar. Sie

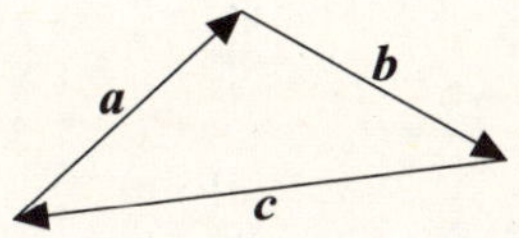

Fig. A.1

spannen keinen Spat auf, sondern bilden die (gerichteten) Seiten von Dreiecken (Fig. A.1).

1.3 Der Vektor $\boldsymbol{a}$ schreibt sich gemäß (1.17)

$$\boldsymbol{a} = (\boldsymbol{e}_x \quad \boldsymbol{e}_y \quad \boldsymbol{e}_z) \begin{pmatrix} 0 \\ \sqrt{3} \\ -1 \end{pmatrix} \quad \Rightarrow \quad \underline{\boldsymbol{a}} = \begin{pmatrix} 0 \\ \sqrt{3} \\ -1 \end{pmatrix}.$$

Aus (1.14) und (1.15) folgt mit Blick auf Fig. A.2:

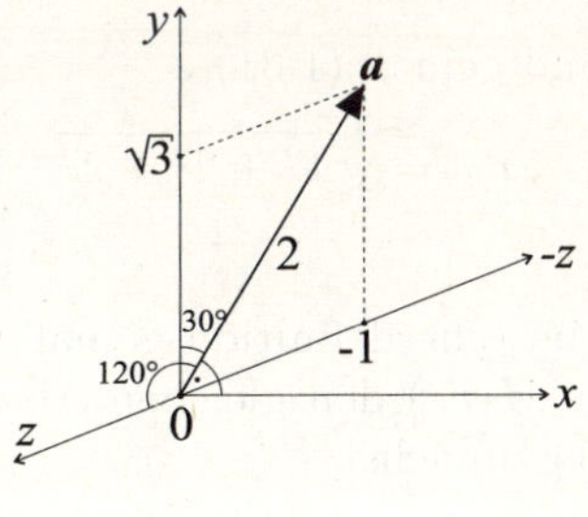

Fig. A.2

$$a = \sqrt{3+1} = 2; \quad \boldsymbol{e}_a = \frac{\sqrt{3}\,\boldsymbol{e}_y - \boldsymbol{e}_z}{2}.$$

$$\cos\alpha = 0 \quad\Rightarrow\quad \alpha = 90^\circ;\ \cos\beta = \frac{\sqrt{3}}{2} \quad\Rightarrow\quad \beta = 30^\circ;$$

$$\cos\gamma = -\frac{1}{2} \quad\Rightarrow\quad \gamma = 120^\circ.$$

1.4 Der Summenvektor lautet

$$\boldsymbol{d} = \boldsymbol{a}+\boldsymbol{b}+\boldsymbol{c} = (-8+7+5)\boldsymbol{e}_x+(-6-2-4)\boldsymbol{e}_y+(3-9+9)\boldsymbol{e}_z = 4\boldsymbol{e}_x-12\boldsymbol{e}_y+3\boldsymbol{e}_z.$$

Er hat gemäß (1.14) den Betrag $|\boldsymbol{d}| = \sqrt{4^2+12^2+3^2} = 13$ und den Einsvektor

$$\boldsymbol{e}_d = \frac{\boldsymbol{d}}{|\boldsymbol{d}|} = \frac{4\boldsymbol{e}_x - 12\boldsymbol{e}_y + 3\boldsymbol{e}_z}{13}.$$

1.5 Zu den Punkten $P_1(0;1;2)$ und $P_2(1;-1;0)$ zeigen die Ortsvektoren (Fig. A.3)

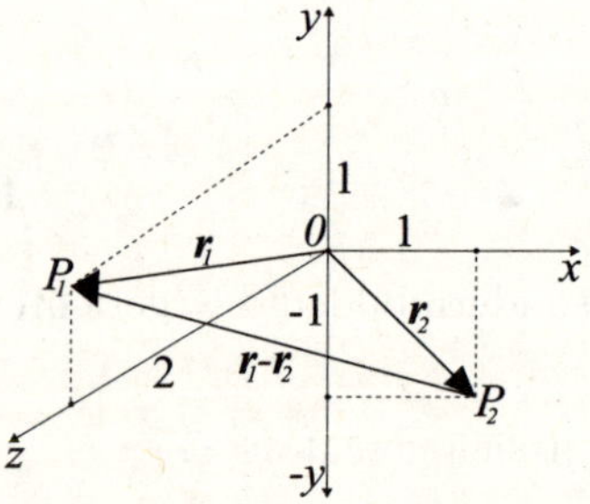

Fig. A.3

$$\boldsymbol{r}_1 = \boldsymbol{e}_y + 2\boldsymbol{e}_z \quad \text{bzw.} \quad \boldsymbol{r}_2 = \boldsymbol{e}_x - \boldsymbol{e}_y.$$

Damit lautet der Differenzvektor gemäß (1.30)

$$\boldsymbol{r}_1 - \boldsymbol{r}_2 = -\boldsymbol{e}_x + 2\boldsymbol{e}_y + 2\boldsymbol{e}_z \quad\Rightarrow\quad \underline{r}_1 - \underline{r}_2 = \begin{pmatrix} -1 \\ 2 \\ 2 \end{pmatrix},$$

so dass der gesuchte Abstand gemäß (1.31)

$$|\boldsymbol{r}_1 - \boldsymbol{r}_2| = \sqrt{1^2+2^2+2^2} = 3$$

beträgt.

1.6 Die gesuchte Kugel besteht definitionsgemäß aus genau allen Punkten $P(\boldsymbol{r})$, die vom Mittelpunkt $M(\boldsymbol{r}_0)$ den gleichen Abstand $|\boldsymbol{r}-\boldsymbol{r}_0|$ haben (Fig. A.4). Damit folgt aus (1.31) zunächst

$$R = |\boldsymbol{r}-\boldsymbol{r}_0| = \sqrt{(x-x_0)^2+(y-y_0)^2+(z-z_0)^2}$$

und nach Quadrieren die bekannte Kugelgleichung.

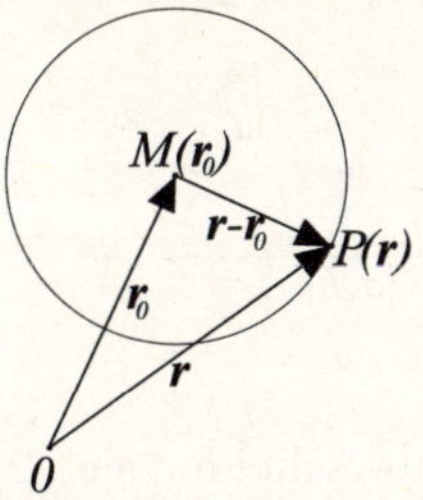

Fig. A.4

Zu Kapitel 2

2.1 Aus der Definition (2.1) folgt unmittelbar

$$(\boldsymbol{a} \cdot \boldsymbol{b})^2 = a^2 b^2 \cos^2 \measuredangle(\boldsymbol{a}, \boldsymbol{b}) \leq a^2 b^2 .$$

2.2 Das Punktprodukt lautet in Matrixschreibweise angesichts (1.17)

$$\begin{aligned} \boldsymbol{a} \cdot \boldsymbol{b} &= \begin{pmatrix} \boldsymbol{e}_x & \boldsymbol{e}_y & \boldsymbol{e}_z \end{pmatrix} \begin{pmatrix} a_x \\ a_y \\ a_z \end{pmatrix} \begin{pmatrix} \boldsymbol{e}_x & \boldsymbol{e}_y & \boldsymbol{e}_z \end{pmatrix} \begin{pmatrix} b_x \\ b_y \\ b_z \end{pmatrix} \\ &= \begin{pmatrix} a_x & a_y & a_z \end{pmatrix} \underbrace{\begin{pmatrix} \boldsymbol{e}_x \\ \boldsymbol{e}_y \\ \boldsymbol{e}_z \end{pmatrix} \begin{pmatrix} \boldsymbol{e}_x & \boldsymbol{e}_y & \boldsymbol{e}_z \end{pmatrix}}_{\boldsymbol{E}} \begin{pmatrix} b_x \\ b_y \\ b_z \end{pmatrix} . \end{aligned}$$

Hierbei ist $\boldsymbol{E} \equiv \begin{pmatrix} 1 & 0 & 0 \\ 0 & 1 & 0 \\ 0 & 0 & 1 \end{pmatrix}$ die Einsmatrix. Wegen der Identität

$$\begin{pmatrix} a_x & a_y & a_z \end{pmatrix} \boldsymbol{E} = \begin{pmatrix} a_x & a_y & a_z \end{pmatrix}$$

folgt unmittelbar

$$\boldsymbol{a} \cdot \boldsymbol{b} = \begin{pmatrix} a_x & a_y & a_z \end{pmatrix} \begin{pmatrix} b_x \\ b_y \\ b_z \end{pmatrix} = a_x b_x + a_y b_y + a_z b_z = \underline{\boldsymbol{a}}^T \underline{\boldsymbol{b}} .$$

2.3 Durch schrittweise Vereinfachung ergibt sich

$$|\boldsymbol{a} - \boldsymbol{b}| = \sqrt{a^2 - 2\boldsymbol{a} \cdot \boldsymbol{b} + b^2} \approx a \left(1 - 2 \frac{\boldsymbol{a} \cdot \boldsymbol{b}}{a^2} \right)^{\frac{1}{2}} \approx a - \boldsymbol{b} \cdot \boldsymbol{e}_a .$$

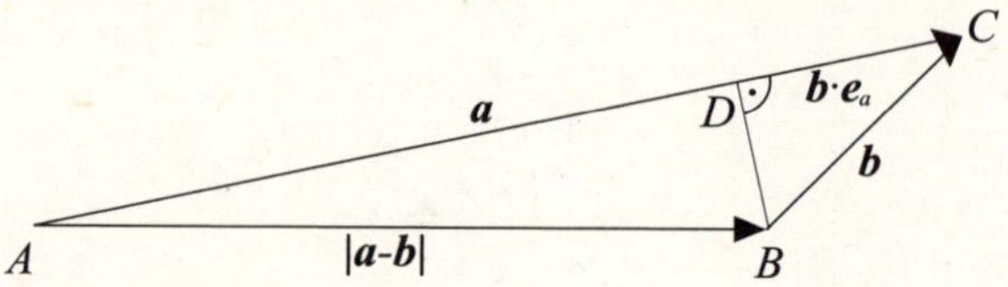

Fig. A.5

Im Dreieck ABC (Fig. A.5) unterscheiden sich 2 Seiten umso weniger, je kürzer die 3. ist. Man erkennt unschwer

$$\overline{AB} \approx \overline{AC} - \overline{DC} \quad \Rightarrow \quad |\boldsymbol{a} - \boldsymbol{b}| \approx a - \boldsymbol{b} \cdot \boldsymbol{e}_a.$$

2.4 Im Sinne von (2.7) gilt

$$\left|\frac{\boldsymbol{a}}{\boldsymbol{b}}\right| \left|\boldsymbol{b} \pm \frac{\boldsymbol{b}^2}{\boldsymbol{a}^2}\boldsymbol{a}\right| = \sqrt{\frac{\boldsymbol{a}^2}{\boldsymbol{b}^2}\left(\boldsymbol{b}^2 \pm 2\boldsymbol{b} \cdot \boldsymbol{a}\frac{\boldsymbol{b}^2}{\boldsymbol{a}^2} + \frac{\boldsymbol{b}^4}{\boldsymbol{a}^2}\right)} = \sqrt{\boldsymbol{a}^2 \pm 2\boldsymbol{a} \cdot \boldsymbol{b} + \boldsymbol{b}^2} = |\boldsymbol{a} \pm \boldsymbol{b}|\,.$$

Richtig ist ebenso

$$\left|\frac{\boldsymbol{a}}{\boldsymbol{b}}\right| \left|\boldsymbol{b} \pm \frac{\boldsymbol{b}^2}{\boldsymbol{a}^2}\boldsymbol{a}\right| = \left|\left|\frac{\boldsymbol{a}}{\boldsymbol{b}}\right| \boldsymbol{b} \pm \left|\frac{\boldsymbol{b}}{\boldsymbol{a}}\right| \boldsymbol{a}\right| = \Big||\boldsymbol{a}|\,\boldsymbol{e}_b \pm |\boldsymbol{b}|\,\boldsymbol{e}_a\Big|.$$

2.5 Gemäß (2.1) und (2.9) gilt allgemein

$$\cos\measuredangle(\boldsymbol{a},\boldsymbol{b}) = \frac{\boldsymbol{a} \cdot \boldsymbol{b}}{|\boldsymbol{a}|\,|\boldsymbol{b}|} = \frac{a_x b_x + a_y b_y + a_z b_z}{\sqrt{a_x^2 + a_y^2 + a_z^2}\sqrt{b_x^2 + b_y^2 + b_z^2}}$$

und nach Einsetzung der vorgegebenen Komponenten speziell

$$\cos\measuredangle(\boldsymbol{a},\boldsymbol{b}) = \frac{-6 - 13,5 - 54}{\sqrt{49}\sqrt{110,25}} = -\frac{73,5}{7 \cdot \frac{21}{2}} = -1 \quad \Rightarrow \quad \measuredangle(\boldsymbol{a},\boldsymbol{b}) = \pi.$$

Bei genauem Hinsehen hätte man die gegensinnige Parallelität von $\boldsymbol{a}$ und $\boldsymbol{b} = -\frac{3}{2}\boldsymbol{a}$ erkennen können. Die anschauliche Folgerung $\measuredangle(\boldsymbol{a},\boldsymbol{b}) = \pi$ hätte dann einer weiteren Rechnung nicht bedurft.

2.6 Für einen beliebigen Punkt P auf dem Halbkreis gilt (Fig. A.6):

$$\boldsymbol{a} = \boldsymbol{r} + \boldsymbol{c}; \quad \boldsymbol{b} = \boldsymbol{r} - \boldsymbol{c} \quad \text{mit } |\boldsymbol{r}| = |\boldsymbol{c}|\,.$$

Daraus folgt unmittelbar

$$\boldsymbol{a} \cdot \boldsymbol{b} = (\boldsymbol{r} + \boldsymbol{c}) \cdot (\boldsymbol{r} - \boldsymbol{c}) = \boldsymbol{r}^2 - \boldsymbol{c}^2 = 0.$$

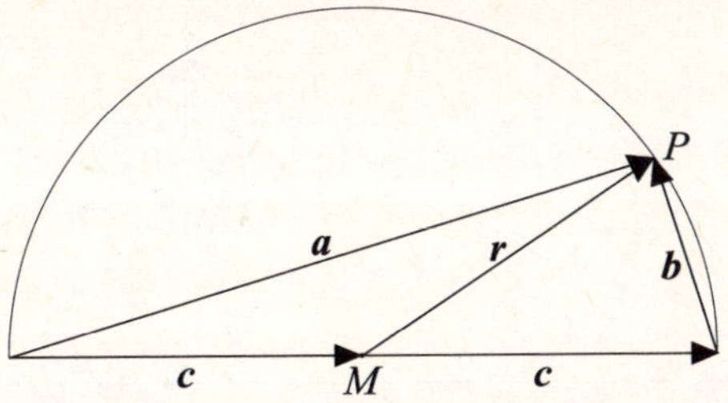

Fig. A.6

Die Vektoren $\boldsymbol{a}$ und $\boldsymbol{b}$ stehen also aufeinander senkrecht. Der Umfangswinkel $\measuredangle(\boldsymbol{a}, \boldsymbol{b})$ beträgt $\frac{\pi}{2}$.

2.7 Das gesuchte Streckenprodukt lautet:

$$(\boldsymbol{c}-\boldsymbol{b}) \cdot (\boldsymbol{c}-\boldsymbol{a}) = \boldsymbol{c}^2 - \boldsymbol{c} \cdot (\boldsymbol{a}+\boldsymbol{b}) + \boldsymbol{b} \cdot \boldsymbol{a}.$$

Der Vektor $\boldsymbol{a}+\boldsymbol{b}$ steht auf der Sekante senkrecht: $(\boldsymbol{a}+\boldsymbol{b}) \cdot (\boldsymbol{c}-\boldsymbol{b}) = 0$. Daraus folgt der Sekantensatz für Kreise vom Radius $|\boldsymbol{a}| = |\boldsymbol{b}| = R$:

$$\overline{CB} \cdot \overline{CA} = \boldsymbol{c}^2 - R^2.$$

Das Streckenprodukt ist offenbar für alle Sekanten durch C gleich.

2.8 Die Fig. A.7 zeigt

$$\boldsymbol{c} = \boldsymbol{a} - \boldsymbol{b}, \qquad \boldsymbol{c} = \boldsymbol{p} + \boldsymbol{q},$$
$$\boldsymbol{a} = \boldsymbol{h} + \boldsymbol{p}, \qquad \boldsymbol{b} = \boldsymbol{h} - \boldsymbol{q}.$$

Wir quadrieren $\boldsymbol{c} = \boldsymbol{a} - \boldsymbol{b}$ und erhalten angesichts (2.6)

$$\boldsymbol{c}^2 = \boldsymbol{a}^2 - 2\underbrace{\boldsymbol{a} \cdot \boldsymbol{b}}_{0} + \boldsymbol{b}^2 \quad \Rightarrow \quad c^2 = a^2 + b^2.$$

Das ist der berühmte Satz des Pythagoras. Er folgt ebenso aus (2.16) für $\gamma = \frac{\pi}{2}$. Sodann multiplizieren wir $\boldsymbol{a} = \boldsymbol{h} + \boldsymbol{p}$ und $\boldsymbol{b} = \boldsymbol{h} - \boldsymbol{q}$:

$$\underbrace{\boldsymbol{a} \cdot \boldsymbol{b}}_{0} = (\boldsymbol{h}+\boldsymbol{p}) \cdot (\boldsymbol{h}-\boldsymbol{q}) = \boldsymbol{h}^2 - \underbrace{\boldsymbol{h} \cdot \boldsymbol{q}}_{0} + \underbrace{\boldsymbol{p} \cdot \boldsymbol{h}}_{0} - \boldsymbol{p} \cdot \boldsymbol{q} \quad \Rightarrow \quad h^2 = pq.$$

Dies ist der gesuchte Höhensatz.

Nun quadrieren wir $\boldsymbol{a} = \boldsymbol{h} + \boldsymbol{p}$ und $\boldsymbol{b} = \boldsymbol{h} - \boldsymbol{q}$ und finden mit Hilfe des Höhensatzes

$$\boldsymbol{a}^2 = \boldsymbol{h}^2 + 2\underbrace{\boldsymbol{h} \cdot \boldsymbol{p}}_{0} + \boldsymbol{p}^2 \quad \Rightarrow \quad a^2 = pq + p^2 = p\underbrace{(q+p)}_{c} = pc,$$

$$\boldsymbol{b}^2 = \boldsymbol{h}^2 - 2\underbrace{\boldsymbol{h} \cdot \boldsymbol{q}}_{0} + \boldsymbol{q}^2 \quad \Rightarrow \quad b^2 = pq + q^2 = q\underbrace{(q+p)}_{c} = qc.$$

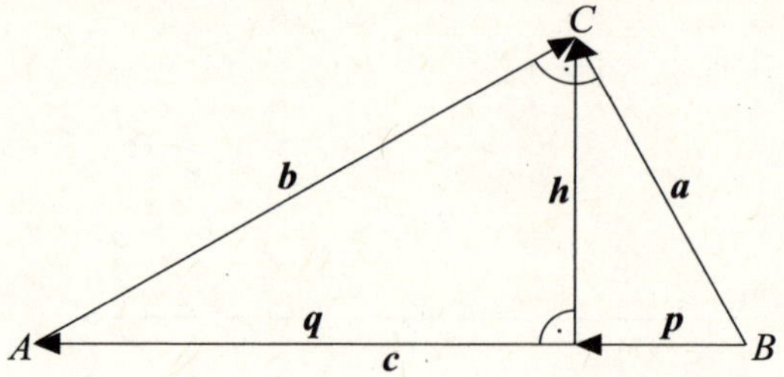

Fig. A.7

Beide Gleichungen enthalten den Kathetensatz des Euklid.

2.9 Aus Fig. 1.6 geht hervor

$$\begin{aligned}(\boldsymbol{a}+\boldsymbol{b})^2 &= \boldsymbol{a}^2 + 2\boldsymbol{a}\cdot\boldsymbol{b} + \boldsymbol{b}^2,\\ (\boldsymbol{a}-\boldsymbol{b})^2 &= \boldsymbol{a}^2 - 2\boldsymbol{a}\cdot\boldsymbol{b} + \boldsymbol{b}^2,\\ (\boldsymbol{a}+\boldsymbol{b})^2 + (\boldsymbol{a}-\boldsymbol{b})^2 &= 2(\boldsymbol{a}^2+\boldsymbol{b}^2) = 2(a^2+b^2),\\ (\boldsymbol{a}+\boldsymbol{b})^2 - (\boldsymbol{a}-\boldsymbol{b})^2 &= 4\boldsymbol{a}\cdot\boldsymbol{b}.\end{aligned}$$

In einem Rechteck stehen $\boldsymbol{a}$ und $\boldsymbol{b}$ aufeinander senkrecht ($\boldsymbol{a}\cdot\boldsymbol{b}=0$). Folglich sind seine beiden Diagonalen gleich lang:

$$|\boldsymbol{a}+\boldsymbol{b}| - |\boldsymbol{a}-\boldsymbol{b}| = 0.$$

2.10 Die maßgebende Bedingung lautet angesichts Fig. 1.6

$$(\boldsymbol{a}+\boldsymbol{b})\cdot(\boldsymbol{a}-\boldsymbol{b}) = \boldsymbol{a}^2 - \boldsymbol{b}^2 = 0 \quad\Rightarrow\quad |\boldsymbol{a}| = |\boldsymbol{b}|\,.$$

Das Parallelogramm muss also gleichseitig sein; ein solches Parallelogramm heißt Raute oder Rhombus. Dann sind die Diagonalen zugleich Winkelhalbierende.

2.11 Wir quadrieren (1.8) und erhalten mit Hilfe von (2.15)

$$a^2 - 2ab + b^2 \le a^2 \pm 2 \underbrace{\boldsymbol{a}\cdot\boldsymbol{b}}_{ab\cos\measuredangle(\boldsymbol{a},\boldsymbol{b})} + b^2 \le a^2 + 2ab + b^2,$$

$$-1 \le \pm\cos\measuredangle(\boldsymbol{a},\boldsymbol{b}) \le 1.$$

Alle $\measuredangle(\boldsymbol{a},\boldsymbol{b})$ erfüllen diese Bedingung.

2.12 Aus der Bedingung $\boldsymbol{a}_1\cdot\boldsymbol{a}_2 \ge 0$ folgt mit $\measuredangle(\boldsymbol{a}_1,\boldsymbol{a}_2) = \alpha+\beta$ (Fig. A.8)

$$\cos(\alpha+\beta) \ge 0, \quad \alpha+\beta \le \frac{\pi}{2}$$

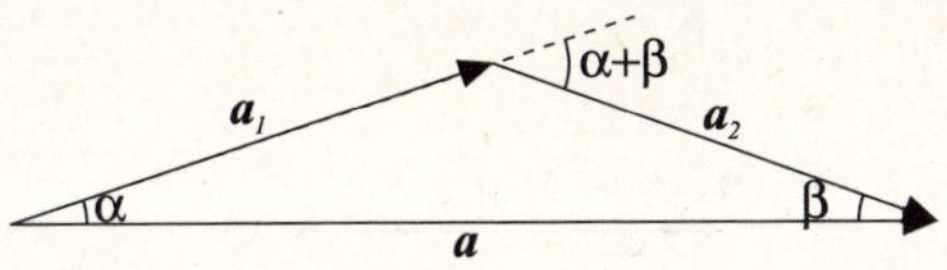

Fig. A.8

und angesichts (2.15)

$$\boldsymbol{a}^2 = (\boldsymbol{a}_1 + \boldsymbol{a}_2)^2 = \boldsymbol{a}_1^2 + \boldsymbol{a}_2^2 + 2\underbrace{\boldsymbol{a}_1 \cdot \boldsymbol{a}_2}_{\geq 0} \quad \Rightarrow \quad \boldsymbol{a}^2 \geq \boldsymbol{a}_1^2 + \boldsymbol{a}_2^2.$$

Im Grenzfall $\boldsymbol{a}_1 \cdot \boldsymbol{a}_2 = 0$ ergibt sich der Satz des Pythagoras.

2.13 Der gesuchte Vektor $\boldsymbol{w}$ genügt der Winkelbedingung (Fig. A.9)

$$\measuredangle(\boldsymbol{w}, \boldsymbol{a}) = \measuredangle(\boldsymbol{w}, \boldsymbol{b}),$$

d. h. gemäß (2.1)

$$\boldsymbol{w} \cdot \boldsymbol{e}_a = \boldsymbol{w} \cdot \boldsymbol{e}_b \quad \Rightarrow \quad \boldsymbol{w} \cdot (\boldsymbol{e}_a - \boldsymbol{e}_b) = 0.$$

Er steht also auf dem Differenzvektor $\boldsymbol{e}_a - \boldsymbol{e}_b$ senkrecht. Dieser Bedingung

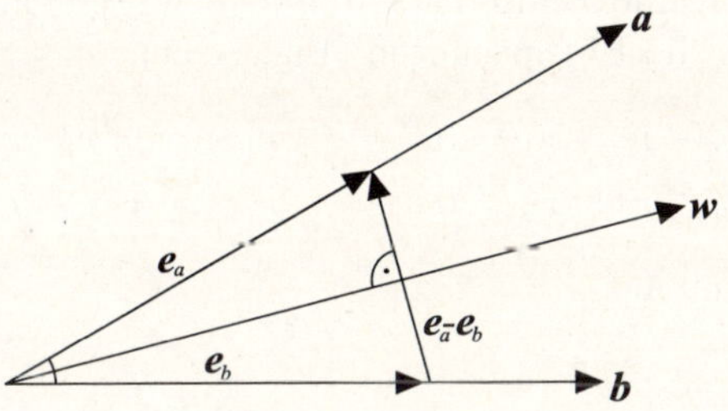

Fig. A.9

genügt jeder Vektor der Form

$$\boldsymbol{w} = \lambda(\boldsymbol{e}_a + \boldsymbol{e}_b)$$

mit einem beliebigen Skalar λ. Es gilt nämlich angesichts (1.3)

$$\lambda(\boldsymbol{e}_a + \boldsymbol{e}_b) \cdot (\boldsymbol{e}_a - \boldsymbol{e}_b) = \lambda({\boldsymbol{e}_a}^2 - {\boldsymbol{e}_b}^2) = 0.$$

Analog halbiert der Vektor $\boldsymbol{w} = \mu(\boldsymbol{e}_a - \boldsymbol{e}_b)$ den Winkel zwischen $\boldsymbol{a}$ und $-\boldsymbol{b}$.

2.14 Die Achssymmetrie der beiden Vektoren bedingt (Fig. A.10):

$$\boldsymbol{a} = a\frac{\boldsymbol{e}_x + \boldsymbol{e}_y}{\sqrt{2}} \quad \text{und} \quad \boldsymbol{b} = b\frac{\boldsymbol{e}_y + \boldsymbol{e}_z}{\sqrt{2}}.$$

Ihr Winkel ergibt sich aus (2.1):

$$\cos\measuredangle(\boldsymbol{a},\boldsymbol{b}) = \frac{\boldsymbol{a}\cdot\boldsymbol{b}}{ab} = \frac{1}{2}\underbrace{(\boldsymbol{e}_x+\boldsymbol{e}_y)\cdot(\boldsymbol{e}_y+\boldsymbol{e}_z)}_{\mathbf{e}_y^2=1} = \frac{1}{2} \quad\Rightarrow\quad \measuredangle(\boldsymbol{a},\boldsymbol{b}) = 60°.$$

Bei den Winkelberechnungen nach (2.1) kommt es ersichtlich nie auf die Be-

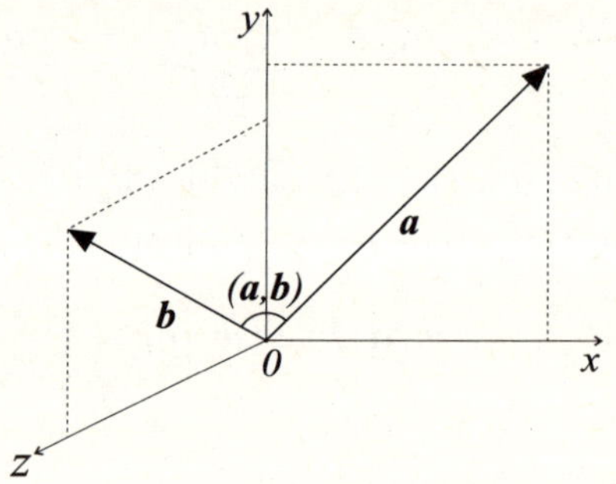

Fig. A.10

träge der Vektoren an.

2.15 Höhe heißt das von einer beliebigen Ecke auf die gegenüberliegende Seite gefällte Lot. Die von A und B auf die Seiten $\boldsymbol{r}_1$ bzw. $\boldsymbol{r}_2$ gefällten Lote schneiden sich in $\boldsymbol{r}_h$ und haben die Eigenschaften (Fig. A.11)

$$(\boldsymbol{r}_h-\boldsymbol{r}_2)\cdot\boldsymbol{r}_1 = 0 \quad\Rightarrow\quad \boldsymbol{r}_h\cdot\boldsymbol{r}_1 = \boldsymbol{r}_2\cdot\boldsymbol{r}_1,$$
$$(\boldsymbol{r}_h-\boldsymbol{r}_1)\cdot\boldsymbol{r}_2 = 0 \quad\Rightarrow\quad \boldsymbol{r}_h\cdot\boldsymbol{r}_2 = \boldsymbol{r}_1\cdot\boldsymbol{r}_2.$$

Daraus folgt unmittelbar

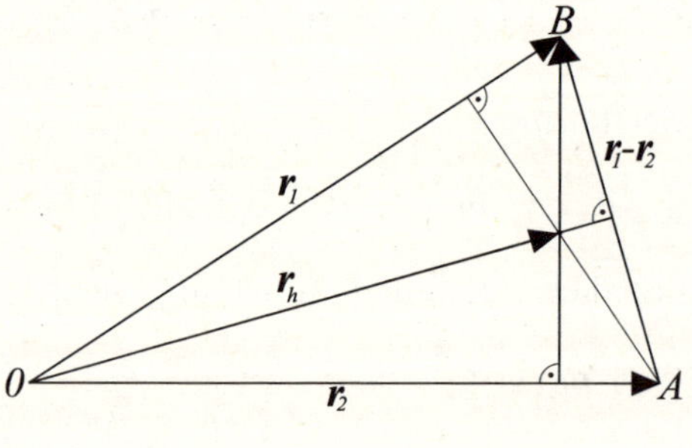

Fig. A.11

$$\boldsymbol{r}_h\cdot(\boldsymbol{r}_1-\boldsymbol{r}_2) = 0,$$

was beweist, dass $\boldsymbol{r}_h$ die Richtung des 3. Lots angibt. Daher berührt das von 0 auf die gegenüberliegende Seite $\boldsymbol{r}_1-\boldsymbol{r}_2$ gefällte Lot ebenfalls den Punkt $\boldsymbol{r}_h$.

Wir kennen jetzt zwar ein geometrisches Merkmal von $\boldsymbol{r}_h$, aber noch nicht den Vektor selbst. Näheres folgt in Aufgabe 2.35.

2.16 Zur Vereinfachung legen wir die Ecke A des Dreiecks in den Nullpunkt (Fig. A.12). Der Umkreismittelpunkt $\boldsymbol{r}_m$ unterliegt der Bedingung, dass seine

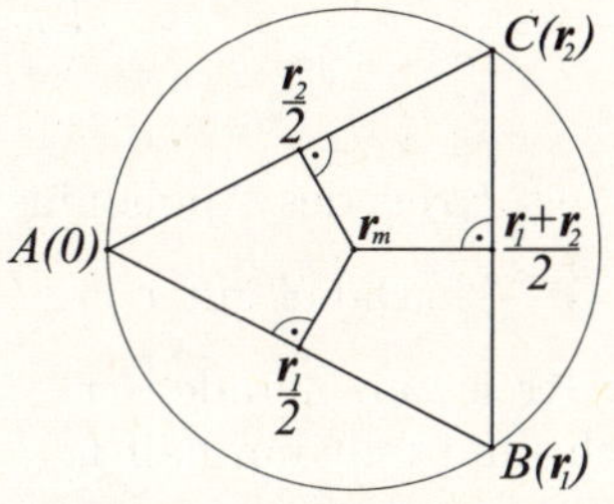

Fig. A.12

Abstände zu den 3 Eckpunkten gleich sind. Dies bedeutet

$$\boldsymbol{r}_m^2 = (\boldsymbol{r}_m - \boldsymbol{r}_1)^2 = (\boldsymbol{r}_m - \boldsymbol{r}_2)^2.$$

Daraus folgt unmittelbar

$$\begin{aligned}
\boldsymbol{r}_m \cdot \boldsymbol{r}_1 &= \frac{\boldsymbol{r}_1^2}{2} \quad &\Rightarrow \quad &(\boldsymbol{r}_m - \frac{\boldsymbol{r}_1}{2}) \cdot \boldsymbol{r}_1 = 0,\\
\boldsymbol{r}_m \cdot \boldsymbol{r}_2 &= \frac{\boldsymbol{r}_2^2}{2} \quad &\Rightarrow \quad &(\boldsymbol{r}_m - \frac{\boldsymbol{r}_2}{2}) \cdot \boldsymbol{r}_2 = 0,\\
\boldsymbol{r}_m \cdot (\boldsymbol{r}_1 - \boldsymbol{r}_2) &= \frac{\boldsymbol{r}_1^2 - \boldsymbol{r}_2^2}{2} \quad &\Rightarrow \quad &(\boldsymbol{r}_m - \frac{\boldsymbol{r}_1 + \boldsymbol{r}_2}{2}) \cdot (\boldsymbol{r}_1 - \boldsymbol{r}_2) = 0.
\end{aligned}$$

Die 3 Verbindungsvektoren $\boldsymbol{r}_m - \frac{\boldsymbol{r}_1}{2}$, $\boldsymbol{r}_m - \frac{\boldsymbol{r}_2}{2}$, $\boldsymbol{r}_m - \frac{\boldsymbol{r}_1+\boldsymbol{r}_2}{2}$ stehen also auf den Seiten, die sie halbieren, senkrecht, was sie als Mittellote ausweist. Sie schneiden sich gemeinsam im Punkt $\boldsymbol{r}_m$.

2.17 Wir legen A zweckmäßig in den Nullpunkt (Fig. A.13). Dann lautet die maßgebende Bedingung $\frac{|\boldsymbol{r}|}{|\boldsymbol{r}-\boldsymbol{r}_1|} = c > 0$. Daraus folgt zunächst

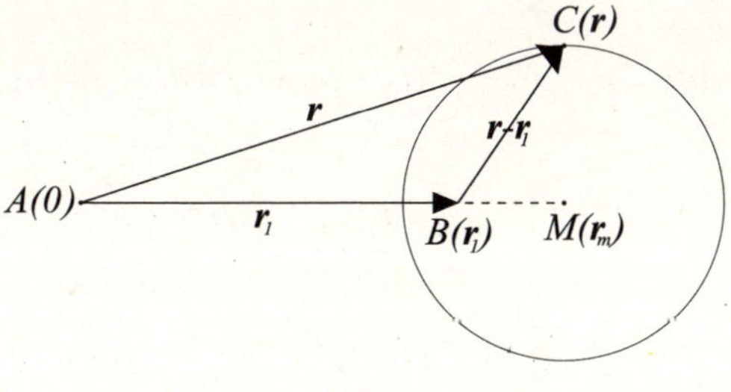

Fig. A.13

$$\boldsymbol{r}^2 = c^2(\boldsymbol{r}^2 - 2\boldsymbol{r}\cdot\boldsymbol{r}_1 + \boldsymbol{r}_1^2) \quad\Rightarrow\quad \boldsymbol{r}^2 - 2\boldsymbol{r}\cdot\frac{c^2\boldsymbol{r}_1}{c^2-1} = -\frac{c^2\boldsymbol{r}_1^2}{c^2-1}$$

und nach quadratischer Ergänzung

$$\boldsymbol{r}^2 - 2\boldsymbol{r}\cdot\frac{c^2\boldsymbol{r}_1}{c^2-1} + \frac{c^4\boldsymbol{r}_1^2}{(c^2-1)^2} = \frac{c^2\boldsymbol{r}_1^2}{(c^2-1)^2} \quad\Rightarrow\quad \left(\boldsymbol{r} - \frac{c^2\boldsymbol{r}_1}{c^2-1}\right)^2 = \left(\frac{c\boldsymbol{r}_1}{c^2-1}\right)^2.$$

Die gesuchte Linie ist der sog. Kreis des Apollonius[9] mit dem Radius $c\left|\frac{\boldsymbol{r}_1}{c^2-1}\right|$ und dem Mittelpunkt $\boldsymbol{r}_m = \frac{c^2\boldsymbol{r}_1}{c^2-1}$. Dabei gilt $\boldsymbol{r}_m \| \boldsymbol{r}_1$.

Im Fall $c = 1$ entartet der Kreis zur Geraden $(\boldsymbol{r} - \frac{\boldsymbol{r}_1}{2})\cdot\boldsymbol{r}_1 = 0$. Sie steht auf dem Ortsvektor $\boldsymbol{r}_1$ senkrecht und teilt ihn hälftig.

2.18 Nach (2.1) ist $c = \cos\measuredangle(\boldsymbol{r}, \boldsymbol{e}_x)$. Daher beschreibt $\boldsymbol{r}$ einen Kreiskegel mit der Spitze im Nullpunkt, der x-Achse als Symmetrieachse und dem Öffnungswinkel $\measuredangle(\boldsymbol{r}, \boldsymbol{e}_x)$.

Im Grenzfall $c = 0 \quad\Rightarrow\quad \boldsymbol{r} \perp \boldsymbol{e}_x$ entartet der Kegel zur y, z-Ebene.

2.19 Aus (2.18) folgt durch Quadrieren

$$(\boldsymbol{a}\times\boldsymbol{b})^2 = a^2b^2 \underbrace{\sin^2\measuredangle(\boldsymbol{a},\boldsymbol{b})}_{1-\cos^2\measuredangle(\boldsymbol{a},\boldsymbol{b})} = a^2b^2 - a^2b^2\cos^2\measuredangle(\boldsymbol{a},\boldsymbol{b}),$$

was wegen (2.1) zu dem gewünschten Ergebnis führt. Im Fall $\boldsymbol{a} \perp \boldsymbol{b}$ oder $\boldsymbol{a}\cdot\boldsymbol{b} = 0$ ist das Parallelogramm ein Rechteck mit dem Inhalt $\boldsymbol{a}\times\boldsymbol{b} = \boldsymbol{e}_n\, ab \quad\Rightarrow$ $|\boldsymbol{a}\times\boldsymbol{b}| = ab$.

2.20 Der Inhalt $\boldsymbol{S}$ des Dreiecks ABC ist der halbe Inhalt des von den Vektoren $\boldsymbol{a}$ und $\boldsymbol{b}$ aufgespannten Parallelogramms (Fig. 2.2):

$$\boldsymbol{S} = \frac{1}{2}(\boldsymbol{a}\times\boldsymbol{b}).$$

Wegen $\boldsymbol{a} = \boldsymbol{b} + \boldsymbol{c}$ gilt ebenso

$$\begin{aligned}\boldsymbol{S} &= \frac{1}{2}[(\boldsymbol{b}+\boldsymbol{c})\times\boldsymbol{b}] = \frac{1}{2}[\underbrace{(\boldsymbol{b}\times\boldsymbol{b})}_{0} + (\boldsymbol{c}\times\boldsymbol{b})] = \frac{1}{2}(\boldsymbol{c}\times\boldsymbol{b})\\ &= \frac{1}{2}[\boldsymbol{a}\times(\boldsymbol{a}-\boldsymbol{c})] = \frac{1}{2}[\underbrace{(\boldsymbol{a}\times\boldsymbol{a})}_{0} - (\boldsymbol{a}\times\boldsymbol{c})] = \frac{1}{2}(\boldsymbol{c}\times\boldsymbol{a}).\end{aligned}$$

[9] Apollonius von Pergä (um 260-170 v. Chr.), griechischer Mathematiker

Daraus folgt für den Betrag $S \equiv |\boldsymbol{S}|$ angesichts $\measuredangle(\boldsymbol{a},\boldsymbol{b}) = \gamma$, $\measuredangle(\boldsymbol{b},\boldsymbol{c}) = \pi - \alpha$, $\measuredangle(\boldsymbol{c},\boldsymbol{a}) = \beta$:

$$S = \frac{1}{2}\,ab\sin\gamma = \frac{1}{2}\,bc\underbrace{\sin(\pi-\alpha)}_{\sin\alpha} = \frac{1}{2}\,ca\sin\beta.$$

Diese Formel enthält den bekannten Sinussatz der ebenen Trigonometrie.

2.21 Wir bilden 2 beliebige Seitenvektoren (Fig. A.14), z. B.

$$\boldsymbol{a} = \boldsymbol{r}_C - \boldsymbol{r}_B = 3\boldsymbol{e}_x - \boldsymbol{e}_z \quad\Rightarrow\quad \underline{a} = \begin{pmatrix} 3\\ 0\\ -1 \end{pmatrix},$$

$$\boldsymbol{c} = \boldsymbol{r}_A - \boldsymbol{r}_B = 2\boldsymbol{e}_y - \boldsymbol{e}_z \quad\Rightarrow\quad \underline{c} = \begin{pmatrix} 0\\ 2\\ -1 \end{pmatrix}.$$

Das von ihnen aufgespannte Parallelogramm $ABCD$ hat den Inhalt

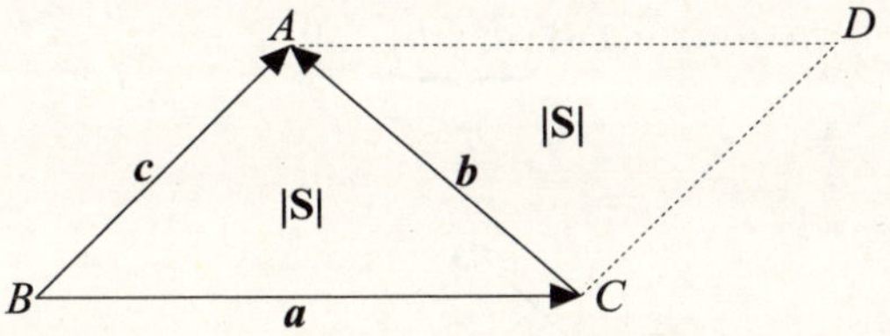

Fig. A.14

$$\boldsymbol{a}\times\boldsymbol{c} = \begin{vmatrix} \boldsymbol{e}_x & \boldsymbol{e}_y & \boldsymbol{e}_z\\ 3 & 0 & -1\\ 0 & 2 & -1 \end{vmatrix} = 2\boldsymbol{e}_x + 3\boldsymbol{e}_y + 6\boldsymbol{e}_z \quad\Rightarrow\quad |\boldsymbol{a}\times\boldsymbol{c}| = \sqrt{2^2+3^2+6^2} = 7.$$

Davon entfällt auf die Dreiecke ABC und ACD je die Hälfte: $|\boldsymbol{S}| = \frac{7}{2}$.

2.22 Anknüpfend an Aufgabe 2.19 und 2.20 gilt angesichts Fig. 2.2:

$$\boldsymbol{S}^2 = \frac{1}{4}(\boldsymbol{a}\times\boldsymbol{b})^2 = \frac{1}{4}[a^2b^2 - (\boldsymbol{a}\cdot\boldsymbol{b})^2] = \frac{1}{4}(ab + \boldsymbol{a}\cdot\boldsymbol{b})(ab - \boldsymbol{a}\cdot\boldsymbol{b}).$$

Aus $\boldsymbol{c} = \boldsymbol{a} - \boldsymbol{b}$ folgt unmittelbar

$$c^2 = a^2 + b^2 - 2\boldsymbol{a}\cdot\boldsymbol{b} \quad\Rightarrow\quad \boldsymbol{a}\cdot\boldsymbol{b} = \frac{a^2+b^2-c^2}{2}.$$

Durch Einsetzung erhält man weiter

$$\boldsymbol{S}^2 = \frac{1}{16}\underbrace{(2ab + a^2 + b^2 - c^2)}_{(a+b)^2-c^2}\underbrace{(2ab - a^2 - b^2 + c^2)}_{c^2-(a-b)^2}$$

$$= \frac{1}{16}\underbrace{(a+b+c)}_{2s}\underbrace{(a+b-c)}_{2(s-c)}\underbrace{(c+a-b)}_{2(s-b)}\underbrace{(c-a+b)}_{2(s-a)}.$$

Schließlich ergibt sich die heronische[10] Formel

$$S = \sqrt{s(s-a)(s-b)(s-c)}.$$

2.23 Hier bieten sich zwei Lösungswege an:

1. Die beiden Summenvektoren sind unter der Bedingung (2.23) parallel (Fig. A.15). Daraus folgt angesichts (2.24) und (2.19):

$$(\mu_1\boldsymbol{a} + \nu_1\boldsymbol{b}) \times (\mu_2\boldsymbol{a} + \nu_2\boldsymbol{b}) = 0,$$
$$\mu_1\nu_2(\boldsymbol{a} \times \boldsymbol{b}) + \nu_1\mu_2(\boldsymbol{b} \times \boldsymbol{a}) = 0,$$
$$(\mu_1\nu_2 - \nu_1\mu_2)\underbrace{(\boldsymbol{a} \times \boldsymbol{b})}_{\neq 0} = 0 \quad \Rightarrow \quad \frac{\mu_1}{\mu_2} = \frac{\nu_1}{\nu_2}.$$

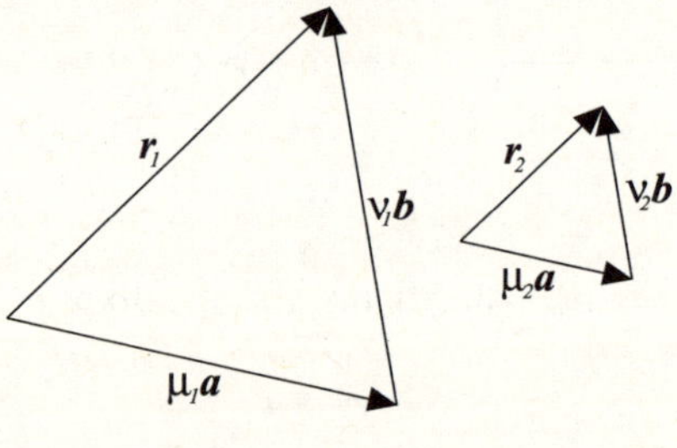

Fig. A.15

2. Die vorausgesetzte Parallelität bedeutet gemäß (1.33) die lineare Verknüpfung

$$\boldsymbol{r}_1 = \lambda\boldsymbol{r}_2,$$

was unmittelbar zu der Gleichung

$$\underbrace{(\mu_1 - \lambda\mu_2)}_{0}\,\boldsymbol{a} + \underbrace{(\nu_1 - \lambda\nu_2)}_{0}\,\boldsymbol{b} = 0$$

[10]Heron von Alexandria (etwa 1. Jahrhundert n. Chr.), griechischer Mathematiker

führt. Man erhält im Einklang mit der 1. Lösung

$$\lambda = \frac{\mu_1}{\mu_2} = \frac{\nu_1}{\nu_2}.$$

Das gefundene Ergebnis besagt geometrisch, dass die beiden maßgebenden Vektortripel $\boldsymbol{r}_1, \mu_1\boldsymbol{a}, \nu_1\boldsymbol{b}$ und $\boldsymbol{r}_2, \mu_2\boldsymbol{a}, \nu_2\boldsymbol{b}$ die Seiten zweier ähnlicher Dreiecke bilden.

2.24 Mit den beiden Diagonalen $\boldsymbol{p} = \boldsymbol{a} - \boldsymbol{b}$ und $\boldsymbol{q} = \boldsymbol{a} + \boldsymbol{b}$ (Fig. A.16) gilt:

$$\boldsymbol{a} \times \boldsymbol{b} = \frac{1}{2}[\underbrace{(\boldsymbol{a} - \boldsymbol{b})}_{\boldsymbol{p}} \times \underbrace{(\boldsymbol{a} + \boldsymbol{b})}_{\boldsymbol{q}}] = \frac{1}{2}(\boldsymbol{p} \times \boldsymbol{q})$$

oder in Determinantenschreibweise

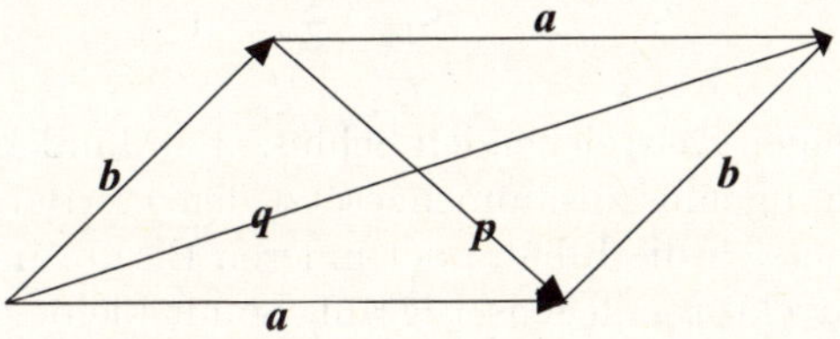

Fig. A.16

$$\boldsymbol{a} \times \boldsymbol{b} = \begin{vmatrix} \boldsymbol{e}_x & \boldsymbol{e}_y & \boldsymbol{e}_z \\ a_x & a_y & a_z \\ b_x & b_y & b_z \end{vmatrix} = \frac{1}{2} \begin{vmatrix} \boldsymbol{e}_x & \boldsymbol{e}_y & \boldsymbol{e}_z \\ a_x - b_x & a_y - b_y & a_z - b_z \\ 2b_x & 2b_y & 2b_z \end{vmatrix}$$

$$= \frac{1}{2} \begin{vmatrix} \boldsymbol{e}_x & \boldsymbol{e}_y & \boldsymbol{e}_z \\ a_x - b_x & a_y - b_y & a_z - b_z \\ b_x + a_x & b_y + a_y & b_z + a_z \end{vmatrix}.$$

Der Wert einer Determinante bleibt ja ungeändert, wenn man zu den Elementen einer Reihe die Elemente einer anderen Reihe addiert oder subtrahiert.

2.25 Das Vierflach hat 4 dreieckige Seitenflächen mit den Inhalten (Fig. A.17):

$$\triangle OAB: \quad \boldsymbol{S}_1 = \frac{1}{2}(\boldsymbol{r}_2 \times \boldsymbol{r}_1),$$

$$\triangle OBC: \quad \boldsymbol{S}_2 = \frac{1}{2}(\boldsymbol{r}_3 \times \boldsymbol{r}_2),$$

$$\triangle OCA: \quad \boldsymbol{S}_3 = \frac{1}{2}(\boldsymbol{r}_1 \times \boldsymbol{r}_3),$$

$$\triangle ABC: \quad \boldsymbol{S}_4 = \frac{1}{2}[(\boldsymbol{r}_1 - \boldsymbol{r}_3) \times (\boldsymbol{r}_2 - \boldsymbol{r}_1)]$$

$$= \frac{1}{2}(\boldsymbol{r}_1 \times \boldsymbol{r}_2) - \frac{1}{2}\underbrace{(\boldsymbol{r}_1 \times \boldsymbol{r}_1)}_{0} - \frac{1}{2}(\boldsymbol{r}_3 \times \boldsymbol{r}_2) + \frac{1}{2}(\boldsymbol{r}_3 \times \boldsymbol{r}_1).$$

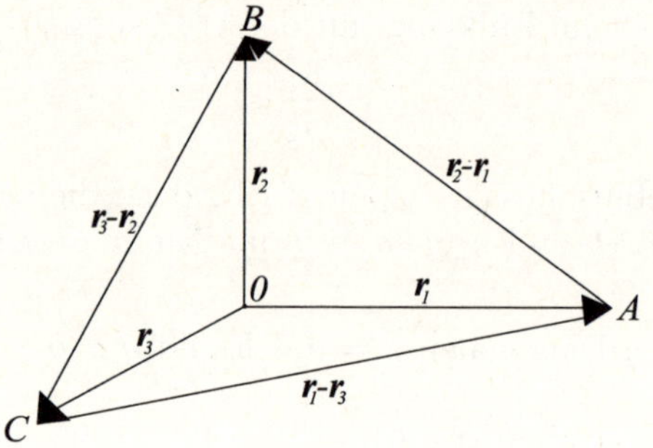

Fig. A.17

Daraus folgt die „Nullsumme" aller Flächeninhalte:

$$\boldsymbol{S}_1 + \boldsymbol{S}_2 + \boldsymbol{S}_3 + \boldsymbol{S}_4 = 0.$$

Das Ergebnis lässt einen weitreichenden Schluss zu: Man kann sich jedes Polyeder aus Vierflachen fugenlos zusammengesetzt denken. Bei der Addition ihrer Flächeninhalte heben sich die Inhalte der inneren Berührungsflächen je zweier Vierflache als Gegenvektoren gegenseitig auf. Somit bleibt die Nullsumme der Inhalte der Vierflachseiten an der Polyederoberfläche übrig (vgl. Aufgabe 6.2). In Kap. 7.3.2 folgt die Verallgemeinerung für alle Körper mit stetiger Oberfläche.

2.26 Die Länge der grossen Diagonale (und Winkelhalbierenden) beträgt nach (2.15)

$$|\boldsymbol{e}_a + \boldsymbol{e}_b| = \sqrt{1 + 2\boldsymbol{e}_a \cdot \boldsymbol{e}_b + 1} = \sqrt{2}\sqrt{1 + \cos\alpha}.$$

Ebenso gilt mit Blick auf die Fig. A.18

$$\frac{|\boldsymbol{e}_a + \boldsymbol{e}_b|}{2} = |\boldsymbol{e}_b| \cos\frac{\alpha}{2},$$

so dass die geläufige goniometrische Formel

$$1 + \cos\alpha = 2\cos^2\frac{\alpha}{2}$$

folgt.

Der Betrag $|(\boldsymbol{e}_a + \boldsymbol{e}_b) \times \boldsymbol{e}_b|$ ist der Inhalt des von den Vektoren $\boldsymbol{e}_a + \boldsymbol{e}_b$ und $\boldsymbol{e}_b$ aufgespannten Parallelogramms $ACED$ oder der doppelte Inhalt des Dreiecks ACD. Man erhält gemäß (2.18)

$$|(\boldsymbol{e}_a + \boldsymbol{e}_b) \times \boldsymbol{e}_b| = \underbrace{|\boldsymbol{e}_a + \boldsymbol{e}_b|}_{2\cos\frac{\alpha}{2}} \cdot |\boldsymbol{e}_b| \sin\frac{\alpha}{2} = 2\sin\frac{\alpha}{2}\cos\frac{\alpha}{2}$$

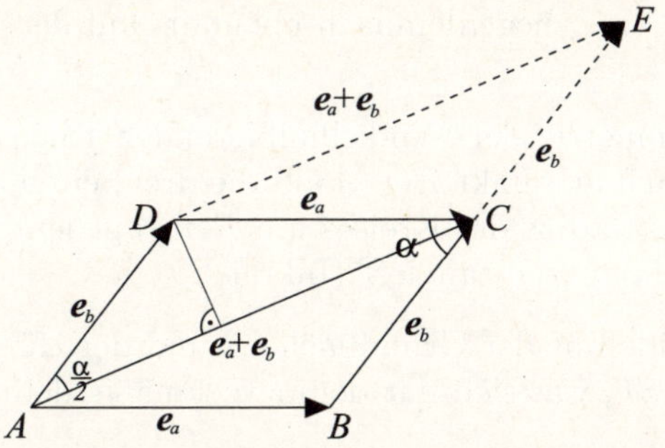

Fig. A.18

und im Zusammenhang mit (2.28)

$$|(\boldsymbol{e}_a + \boldsymbol{e}_b) \times \boldsymbol{e}_b| = |(\boldsymbol{e}_a \times \boldsymbol{e}_b| = \sin\alpha.$$

Dies führt zu der bekannten Formel

$$\sin\alpha = 2\sin\frac{\alpha}{2}\cos\frac{\alpha}{2}.$$

Man erkennt auch, dass die Parallelogramme $ACED$ und $ABCD$ flächengleich sind.

2.27 Die Seiten des Dreiecks seien (Fig. A.19)

$$\boldsymbol{r}_1 - \boldsymbol{r}_2 = \boldsymbol{c}, \quad \boldsymbol{r}_2 - \boldsymbol{r}_3 = \boldsymbol{a}, \quad \boldsymbol{r}_3 - \boldsymbol{r}_1 = \boldsymbol{b} \quad \Rightarrow \quad \boldsymbol{a} + \boldsymbol{b} + \boldsymbol{c} = 0.$$

Der Schnittpunkt $P(\boldsymbol{r}_w)$ liegt auf den Winkelhalbierenden durch die Ecken A

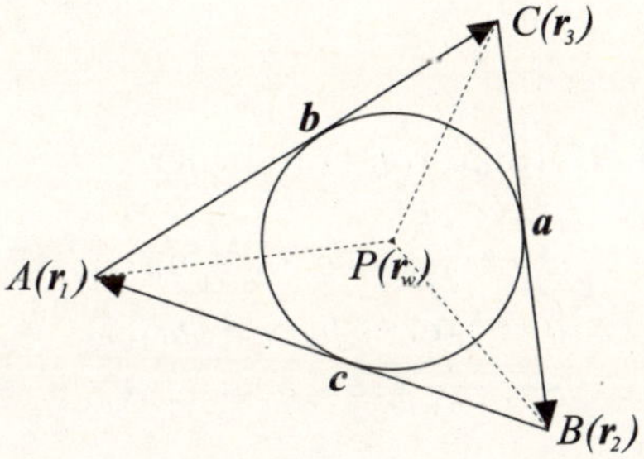

Fig. A.19

und B:

$$(\boldsymbol{r}_w - \boldsymbol{r}_1) \times (\boldsymbol{e}_b - \boldsymbol{e}_c) = 0, \quad (\boldsymbol{r}_w - \boldsymbol{r}_2) \times (\boldsymbol{e}_c - \boldsymbol{e}_a) = 0.$$

Addition dieser Gleichungen ergibt

$$\boldsymbol{r}_w \times (\boldsymbol{e}_b - \boldsymbol{e}_a) - \underbrace{\boldsymbol{r}_1 \times \boldsymbol{e}_b}_{\boldsymbol{r}_3 \times \boldsymbol{e}_b} + \underbrace{\boldsymbol{r}_1 \times \boldsymbol{e}_c - \boldsymbol{r}_2 \times \boldsymbol{e}_c}_{\boldsymbol{c} \times \boldsymbol{e}_c = 0} + \underbrace{\boldsymbol{r}_2 \times \boldsymbol{e}_a}_{\boldsymbol{r}_3 \times \boldsymbol{e}_a} = 0$$

$$\Rightarrow \quad (\boldsymbol{r}_w - \boldsymbol{r}_3) \times (\boldsymbol{e}_b - \boldsymbol{e}_a) = 0.$$

Der Schnittpunkt $P(\boldsymbol{r}_w)$ liegt demnach ebenfalls auf der Winkelhalbierenden durch die Ecke C.

Angesichts der Symmetrie der Winkelhalbierenden leuchtet unmittelbar ein, dass die Lote vom Schnittpunkt $P(\boldsymbol{r}_w)$ auf die drei Seiten alle gleich lang sind; sie können daher als Radius des Kreises um $P(\boldsymbol{r}_w)$ gedeutet werden, der alle 3 Seiten in den Lotfußpunkten tangiert (Inkreis).

2.28 Eine Pyramide mit der Grundfläche S und der Höhe h hat bekanntlich das Volumen $\tau = \frac{1}{3}Sh$, was sich mit dem zweckmäßig definierten Höhenvektor

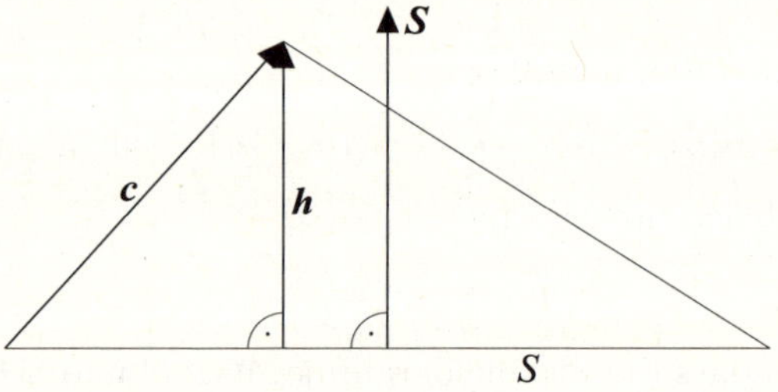

Fig. A.20

$\boldsymbol{h} \equiv h\boldsymbol{e}_h$ und dem Grundflächeninhalt $\boldsymbol{S} \equiv S\boldsymbol{e}_h$ allgemein als Punktprodukt schreiben lässt (Fig. A.20): $\tau = \frac{1}{3}\boldsymbol{S} \cdot \boldsymbol{h} = \frac{1}{3}\boldsymbol{S} \cdot \boldsymbol{c}$. Die dreieckige Grundfläche eines Vierflachs mit den Seiten $\boldsymbol{a}$ und $\boldsymbol{b}$ hat den Inhalt $\boldsymbol{S} = \frac{1}{2}(\boldsymbol{a} \times \boldsymbol{b})$, so dass sich als Volumen

$$\tau = \frac{1}{6}(\boldsymbol{a} \times \boldsymbol{b}) \cdot \boldsymbol{c} = \frac{1}{6}[\boldsymbol{a}, \boldsymbol{b}, \boldsymbol{c}]$$

ergibt.

2.29 Die Zerlegung in Teilvektoren lautet hier

$$\begin{aligned} \boldsymbol{a} &= a_u\boldsymbol{e}_u + a_v\boldsymbol{e}_v + a_w\boldsymbol{e}_w, \\ \boldsymbol{b} &= b_u\boldsymbol{e}_u + b_v\boldsymbol{e}_v + b_w\boldsymbol{e}_w, \\ \boldsymbol{c} &= c_u\boldsymbol{e}_u + c_v\boldsymbol{e}_v + c_w\boldsymbol{e}_w. \end{aligned}$$

Damit gilt wegen (2.19) anstelle (2.21)

$$\begin{aligned} \boldsymbol{a} \times \boldsymbol{b} = a_u b_v(\boldsymbol{e}_u \times \boldsymbol{e}_v) + a_u b_w \underbrace{(\boldsymbol{e}_u \times \boldsymbol{e}_w)}_{-(\boldsymbol{e}_w \times \boldsymbol{e}_u)} + a_v b_u \underbrace{(\boldsymbol{e}_v \times \boldsymbol{e}_u)}_{-(\boldsymbol{e}_u \times \boldsymbol{e}_v)} \\ + a_v b_w(\boldsymbol{e}_v \times \boldsymbol{e}_w) + a_w b_u(\boldsymbol{e}_w \times \boldsymbol{e}_u) + a_w b_v \underbrace{(\boldsymbol{e}_w \times \boldsymbol{e}_v)}_{-(\boldsymbol{e}_v \times \boldsymbol{e}_w)} \\ = (a_u b_v - a_v b_u)(\boldsymbol{e}_u \times \boldsymbol{e}_v) + (a_v b_w - a_w b_v)(\boldsymbol{e}_v \times \boldsymbol{e}_w) + (a_w b_u - a_u b_w)(\boldsymbol{e}_w \times \boldsymbol{e}_u). \end{aligned}$$

Wir multiplizieren das Ergebnis punktweise mit $\boldsymbol{c}$ und finden angesichts (2.46)

$$
\begin{aligned}
(\boldsymbol{a} \times \boldsymbol{b}) \cdot \boldsymbol{c} = {} & (a_v b_w - a_w b_v) c_u \underbrace{(\boldsymbol{e}_v \times \boldsymbol{e}_w) \cdot \boldsymbol{e}_u}_{[\boldsymbol{e}_u, \boldsymbol{e}_v, \boldsymbol{e}_w]} \\
& + (a_w b_u - a_u b_w) c_v \underbrace{(\boldsymbol{e}_w \times \boldsymbol{e}_u) \cdot \boldsymbol{e}_v}_{[\boldsymbol{e}_u, \boldsymbol{e}_v, \boldsymbol{e}_w]} \\
& + (a_u b_v - a_v b_u) c_w \underbrace{(\boldsymbol{e}_u \times \boldsymbol{e}_v) \cdot \boldsymbol{e}_w}_{[\boldsymbol{e}_u, \boldsymbol{e}_v, \boldsymbol{e}_w]}
\end{aligned}
$$

$$
\Rightarrow \quad [\boldsymbol{a}, \boldsymbol{b}, \boldsymbol{c}] = [\boldsymbol{e}_u, \boldsymbol{e}_v, \boldsymbol{e}_w] \begin{vmatrix} c_u & c_v & c_w \\ a_u & a_v & a_w \\ b_u & b_v & b_w \end{vmatrix} = [\boldsymbol{e}_u, \boldsymbol{e}_v, \boldsymbol{e}_w] \begin{vmatrix} a_u & a_v & a_w \\ b_u & b_v & b_w \\ c_u & c_v & c_w \end{vmatrix} .
$$

2.30 Nach (2.40) und (2.41) gilt die Identität

$$
[\boldsymbol{a}, \boldsymbol{b}, \boldsymbol{c}] \cdot [\boldsymbol{d}, \boldsymbol{k}, \boldsymbol{l}] = \begin{vmatrix} a_x & a_y & a_z \\ b_x & b_y & b_z \\ c_x & c_y & c_z \end{vmatrix} \cdot \begin{vmatrix} d_x & d_y & d_z \\ k_x & k_y & k_z \\ l_x & l_y & l_z \end{vmatrix} .
$$

Durch Vertauschung von Zeilen und Spalten in der 2. Determinante, was ihren Wert ja nicht ändert, erhalten wir:

$$
[\boldsymbol{a}, \boldsymbol{b}, \boldsymbol{c}] \cdot [\boldsymbol{d}, \boldsymbol{k}, \boldsymbol{l}] = \begin{vmatrix} a_x & a_y & a_z \\ b_x & b_y & b_z \\ c_x & c_y & c_z \end{vmatrix} \cdot \begin{vmatrix} d_x & k_x & l_x \\ d_y & k_y & l_y \\ d_z & k_z & l_z \end{vmatrix} .
$$

Dieses Determinantenprodukt lässt sich bequem ausrechnen und ergibt

$$
[\boldsymbol{a}, \boldsymbol{b}, \boldsymbol{c}] \cdot [\boldsymbol{d}, \boldsymbol{k}, \boldsymbol{l}] = \begin{vmatrix} \boldsymbol{a} \cdot \boldsymbol{d} & \boldsymbol{a} \cdot \boldsymbol{k} & \boldsymbol{a} \cdot \boldsymbol{l} \\ \boldsymbol{b} \cdot \boldsymbol{d} & \boldsymbol{b} \cdot \boldsymbol{k} & \boldsymbol{b} \cdot \boldsymbol{l} \\ \boldsymbol{c} \cdot \boldsymbol{d} & \boldsymbol{c} \cdot \boldsymbol{k} & \boldsymbol{c} \cdot \boldsymbol{l} \end{vmatrix} .
$$

Im Fall $\boldsymbol{d} = \boldsymbol{a}$, $\boldsymbol{k} = \boldsymbol{b}$, $\boldsymbol{l} = \boldsymbol{c}$ folgt daraus die (symmetrische) gramsche[11] Determinante

$$
[\boldsymbol{a}, \boldsymbol{b}, \boldsymbol{c}]^2 = \begin{vmatrix} \boldsymbol{a}^2 & \boldsymbol{a} \cdot \boldsymbol{b} & \boldsymbol{a} \cdot \boldsymbol{c} \\ \boldsymbol{a} \cdot \boldsymbol{b} & \boldsymbol{b}^2 & \boldsymbol{b} \cdot \boldsymbol{c} \\ \boldsymbol{a} \cdot \boldsymbol{c} & \boldsymbol{b} \cdot \boldsymbol{c} & \boldsymbol{c}^2 \end{vmatrix} .
$$

2.31 Beide Fälle sind identisch. Fall 1 bedeutet nämlich gemäß (2.54)

$$
(\boldsymbol{c} \times \boldsymbol{a}) \times \boldsymbol{b} = 0,
$$

ebenso wie Fall 2 gemäß (2.56). Es kommen 2 Lösungen in Betracht:

[11] Jørgen Pederson Gram (1850-1916), dänischer Versicherungsmathematiker

- $\boldsymbol{c} \| \boldsymbol{a} \quad \Rightarrow \quad \boldsymbol{c} = \lambda \boldsymbol{a}$ und/oder
- $(\boldsymbol{c} \times \boldsymbol{a}) \| \boldsymbol{b} \quad \Rightarrow \quad \boldsymbol{c} \perp \boldsymbol{b} \perp \boldsymbol{a}$.

2.32 Zweckmäßigerweise multiplizieren wir die 2. Gleichung kreuzweise mit $\boldsymbol{a}$:

$$(\boldsymbol{r} \times \boldsymbol{b}) \times \boldsymbol{a} = \boldsymbol{c} \times \boldsymbol{a}.$$

Dies führt mit Hilfe von (2.54) zu

$$\boldsymbol{b} \underbrace{(\boldsymbol{r} \cdot \boldsymbol{a})}_{p} - \boldsymbol{r}(\boldsymbol{b} \cdot \boldsymbol{a}) = \boldsymbol{c} \times \boldsymbol{a} \quad \Rightarrow \quad \boldsymbol{r} = \frac{p\boldsymbol{b} - (\boldsymbol{c} \times \boldsymbol{a})}{\boldsymbol{b} \cdot \boldsymbol{a}}.$$

Damit ist $\boldsymbol{r}$ in 2 Teilvektoren parallel zu $\boldsymbol{b}$ bzw. $\boldsymbol{c} \times \boldsymbol{a}$ zerlegt.

2.33 Wir multiplizieren die zu lösende Gleichung in einem 1. Schritt punktweise mit $\boldsymbol{a}$ und finden

$$k(\boldsymbol{r} \cdot \boldsymbol{a}) = \boldsymbol{b} \cdot \boldsymbol{a},$$

sodann in einem 2. Schritt kreuzweise mit $\boldsymbol{a}$ und erhalten

$$k(\underbrace{\boldsymbol{r} \times \boldsymbol{a}}_{\boldsymbol{b} - k\boldsymbol{r}}) + [\underbrace{(\boldsymbol{r} \times \boldsymbol{a}) \times \boldsymbol{a}}_{\boldsymbol{a}(\boldsymbol{r} \cdot \boldsymbol{a}) - \boldsymbol{r} a^2}] = \boldsymbol{b} \times \boldsymbol{a},$$

$$k\boldsymbol{b} - \boldsymbol{r}(k^2 + a^2) + \boldsymbol{a}(\underbrace{\boldsymbol{r} \cdot \boldsymbol{a}}_{\frac{\boldsymbol{b} \cdot \boldsymbol{a}}{k}}) = \boldsymbol{b} \times \boldsymbol{a} \quad \Rightarrow \quad \boldsymbol{r} = \frac{1}{k^2 + a^2}\left[k\boldsymbol{b} + \frac{\boldsymbol{a}(\boldsymbol{b} \cdot \boldsymbol{a})}{k} - \boldsymbol{b} \times \boldsymbol{a}\right].$$

2.34 Wir multiplizieren die 2. Gleichung kreuzweise mit $\boldsymbol{a}$

$$\boldsymbol{a} \times \boldsymbol{r}_2 + \underbrace{\boldsymbol{a} \times (\boldsymbol{a} \times \boldsymbol{r}_1)}_{\boldsymbol{a}(\boldsymbol{a} \cdot \boldsymbol{r}_1) - \boldsymbol{r}_1 a^2} = \boldsymbol{a} \times \boldsymbol{c}$$

und finden wegen $\boldsymbol{a} \cdot \boldsymbol{r}_1 = \boldsymbol{a} \cdot \boldsymbol{b}$

$$\boldsymbol{a} \times \boldsymbol{r}_2 = \boldsymbol{a} \times \boldsymbol{c} + \boldsymbol{r}_1 a^2 - \boldsymbol{a}(\boldsymbol{a} \cdot \boldsymbol{b}).$$

Einsetzung in die 1. Gleichung ergibt unmittelbar

$$\boldsymbol{r}_1 = \frac{\boldsymbol{b} + \boldsymbol{a}(\boldsymbol{a} \cdot \boldsymbol{b}) - (\boldsymbol{a} \times \boldsymbol{c})}{1 + a^2}.$$

Daraus folgt mühelos

$$\boldsymbol{r}_2 = \frac{\boldsymbol{c} + \boldsymbol{a}(\boldsymbol{a} \cdot \boldsymbol{c}) - (\boldsymbol{a} \times \boldsymbol{b})}{1 + a^2}.$$

2.35 An Hand von Fig. A.11 und der Lösung von Aufgabe 2.15 gehen wir zweckmäßig von

$$\boldsymbol{r}_h \cdot \boldsymbol{r}_1 = \boldsymbol{r}_2 \cdot \boldsymbol{r}_1 \quad \text{und} \quad \boldsymbol{r}_h \cdot \boldsymbol{r}_2 = \boldsymbol{r}_1 \cdot \boldsymbol{r}_2$$

sowie der Komplanaritätsbedingung (ebenes Dreieck!)

$$\boldsymbol{r}_h \cdot (\boldsymbol{r}_1 \times \boldsymbol{r}_2) = 0$$

aus. Man findet dann mit Hilfe von (2.58) mühelos

$$\boldsymbol{r}_h = \frac{\boldsymbol{r}_1 \cdot \boldsymbol{r}_2[(\boldsymbol{r}_2 - \boldsymbol{r}_1) \times (\boldsymbol{r}_1 \times \boldsymbol{r}_2)]}{(\boldsymbol{r}_1 \times \boldsymbol{r}_2)^2}.$$

2.36 Mit den abweichend von Kap. 2.4.3 definierten Vektoren

$$\boldsymbol{m}'_i \equiv m_{i1}\boldsymbol{e}_x + m_{i2}\boldsymbol{e}_y + m_{i3}\boldsymbol{e}_z \quad \text{für } i = 1, 2, 3 \quad \text{und}$$
$$\boldsymbol{a} \equiv a_1\boldsymbol{e}_x + a_2\boldsymbol{e}_y + a_3\boldsymbol{e}_z$$

gewinnt das System (2.49) die Form

$$b_1 = \boldsymbol{m}'_1 \cdot \boldsymbol{a}, \quad b_2 = \boldsymbol{m}'_2 \cdot \boldsymbol{a}, \quad b_3 = \boldsymbol{m}'_3 \cdot \boldsymbol{a}.$$

Die Anwendung von (2.58) führt zum Lösungsvektor $\boldsymbol{a}$ in einer verglichen mit (2.53) alternativen Zerlegung:

$$\boldsymbol{a} = \frac{b_1(\boldsymbol{m}'_2 \times \boldsymbol{m}'_3) + b_2(\boldsymbol{m}'_3 \times \boldsymbol{m}'_1) + b_3(\boldsymbol{m}'_1 \times \boldsymbol{m}'_2)}{[\boldsymbol{m}'_1, \boldsymbol{m}'_2, \boldsymbol{m}'_3]}.$$

Zur Übung bestätigen wir den Einklang mit (2.53). Für die Koordinate $a_1 = \boldsymbol{a} \cdot \boldsymbol{e}_x$ folgt wegen $[\boldsymbol{m}'_1, \boldsymbol{m}'_2, \boldsymbol{m}'_3] = [\boldsymbol{m}_1, \boldsymbol{m}_2, \boldsymbol{m}_3]$

$$b_1\boldsymbol{e}_x \cdot (\boldsymbol{m}'_2 \times \boldsymbol{m}'_3) + b_2\boldsymbol{e}_x \cdot (\boldsymbol{m}'_3 \times \boldsymbol{m}'_1) + b_3\boldsymbol{e}_x \cdot (\boldsymbol{m}'_1 \times \boldsymbol{m}'_2) = [\boldsymbol{b}, \boldsymbol{m}_2, \boldsymbol{m}_3]$$

oder in Determinantenform

$$\begin{vmatrix} b_1 & 0 & 0 \\ m_{21} & m_{22} & m_{23} \\ m_{31} & m_{32} & m_{33} \end{vmatrix} + \begin{vmatrix} b_2 & 0 & 0 \\ m_{31} & m_{32} & m_{33} \\ m_{11} & m_{12} & m_{13} \end{vmatrix} + \begin{vmatrix} b_3 & 0 & 0 \\ m_{11} & m_{12} & m_{13} \\ m_{21} & m_{22} & m_{23} \end{vmatrix}$$
$$= \begin{vmatrix} b_1 & b_2 & b_3 \\ m_{12} & m_{22} & m_{32} \\ m_{13} & m_{23} & m_{33} \end{vmatrix}.$$

Offenbar heben sich hier die Adjunkten der Elemente b_i paarweise auf. Analog kann man die Übereinstimmung für a_2 und a_3 zeigen.

2.37 Die Bestimmungsgleichungen lauten (Fig. A.21):

$$(\boldsymbol{r}_1 - \boldsymbol{r}_m)^2 = (\boldsymbol{r}_2 - \boldsymbol{r}_m)^2 = (\boldsymbol{r}_3 - \boldsymbol{r}_m)^2 = R^2.$$

Daraus folgt je 2 zusammenfassend:

$$\boldsymbol{r}_m\cdot(\boldsymbol{r}_2-\boldsymbol{r}_1) = \frac{\boldsymbol{r}_2^2 - \boldsymbol{r}_1^2}{2}, \quad \boldsymbol{r}_m\cdot(\boldsymbol{r}_3-\boldsymbol{r}_2) = \frac{\boldsymbol{r}_3^2 - \boldsymbol{r}_2^2}{2}, \quad \boldsymbol{r}_m\cdot(\boldsymbol{r}_1-\boldsymbol{r}_3) = \frac{\boldsymbol{r}_1^2 - \boldsymbol{r}_3^2}{2}.$$

Von diesen 3 Gleichungen ist 1 überflüssig, weil sie aus den beiden anderen

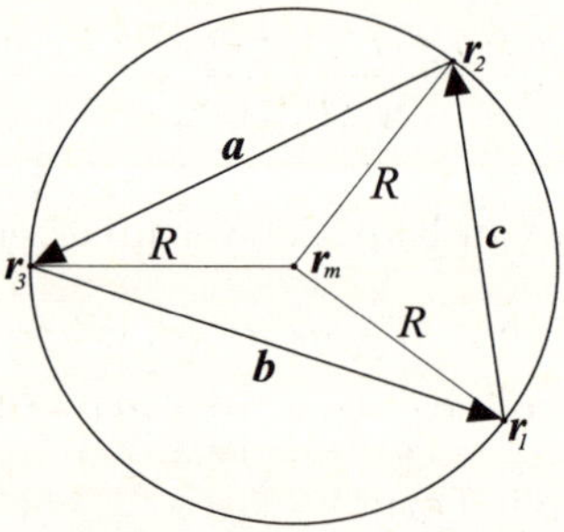

Fig. A.21

durch Addition hervorgeht. Wir lassen willkürlich die Nr. 1 weg.

Die 3 Kreissehnen

$$\boldsymbol{r}_3 - \boldsymbol{r}_2 \equiv \boldsymbol{a}, \quad \boldsymbol{r}_1 - \boldsymbol{r}_3 \equiv \boldsymbol{b}, \quad \boldsymbol{r}_2 - \boldsymbol{r}_1 \equiv \boldsymbol{c} \quad \Rightarrow \quad \boldsymbol{a}+\boldsymbol{b}+\boldsymbol{c}=0$$

liegen gemeinsam mit dem Mittelpunkt $\boldsymbol{r}_m$ in einer Ebene, deren Normalen-Einsvektor $\boldsymbol{e}_n = \frac{\boldsymbol{a}\times\boldsymbol{b}}{|\boldsymbol{a}\times\boldsymbol{b}|}$ sei. Sodann führt die Formel (2.59) mit

$$\boldsymbol{r}_m \cdot \boldsymbol{a} = \frac{\boldsymbol{r}_3^2 - \boldsymbol{r}_2^2}{2} \quad \text{und} \quad \boldsymbol{r}_m \cdot \boldsymbol{b} = \frac{\boldsymbol{r}_1^2 - \boldsymbol{r}_3^2}{2}$$

zu dem übersichtlichen Ergebnis

$$\boldsymbol{r}_m = \boldsymbol{e}_n \times \frac{(\boldsymbol{r}_1^2 - \boldsymbol{r}_3^2)\boldsymbol{a} - (\boldsymbol{r}_3^2 - \boldsymbol{r}_2^2)\boldsymbol{b}}{2\,|\boldsymbol{a}\times\boldsymbol{b}|} = \boldsymbol{e}_n \times \frac{\boldsymbol{r}_1^2\boldsymbol{a} + \boldsymbol{r}_2^2\boldsymbol{b} + \boldsymbol{r}_3^2\boldsymbol{c}}{2\,|\boldsymbol{a}\times\boldsymbol{b}|}.$$

Nach Subtraktion von $\boldsymbol{r}_3 \equiv \boldsymbol{e}_n \times (2\boldsymbol{r}_3 \times \frac{\boldsymbol{a}\times\boldsymbol{b}}{2|\boldsymbol{a}\times\boldsymbol{b}|}) = \boldsymbol{e}_n \times \frac{\boldsymbol{a}(2\boldsymbol{r}_3\cdot\boldsymbol{b})-\boldsymbol{b}(2\boldsymbol{r}_3\cdot\boldsymbol{a})}{2|\boldsymbol{a}\times\boldsymbol{b}|}$ erhält man

$$\boldsymbol{r}_m - \boldsymbol{r}_3 = \boldsymbol{e}_n \times \frac{\boldsymbol{b}^2\boldsymbol{a} + \boldsymbol{a}^2\boldsymbol{b}}{2\,|\boldsymbol{a}\times\boldsymbol{b}|}$$

und durch Betragsbildung schließlich den gesuchten Radius

$$R = |\boldsymbol{r}_m - \boldsymbol{r}_3| = \frac{abc}{2\,|\boldsymbol{a}\times\boldsymbol{b}|}.$$

Damit ist der Umkreis des Dreiecks $\boldsymbol{r}_1$, $\boldsymbol{r}_2$, $\boldsymbol{r}_3$ vollständig bestimmt (vgl. Aufgabe 3.4).

Anhand des Zahlenbeispiels

$$\boldsymbol{r}_1 = 5\boldsymbol{e}_x + 9\boldsymbol{e}_y, \quad \boldsymbol{r}_2 = 4\boldsymbol{e}_x + 2\boldsymbol{e}_y, \quad \boldsymbol{r}_3 = -3\boldsymbol{e}_x + 3\boldsymbol{e}_y$$

findet man bequem

$$\boldsymbol{r}_m = \boldsymbol{e}_x + 6\boldsymbol{e}_y, \quad \boldsymbol{r}_m - \boldsymbol{r}_3 = 4\boldsymbol{e}_x + 3\boldsymbol{e}_y, \quad R = 5\,.$$

2.38 Es genügt, das linke Spatprodukt auszuschreiben:

$$(\boldsymbol{a}\times\boldsymbol{b})\cdot[(\boldsymbol{b}\times\boldsymbol{c})\times(\boldsymbol{c}\times\boldsymbol{a})] = (\boldsymbol{a}\times\boldsymbol{b})\cdot\Big[\boldsymbol{c}\underbrace{\{\boldsymbol{a}\cdot(\boldsymbol{b}\times\boldsymbol{c})\}}_{[\boldsymbol{a},\boldsymbol{b},\boldsymbol{c}]} - \boldsymbol{a}\underbrace{\{\boldsymbol{c}\cdot(\boldsymbol{b}\times\boldsymbol{c})\}}_{0}\Big]$$
$$= \underbrace{[(\boldsymbol{a}\times\boldsymbol{b})\cdot\boldsymbol{c}]}_{[\boldsymbol{a},\boldsymbol{b},\boldsymbol{c}]}[\boldsymbol{a},\boldsymbol{b},\boldsymbol{c}] = [\boldsymbol{a},\boldsymbol{b},\boldsymbol{c}]^2.$$

2.39 Die Zerlegung parallel und senkrecht zu $\boldsymbol{e} = \boldsymbol{e}_x$ lautet gemäß (2.73):

$$\boldsymbol{a}\underbrace{[\boldsymbol{e}_x,\boldsymbol{e}_y,\boldsymbol{e}_z]}_{1} = \boldsymbol{e}_x[\underbrace{(\boldsymbol{e}_y\times\boldsymbol{e}_z)}_{\boldsymbol{e}_x}\cdot\boldsymbol{a}] + \boldsymbol{e}_y[\boldsymbol{e}_z\cdot(\boldsymbol{e}_x\times\boldsymbol{a})] - \boldsymbol{e}_z[\boldsymbol{e}_y\cdot(\boldsymbol{e}_x\times\boldsymbol{a})]$$
$$= \boldsymbol{e}_x(\boldsymbol{e}_x\cdot\boldsymbol{a}) + \underbrace{(\boldsymbol{e}_z\times\boldsymbol{e}_y)}_{-\boldsymbol{e}_x}\times(\boldsymbol{e}_x\times\boldsymbol{a})$$
$$\Rightarrow \quad \boldsymbol{a} = (\boldsymbol{a}\cdot\boldsymbol{e})\boldsymbol{e} + (\boldsymbol{e}\times\boldsymbol{a})\times\boldsymbol{e}.$$

Schneller zum Ziel führt hier eine einfache Überlegung: Die zu $\boldsymbol{e}$ parallele Komponente lautet im Sinne von (2.3) $(\boldsymbol{a}\cdot\boldsymbol{e})\boldsymbol{e}$. Dann bleibt als zu $\boldsymbol{e}$ senkrechte Komponente $\boldsymbol{a} - (\boldsymbol{a}\cdot\boldsymbol{e})\boldsymbol{e} = \boldsymbol{a}\boldsymbol{e}^2 - (\boldsymbol{a}\cdot\boldsymbol{e})\boldsymbol{e} = (\boldsymbol{e}\times\boldsymbol{a})\times\boldsymbol{e}$ übrig.

2.40 Man kann zwei Lösungswege beschreiten:

1. Man bestimmt die skalaren Koeffizienten λ und μ in dem Ansatz

$$\boldsymbol{d} = \lambda\boldsymbol{a} + \mu\boldsymbol{b}.$$

Die Isolierung der λ- und μ-haltigen Glieder erfordert zunächst eine kreuzweise Multiplikation mit $\boldsymbol{b}$ bzw. $\boldsymbol{a}$:

$$\boldsymbol{d}\times\boldsymbol{b} = \lambda(\boldsymbol{a}\times\boldsymbol{b}) + \mu\underbrace{(\boldsymbol{b}\times\boldsymbol{b})}_{0},$$
$$\boldsymbol{d}\times\boldsymbol{a} = \lambda\underbrace{(\boldsymbol{a}\times\boldsymbol{a})}_{0} + \mu(\boldsymbol{b}\times\boldsymbol{a}).$$

Es folgt eine 2., diesmal punktweise Multiplikation mit $(\boldsymbol{a}\times\boldsymbol{b})$ bzw. $(\boldsymbol{b}\times\boldsymbol{a})$:

$$(\boldsymbol{d}\times\boldsymbol{b})\cdot(\boldsymbol{a}\times\boldsymbol{b})=\lambda(\boldsymbol{a}\times\boldsymbol{b})^2 \quad\Rightarrow\quad \lambda=\frac{(\boldsymbol{d}\times\boldsymbol{b})\cdot(\boldsymbol{a}\times\boldsymbol{b})}{(\boldsymbol{a}\times\boldsymbol{b})^2},$$

$$(\boldsymbol{d}\times\boldsymbol{a})\cdot(\boldsymbol{b}\times\boldsymbol{a})=\mu(\boldsymbol{b}\times\boldsymbol{a})^2 \quad\Rightarrow\quad \mu=\frac{(\boldsymbol{d}\times\boldsymbol{a})\cdot(\boldsymbol{b}\times\boldsymbol{a})}{(\boldsymbol{a}\times\boldsymbol{b})^2}.$$

Mit Hilfe von (2.61) findet man schließlich

$$\lambda=\frac{(\boldsymbol{d}\cdot\boldsymbol{a})\boldsymbol{b}^2-(\boldsymbol{d}\cdot\boldsymbol{b})(\boldsymbol{a}\cdot\boldsymbol{b})}{(\boldsymbol{a}\times\boldsymbol{b})^2} \quad\text{und}\quad \mu=\frac{(\boldsymbol{d}\cdot\boldsymbol{b})\boldsymbol{a}^2-(\boldsymbol{d}\cdot\boldsymbol{a})(\boldsymbol{a}\cdot\boldsymbol{b})}{(\boldsymbol{a}\times\boldsymbol{b})^2}.$$

Im Fall orthogonaler Teilvektoren $(\boldsymbol{b}\perp\boldsymbol{a})$ gilt

$$\boldsymbol{a}\cdot\boldsymbol{b}=0 \quad\text{und}\quad (\boldsymbol{a}\times\boldsymbol{b})^2=a^2b^2,$$

was (2.35 f) bestätigt.

2. In (2.73) ist $[\boldsymbol{a},\boldsymbol{b},\boldsymbol{d}]=0$, weil $\boldsymbol{d}$ und seine beiden Teilvektoren (parallel zu $\boldsymbol{a}$ bzw. $\boldsymbol{b}$) komplanar sind. $\boldsymbol{d}$ hat keine 3. Komponente senkrecht zu $\boldsymbol{a}$ und $\boldsymbol{b}$, also parallel zu $(\boldsymbol{a}\times\boldsymbol{b})$. Wir setzen $\boldsymbol{a}\times\boldsymbol{b}=\boldsymbol{c}$, wodurch (2.73) wegen

$$\begin{aligned}[\boldsymbol{a},\boldsymbol{b},\boldsymbol{c}]&=(\boldsymbol{a}\times\boldsymbol{b})^2,\\ [\boldsymbol{c},\boldsymbol{a},\boldsymbol{d}]&=(\boldsymbol{a}\times\boldsymbol{b})\cdot(\boldsymbol{a}\times\boldsymbol{d})=(\boldsymbol{d}\times\boldsymbol{a})\cdot(\boldsymbol{b}\times\boldsymbol{a}),\\ [\boldsymbol{b},\boldsymbol{c},\boldsymbol{d}]&=(\boldsymbol{d}\times\boldsymbol{b})\cdot(\boldsymbol{a}\times\boldsymbol{b})\end{aligned}$$

die mit der 1. Lösung übereinstimmende Form gewinnt.

2.41 Wir suchen in dem Ansatz

$$\boldsymbol{d}=\lambda\boldsymbol{a}+\mu\boldsymbol{b}+\nu\boldsymbol{c}$$

die skalaren Koeffizienten λ, μ, ν. Zur Isolierung des λ-haltigen Glieds genügt die punktweise Multiplikation mit dem Vektor $(\boldsymbol{b}\times\boldsymbol{c})$:

$$\underbrace{\boldsymbol{d}\cdot(\boldsymbol{b}\times\boldsymbol{c})}_{[\boldsymbol{b},\boldsymbol{c},\boldsymbol{d}]}=\lambda\underbrace{\boldsymbol{a}\cdot(\boldsymbol{b}\times\boldsymbol{c})}_{[\boldsymbol{a},\boldsymbol{b},\boldsymbol{c}]}+\mu\underbrace{\boldsymbol{b}\cdot(\boldsymbol{b}\times\boldsymbol{c})}_{0}+\nu\underbrace{\boldsymbol{c}\cdot(\boldsymbol{b}\times\boldsymbol{c})}_{0} \quad\Rightarrow\quad \lambda=\frac{[\boldsymbol{b},\boldsymbol{c},\boldsymbol{d}]}{[\boldsymbol{a},\boldsymbol{b},\boldsymbol{c}]}.$$

Analog findet man durch punktweise Multiplikation mit den Vektoren $(\boldsymbol{c}\times\boldsymbol{a})$ bzw. $(\boldsymbol{a}\times\boldsymbol{b})$ mühelos

$$\mu=\frac{[\boldsymbol{c},\boldsymbol{a},\boldsymbol{d}]}{[\boldsymbol{a},\boldsymbol{b},\boldsymbol{c}]} \quad\text{und}\quad \nu=\frac{[\boldsymbol{a},\boldsymbol{b},\boldsymbol{d}]}{[\boldsymbol{a},\boldsymbol{b},\boldsymbol{c}]},$$

was (2.73) bestätigt.

Einen tieferen Einblick gewinnt, wer (2.58) als alternative Zerlegung des räumlichen Vektors $\boldsymbol{d}$ in 3 Teilvektoren parallel zu den neuen Basisvektoren

$$\boldsymbol{a}^* = \frac{\boldsymbol{b} \times \boldsymbol{c}}{[\boldsymbol{a}, \boldsymbol{b}, \boldsymbol{c}]}, \quad \boldsymbol{b}^* = \frac{\boldsymbol{c} \times \boldsymbol{a}}{[\boldsymbol{a}, \boldsymbol{b}, \boldsymbol{c}]}, \quad \boldsymbol{c}^* = \frac{\boldsymbol{a} \times \boldsymbol{b}}{[\boldsymbol{a}, \boldsymbol{b}, \boldsymbol{c}]}$$

deutet. Mit Hilfe der leicht beweisbaren, symmetrischen Zusammenhänge

$$\boldsymbol{a}^* \times \boldsymbol{b}^* = \frac{\boldsymbol{c}}{[\boldsymbol{a}, \boldsymbol{b}, \boldsymbol{c}]}, \quad \boldsymbol{b}^* \times \boldsymbol{c}^* = \frac{\boldsymbol{a}}{[\boldsymbol{a}, \boldsymbol{b}, \boldsymbol{c}]}, \quad \boldsymbol{c}^* \times \boldsymbol{a}^* = \frac{\boldsymbol{b}}{[\boldsymbol{a}, \boldsymbol{b}, \boldsymbol{c}]},$$

$$\boldsymbol{a}^* \cdot \boldsymbol{a} = 1, \quad \boldsymbol{b}^* \cdot \boldsymbol{b} = 1, \quad \boldsymbol{c}^* \cdot \boldsymbol{c} = 1, \quad [\boldsymbol{a}^*, \boldsymbol{b}^*, \boldsymbol{c}^*] \cdot [\boldsymbol{a}, \boldsymbol{b}, \boldsymbol{c}] = 1$$

geht (2.58) in die Form (2.73) über:

$$\boldsymbol{d}[\boldsymbol{a}^*, \boldsymbol{b}^*, \boldsymbol{c}^*] = \boldsymbol{a}^*[\boldsymbol{b}^*, \boldsymbol{c}^*, \boldsymbol{d}] + \boldsymbol{b}^*[\boldsymbol{c}^*, \boldsymbol{a}^*, \boldsymbol{d}] + \boldsymbol{c}^*[\boldsymbol{a}^*, \boldsymbol{b}^*, \boldsymbol{d}].$$

Einsetzen der naheliegenden Abkürzungen

$$\lambda^* = \frac{[\boldsymbol{b}^*, \boldsymbol{c}^*, \boldsymbol{d}]}{[\boldsymbol{a}^*, \boldsymbol{b}^*, \boldsymbol{c}^*]}, \quad \mu^* = \frac{[\boldsymbol{c}^*, \boldsymbol{a}^*, \boldsymbol{d}]}{[\boldsymbol{a}^*, \boldsymbol{b}^*, \boldsymbol{c}^*]}, \quad \nu^* = \frac{[\boldsymbol{a}^*, \boldsymbol{b}^*, \boldsymbol{d}]}{[\boldsymbol{a}^*, \boldsymbol{b}^*, \boldsymbol{c}^*]}$$

macht sofort augenfällig, dass man jeden Vektor $\boldsymbol{d}$ nicht nur parallel zu sog. kovarianten Basisvektoren $\boldsymbol{a}, \boldsymbol{b}, \boldsymbol{c}$ gemäß

$$\boldsymbol{d} = \lambda \boldsymbol{a} + \mu \boldsymbol{b} + \nu \boldsymbol{c},$$

sondern auch parallel zu sog. kontravarianten Basisvektoren $\boldsymbol{a}^*, \boldsymbol{b}^*, \boldsymbol{c}^*$ gemäß

$$\boldsymbol{d} = \lambda^* \boldsymbol{a}^* + \mu^* \boldsymbol{b}^* + \nu^* \boldsymbol{c}^*$$

eindeutig zerlegen kann.

Die Dreibeine $\boldsymbol{a}, \boldsymbol{b}, \boldsymbol{c}$ und $\boldsymbol{a}^*, \boldsymbol{b}^*, \boldsymbol{c}^*$ heißen zueinander reziprok. Entweder bilden beide ein Rechts- oder beide ein Linkssystem. Wenn das Dreibein $\boldsymbol{a}, \boldsymbol{b}, \boldsymbol{c}$ aus orthogonalen Einsvektoren besteht, fällt es mit dem reziproken Dreibein $\boldsymbol{a}^*, \boldsymbol{b}^*, \boldsymbol{c}^*$ zusammen.

Zu Kapitel 3

3.1 Die Träger-Einsvektoren der Tangenten g und h lauten (Fig. A.22)

$$\boldsymbol{e}_g = \frac{(4+8)\boldsymbol{e}_x + (1-10)\boldsymbol{e}_y}{\sqrt{12^2 + 9^2}} = \frac{4\boldsymbol{e}_x - 3\boldsymbol{e}_y}{5} \quad \text{bzw.} \quad \boldsymbol{e}_h = \boldsymbol{e}_x.$$

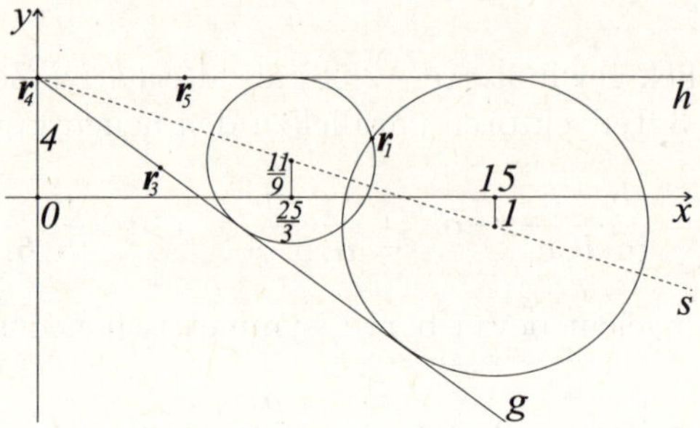

Fig. A.22

Wir suchen die Mittelpunkte $\boldsymbol{r}(x;y)$ der Kreise. Ihr Abstand zu den Tangenten g und h beträgt gemäß (3.6)

$$\begin{aligned} d_g &= |\boldsymbol{e}_g \times (\boldsymbol{r}_3 - \boldsymbol{r})| = \frac{1}{5}\,|(4\boldsymbol{e}_x - 3\boldsymbol{e}_y) \times [(4-x)\boldsymbol{e}_x + (1-y)\boldsymbol{e}_y]| \\ &= \frac{1}{5}\,|4(4-y) - 3x|\,, \\ d_h &= |\boldsymbol{e}_h \times (\boldsymbol{r}_4 - \boldsymbol{r})| = |\boldsymbol{e}_x \times [-x\boldsymbol{e}_x + (4-y)\boldsymbol{e}_y]| = |4-y|\,. \end{aligned}$$

Die durch $d_g = d_h$ gekennzeichneten Punkte liegen auf der Winkelhalbierenden $s: \quad y = -\frac{x}{3} + 4$. Die auf ihr gesuchten Kreismittelpunkte $\boldsymbol{r}$ unterliegen der Bedingung

$$d_g = d_h = |\boldsymbol{r}_1 - \boldsymbol{r}| = \sqrt{(11-x)^2 + (2-y)^2}.$$

Daraus berechnen sich elementar die Koordinaten der beiden Kreismittelpunkte:

$$x = \frac{35}{3} \pm \sqrt{\frac{35^2}{9} - 125} = \begin{cases} 15 \\ \frac{25}{3} \end{cases}, \quad y = 4 - \frac{1}{3}\begin{cases} 15 \\ \frac{25}{3} \end{cases} = \begin{cases} -1 \\ \frac{11}{9} \end{cases} :$$

Die entsprechenden Radien betragen

$$R = |4-y| = \begin{cases} 5 \\ \frac{25}{9} \end{cases}.$$

3.2 Wir rechnen zweckmäßig

$$\begin{aligned} \boldsymbol{r} - \boldsymbol{r}^* &= \boldsymbol{r}_0 - \boldsymbol{r}_0^* + t\boldsymbol{a} - t^*\boldsymbol{a}^* \quad | \cdot [\boldsymbol{a}^* \times (\boldsymbol{a} \times \boldsymbol{a}^*)], \\ \underbrace{(\boldsymbol{r} - \boldsymbol{r}^*) \cdot [\boldsymbol{a}^* \times (\boldsymbol{a} \times \boldsymbol{a}^*)]}_{\boldsymbol{a}^* \cdot [(\boldsymbol{a} \times \boldsymbol{a}^*) \times (\boldsymbol{r} - \boldsymbol{r}^*)]} &= \underbrace{(\boldsymbol{r}_0 - \boldsymbol{r}_0^*) \cdot [\boldsymbol{a}^* \times (\boldsymbol{a} \times \boldsymbol{a}^*)]}_{\boldsymbol{a}^* \cdot [(\boldsymbol{a} \times \boldsymbol{a}^*) \times (\boldsymbol{r}_0 - \boldsymbol{r}_0^*)]} + t\,\underbrace{\boldsymbol{a} \cdot [\boldsymbol{a}^* \times (\boldsymbol{a} \times \boldsymbol{a}^*)]}_{(\boldsymbol{a} \times \boldsymbol{a}^*)^2}. \end{aligned}$$

An den gesuchten Stellen ist der Verbindungsvektor $\boldsymbol{r}-\boldsymbol{r}^*$ parallel zu $(\boldsymbol{a}\times\boldsymbol{a}^*)$. Dort verschwindet die linke Seite und man erhält

$$t = -\frac{\boldsymbol{a}^* \cdot [(\boldsymbol{a}\times\boldsymbol{a}^*)\times(\boldsymbol{r}_0-\boldsymbol{r}_0^*)]}{(\boldsymbol{a}\times\boldsymbol{a}^*)^2}.$$

Eine analoge Rechnung ergibt

$$t^* = -\frac{\boldsymbol{a} \cdot [(\boldsymbol{a}\times\boldsymbol{a}^*)\times(\boldsymbol{r}_0-\boldsymbol{r}_0^*)]}{(\boldsymbol{a}\times\boldsymbol{a}^*)^2}.$$

Einsetzung in die betreffenden Geradengleichungen führt zu den gesuchten Ortsvektoren. Ihre Differenz berechnet sich mit Hilfe von (2.54) zu

$$\boldsymbol{r}-\boldsymbol{r}^* = \frac{(\boldsymbol{r}_0-\boldsymbol{r}_0^*)(\boldsymbol{a}\times\boldsymbol{a}^*)^2 - [(\boldsymbol{a}\times\boldsymbol{a}^*)\times(\boldsymbol{r}_0-\boldsymbol{r}_0^*)]\times(\boldsymbol{a}\times\boldsymbol{a}^*)}{(\boldsymbol{a}\times\boldsymbol{a}^*)^2},$$

$$\boldsymbol{r}-\boldsymbol{r}^* = \frac{(\boldsymbol{a}\times\boldsymbol{a}^*)[(\boldsymbol{r}_0-\boldsymbol{r}_0^*)\cdot(\boldsymbol{a}\times\boldsymbol{a}^*)]}{(\boldsymbol{a}\times\boldsymbol{a}^*)^2} \quad \|(\boldsymbol{a}\times\boldsymbol{a}^*).$$

Der Abstand zwischen den gefundenen Punkten beträgt also im Einklang mit (3.8)

$$|\boldsymbol{r}-\boldsymbol{r}^*|_{\min} = \frac{(\boldsymbol{r}_0-\boldsymbol{r}_0^*)\cdot(\boldsymbol{a}\times\boldsymbol{a}^*)}{|\boldsymbol{a}\times\boldsymbol{a}^*|}.$$

3.3 Hauptunterscheidungsmerkmal ist die Determinante

$$[\boldsymbol{r}_0-\boldsymbol{r}_0^*, \boldsymbol{a}, \boldsymbol{a}^*] = \underbrace{\begin{vmatrix} x_0-x_0^* & y_0-y_0^* & z_0-z_0^* \\ a_x & a_y & a_z \\ a_x^* & a_y^* & a_z^* \end{vmatrix}}_{D}.$$

Wenn die Schnittbedingung (3.9) nicht erfüllt ist ($D \neq 0$), sind die beiden Geraden windschief (Fall 1). Dagegen beweist $D=0$ ihre Komplanarität (Fall 2). Im Fall 3 gilt wegen der Parallelität ($\boldsymbol{a}=\lambda\boldsymbol{a}^*$) nicht nur $D=0$, sondern auch

$$\begin{vmatrix} a_x & a_y \\ a_x^* & a_y^* \end{vmatrix} = 0, \quad \begin{vmatrix} a_y & a_z \\ a_y^* & a_z^* \end{vmatrix} = 0, \quad \begin{vmatrix} a_z & a_x \\ a_z^* & a_x^* \end{vmatrix} = 0.$$

Wenn alle 9 Unterdeterminanten verschwinden, fallen die beiden Geraden zusammen.

3.4 Wir suchen den Schnittpunkt $\boldsymbol{r}_m$ der beiden Mittellote (Fig. A.23)

$$\boldsymbol{r} = \frac{\boldsymbol{r}_1}{2} + t(\boldsymbol{e}_z\times\boldsymbol{r}_1) \quad \text{und} \quad \boldsymbol{r}^* = \frac{\boldsymbol{r}_2}{2} + t^*(\boldsymbol{e}_z\times\boldsymbol{r}_2).$$

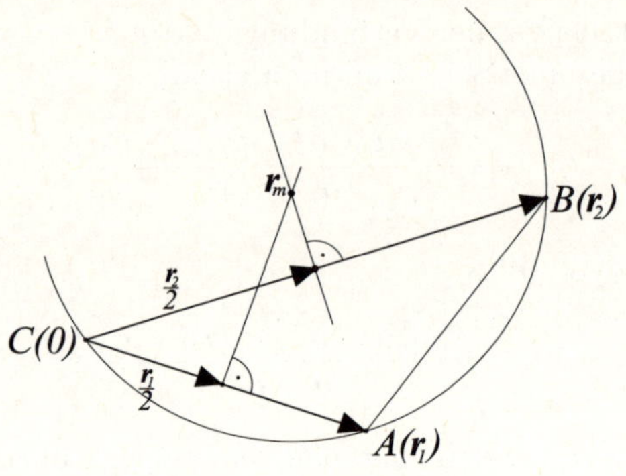

Fig. A.23

Zur Anwendung der Formel (3.16) berechnen wir

$$\boldsymbol{n} = (\boldsymbol{e}_z \times \boldsymbol{r}_1) \times (\boldsymbol{e}_z \times \boldsymbol{r}_2) = \boldsymbol{e}_z[(\boldsymbol{e}_z \times \boldsymbol{r}_1) \cdot \boldsymbol{r}_2] - \boldsymbol{r}_2\underbrace{[(\boldsymbol{e}_z \times \boldsymbol{r}_1) \cdot \boldsymbol{e}_z]}_{0} = \boldsymbol{r}_1 \times \boldsymbol{r}_2,$$

$$\boldsymbol{c} = \boldsymbol{n} \times (\boldsymbol{e}_z \times \boldsymbol{r}_1) = -\boldsymbol{r}_1 \, |\boldsymbol{r}_1 \times \boldsymbol{r}_2| , \quad \boldsymbol{c}^* = \boldsymbol{n} \times (\boldsymbol{e}_z \times \boldsymbol{r}_2) = -\boldsymbol{r}_2 \, |\boldsymbol{r}_1 \times \boldsymbol{r}_2| .$$

Man findet schließlich mühelos

$$\boldsymbol{r}_m = \boldsymbol{e}_z \times \frac{\boldsymbol{r}_2^2 \boldsymbol{r}_1 - \boldsymbol{r}_1^2 \boldsymbol{r}_2}{|\boldsymbol{r}_1 \times \boldsymbol{r}_2|},$$

was mit der Lösung der Aufgabe 2.37 für $\boldsymbol{r}_1 = \boldsymbol{b}$ und $\boldsymbol{r}_2 = -\boldsymbol{a}$ (vgl. Fig. A.21) übereinstimmt.

3.5 Zu 1. Die Gleichung $\boldsymbol{a} \cdot \boldsymbol{r} = \boldsymbol{a} \cdot \boldsymbol{b}$ beschreibt eine Ebene mit dem Normalen-Einsvektor $\boldsymbol{e}_a \equiv \frac{\boldsymbol{a}}{|\boldsymbol{a}|}$. Sie hat die hessesche Normalform $\boldsymbol{r} \cdot \boldsymbol{e}_a = \boldsymbol{b} \cdot \boldsymbol{e}_a$, die den Nullpunktsabstand $|\boldsymbol{r}_a| = \boldsymbol{b} \cdot \boldsymbol{e}_a$ ausweist (Fig. A.24(1)).

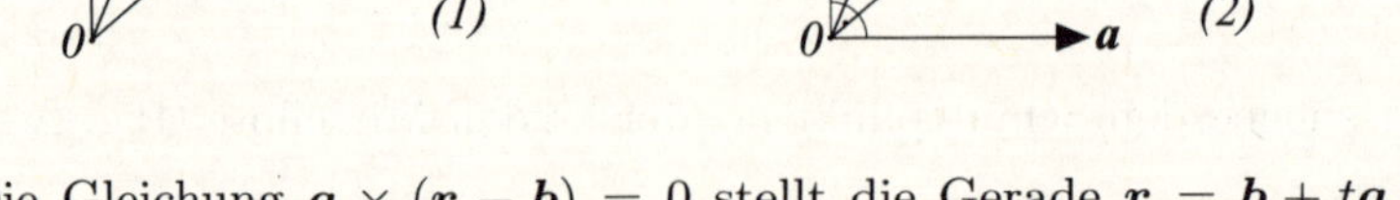

Fig. A.24

Zu 2. Die Gleichung $\boldsymbol{a} \times (\boldsymbol{r} - \boldsymbol{b}) = 0$ stellt die Gerade $\boldsymbol{r} = \boldsymbol{b} + t\boldsymbol{a}$ dar. Ihr Nullpunktsabstand beträgt (3.6) zufolge $|\boldsymbol{d}| = |\boldsymbol{e}_a \times \boldsymbol{b}|$ (Fig. A.24(2)).

3.6 Durch Subtraktion der beiden Kugelgleichungen

$$\boldsymbol{r}^2 - 2\boldsymbol{r}\cdot\boldsymbol{a} + \boldsymbol{a}^2 - R_1^2 = 0$$
$$\boldsymbol{r}^2 - 2\boldsymbol{r}\cdot\boldsymbol{b} + \boldsymbol{b}^2 - R_2^2 = 0$$

folgt mit $\boldsymbol{e}_n = \frac{\boldsymbol{a}-\boldsymbol{b}}{|\boldsymbol{a}-\boldsymbol{b}|}$ unmittelbar die Gleichung der Symmetralebene in der hesseschen Normalform

$$\boldsymbol{r}\cdot\boldsymbol{e}_n = \frac{1}{2}\left[\frac{R_2^2 - R_1^2}{|\boldsymbol{a}-\boldsymbol{b}|} + (\boldsymbol{a}+\boldsymbol{b})\cdot\boldsymbol{e}_n\right].$$

Ihre Normale ist der Verbindungsvektor $\boldsymbol{a}-\boldsymbol{b}$ der beiden Kreismittelpunkte; ihr Abstand zum Nullpunkt beträgt

$$|\boldsymbol{r}_n| = \frac{1}{2}\left[\frac{R_2^2 - R_1^2}{|\boldsymbol{a}-\boldsymbol{b}|} + (\boldsymbol{a}+\boldsymbol{b})\cdot\boldsymbol{e}_n\right].$$

Unter der Voraussetzung $R_2 - R_1 < |\boldsymbol{a}-\boldsymbol{b}| < R_1 + R_2$ schneiden sich die beiden Kugeln in einem reellen, in der Symmetralebene liegenden Kreis.

3.7 Aus den beiden Trägervektoren der Ebene E

$$\boldsymbol{a}_1 = \boldsymbol{r}_1 - \boldsymbol{r}_0 = 4\boldsymbol{e}_x - 2\boldsymbol{e}_z \quad \text{und} \quad \boldsymbol{a}_2 = \boldsymbol{r}_2 - \boldsymbol{r}_0 = 2\boldsymbol{e}_x - 6\boldsymbol{e}_y + 5\boldsymbol{e}_z$$

erhält man ihre Normale mit dem Einsvektor

$$\boldsymbol{e}_n = \frac{\boldsymbol{a}_1 \times \boldsymbol{a}_2}{|\boldsymbol{a}_1 \times \boldsymbol{a}_2|} = \frac{1}{3}(\boldsymbol{e}_x + 2\boldsymbol{e}_y + 2\boldsymbol{e}_z).$$

Die Ebene E hat den Abstand

$$|\boldsymbol{r}_n| = \boldsymbol{r}_0\cdot\boldsymbol{e}_n = \boldsymbol{r}_1\cdot\boldsymbol{e}_n = \boldsymbol{r}_2\cdot\boldsymbol{e}_n = 2$$

zum Nullpunkt. Aus Symmetriegründen liegt der Kugelmittelpunkt an der Stelle $\boldsymbol{r}_M(R;R;R)$. Sein Abstand zur Tangentialebene E beträgt

$$\underbrace{|\boldsymbol{r}_n| - \boldsymbol{r}_M\cdot\boldsymbol{e}_n}_{2-\frac{5}{3}R} = R \quad \Rightarrow \quad R = \frac{3}{4}.$$

Die Ebene E berührt die Kugel im Punkt

$$\boldsymbol{r}_B = \boldsymbol{r}_M + R\boldsymbol{e}_n = \boldsymbol{e}_x + \frac{5}{4}\boldsymbol{e}_y + \frac{5}{4}\boldsymbol{e}_z \quad \rightarrow \quad \underline{r}_B = \begin{pmatrix} 1 \\ \frac{5}{4} \\ \frac{5}{4} \end{pmatrix}.$$

3.8 Durch Einsetzung der Geraden- in die Ebenengleichung erhält man

$$(\boldsymbol{r}_0 + t\boldsymbol{a}) \cdot \boldsymbol{e}_n = |\boldsymbol{r}_n| \quad \Rightarrow \quad t = \frac{(\boldsymbol{r}_n - \boldsymbol{r}_0) \cdot \boldsymbol{e}_n}{\boldsymbol{a} \cdot \boldsymbol{e}_n},$$

was in Verbindung mit der Geradengleichung zu dem Durchstoßpunkt

$$\boldsymbol{r}_d = \boldsymbol{r}_0 + \frac{(\boldsymbol{r}_n - \boldsymbol{r}_0) \cdot \boldsymbol{e}_n}{\boldsymbol{a} \cdot \boldsymbol{e}_n}\boldsymbol{a} = \frac{(\boldsymbol{a} \times \boldsymbol{r}_0) \times \boldsymbol{e}_n + (\boldsymbol{r}_n \cdot \boldsymbol{e}_n)\boldsymbol{a}}{\boldsymbol{a} \cdot \boldsymbol{e}_n}$$

führt. Als Einfallswinkel α zwischen Trägervektor $\boldsymbol{a}$ und Flächennormale $\boldsymbol{e}_n$ ergibt sich $\cos\alpha = \frac{\boldsymbol{a} \cdot \boldsymbol{e}_n}{|\boldsymbol{a}|} = \sin\beta$. Hierbei ist β der gesuchte Neigungswinkel der Geraden gegen ihre Projektion in der Ebene.

Im Beispiel sind

$$\boldsymbol{r}_0 = 11\boldsymbol{e}_x + 12\boldsymbol{e}_y + 12\boldsymbol{e}_z, \quad \boldsymbol{a} = \boldsymbol{e}_x + \boldsymbol{e}_z,$$
$$\boldsymbol{e}_n = \frac{\boldsymbol{e}_x + 2\boldsymbol{e}_y + 2\boldsymbol{e}_z}{\sqrt{1 + 2^2 + 2^2}} = \frac{\boldsymbol{e}_x + 2\boldsymbol{e}_y + 2\boldsymbol{e}_z}{3}, \quad \boldsymbol{r}_n = \frac{17}{3}\boldsymbol{e}_n.$$

Daraus folgt mühelos

$$t = -14, \quad \boldsymbol{r}_d = -3\boldsymbol{e}_x + 12\boldsymbol{e}_y - 2\boldsymbol{e}_z, \quad \cos\alpha = \frac{1}{\sqrt{2}} = \sin\beta, \quad \alpha = \beta = 45°.$$

3.9 Zu 1. Der Ortsvektor $\boldsymbol{r}$ hat die Komponenten

$$x = a\cos t \quad \text{und} \quad y = b\sin t.$$

Die Eliminierung des Parameters t gelingt mit Hilfe der Identität

$$\cos^2 t + \sin^2 t = 1 \quad \Rightarrow \quad \Phi_1(x, y) = \frac{x^2}{a^2} + \frac{y^2}{b^2} - 1 = 0.$$

Man erkennt die Hauptachsengleichung einer Ellipse mit den Halbachsen a, b.

Zu 2. Hier finden wir analog $x = a\cosh t$ und $y = b\sinh t$, was wegen $\cosh^2 t - \sinh^2 t = 1$ zur Hauptachsengleichung einer Hyperbel

$$\Phi_2(x, y) = \frac{x^2}{a^2} - \frac{y^2}{b^2} - 1 = 0$$

führt. Diese Beispiele zeigen übrigens deutlich, dass der Parameter t keine anschauliche geometrische Größe sein muss.

3.10 Nach Einsetzung von (3.51) erhält man

$$\frac{x'^2 - y'^2}{2}\sin 2\alpha + x'y'\cos 2\alpha = 1.$$

Eine Drehung um den Winkel $\alpha = 45°$ lässt das $x'y'$-Glied verschwinden und führt unmittelbar zur Hauptachsengleichung einer gleichseitigen Hyperbel

$$\frac{x'^2}{2} - \frac{y'^2}{2} = 1.$$

Natürlich gehen durch Drehung des Bezugssystems, die ja den Ursprung beibehält, jede Mittelpunkts-, Scheitel- und Brennpunktsgleichung wieder in eine Mittelpunkts-, Scheitel- und Brennpunktsgleichung über.

Zu Kapitel 4

4.1 Zu 1. Der Abstand $|\boldsymbol{r}(t) - \boldsymbol{b}|$ von $\boldsymbol{b}$ hat im Zeitpunkt $\tilde{t}$ ein Minimum, wenn der Vektor $\boldsymbol{r}(t) - \boldsymbol{b}$ für $t = \tilde{t}$ der Bedingung

$$\frac{d}{dt}(\boldsymbol{r} - \boldsymbol{b})^2 = 2(\boldsymbol{r} - \boldsymbol{b}) \cdot \dot{\boldsymbol{r}} = 0 \quad \Rightarrow \quad (\boldsymbol{r} - \boldsymbol{b}) \cdot \boldsymbol{a} = 0$$

genügt (Fig. 3.2). Daraus folgt richtig

$$(\boldsymbol{r}_0 - \boldsymbol{b}) \cdot \boldsymbol{a} + \tilde{t}\boldsymbol{a}^2 = 0 \quad \Rightarrow \quad \tilde{t} = -\frac{(\boldsymbol{r}_0 - \boldsymbol{b}) \cdot \boldsymbol{a}}{\boldsymbol{a}^2}.$$

Zu 2. Der Betrag des Verbindungsvektors $\boldsymbol{p} = \boldsymbol{r}(t) - \boldsymbol{r}^*(t^*)$ der beiden Geraden (3.7) wird unter den Bedingungen

$$\begin{aligned}
\frac{\partial \boldsymbol{p}^2}{\partial t} &= 2\boldsymbol{p} \cdot \frac{\partial \boldsymbol{p}}{\partial t} = 0 \quad \Rightarrow \quad \boldsymbol{p} \cdot \boldsymbol{a} = 0, \\
\frac{\partial \boldsymbol{p}^2}{\partial t^*} &= 2\boldsymbol{p} \cdot \frac{\partial \boldsymbol{p}}{\partial t^*} = 0 \quad \Rightarrow \quad \boldsymbol{p} \cdot \boldsymbol{a}^* = 0
\end{aligned}$$

minimal. Der gesuchte Vektor $\boldsymbol{p}$ steht mithin sowohl auf $\boldsymbol{a}$ als auch auf $\boldsymbol{a}^*$ senkrecht, ist also parallel $\boldsymbol{a} \times \boldsymbol{a}^*$. Damit ergibt sich richtig

$$|\boldsymbol{p}|_{\min} = (\boldsymbol{r}_0 - \boldsymbol{r}_0^*) \cdot \frac{\boldsymbol{a} \times \boldsymbol{a}^*}{|\boldsymbol{a} \times \boldsymbol{a}^*|}.$$

4.2 In Anwendung der Kettenregel gilt

$$\frac{du\left[\sqrt{\boldsymbol{a}^2(t)}\right]}{dt} = \frac{du(\sqrt{\boldsymbol{a}^2})}{d\sqrt{\boldsymbol{a}^2}} \, \frac{d\sqrt{\boldsymbol{a}^2}}{d\boldsymbol{a}^2} \, \frac{d[\boldsymbol{a}^2(t)]}{dt} = u' \, \frac{1}{2} \, \frac{1}{\sqrt{\boldsymbol{a}^2}} \, 2\boldsymbol{a} \cdot \dot{\boldsymbol{a}} = u' \, \boldsymbol{e}_a \cdot \dot{\boldsymbol{a}}.$$

4.3 Aus dem allgemeinen Ansatz $\boldsymbol{a}(u) = a(u)\boldsymbol{e}_a(u)$ folgt durch Differenzieren angesichts (1.3) und (4.8)

$$\frac{d\boldsymbol{a}}{du} = \frac{da}{du}\boldsymbol{e}_a + a\frac{d\boldsymbol{e}_a}{du} \quad \Rightarrow \quad \left|\frac{d\boldsymbol{a}}{du}\right| = \sqrt{\left(\frac{da}{du}\right)^2 + a^2\left(\frac{d\boldsymbol{e}_a}{du}\right)^2}.$$

Die Bedingung

$$\left|\frac{d\boldsymbol{a}(u)}{du}\right| = \frac{d\,|\boldsymbol{a}(u)|}{du}$$

gilt offenbar im Fall $\frac{d\boldsymbol{e}_a}{du} = 0$, wo $\boldsymbol{e}_a$ unabhängig von u, d. h. starr gerichtet ist.

4.4 Wir differenzieren die Kurvengleichung $\Phi(x,y) = 0$ an der Stelle x_1, y_1 und erhalten

$$\frac{\partial\Phi(x_1,y_1)}{\partial x}dx + \frac{\partial\Phi(x_1,y_1)}{\partial y}dy = 0 \quad \Rightarrow \quad \frac{dy}{dx} = -\frac{\frac{\partial\Phi(x_1,y_1)}{\partial x}}{\frac{\partial\Phi(x_1,y_1)}{\partial y}} = y'(x_1).$$

Für die Kegelschnitte erhält man mühelos

$$\frac{\partial\Phi(x_1,y_1)}{\partial x} = \frac{2x_1}{a^2}, \quad \frac{\partial\Phi(x_1,y_1)}{\partial y} = \pm\frac{2y_1}{b^2} \quad \Rightarrow \quad y'(x_1) = \mp\frac{b^2x_1}{a^2y_1}.$$

Das obere Vorzeichen gilt für die Ellipse, das untere für die Hyperbel.

4.5 Für die beiden sog. Brennstrahlen gilt (Fig. A.25):

$$\boldsymbol{r}_1 = (x+e)\boldsymbol{e}_x + y\boldsymbol{e}_y \quad \text{und} \quad \boldsymbol{r}_2 = (x-e)\boldsymbol{e}_x + y\boldsymbol{e}_y.$$

Aus ihrem Betragsquadrat

$$|\boldsymbol{r}_{1,2}|^2 = x^2 \pm 2ex + e^2 + y^2$$

folgt nach Einsetzen der Ellipsengleichung wegen $\sqrt{a^2-b^2} \equiv e$ und $\frac{e}{a} \equiv \epsilon < 1$ mühelos

$$|\boldsymbol{r}_{1,2}|^2 = \epsilon^2x^2 \pm 2ex + a^2 = (a \pm \epsilon x)^2,$$
$$r_1 \equiv |\boldsymbol{r}_1| = a + \epsilon x, \quad r_2 \equiv |\boldsymbol{r}_2| = a - \epsilon x,$$
$$r_1 + r_2 = 2a, \quad r_1 - r_2 = 2\epsilon x.$$

Die Ellipse $\Phi(x,y) = \frac{x^2}{a^2} + \frac{y^2}{b^2} - 1 = 0$ hat im Punkt $P(x,y)$ die Normale

$$\operatorname{grad}\Phi = \frac{2x}{a^2}\boldsymbol{e}_x + \frac{2y}{b^2}\boldsymbol{e}_y.$$

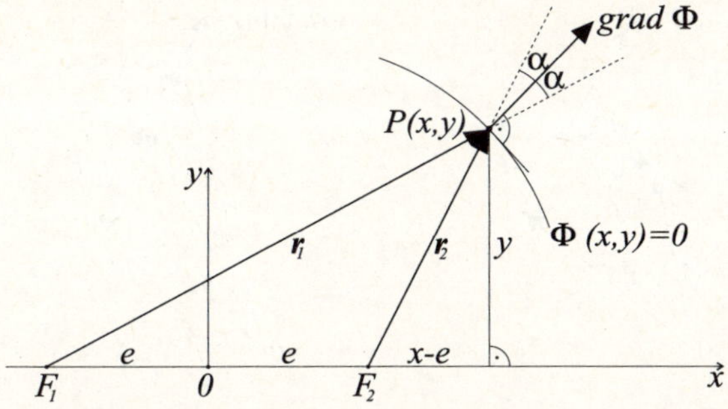

Fig. A.25

Die Gleichheit ihrer Schnittwinkel mit den beiden Brennstrahlen $\boldsymbol{r}_1$ und $\boldsymbol{r}_2$ bedeutet

$$\frac{\boldsymbol{r}_1}{r_1} \cdot \operatorname{grad} \Phi = \frac{\boldsymbol{r}_2}{r_2} \cdot \operatorname{grad} \Phi,$$

$$\underbrace{(r_1 - r_2)}_{2\epsilon x} \left(x\frac{\partial \Phi}{\partial x} + y\frac{\partial \Phi}{\partial y} \right) - \underbrace{(r_1 + r_2)}_{2a} e\frac{\partial \Phi}{\partial x} = 0,$$

$$\epsilon x \underbrace{\left(\frac{2x^2}{a^2} + \frac{2y^2}{b^2} \right)}_{2} - ae\frac{2x}{a^2} = 0$$

und führt zu der Identität $\epsilon = \frac{e}{a}$.

Das Ergebnis lässt sich optisch modellmäßig so deuten, dass die Ellipse jeden von einem Brennpunkt ausgehenden Lichtstrahl zum anderen Brennpunkt hinspiegelt.

4.6 Zu 1. Die Kugel vom Radius R um den Mittelpunkt $\boldsymbol{r}_0$ hat die Gleichung $\Phi(\boldsymbol{r}) = (\boldsymbol{r} - \boldsymbol{r}_0)^2 - R^2 = 0$ und an der Stelle $\boldsymbol{r}_1$ analog (4.14) den örtlichen Gradienten $\operatorname{grad} \Phi(\boldsymbol{r}_1) = 2(\boldsymbol{r}_1 - \boldsymbol{r}_0)$. Damit gilt für jeden Punkt $\boldsymbol{r}$ der gesuchten Tangentialebene (Fig. A.26(1)):

$$\underbrace{(\boldsymbol{r} - \boldsymbol{r}_1)}_{(\boldsymbol{r}-\boldsymbol{r}_0)-(\boldsymbol{r}_1-\boldsymbol{r}_0)} \cdot (\boldsymbol{r}_1 - \boldsymbol{r}_0) = 0 \quad \Rightarrow \quad (\boldsymbol{r} - \boldsymbol{r}_0) \cdot (\boldsymbol{r}_1 - \boldsymbol{r}_0) = \underbrace{(\boldsymbol{r}_1 - \boldsymbol{r}_0)^2}_{R^2}.$$

Zu 2. Allgemein genügt die Normale durch den Punkt $\boldsymbol{r}_1$ irgendeiner Fläche $\Phi(\boldsymbol{r}) = 0$ der Geradengleichung (Fig. A.26(2)):

$$\boldsymbol{r} = \boldsymbol{r}_1 + \lambda \operatorname{grad} \Phi(\boldsymbol{r}_1).$$

Für die Kugel folgt speziell die Zweipunktegleichung der gesuchten Normalen mit dem Parameter $\mu = 2\lambda$:

$$\boldsymbol{r} = \boldsymbol{r}_1 + \mu(\boldsymbol{r}_1 - \boldsymbol{r}_0).$$

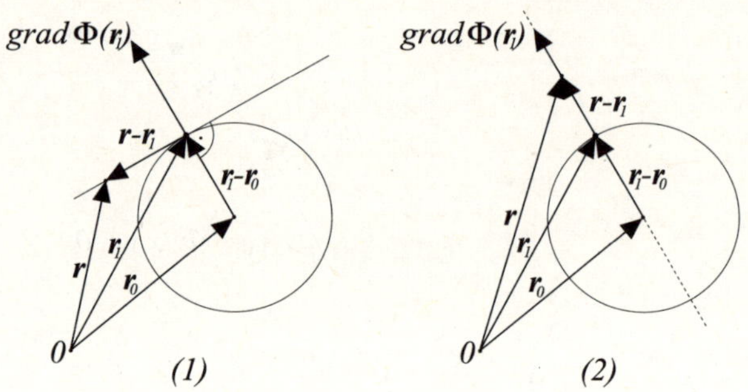

Fig. A.26

4.7 Wir fragen nach dem A-Minimum der Funktion

$$F(A, r, h) = A - 2\pi r(r + h) = 0$$

unter der Nebenbedingung

$$G(r, h) = V - \pi r^2 h = 0.$$

Dazu differenzieren wir die Hilfsfunktion

$$H = F - \lambda G = A - 2\pi r(r + h) - \lambda\,(V - \pi r^2 h) = 0$$

partiell nach r, h, λ mit den Ergebnissen

$$\frac{\partial H}{\partial r} = -2\pi(r + h) - 2\pi r + \lambda\, 2\pi r h = 0 \quad \Rightarrow \quad \lambda = \frac{2r + h}{rh},$$
$$\frac{\partial H}{\partial h} = -2\pi r + \lambda\,\pi r^2 = 0 \quad \Rightarrow \quad \lambda = \frac{2}{r},$$
$$\frac{\partial H}{\partial \lambda} = -V + \pi r^2 h = 0 \quad \Rightarrow \quad h = \frac{V}{\pi r^2}.$$

Durch Zusammenfassung folgt schließlich

$$h = 2r, \quad r = \sqrt[3]{\frac{V}{2\pi}}, \quad A_{\min} = 6\pi\left(\frac{V}{2\pi}\right)^{\frac{2}{3}}.$$

Man überzeugt sich rasch, dass es keine Oberfläche $< A_{\min}$ gibt. Das relative Minimum ist zugleich ein absolutes.

4.8 Wir wählen eine Kugelschale mit Innenradius r_1 und Außenradius r_2 um den Nullpunkt. Dann beträgt der radial durch die innere Fläche eintretende Vektorfluss $4\pi r_1^2 \cdot r_1$ und der radial durch die äußere Fläche austretende $4\pi r_2^2 \cdot r_2$. Der Überschuss, bezogen auf das Volumen der Kugelschale, ist die gesuchte Quelldichte

$$\operatorname{div} \boldsymbol{r} = \frac{4\pi r_2^2 \cdot r_2 - 4\pi r_1^2 \cdot r_1}{\frac{4}{3}\pi(r_2^3 - r_1^3)} = 3.$$

Physikalisch kann man sich z. B. vorstellen, dass gleichmäßiger äußerer Druck in einer isotropen elastischen Kugel nach Hooke[12] ein Kraftfeld $\boldsymbol{F} = -\lambda \boldsymbol{r}$ mit der Quelldichte $\operatorname{div} \boldsymbol{F} = -3\lambda$ erzeugt. Um diesen konstanten Betrag nimmt der zentral gerichtete Kraftfluss $F \cdot 4\pi r^2$ volumbezogen zwischen 2 Flächen $r_2 = \text{const}$ und $r_1 = \text{const}$ ab.

Übrigens lässt sich (4.21) analog bestätigen; hier tritt lediglich das ebene Modell eines Kreisrings an die Stelle der Kugelschale. Damit findet man

$$\operatorname{div} \boldsymbol{r} = \frac{2\pi r_2 \cdot r_2 - 2\pi r_1 \cdot r_1}{\pi(r_2^2 - r_1^2)} = 2.$$

4.9 Aus $a_x = e^{ikz}$ und $a_y = ie^{ikz}$ ergibt sich mühelos

$$\frac{\partial a_x}{\partial z} = ike^{ikz} = ka_y \quad \text{und} \quad \frac{\partial a_y}{\partial z} = -ke^{ikz} = -ka_x,$$

was nach Einsetzung in (4.26) unmittelbar zu

$$\operatorname{rot} \boldsymbol{a} = ka_x \boldsymbol{e}_x + ka_y \boldsymbol{e}_y = k\boldsymbol{a}$$

führt. Die Proportionalität (Parallelität) gilt natürlich sowohl für den Real- wie für den Imaginärteil des Felds.

4.10 Die Gleichungen $\frac{\partial \boldsymbol{a}}{\partial v} = \left(\frac{\partial \boldsymbol{r}}{\partial v} \cdot \nabla\right) \boldsymbol{a}$ und $\frac{\partial \boldsymbol{a}}{\partial u} = \left(\frac{\partial \boldsymbol{r}}{\partial u} \cdot \nabla\right) \boldsymbol{a}$ machen die Symmetriebedingung zur Identität:

$$\underbrace{\left(\frac{\partial \boldsymbol{r}}{\partial u} \cdot \nabla\right)}_{\frac{\partial}{\partial u}} \underbrace{\left(\frac{\partial \boldsymbol{r}}{\partial v} \cdot \nabla\right)}_{\frac{\partial}{\partial v}} \boldsymbol{a} = \underbrace{\left(\frac{\partial \boldsymbol{r}}{\partial v} \cdot \nabla\right)}_{\frac{\partial}{\partial v}} \underbrace{\left(\frac{\partial \boldsymbol{r}}{\partial u} \cdot \nabla\right)}_{\frac{\partial}{\partial u}} \boldsymbol{a} = \frac{\partial^2 \boldsymbol{a}[\boldsymbol{r}(u,v)]}{\partial u \partial v}.$$

4.11 Wir ersetzen in (4.44) Ψ durch $\frac{1}{\Psi}$ und erhalten

$$\nabla\left(\frac{\Phi}{\Psi}\right) = \frac{1}{\Psi}\nabla\Phi + \Phi\nabla\left(\frac{1}{\Psi}\right),$$

was mit Hilfe der Kettenregel

$$\nabla\left(\frac{1}{\Psi}\right) = \nabla(\Psi^{-1}) = -\Psi^{-2}\nabla\Psi = -\frac{\nabla\Psi}{\Psi^2}$$

zu dem gewünschten Ergebnis führt.

[12]Robert Hooke (1635-1703), englischer Physiker

4.12 Durch gliedweises Differenzieren findet man mühelos

$$(\boldsymbol{a}\cdot\nabla)\boldsymbol{r} = \left(a_x\frac{\partial}{\partial x} + a_y\frac{\partial}{\partial y} + a_z\frac{\partial}{\partial z}\right)(x\boldsymbol{e}_x + y\boldsymbol{e}_y + z\boldsymbol{e}_z) = a_x\boldsymbol{e}_x + a_y\boldsymbol{e}_y + a_z\boldsymbol{e}_z = \boldsymbol{a}.$$

Speziell für $\boldsymbol{a} = \frac{\partial \boldsymbol{r}}{\partial u}$ ergibt sich die geläufige Identität

$$\underbrace{\left(\frac{\partial \boldsymbol{r}}{\partial u}\cdot\nabla\right)}_{\frac{\partial}{\partial u}}\boldsymbol{r} = \frac{\partial \boldsymbol{r}}{\partial u}.$$

Die 2-malige Anwendung des skalaren Differenzialoperators $(\boldsymbol{a}\cdot\nabla)$ auf $\boldsymbol{r}$ bewirkt übrigens

$$(\boldsymbol{a}\cdot\nabla)\underbrace{(\boldsymbol{a}\cdot\nabla)\boldsymbol{r}}_{\boldsymbol{a}} = (\boldsymbol{a}\cdot\nabla)\boldsymbol{a}.$$

4.13 Zu 1. Aus der Produktregel folgt unmittelbar

$$(\nabla\cdot\boldsymbol{a})\boldsymbol{b} = \underbrace{(\nabla\cdot\boldsymbol{a})\boldsymbol{b}_c}_{\boldsymbol{b}\,\mathrm{div}\,\boldsymbol{a}} + \underbrace{(\nabla\cdot\boldsymbol{a}_c)\boldsymbol{b}}_{(\boldsymbol{a}\cdot\nabla)\boldsymbol{b}}.$$

Zu 2. Angesichts (2.54), (4.20), (4.54) und (4.29) erhält man rasch

$$(\boldsymbol{a}\times\nabla)\times\boldsymbol{r} = \underbrace{\nabla(\boldsymbol{a}_c\cdot\boldsymbol{r})}_{(\boldsymbol{a}\cdot\nabla)\boldsymbol{r}=\boldsymbol{a}} - \boldsymbol{a}\underbrace{(\nabla\cdot\boldsymbol{r})}_{3} = -2\boldsymbol{a}.$$

4.14 Wir multiplizieren (4.55) punktweise mit $\boldsymbol{c}$ und erhalten bequem

$$\underbrace{\boldsymbol{c}\cdot(\boldsymbol{b}\times\mathrm{rot}\,\boldsymbol{a})}_{(\boldsymbol{c}\times\boldsymbol{b})\cdot\mathrm{rot}\,\boldsymbol{a}} = \underbrace{(\boldsymbol{c}\cdot\nabla)(\boldsymbol{b}_c\cdot\boldsymbol{a})}_{\boldsymbol{b}(\boldsymbol{c}\cdot\nabla)\boldsymbol{a}} - \boldsymbol{c}\cdot(\boldsymbol{b}\cdot\nabla)\boldsymbol{a}.$$

4.15 Wir addieren in (4.64) rechts $\boldsymbol{a}\cdot(\boldsymbol{c}\cdot\nabla)\boldsymbol{b} - \boldsymbol{a}\cdot(\boldsymbol{b}\cdot\nabla)\boldsymbol{c}\,(=0)$ und erhalten

$$(\boldsymbol{c}\times\boldsymbol{b})\cdot\mathrm{rot}\,\boldsymbol{a} = \underbrace{\boldsymbol{b}\cdot(\boldsymbol{c}\cdot\nabla)\boldsymbol{a} + \boldsymbol{a}\cdot(\boldsymbol{c}\cdot\nabla)\boldsymbol{b}}_{(\boldsymbol{c}\cdot\nabla)(\boldsymbol{a}\cdot\boldsymbol{b})} - \underbrace{\left[\boldsymbol{c}\cdot(\boldsymbol{b}\cdot\nabla)\boldsymbol{a} + \boldsymbol{a}\cdot(\boldsymbol{b}\cdot\nabla)\boldsymbol{c}\right]}_{(\boldsymbol{b}\cdot\nabla)(\boldsymbol{a}\cdot\boldsymbol{c})}.$$

4.16 Zu 1. Nach der Produktregel gilt angesichts der o. a. Voraussetzungen

$$\begin{aligned}(\boldsymbol{b}\cdot\nabla)(\boldsymbol{c}\times\boldsymbol{d}) &= (\boldsymbol{b}\cdot\nabla)(\boldsymbol{c}\times\boldsymbol{d}_c) + (\boldsymbol{b}\cdot\nabla)(\boldsymbol{c}_c\times\boldsymbol{d})\\ &= (\boldsymbol{c}\cdot\nabla)(\boldsymbol{b}\times\boldsymbol{d}_c) + (\boldsymbol{d}\cdot\nabla)(\boldsymbol{c}_c\times\boldsymbol{b}).\end{aligned}$$

Punktweise Multiplikation mit $\boldsymbol{a}$ ergibt zunächst

$$\begin{aligned}\boldsymbol{a}\cdot(\boldsymbol{b}\cdot\nabla)(\boldsymbol{c}\times\boldsymbol{d}) &= \boldsymbol{a}\cdot(\boldsymbol{c}\cdot\nabla)(\boldsymbol{b}\times\boldsymbol{d}_c)+\boldsymbol{a}\cdot(\boldsymbol{d}\cdot\nabla)(\boldsymbol{c}_c\times\boldsymbol{b})\\ &= \boldsymbol{d}\cdot(\boldsymbol{c}\cdot\nabla)(\boldsymbol{a}_c\times\boldsymbol{b})-\boldsymbol{c}\cdot(\boldsymbol{d}\cdot\nabla)(\boldsymbol{a}_c\times\boldsymbol{b})\end{aligned}$$

und schließlich durch Vergleich mit (4.64)

$$\boldsymbol{a}\cdot(\boldsymbol{b}\cdot\nabla)(\boldsymbol{c}\times\boldsymbol{d}) = (\boldsymbol{c}\times\boldsymbol{d})\cdot\operatorname{rot}(\boldsymbol{a}_c\times\boldsymbol{b}).$$

Zu 2. Die Produktregel führt zu

$$(\boldsymbol{b}\cdot\nabla)[\boldsymbol{a}\cdot(\boldsymbol{c}\times\boldsymbol{d})] = \underbrace{\boldsymbol{a}\cdot(\boldsymbol{b}\cdot\nabla)(\boldsymbol{c}\times\boldsymbol{d})}_{(\boldsymbol{c}\times\boldsymbol{d})\cdot\operatorname{rot}(\boldsymbol{a}_c\times\boldsymbol{b})}+(\boldsymbol{c}\times\boldsymbol{d})\cdot(\boldsymbol{b}\cdot\nabla)\boldsymbol{a}.$$

Für den 2. Term rechts gilt gemäß (4.67)

$$(\boldsymbol{c}\times\boldsymbol{d})\cdot(\boldsymbol{b}\cdot\nabla)\boldsymbol{a} = (\boldsymbol{c}\times\boldsymbol{d})\cdot[\operatorname{rot}(\boldsymbol{a}\times\boldsymbol{b}_c)+\boldsymbol{b}\operatorname{div}\boldsymbol{a}].$$

Durch Zusammenfassung erhält man mühelos

$$(\boldsymbol{b}\cdot\nabla)[\boldsymbol{a}\cdot(\boldsymbol{c}\times\boldsymbol{d})] = (\boldsymbol{c}\times\boldsymbol{d})\cdot[\underbrace{\operatorname{rot}(\boldsymbol{a}_c\times\boldsymbol{b})+\operatorname{rot}(\boldsymbol{a}\times\boldsymbol{b}_c)}_{\operatorname{rot}(\boldsymbol{a}\times\boldsymbol{b})}+\boldsymbol{b}\operatorname{div}\boldsymbol{a}].$$

4.17 Die hessesche Normalform $\boldsymbol{k}\cdot\boldsymbol{r}=\text{const}$ beschreibt eine Ebene mit der ihrem Gradienten gleichen Normalen $\boldsymbol{k}$.

4.18 Einsetzung von (4.67) und (4.56) ergibt mühelos

$$-\boldsymbol{a}\underbrace{\operatorname{div}\boldsymbol{r}}_{3}+2\underbrace{(\boldsymbol{a}\cdot\nabla)\,\boldsymbol{r}}_{\boldsymbol{a}}+\boldsymbol{a}\times\underbrace{\operatorname{rot}\boldsymbol{r}}_{0}+\boldsymbol{a}=0.$$

4.19 Anwendung des rot-Operators ergibt gemäß (4.67)

$$\begin{aligned}\operatorname{rot}\boldsymbol{a} = \operatorname{rot}(\boldsymbol{b}\times\boldsymbol{r}) &= \boldsymbol{b}\underbrace{\operatorname{div}\boldsymbol{r}}_{3}-\boldsymbol{r}\operatorname{div}\boldsymbol{b}+(\boldsymbol{r}\cdot\nabla)\boldsymbol{b}-\underbrace{(\boldsymbol{b}\cdot\nabla)\boldsymbol{r}}_{\boldsymbol{b}}\\ &= 2\boldsymbol{b}-\boldsymbol{r}\operatorname{div}\boldsymbol{b}+(\boldsymbol{r}\cdot\nabla)\boldsymbol{b}.\end{aligned}$$

Beim Grenzübergang $\boldsymbol{r}\to 0$ verschwinden rechts die letzten beiden Glieder. Somit folgt $\operatorname{rot}\boldsymbol{a}=2\boldsymbol{b}$.

4.20 Mit Hilfe der Kettenregel, (4.57) und (4.53) erhält man wegen $\operatorname{rot}\boldsymbol{r}=0$ rasch

$$\nabla\,|\boldsymbol{r}| \equiv \nabla\sqrt{\boldsymbol{r}^2} = \frac{1}{2}\frac{\nabla\boldsymbol{r}^2}{\sqrt{\boldsymbol{r}^2}} = \frac{(\boldsymbol{r}\cdot\nabla)\boldsymbol{r}}{\sqrt{\boldsymbol{r}^2}} = \frac{\boldsymbol{r}}{|\boldsymbol{r}|}.$$

Analog ergibt sich zunächst

$$\nabla\,|\boldsymbol{r}\times\boldsymbol{k}| \equiv \nabla\sqrt{(\boldsymbol{r}\times\boldsymbol{k})^2} = \frac{1}{2}\frac{\nabla(\boldsymbol{r}\times\boldsymbol{k})^2}{\sqrt{(\boldsymbol{r}\times\boldsymbol{k})^2}}.$$

Aus (4.57), (4.53) und (4.68) folgt

$$\begin{aligned}\nabla(\boldsymbol{r}\times\boldsymbol{k})^2 &= 2[(\boldsymbol{r}\times\boldsymbol{k})\cdot\nabla](\boldsymbol{r}\times\boldsymbol{k}) + 2(\boldsymbol{r}\times\boldsymbol{k})\times\underbrace{\operatorname{rot}(\boldsymbol{r}\times\boldsymbol{k})}_{-2\boldsymbol{k}}\\ &= 2(\boldsymbol{r}\times\boldsymbol{k})\times\boldsymbol{k} - 4(\boldsymbol{r}\times\boldsymbol{k})\times\boldsymbol{k} = -2(\boldsymbol{r}\times\boldsymbol{k})\times\boldsymbol{k}\\ \Rightarrow\quad \nabla\,|\boldsymbol{r}\times\boldsymbol{k}| &= -\frac{(\boldsymbol{r}\times\boldsymbol{k})\times\boldsymbol{k}}{|\boldsymbol{r}\times\boldsymbol{k}|}.\end{aligned}$$

4.21 Aus (4.76) folgt für infinitesimale Ortsdifferenzen $\Delta\boldsymbol{r} = d\boldsymbol{r}$ unmittelbar

$$\underbrace{\Phi(\boldsymbol{r}+d\boldsymbol{r}) - \Phi(\boldsymbol{r})}_{d\Phi(\boldsymbol{r})} = (d\boldsymbol{r}\cdot\nabla)\Phi(\boldsymbol{r}) + \sum_{n=2}^{\infty}\frac{1}{n!}(d\boldsymbol{r}\cdot\nabla)^n\Phi(\boldsymbol{r})$$

Hinter dem $\sum$-Zeichen stehen lauter für $d\boldsymbol{r} \to 0$ vernachlässigbare Glieder 2. und höherer Ordnung, so dass (4.33) übrig bleibt. Analog lässt sich (4.36) bestätigen.

4.22 Mit $\boldsymbol{r} = \boldsymbol{r}(u,v)$, $d\boldsymbol{r} = \frac{\partial\boldsymbol{r}}{\partial u}du + \frac{\partial\boldsymbol{r}}{\partial v}dv$, $\Phi(\boldsymbol{r}+d\boldsymbol{r}) = \Phi(u+du, v+dv)$ ergibt sich aus (4.76)

$$\Phi(u+du,v+dv) = \sum_{n=0}^{\infty}\frac{1}{n!}\left[du\underbrace{\left(\frac{\partial\boldsymbol{r}}{\partial u}\cdot\nabla\right)}_{\frac{\partial}{\partial u}} + dv\underbrace{\left(\frac{\partial\boldsymbol{r}}{\partial v}\cdot\nabla\right)}_{\frac{\partial}{\partial v}}\right]^n\Phi(u,v)$$

$$\begin{aligned}&= \Phi(u,v) + \frac{\partial\Phi(u,v)}{\partial u}du + \frac{\partial\Phi(u,v)}{\partial v}dv\\ &\quad + \frac{1}{2}\left[\frac{\partial^2\Phi(u,v)}{\partial u^2}du^2 + 2\frac{\partial^2\Phi(u,v)}{\partial u\partial v}du\,dv + \frac{\partial^2\Phi(u,v)}{\partial v^2}dv^2\right] + \ldots\end{aligned}$$

4.23 Als Lösung bietet sich die klassische, von Flüssigkeiten bekannte Inkompressibilität an: Örtlich und zeitlich konstante Dichte; diese Lösung ist zwar hinreichend, aber nicht notwendig.

Die *allgemeine* Lösung findet, wer die Kontinuitätsgleichung (4.22) mit Hilfe von (4.49) und (4.79) umformt:

$$\boldsymbol{v}\cdot\operatorname{grad}\varrho + \varrho\operatorname{div}\boldsymbol{v} = -\frac{\partial\varrho}{\partial t} \quad\Rightarrow\quad \frac{d\varrho}{dt} + \varrho\operatorname{div}\boldsymbol{v} = 0.$$

Die Gleichung $\operatorname{div} \boldsymbol{v} = 0$ setzt also allgemein $\frac{d\varrho}{dt} = 0$ voraus. Dies betrifft inhomogene inkompressible Medien, bei denen sich die örtlichen und zeitlichen Dichteänderungen kompensieren.

Übrigens kennzeichnet $\operatorname{div} \boldsymbol{v} = 0$ lediglich quellenfreie, nicht notwendig homogene Strömungsfelder.

4.24 Für $\boldsymbol{w}(\boldsymbol{r}, t) = 0$ folgt aus (4.93) unmittelbar $\frac{d\boldsymbol{w}}{dt} = 0$ und aus dem differenzierten Wirbelsatz

$$\frac{d^2\boldsymbol{w}}{dt^2} = \left(\frac{d\boldsymbol{w}}{dt} \cdot \nabla\right) \boldsymbol{v} + (\boldsymbol{w} \cdot \nabla)\frac{d\boldsymbol{v}}{dt}$$

zusätzlich $\frac{d^2\boldsymbol{w}}{dt^2} = 0$. Weiteres Differenzieren ergibt, dass für $\boldsymbol{w}(\boldsymbol{r}, t) = 0$ alle zeitlichen Ableitungen verschwinden, was nach dem taylorschen Satz für das betreffende Gebiet $\boldsymbol{w}(\boldsymbol{r}, t) \equiv 0$ bedeutet. Dort finden keine zeitlichen $\boldsymbol{w}$-Änderungen statt.

Im Geltungsbereich des Wirbelsatzes hat also jede Strömung von Anfang an für alle Zeit das Alternativmerkmal $\boldsymbol{w}(\boldsymbol{r}, t) = 0$ oder $\boldsymbol{w}(\boldsymbol{r}, t) \neq 0$. Spontane Übergange sind ausgeschlossen. Neue Wirbel können nicht entstehen, alte nicht vergehen.

4.25 Mit Hilfe von (2.7) ergibt sich nach der Kettenregel

$$\nabla |\boldsymbol{r} - \boldsymbol{k}|^n = \nabla \left[(\boldsymbol{r} - \boldsymbol{k})^2\right]^{\frac{n}{2}} = \frac{n}{2} \left[(\boldsymbol{r} - \boldsymbol{k})^2\right]^{\frac{n}{2}-1} \nabla(\boldsymbol{r} - \boldsymbol{k})^2.$$

Hierbei gilt wegen (4.57) und (4.53)

$$\nabla(\boldsymbol{r} - \boldsymbol{k})^2 = 2[(\boldsymbol{r} - \boldsymbol{k}) \cdot \nabla](\boldsymbol{r} - \boldsymbol{k}) = 2(\boldsymbol{r} - \boldsymbol{k}).$$

Man erhält somit schließlich

$$\nabla |\boldsymbol{r} - \boldsymbol{k}|^n = n\, |\boldsymbol{r} - \boldsymbol{k}|^{n-2}\, (\boldsymbol{r} - \boldsymbol{k}).$$

Daraus folgt speziell für

- $n = 2: \quad \nabla |\boldsymbol{r} - \boldsymbol{k}|^2 = 2(\boldsymbol{r} - \boldsymbol{k})$,
- $n = 1: \quad \nabla = \frac{\boldsymbol{r}-\boldsymbol{k}}{|\boldsymbol{r}-\boldsymbol{k}|}$,
- $n = -1: \quad \nabla \frac{1}{|\boldsymbol{r}-\boldsymbol{k}|} = -\frac{\boldsymbol{r}-\boldsymbol{k}}{|\boldsymbol{r}-\boldsymbol{k}|^3}$.

Erneute ∇-Anwendung führt nach der Kettenregel zu

$$\begin{aligned}\nabla(\nabla|\boldsymbol{r}-\boldsymbol{k}|^n) &= n\nabla\cdot\left[|\boldsymbol{r}-\boldsymbol{k}|^{n-2}(\boldsymbol{r}-\boldsymbol{k})\right]\\ &= n\nabla\cdot\left[|\boldsymbol{r}-\boldsymbol{k}|^{n-2}(\boldsymbol{r}-\boldsymbol{k})_c\right]+n\nabla\cdot\left[|\boldsymbol{r}-\boldsymbol{k}|_c^{n-2}(\boldsymbol{r}-\boldsymbol{k})\right]\\ &= n[(\boldsymbol{r}-\boldsymbol{k})\cdot\nabla]\,|\boldsymbol{r}-\boldsymbol{k}|^{n-2}+n\,|\boldsymbol{r}-\boldsymbol{k}|^{n-2}\underbrace{\nabla\cdot(\boldsymbol{r}-\boldsymbol{k})}_{3}\\ &= n(n-2)\underbrace{|\boldsymbol{r}-\boldsymbol{k}|^{n-4}(\boldsymbol{r}-\boldsymbol{k})^2}_{|\boldsymbol{r}-\boldsymbol{k}|^{n-2}}+3n\,|\boldsymbol{r}-\boldsymbol{k}|^{n-2}\end{aligned}$$

$$\Rightarrow\quad \Delta\,|\boldsymbol{r}-\boldsymbol{k}|^n = n(n+1)\,|\boldsymbol{r}-\boldsymbol{k}|^{n-2}.$$

Speziell für $n=-1$ und $|\boldsymbol{r}-\boldsymbol{k}|>0$ gilt die wichtige Formel

$$\Delta\frac{1}{|\boldsymbol{r}-\boldsymbol{k}|}=0.$$

Im Sonderfall $\boldsymbol{k}=0$ vereinfachen sich die Ergebnisse:

$$\begin{gathered}\nabla r^n = nr^{n-2}\,\boldsymbol{r}\quad\Rightarrow\quad \boldsymbol{r}\times\nabla r^n=0,\\ \nabla r^2 = 2\boldsymbol{r}\ (\text{vgl. } 4.14),\quad \nabla r=\frac{\boldsymbol{r}}{r}=\boldsymbol{e}_r,\quad \nabla\frac{1}{r}=-\frac{\boldsymbol{r}}{r^3}=-\frac{\boldsymbol{e}_r}{r^2},\\ \Delta r^n = n(n+1)r^{n-2},\quad \Delta\frac{1}{r}=0\ \ (r>0).\end{gathered}$$

Ein- und zweifache Anwendung des ∇-Operators auf $\ln|\boldsymbol{r}-\boldsymbol{k}|$ ergibt allgemein

$$\begin{aligned}\nabla\ln|\boldsymbol{r}-\boldsymbol{k}| &= \frac{\nabla|\boldsymbol{r}-\boldsymbol{k}|}{|\boldsymbol{r}-\boldsymbol{k}|}=\frac{\boldsymbol{r}-\boldsymbol{k}}{(\boldsymbol{r}-\boldsymbol{k})^2},\\ \nabla(\nabla\ln|\boldsymbol{r}-\boldsymbol{k}|) &= \frac{(\boldsymbol{r}-\boldsymbol{k})^2\nabla\cdot(\boldsymbol{r}-\boldsymbol{k})-[(\boldsymbol{r}-\boldsymbol{k})\cdot\nabla](\boldsymbol{r}-\boldsymbol{k})^2}{(\boldsymbol{r}-\boldsymbol{k})^4}.\end{aligned}$$

Daraus folgt in ebenen Koordinaten wegen $\nabla\cdot(\boldsymbol{r}-\boldsymbol{k})=2$ für $|\boldsymbol{r}-\boldsymbol{k}|>0$

$$\Delta\ln|\boldsymbol{r}-\boldsymbol{k}|=0$$

und im Sonderfall $\boldsymbol{k}=0 \quad\Rightarrow\quad |\boldsymbol{r}|=\rho>0$

$$\Delta\ln\rho=0.$$

4.26 Mit dem Hilfsvektor

$$\begin{aligned}&\boldsymbol{p}\equiv\boldsymbol{r}-\boldsymbol{r}_0=(x-x_0)\boldsymbol{e}_x+(y-y_0)\boldsymbol{e}_y+(z-z_0)\boldsymbol{e}_z\\ \Rightarrow\quad &p=|\boldsymbol{p}|=|\boldsymbol{r}-\boldsymbol{r}_0|=\sqrt{(x-x_0)^2+(y-y_0)^2+(z-z_0)^2}\end{aligned}$$

ergibt sich für eine Funktion $f(p)$ mühelos nach der Kettenregel

$$\nabla f(p) = f'(p)\nabla p = f'(p)\frac{\boldsymbol{p}}{p}.$$

Durch abermalige ∇-Anwendung erhält man

$$\underbrace{\nabla[\nabla f(p)]}_{\Delta f(p)} = f''(p)\underbrace{(\nabla p)^2}_{1} + f'(p)\nabla(\nabla p),$$

was wegen

$$\nabla(\nabla p) = \nabla\frac{\boldsymbol{p}}{p} = \frac{p(\nabla\cdot\boldsymbol{p}) - (\boldsymbol{p}\cdot\nabla)p}{p^2} = \frac{3p - \boldsymbol{p}\cdot\frac{\boldsymbol{p}}{p}}{p^2} = \frac{2}{p}$$

zu dem nützlichen Ergebnis

$$\Delta f(p) = f''(p) + \frac{2}{p}\,f'(p) = \frac{1}{p^2}\frac{d}{dp}\left[p^2 f'(p)\right]$$

führt.

4.27 In der Identität

$$\Delta(\Phi\boldsymbol{r}) = \text{grad}\,\underbrace{\text{div}(\Phi\boldsymbol{r})}_{(\boldsymbol{r}\cdot\nabla)\Phi+3\Phi} - \text{rot}\,\underbrace{\text{rot}(\Phi\boldsymbol{r})}_{-\boldsymbol{r}\times\nabla\Phi}$$

lauten die beiden rechten Glieder wegen (4.72)

$$\text{grad}[(\boldsymbol{r}\cdot\nabla)\Phi + 3\Phi] = (\boldsymbol{r}\cdot\nabla)\,\text{grad}\,\Phi + 4\,\text{grad}\,\Phi$$

und angesichts (4.67)

$$\text{rot}(\boldsymbol{r}\times\nabla\Phi) = \boldsymbol{r}\,\underbrace{\text{div}\,\text{grad}\,\Phi}_{\Delta\Phi} - 3\,\text{grad}\,\Phi + \underbrace{(\text{grad}\,\Phi\cdot\nabla)\boldsymbol{r}}_{\text{grad}\,\Phi} - (\boldsymbol{r}\cdot\nabla)\,\text{grad}\,\Phi.$$

Damit gewinnen wir die Form

$$\Delta(\Phi\boldsymbol{r}) = 4\,\text{grad}\,\Phi + \boldsymbol{r}\Delta\Phi - 2\,\text{grad}\,\Phi = \boldsymbol{r}\Delta\Phi + 2\,\text{grad}\,\Phi.$$

4.28 Durch ∇-Anwendung auf (4.58) erhält man

$$\underbrace{\text{div}\,\text{grad}}_{\Delta}(\boldsymbol{a}\cdot\boldsymbol{r}) = \text{div}\,\boldsymbol{a} + \text{div}[(\boldsymbol{r}\cdot\nabla)\,\boldsymbol{a}] + \text{div}(\boldsymbol{r}\times\text{rot}\,\boldsymbol{a}).$$

Hierbei gilt angesichts (4.74)

$$\text{div}[(\boldsymbol{r}\cdot\nabla)\,\boldsymbol{a}] = \boldsymbol{r}\cdot\text{grad}\,\text{div}\,\boldsymbol{a} + \text{div}\,\boldsymbol{a}$$

sowie wegen (4.62) und (4.29)

$$\operatorname{div}(\boldsymbol{r} \times \operatorname{rot} \boldsymbol{a}) = -\boldsymbol{r} \cdot \operatorname{rot}\operatorname{rot} \boldsymbol{a}.$$

Durch Einsetzung ergibt sich mühelos

$$\Delta(\boldsymbol{a} \cdot \boldsymbol{r}) = 2 \operatorname{div} \boldsymbol{a} + \boldsymbol{r} \cdot \underbrace{(\operatorname{grad}\operatorname{div} \boldsymbol{a} - \operatorname{rot}\operatorname{rot} \boldsymbol{a})}_{\Delta \boldsymbol{a}}.$$

Wer die ∇-Anwendung auf (4.58) in der Form

$$\nabla \cdot \operatorname{grad}(\boldsymbol{a} \cdot \boldsymbol{r}) = \nabla \cdot \boldsymbol{a} + \nabla \cdot \nabla(\boldsymbol{r}_c \cdot \boldsymbol{a})$$

schreibt, riskiert einen Unfall, wenn er übersieht, dass $\boldsymbol{r}_c$ nur für einen Operator konstant ist, nicht für beide. Vorsichtige Leute rechnen in kartesischen Koordinaten weiter:

$$\begin{aligned}
\nabla(\boldsymbol{r}_c \cdot \boldsymbol{a}) &= \nabla(x_c a_x + y_c a_y + z_c a_z) = x \nabla a_x + y \nabla a_y + z \nabla a_z, \\
\nabla(x \nabla a_x + y \nabla a_y + z \nabla a_z) &= \underbrace{\boldsymbol{e}_x \cdot \nabla a_x + \boldsymbol{e}_y \cdot \nabla a_y + \boldsymbol{e}_z \cdot \nabla a_z}_{\operatorname{div} \boldsymbol{a}} \\
&\quad + \underbrace{x \nabla^2 a_x + y \nabla^2 a_y + z \nabla^2 a_z}_{\boldsymbol{r} \cdot \Delta \boldsymbol{a}},
\end{aligned}$$

was (4.102) ebenfalls bestätigt.

Der Beweis von (4.103) lässt sich mühelos anschließen, wenn man in (4.102) speziell $\boldsymbol{a} = (\boldsymbol{k}_1 \times \boldsymbol{r}) \times \boldsymbol{k}_2$ einsetzt und dann die Identitäten

$$\begin{aligned}
\Delta[(\boldsymbol{k}_1 \times \boldsymbol{r}) \times \boldsymbol{k}_2] &= -\boldsymbol{k}_2 \times \Delta(\boldsymbol{k}_1 \times \boldsymbol{r}) = -\boldsymbol{k}_2 \times (\boldsymbol{k}_1 \times \underbrace{\Delta \boldsymbol{r}}_{0}) = 0, \\
\operatorname{div}[(\boldsymbol{k}_1 \times \boldsymbol{r}) \times \boldsymbol{k}_2] &= \boldsymbol{k}_2 \cdot \operatorname{rot}(\boldsymbol{k}_1 \times \boldsymbol{r}) = 2\boldsymbol{k}_1 \cdot \boldsymbol{k}_2
\end{aligned}$$

berücksichtigt.

4.29 In der Nabla-Schreibweise

$$\nabla(\boldsymbol{k} \cdot \nabla \frac{1}{r}) = -\nabla \times (\boldsymbol{k} \times \nabla \frac{1}{r})$$

lässt sich die linke Seite leicht umformen:

$$\nabla \left[(\boldsymbol{k} \cdot \nabla) \frac{1}{r} \right] = (\boldsymbol{k} \cdot \nabla) \nabla \frac{1}{r}.$$

Auf der rechten Seite gilt gemäß (2.54):

$$-\nabla \times (\boldsymbol{k} \times \nabla \frac{1}{r}) = -\underbrace{(\nabla \cdot \nabla \frac{1}{r}) \boldsymbol{k}}_{\boldsymbol{k} \Delta \frac{1}{r}} + \underbrace{(\nabla \cdot \boldsymbol{k}) \nabla \frac{1}{r}}_{(\boldsymbol{k} \cdot \nabla) \nabla \frac{1}{r}}.$$

Beide Seiten sind für $r > 0$ wegen $\Delta \frac{1}{r} = 0$ gleich (siehe Aufgabe 4.25).

Zu Kapitel 5

5.1 Aus (4.111) folgt unmittelbar im Einklang mit (5.1)

$$\frac{\partial u}{\partial x}\frac{\partial v}{\partial x}+\frac{\partial u}{\partial y}\frac{\partial v}{\partial y}=0 \quad \Rightarrow \quad \operatorname{grad} u \cdot \operatorname{grad} v = 0.$$

Die Gradienten der beiden Kurvenscharen $u(x, y) = \text{const}_1$ und $v(x, y) = \text{const}_2$ stehen also überall aufeinander senkrecht, wo die komplexe Funktion $f(x \pm iy)$ regulär ist.

5.2 Aus $\Phi(\boldsymbol{r}, c) = (\boldsymbol{r} - \boldsymbol{r}_0)^2 - c^2 = 0$ folgt

$$\operatorname{grad} \Phi = 2(\boldsymbol{r} - \boldsymbol{r}_0); \quad \frac{\partial \Phi}{\partial x} = 2(x - x_0); \quad \frac{\partial \Phi}{\partial y} = 2(y - y_0).$$

Damit lautet die maßgebende, hier ausnahmsweise c-freie Differenzialgleichung:

$$(x - x_0)y' - (y - y_0) = 0 \quad \text{oder} \quad \frac{dy}{y - y_0} = \frac{dx}{x - x_0}.$$

Sie hat die allgemeine Lösung

$$\ln(y - y_0) = \ln(x - x_0) + \ln C \quad \Rightarrow \quad y - y_0 = C(x - x_0),$$

die geometrisch eine Geradenschar mit der individuellen Steigung C durch den Kreismittelpunkt $\boldsymbol{r}_0$ darstellt.

5.3 Mit Hilfe der Formeln

$$\begin{aligned} &\Phi(\boldsymbol{r}, R) = (\boldsymbol{r} - \boldsymbol{r}_0)^2 - R^2 = 0 \text{ und } \Psi(\boldsymbol{r}, \boldsymbol{e}_n) = (\boldsymbol{r} - \boldsymbol{r}_0) \cdot \boldsymbol{e}_n = 0 \\ &\quad \Rightarrow \quad \operatorname{grad} \Phi = 2(\boldsymbol{r} - \boldsymbol{r}_0) \text{ und } \operatorname{grad} \Psi = \boldsymbol{e}_n \end{aligned}$$

bestätigt man mühelos das Merkmal (5.1)

$$\operatorname{grad} \Phi \cdot \operatorname{grad} \Psi = 2 \underbrace{(\boldsymbol{r} - \boldsymbol{r}_0) \cdot \boldsymbol{e}_n}_{\Psi(\boldsymbol{r}, \boldsymbol{e}_n)} = 0.$$

5.4 Wir eliminieren c aus den beiden Gleichungen

$$\Phi = (x - c)^2 + y^2 - (kc)^2 = 0 \quad \text{und} \quad \frac{\partial \Phi}{\partial c} = -2(x - c + k^2 c) = 0$$

mit dem Ergebnis

$$c = \frac{x}{1 - k^2} \quad \Rightarrow \quad y^2 = x^2 \frac{k^2}{1 - k^2}.$$

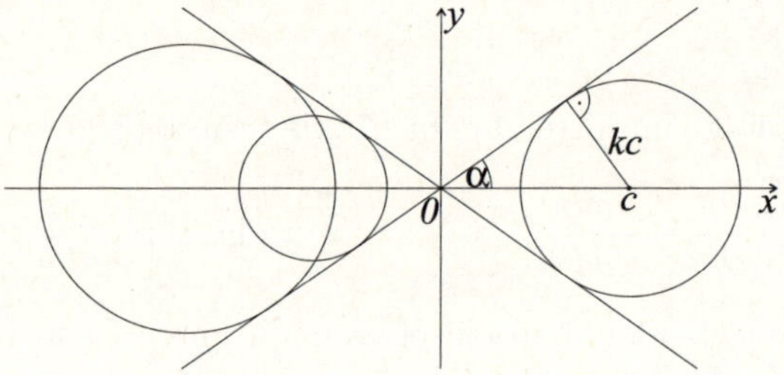

Fig. A.27

Vermittels $k = \sin\alpha$ gewinnt die Einhüllende die anschauliche Form des Geradenpaars $y = \pm x \tan\alpha$ (Fig. A.27).

5.5 Die beiden maßgebenden Bedingungen lauten

$$\Phi(\boldsymbol{r}, c) = (y+c)^2 - x^3 = 0 \quad \text{und} \quad \frac{\partial \Phi(\boldsymbol{r}, c)}{\partial c} = 2(y+c) = 0.$$

Durch Eliminieren von c findet man $x = 0$, also die y-Achse. Sie ist hier keine

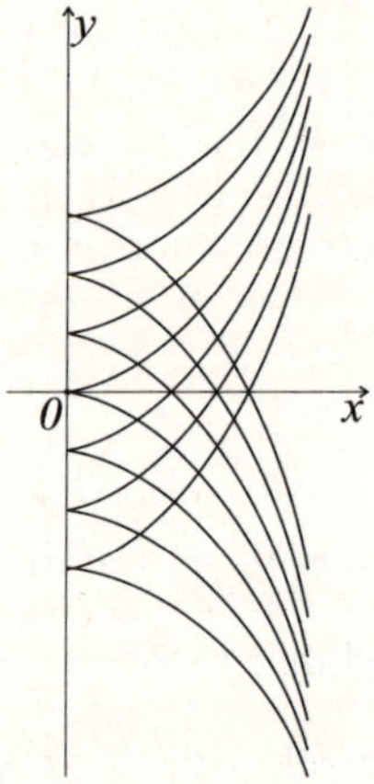

Fig. A.28

tangential berührende Randkurve der Schar, sondern besteht aus genau all ihren singulären Punkten; die gegebene Kurvenschar enthält nämlich lauter Neilsche[13] Parabeln, die auf der y-Achse Spitzen haben (Fig. A.28).

5.6 In der Umkehrfunktion

$$\frac{x}{a} = \operatorname{arcosh}\frac{y}{a} = \pm\ln\left(\frac{y + \sqrt{y^2 - a^2}}{a}\right)$$

[13]William Neil (1637-1670), britischer Mathematiker

wählen wir $\frac{\sqrt{y^2-a^2}}{a} = t$ und erhalten für $t \geq 0$ mühelos

$$x = \pm a \ln(\sqrt{1+t^2} + t), \quad y = a\sqrt{1+t^2}.$$

Die alternative Wahl $\frac{y}{a} = t$ führt zu der für $t \geq 1$ gültigen Darstellung

$$x = \pm a \ln(t + \sqrt{t^2 - 1}), \quad y = at.$$

5.7 Die Kurve hat an der Berührungsstelle $\boldsymbol{r}_1 \equiv \boldsymbol{r}(t_1)$ die Richtung $\dot{\boldsymbol{r}}_1 \equiv \dot{\boldsymbol{r}}(t_1)$. Damit gilt für die Tangente gemäß (3.2) mit dem Parameter λ:

$$\boldsymbol{r}(\lambda) = \boldsymbol{r}_1 + \lambda \dot{\boldsymbol{r}}_1.$$

Ihre Projektion in die Ebene $z = \text{const}$ lautet

$$x(\lambda) = x_1 + \lambda \dot{x}_1, \quad y(\lambda) = y_1 + \lambda \dot{y}_1,$$

$$\frac{y - y_1}{x - x_1} = \frac{\dot{y}_1}{\dot{x}_1} = y'(x_1) \equiv y_1' \quad \Rightarrow \quad y = (x - x_1)y_1' + y_1.$$

5.8 Die beiden Kreise schreiben sich mit den Parametern λ und μ in der zweckmäßigen Form

$$\boldsymbol{r} = a(\boldsymbol{e}_x \cos\lambda + \boldsymbol{e}_y \sin\lambda); \quad \boldsymbol{R} = b(\boldsymbol{e}_x \cos\mu + \boldsymbol{e}_y \sin\mu) + c\boldsymbol{e}_x.$$

Ihre gemeinsamen Tangenten haben parallele Trägervektoren:

$$\frac{d\boldsymbol{r}}{d\lambda} \times \frac{d\boldsymbol{R}}{d\mu} = 0 \quad \Rightarrow \quad \sin(\lambda - \mu) = 0 \quad \Rightarrow \quad \lambda - \mu = \begin{cases} 0 \\ \pm\pi \end{cases}.$$

Hinzu tritt die Bedingung

$$(\boldsymbol{r} - \boldsymbol{R}) \times \frac{d\boldsymbol{r}}{d\lambda} = 0.$$

Sie bedeutet

$$\begin{vmatrix} a\cos\lambda - b\cos\mu - c & a\sin\lambda - b\sin\mu \\ -\sin\lambda & \cos\lambda \end{vmatrix} = 0$$

$$\Rightarrow \quad \cos\lambda = \frac{a - b\cos(\lambda - \mu)}{c} = \frac{1}{c}\begin{cases} a - b \\ a + b \end{cases}.$$

Die Anzahl der gemeinsamen Tangenten ist $\begin{cases} 2 & \text{im Fall } 0 < c < a + b \\ 3 & \text{im Fall } c = a + b \\ 4 & \text{im Fall } c > a + b. \end{cases}$

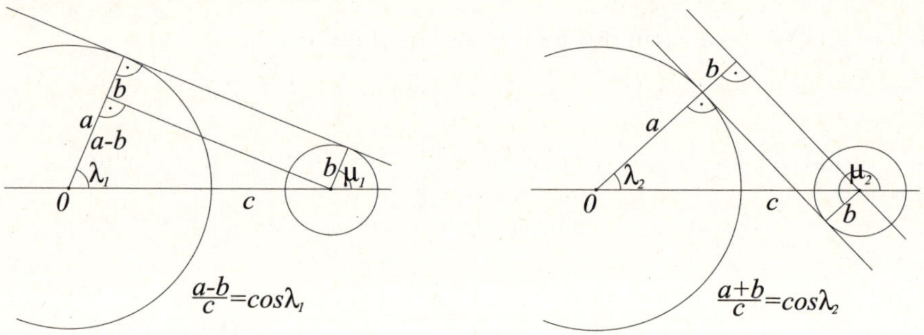

Fig. A.29

Im Fall $c > a + b$ gehören zu den je 4 Berührungspunkten auf den beiden Kreisen die Parameter (Fig. A.29)

$$\arccos\frac{a-b}{c} = \begin{cases}\lambda_1\\ 2\pi-\lambda_1\end{cases}, \qquad \mu_1 = \begin{cases}\lambda_1\\ 2\pi-\lambda_1\end{cases},$$
$$\arccos\frac{a+b}{c} = \begin{cases}\lambda_2\\ 2\pi-\lambda_2\end{cases}, \qquad \mu_2 = \begin{cases}\pi+\lambda_2\\ \pi-\lambda_2\end{cases}.$$

5.9 Durch Auflösung der beiden Flächengleichungen nach y bzw. z findet man in kartesischen Koordinaten unschwer

$$y = a\sqrt{1-\frac{x^2}{a^2}} \quad \text{und} \quad z = b\arctan\frac{\sqrt{1-\frac{x^2}{a^2}}}{\frac{x}{a}} = b\arccos\frac{x}{a}.$$

Dies sind die Projektionen (Risse) der Schnittkurve in die Ebenen $z = 0$ bzw. $y = 0$. Ebenso gut hätten wir nach z und x oder x und y auflösen und die Kurve durch die Gleichungspaare $z = z(y)$ und $x = x(y)$ oder $x = x(z)$ und $y = y(z)$ darstellen dürfen.

Aus dem maßgebenden Ortsvektor

$$\boldsymbol{r} = x\boldsymbol{e}_x + a\sqrt{1-\frac{x^2}{a^2}}\,\boldsymbol{e}_y + b\arccos\frac{x}{a}\,\boldsymbol{e}_z$$

folgen sein Differenzial

$$d\boldsymbol{r} = \left(\boldsymbol{e}_x - \frac{x\boldsymbol{e}_y}{\sqrt{a^2-x^2}} - \frac{b\boldsymbol{e}_z}{\sqrt{a^2-x^2}}\right)dx,$$

gemäß (5.9) das Linienelement

$$ds \equiv |d\boldsymbol{r}| = \sqrt{a^2+b^2}\,\frac{dx}{\sqrt{a^2-x^2}}$$

und der Tangentenvektor

$$\boldsymbol{t} \equiv \frac{d\boldsymbol{r}}{ds} = \frac{\sqrt{a^2-x^2}\,\boldsymbol{e}_x - x\boldsymbol{e}_y - b\boldsymbol{e}_z}{\sqrt{a^2+b^2}}.$$

Eine elegante Parameterform der Schnittkurve lautet mit der ebenen Polarkoordinate φ

$$x = a\cos\varphi, \quad y = a\sin\varphi, \quad z = b\varphi.$$

Die Projektion des Kurvenpunkts in die x,y-Ebene durchwandert für $d\varphi > 0$ den Bogen $a\,d\varphi$ auf dem Grundkreis des Zylinders, während seine Projektion auf die z-Achse um $b\,d\varphi$ steigt. Es handelt sich also um eine Schraubenlinie mit der Ganghöhe $2\pi b$ auf dem Zylinder. Weiter gilt

$$\boldsymbol{r} = a\cos\varphi\boldsymbol{e}_x + a\sin\varphi\boldsymbol{e}_y + b\varphi\boldsymbol{e}_z \quad\Rightarrow\quad \underline{\boldsymbol{r}} = \begin{pmatrix} a\cos\varphi \\ a\sin\varphi \\ b\varphi \end{pmatrix},$$

$$d\boldsymbol{r} = (-a\sin\varphi\boldsymbol{e}_x + a\cos\varphi\boldsymbol{e}_y + b\boldsymbol{e}_z)d\varphi \quad\Rightarrow\quad d\underline{\boldsymbol{r}} = \begin{pmatrix} -a\sin\varphi \\ a\cos\varphi \\ b \end{pmatrix} d\varphi,$$

$$ds = \sqrt{a^2+b^2}\,d\varphi, \quad \boldsymbol{t} = -\frac{a\sin\varphi\boldsymbol{e}_x - a\cos\varphi\boldsymbol{e}_y - b\boldsymbol{e}_z}{\sqrt{a^2+b^2}}.$$

Man sieht, dass der Übergang von kartesischen zu Polarkoordinaten – wie jede Transformation – die Vektoren $d\boldsymbol{r}$ und $\boldsymbol{t}$ umkehren kann.

5.10 Hier bieten sich 2 Lösungswege an:

1.) Nach dem Reflexionsgesetz bilden Ortsvektor $\boldsymbol{r}$ und $\boldsymbol{e}_x$ mit der Tangentenrichtung $d\boldsymbol{r}$ in jedem Kurvenpunkt P dieselben Winkel (Fig. A.30):

$$\cos\alpha = \cos\beta \quad\Rightarrow\quad \frac{\boldsymbol{r}}{r}\cdot d\boldsymbol{r} = \boldsymbol{e}_x \cdot d\boldsymbol{r},$$

was wegen $\boldsymbol{r}^2 = r^2 \quad\Rightarrow\quad \boldsymbol{r}\cdot d\boldsymbol{r} = r\,dr$ zu $dr = dx$ führt. Integration ergibt mit der Konstanten k: $\quad r = x + k$. Daraus folgt wegen $r = \sqrt{(x-x_0)^2+y^2}$ unmittelbar die zur x-Achse symmetrische Parabelschar

$$y^2 = 2x(k+x_0) + k^2 - x_0^2,$$

die für $k = x_0 = \frac{p}{2}$ in ihre Normalform $y^2 = 2px$ übergeht. Man erkennt p als Parameter und F als Brennpunkt.

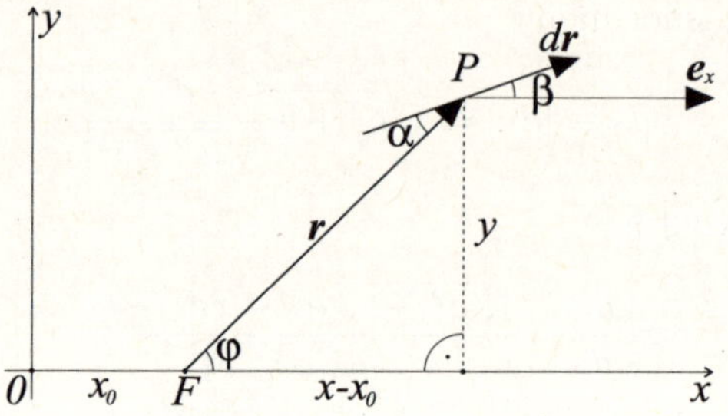

Fig. A.30

2.) In Polarkoordinaten ρ, φ hat die gesuchte Kurve $\rho = \rho(\varphi) \quad \Rightarrow \quad \boldsymbol{r} = \rho(\varphi)\boldsymbol{e}_\rho \equiv \boldsymbol{r}(\varphi)$ im Punkt P die Tangentenrichtung

$$\boldsymbol{r}' = \rho' \boldsymbol{e}_\rho + \rho \boldsymbol{e}'_\rho.$$

Diese bildet mit den Richtungen $\boldsymbol{e}_\rho$ des Fahrstrahls und $\boldsymbol{e}_x$ des reflektierten Strahls gleiche Winkel. Das bedeutet

$$\boldsymbol{r}' \cdot \boldsymbol{e}_\rho = \boldsymbol{r}' \cdot \boldsymbol{e}_x \quad \Rightarrow \quad \rho' \boldsymbol{e}_\rho^2 + \rho \boldsymbol{e}'_\rho \cdot \boldsymbol{e}_\rho = \rho' \boldsymbol{e}_\rho \cdot \boldsymbol{e}_x + \rho \boldsymbol{e}'_\rho \cdot \boldsymbol{e}_x$$

und führt wegen

$$\boldsymbol{e}_\rho^2 = 1 \quad \Rightarrow \quad \boldsymbol{e}_\rho \cdot \boldsymbol{e}'_\rho = 0, \qquad \boldsymbol{e}_\rho \cdot \boldsymbol{e}_x = \cos\varphi \quad \Rightarrow \quad \boldsymbol{e}'_\rho \cdot \boldsymbol{e}_x = -\sin\varphi$$

zu der bequem integrierbaren Differenzialgleichung

$$\frac{\rho'}{\rho} = -\frac{\sin\varphi}{1 - \cos\varphi}.$$

Ihre Lösung lautet mit dem Parameter p

$$\rho = \frac{p}{1 - \cos\varphi}$$

und beschreibt eine mit $y^2 = 2px$ übereinstimmende Parabelschar, die man als Normalschnitt einer Drehparaboloidschar mit denselben Reflexionseigenschaften betrachten kann. Physikalisch gesehen zeigt sich hier die Eignung der Drehparaboloidform für ideal fokussierende Reflektoren.

5.11 Für die beiden zum Punkt $P(x, y)$ zeigenden Brennstrahlen

$$\boldsymbol{r}_1 = (x + e)\boldsymbol{e}_x + y\boldsymbol{e}_y \quad \text{und} \quad \boldsymbol{r}_2 = (x - e)\boldsymbol{e}_x + y\boldsymbol{e}_y$$

gilt wegen $\sqrt{a^2 + b^2} \equiv e$ und $\frac{e}{a} \equiv \epsilon > 1$ (Fig. A.31)

$$r_1 \equiv |\boldsymbol{r}_1| = \epsilon x + a, \quad r_2 \equiv |\boldsymbol{r}_2| = \epsilon x - a,$$
$$r_1 + r_2 = 2\epsilon x, \quad r_1 - r_2 = 2a.$$

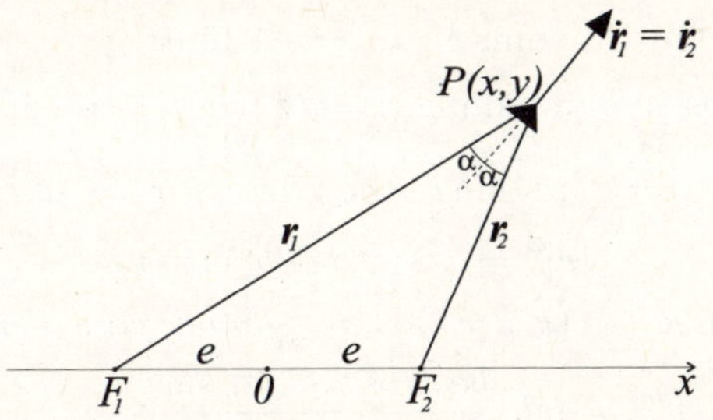

Fig. A.31

Die Tangente hat den Trägervektor $\dot{\boldsymbol{r}}_1 = \dot{\boldsymbol{r}}_2 = \dot{x}\boldsymbol{e}_x + \dot{y}\boldsymbol{e}_y$. Die Gleichheit ihrer Schnittwinkel mit den beiden Brennstrahlen bedeutet

$$\frac{\boldsymbol{r}_1}{r_1} \cdot \dot{\boldsymbol{r}}_1 = \frac{\boldsymbol{r}_2}{r_2} \cdot \dot{\boldsymbol{r}}_2 \quad \Rightarrow \quad r_2[(x+e)\dot{x} + y\dot{y}] = r_1[(x-e)\dot{x} + y\dot{y}].$$

Aus der Hyperbelgleichung folgt $y\dot{y} = \frac{b^2}{a^2}x\dot{x}$. Damit erhält man mühelos

$$r_2(\epsilon^2 x + e) = r_1(\epsilon^2 x - e) \quad \Rightarrow \quad e\underbrace{(r_1 + r_2)}_{e\epsilon x} = \epsilon^2 x \underbrace{(r_1 - r_2)}_{2a},$$

was zu der Identität $a\epsilon = e$ führt (vgl. Aufgabe 4.5).

5.12 Die Parabel- und Ellipsenschar haben die Tangentenvektoren

$$\boldsymbol{t}_1 = \frac{\operatorname{grad}\Psi}{|\operatorname{grad}\Psi|} \quad \text{bzw.} \quad \boldsymbol{t}_2 = \frac{\operatorname{grad}\Phi}{|\operatorname{grad}\Phi|}.$$

Mit $\operatorname{grad}\Psi(\boldsymbol{r}, C) = 2x\boldsymbol{e}_x + y\boldsymbol{e}_y$ ergibt sich

$$\boldsymbol{t}_1(\boldsymbol{r}) = \frac{2x\boldsymbol{e}_x + y\boldsymbol{e}_y}{\sqrt{4x^2 + y^2}}$$

und mit $\operatorname{grad}\Phi(\boldsymbol{r}, c) = -2c\boldsymbol{e}_x + 2y\boldsymbol{e}_y$ angesichts $c = \frac{y^2}{2x}$

$$\boldsymbol{t}_2(\boldsymbol{r}) = -\frac{y\boldsymbol{e}_x - 2x\boldsymbol{e}_y}{\sqrt{4x^2 + y^2}}.$$

Dabei sind $\boldsymbol{t}_1(\boldsymbol{r})$ und $\boldsymbol{t}_2(\boldsymbol{r})$ wegen

$$\boldsymbol{t}_1(\boldsymbol{r}) \cdot \boldsymbol{t}_2(\boldsymbol{r}) = 0$$

im Einklang mit (5.1) überall orthogonale Tangentenvektor*felder*.

5.13 Für jeden Kurvenpunkt auf der Kugel gilt $\boldsymbol{r}^2 = \text{const}$. Daraus folgt

$$\boldsymbol{r} \cdot \boldsymbol{r}' = 0 \quad \Rightarrow \quad \boldsymbol{r}'^2 + \boldsymbol{r} \cdot \boldsymbol{r}'' = 0,$$

was wegen $\boldsymbol{r}'^2 = 1$ zum Ergebnis $\boldsymbol{r} \cdot \boldsymbol{r}'' = -1$ führt.

5.14 Aus der Ellipsen-Darstellung $\boldsymbol{r} = a\boldsymbol{e}_x \cos t + b\boldsymbol{e}_y \sin t$ folgt unmittelbar

$$\dot{\boldsymbol{r}} = -a\boldsymbol{e}_x \sin t + b\boldsymbol{e}_y \cos t, \quad \ddot{\boldsymbol{r}} = -\boldsymbol{r},$$
$$|\dot{\boldsymbol{r}}|^2 = a^2 \sin^2 t + b^2 \cos^2 t,$$
$$\dot{\boldsymbol{r}} \times \ddot{\boldsymbol{r}} = ab\boldsymbol{e}_z, \quad (\dot{\boldsymbol{r}} \times \ddot{\boldsymbol{r}}) \times \dot{\boldsymbol{r}} = -ab(b\boldsymbol{e}_x \cos t + a\boldsymbol{e}_y \sin t),$$
$$\boldsymbol{r}'' = -ab \frac{b\boldsymbol{e}_x \cos t + a\boldsymbol{e}_y \sin t}{(a^2 \sin^2 t + b^2 \cos^2 t)^2} \perp \dot{\boldsymbol{r}},$$
$$\boldsymbol{n} = -\frac{b\boldsymbol{e}_x \cos t + a\boldsymbol{e}_y \sin t}{\sqrt{b^2 \cos^2 t + a^2 \sin^2 t}}.$$

Der Gradient der Ellipse $\Phi(x, y) = \frac{x^2}{a^2} + \frac{y^2}{b^2} - 1 = 0$ lautet an der Stelle $x = a \cos t$, $y = b \sin t$

$$\operatorname{grad} \Phi = \frac{2x}{a^2}\boldsymbol{e}_x + \frac{2y}{b^2}\boldsymbol{e}_y = \frac{2}{ab}(b\boldsymbol{e}_x \cos t + a\boldsymbol{e}_y \sin t).$$

Offenbar sind $\boldsymbol{n}$ und $\operatorname{grad} \Phi$ gegensinnig parallel.

Die örtliche Krümmung berechnet sich gemäß (5.15) allgemein zu

$$\kappa = \frac{ab}{(a^2 \sin^2 t + b^2 \cos^2 t)^{\frac{3}{2}}} = \frac{ab}{(a^2 \frac{y^2}{b^2} + b^2 \frac{x^2}{a^2})^{\frac{3}{2}}} = \frac{a^4 b^4}{(a^4 y^2 + b^4 x^2)^{\frac{3}{2}}}$$

und in den Scheitelpunkten speziell

$$x = \pm a, \quad y = 0 \quad \Rightarrow \quad \kappa = \frac{a}{b^2},$$
$$x = 0, \quad y = \pm b \quad \Rightarrow \quad \kappa = \frac{b}{a^2}.$$

5.15 Zum wandernden Kurvenpunkt $\boldsymbol{r}$ gehört der Krümmungsmittelpunkt $\boldsymbol{r} + \boldsymbol{n}\rho$. Er beschreibt also die gesuchte Kurve

$$\boldsymbol{r}_e(t) = \boldsymbol{r}(t) + \frac{\boldsymbol{n}(t)}{|\boldsymbol{r}''(t)|}.$$

Sie heißt Evolute der Kurve $\boldsymbol{r} = \boldsymbol{r}(t)$. Speziell für die Ellipse ergibt sich die symmetrische Hypozykloide (Fig. A.32)

$$\begin{aligned}\boldsymbol{r}_e(t) &= a\boldsymbol{e}_x \cos t + b\boldsymbol{e}_y \sin t - \frac{b\boldsymbol{e}_x \cos t + a\boldsymbol{e}_y \sin t}{ab}(b^2 \cos^2 t + a^2 \sin^2 t) \\ &= \frac{a^2 - b^2}{ab}(b\boldsymbol{e}_x \cos^3 t - a\boldsymbol{e}_y \sin^3 t),\end{aligned}$$

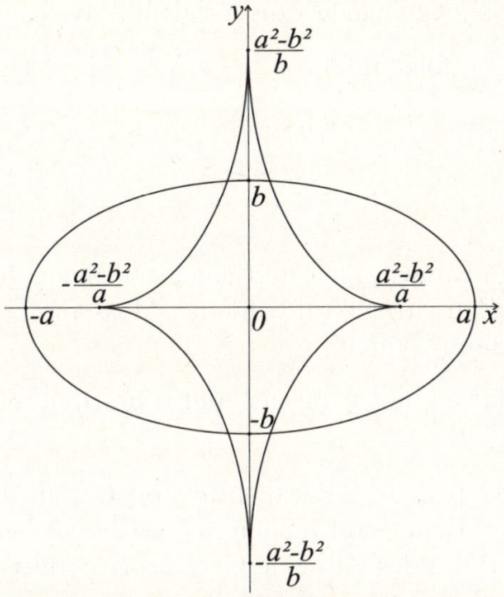

Fig. A.32

besser bekannt als Astroide (Sternkurve) in der kartesischen Form

$$\left(\frac{ax}{a^2-b^2}\right)^{\frac{2}{3}} + \left(\frac{by}{a^2-b^2}\right)^{\frac{2}{3}} = 1.$$

Im Fall $a = b$ (Kreis) schrumpft die Evolute zum Nullpunkt zusammen: $\boldsymbol{r}_e(t) \equiv 0$.

5.16 Die Tangentenvektoren unterscheiden sich in 2 eng benachbarten Kurvenpunkten $\boldsymbol{r}$ und $\boldsymbol{r}+d\boldsymbol{r}$ gemäß (4.36) um $d\boldsymbol{t} = (d\boldsymbol{r}\cdot\nabla)\boldsymbol{t}$. Daraus folgt bezogen auf den Abstand $ds = |d\boldsymbol{r}|$ angesichts (5.14)

$$\underbrace{\frac{d\boldsymbol{t}}{ds}}_{\boldsymbol{t}'} = (\boldsymbol{t}\cdot\nabla)\boldsymbol{t} = \boldsymbol{n}\kappa.$$

Einsetzung von (4.57) führt wegen $\boldsymbol{t}^2 = 1 \quad\Rightarrow\quad \operatorname{grad}\frac{\boldsymbol{t}^2}{2} = 0$ zu

$$\boldsymbol{n}\kappa = -\boldsymbol{t}\times\operatorname{rot}\boldsymbol{t}.$$

5.17 Sofern t die Zeit bedeutet, gilt $\boldsymbol{v} = \dot{\boldsymbol{r}}$ und wegen $|\boldsymbol{v}| = \dot{s} = v$ weiter

$$\boldsymbol{v} = \underbrace{\frac{d\boldsymbol{r}}{ds}}_{\boldsymbol{t}}\dot{s} = \boldsymbol{t}v.$$

Die Geschwindigkeit hat nur einen tangentialen Teilvektor.

Für die Beschleunigung folgt mühelos

$$\dot{\boldsymbol{v}} = \boldsymbol{t}\dot{v} + \underbrace{\frac{d\boldsymbol{t}}{ds}}_{\boldsymbol{n}\kappa} \underbrace{\dot{s}v}_{v^2} = \boldsymbol{t}\dot{v} + \boldsymbol{n}\frac{v^2}{\rho}.$$

Sie besteht aus einem tangentialen und einem normalen Teilvektor. Letzterer entspricht einer sog. Zentripetalkraft, die den Massepunkt entgegen der Trägheitskraft auf seine Bahn zwingt.

Sowohl $\boldsymbol{v}$ als auch $\dot{\boldsymbol{v}}$ liegen in der durch $\boldsymbol{t}$ und $\boldsymbol{n}$ bestimmten örtlichen Schmiegebene (vgl. Aufgabe 6.9).

5.18 Die Bedingung bedeutet Parallelität von Geschwindigkeit $\boldsymbol{v} = \dot{\boldsymbol{r}}$ und Beschleunigung $\dot{\boldsymbol{v}} = \ddot{\boldsymbol{r}}$. Beide sind tangential gerichtet. Nach dem Ergebnis der Aufgabe 5.17 ist die Bahn deshalb eine Gerade ($\boldsymbol{t} = \text{const}$). Es gilt für $v = |\boldsymbol{v}|$

$$v = t\dot{v} \quad \Rightarrow \quad v = ct,\ \dot{\boldsymbol{r}} = \boldsymbol{t}v = \boldsymbol{t}ct,$$

wobei c eine beliebige Integrationskonstante sein möge. Die gesuchte Bahn lautet damit

$$\boldsymbol{r}(t) - \boldsymbol{r}(0) = \boldsymbol{t}c\frac{t^2}{2}.$$

Der Punkt $\boldsymbol{r}(t)$ unterliegt einer konstanten Beschleunigung $\ddot{\boldsymbol{r}} = \dot{\boldsymbol{v}} = \boldsymbol{t}c$. Solche Bahnen treten z. B. in der Theorie des freien Falls auf.

5.19 Die Normalenschar der ebenen Kurve $\boldsymbol{r} = \boldsymbol{r}(t)$ lautet mit dem individuellen Parameter c

$$\boldsymbol{r}_n = \boldsymbol{r}(t+c) + \lambda\boldsymbol{n}(t+c).$$

Aus der maßgebenden Bedingung

$$\frac{\partial \boldsymbol{r}_n}{\partial c} = \dot{\boldsymbol{r}}(t+c) + \lambda\dot{\boldsymbol{n}}(t+c) = 0,$$

die angesichts (5.28) wegen $\tau = 0$ zu

$$(1 - \lambda\kappa)\dot{\boldsymbol{r}}(t+c) = 0 \quad \Rightarrow \quad \lambda = \frac{1}{\kappa} = \rho$$

führt, folgt richtig

$$\boldsymbol{r}_e = \boldsymbol{r}(t) + \rho\boldsymbol{n}(t).$$

5.20 Durch Differenzieren nach der Zeit t findet man zunächst

$$\underline{\dot{\boldsymbol{r}}} = \begin{pmatrix} -a\sin\varphi \\ a\cos\varphi \\ b \end{pmatrix}\dot{\varphi}, \quad \underline{\ddot{\boldsymbol{r}}} = \begin{pmatrix} -a\cos\varphi \\ -a\sin\varphi \\ 0 \end{pmatrix}\dot{\varphi}^2, \quad \underline{\dddot{\boldsymbol{r}}} = \begin{pmatrix} a\sin\varphi \\ -a\cos\varphi \\ 0 \end{pmatrix}\dot{\varphi}^3,$$

$$\dot{s} \equiv |\dot{\boldsymbol{r}}| = \sqrt{a^2+b^2}\,\dot{\varphi} = \text{const}, \quad \dot{\boldsymbol{r}}\cdot\ddot{\boldsymbol{r}} = 0, \quad \ddot{\boldsymbol{r}}^2 = a^2\dot{\varphi}^4.$$

Daraus folgen die gestrichenen Größen

$$\underline{\boldsymbol{r}}' \equiv \frac{\underline{\dot{\boldsymbol{r}}}}{\dot{s}} = \frac{1}{\sqrt{a^2+b^2}}\begin{pmatrix} -a\sin\varphi \\ a\cos\varphi \\ b \end{pmatrix}, \quad \underline{\boldsymbol{r}}'' = \frac{\underline{\ddot{\boldsymbol{r}}}}{\dot{s}^2} = \frac{1}{a^2+b^2}\begin{pmatrix} -a\cos\varphi \\ -a\sin\varphi \\ 0 \end{pmatrix},$$

$$\underline{\boldsymbol{r}}''' = \frac{\underline{\dddot{\boldsymbol{r}}}}{\dot{s}^3} = \frac{1}{(a^2+b^2)^{\frac{3}{2}}}\begin{pmatrix} a\sin\varphi \\ -a\cos\varphi \\ 0 \end{pmatrix}.$$

Somit ergibt sich für die Krümmung und Windung

$$\kappa = \frac{|\ddot{\boldsymbol{r}}|}{\dot{\boldsymbol{r}}^2} = |\boldsymbol{r}''| = \frac{a}{a^2+b^2},$$

$$\tau = \frac{1}{a^2(a^2+b^2)}\underbrace{\begin{vmatrix} -a\sin\varphi & a\cos\varphi & b \\ -a\cos\varphi & -a\sin\varphi & 0 \\ a\sin\varphi & -a\cos\varphi & 0 \end{vmatrix}}_{ba^2} = \frac{b}{a^2+b^2}.$$

Der Winkel zwischen Tangentenvektor $\boldsymbol{t} = \boldsymbol{r}'$ und z-Achse ist überall konstant:

$$\boldsymbol{t}\cdot\boldsymbol{e}_z = \cos\measuredangle(\boldsymbol{r}', \boldsymbol{e}_z) = \frac{b}{\sqrt{a^2+b^2}}.$$

Kurven mit diesem Merkmal heißen Böschungslinien.

Der Hauptnormalenvektor

$$\boldsymbol{n} = \frac{\boldsymbol{r}''}{\kappa} = -\begin{pmatrix}\boldsymbol{e}_x & \boldsymbol{e}_y & \boldsymbol{e}_z\end{pmatrix}\begin{pmatrix} \cos\varphi \\ \sin\varphi \\ 0 \end{pmatrix}$$

steht überall auf der z-Achse senkrecht, fällt also mit der örtlichen Normalen des Zylinders zusammen.

Der Binormalenvektor

$$\boldsymbol{b} = \boldsymbol{t}\times\boldsymbol{n} = \frac{1}{\sqrt{a^2+b^2}}\begin{vmatrix} \boldsymbol{e}_x & \boldsymbol{e}_y & \boldsymbol{e}_z \\ -a\sin\varphi & a\cos\varphi & b \\ -\cos\varphi & -\sin\varphi & 0 \end{vmatrix} = \frac{\begin{pmatrix}\boldsymbol{e}_x & \boldsymbol{e}_y & \boldsymbol{e}_z\end{pmatrix}}{\sqrt{a^2+b^2}}\begin{pmatrix} b\sin\varphi \\ -b\cos\varphi \\ a \end{pmatrix}$$

fällt gemeinsam mit dem Tangentenvektor in die örtliche Tangentialebene des Zylinders.

Der darbouxsche Vektor lautet

$$\boldsymbol{d} = \frac{b\left(\boldsymbol{e}_x \quad \boldsymbol{e}_y \quad \boldsymbol{e}_z\right)}{(a^2+b^2)^{\frac{3}{2}}}\begin{pmatrix}-a\sin\varphi\\ a\cos\varphi\\ b\end{pmatrix} + \frac{a\left(\boldsymbol{e}_x \quad \boldsymbol{e}_y \quad \boldsymbol{e}_z\right)}{(a^2+b^2)^{\frac{3}{2}}}\begin{pmatrix}b\sin\varphi\\ -b\cos\varphi\\ a\end{pmatrix} = \frac{\boldsymbol{e}_z}{\sqrt{a^2+b^2}}.$$

Er ist konstant und zeigt erwartungsgemäß in z-Richtung.

5.21 Die Koordinatenlinien $v = \text{const}_1$ und $u = \text{const}_2$ haben an der Stelle $\boldsymbol{r}$ die Richtungen $\frac{\partial \boldsymbol{r}}{\partial u}$ bzw. $\frac{\partial \boldsymbol{r}}{\partial v}$. Ihr Schnittwinkel γ berechnet sich aus

$$\cos\gamma = \frac{\frac{\partial \boldsymbol{r}}{\partial u}\cdot\frac{\partial \boldsymbol{r}}{\partial v}}{\left|\frac{\partial \boldsymbol{r}}{\partial u}\right|\left|\frac{\partial \boldsymbol{r}}{\partial v}\right|} = \frac{F}{\sqrt{EG}}.$$

5.22 Die beiden Koordinatenlinien auf der Fläche haben am Ort $\boldsymbol{r} = x\boldsymbol{e}_x + y\boldsymbol{e}_y + z(x,y)\boldsymbol{e}_z$ die Richtungen

$$\frac{\partial \boldsymbol{r}}{\partial x} = \boldsymbol{e}_x + \frac{\partial z}{\partial x}\boldsymbol{e}_z \quad \text{bzw.} \quad \frac{\partial \boldsymbol{r}}{\partial y} = \boldsymbol{e}_y + \frac{\partial z}{\partial y}\boldsymbol{e}_z.$$

Die Bedingung $F = 0$ bedeutet:

$$\frac{\partial \boldsymbol{r}}{\partial x}\cdot\frac{\partial \boldsymbol{r}}{\partial y} = \frac{\partial z}{\partial x}\frac{\partial z}{\partial y} = 0 \quad\Rightarrow\quad \frac{\partial z}{\partial x} = 0 \quad \text{und/oder} \quad \frac{\partial z}{\partial y} = 0.$$

An den betreffenden Stellen durchläuft z in x- und/oder y-Richtung relative Extrema. Nur auf Flächen $z = z(x)$ oder $z = z(y)$ ist das x, y-Koordinatennetz überall rechtwinklig ($F \equiv 0$).

5.23 Zeitliches Differenzieren der Bahnkurve $\Phi[\boldsymbol{r}(t)] = 0$ ergibt für die zulässige Geschwindigkeit

$$\frac{d\Phi}{dt} = (\dot{\boldsymbol{r}}\cdot\nabla)\Phi = 0 \quad\Rightarrow\quad \dot{\boldsymbol{r}} \perp \operatorname{grad}\Phi$$

und für die zulässige Beschleunigung

$$\frac{d^2\Phi}{dt^2} = (\ddot{\boldsymbol{r}}\cdot\nabla)\Phi + \dot{\boldsymbol{r}}\cdot(\dot{\boldsymbol{r}}\cdot\nabla)\nabla\Phi = 0.$$

Die letzte Gleichung lautet in Matrixschreibweise

$$\underbrace{\begin{pmatrix}\ddot{x} & \ddot{y} & \ddot{z}\end{pmatrix}}_{\underline{\ddot{\boldsymbol{r}}}^T}\begin{pmatrix}\frac{\partial\Phi}{\partial x}\\ \frac{\partial\Phi}{\partial y}\\ \frac{\partial\Phi}{\partial z}\end{pmatrix} + \underbrace{\begin{pmatrix}\dot{x} & \dot{y} & \dot{z}\end{pmatrix}}_{\underline{\dot{\boldsymbol{r}}}^T}\begin{pmatrix}\frac{\partial^2\Phi}{\partial x^2} & \frac{\partial^2\Phi}{\partial x\partial y} & \frac{\partial^2\Phi}{\partial x\partial z}\\ \frac{\partial^2\Phi}{\partial y\partial x} & \frac{\partial^2\Phi}{\partial y^2} & \frac{\partial^2\Phi}{\partial y\partial z}\\ \frac{\partial^2\Phi}{\partial z\partial x} & \frac{\partial^2\Phi}{\partial z\partial y} & \frac{\partial^2\Phi}{\partial z^2}\end{pmatrix}\underbrace{\begin{pmatrix}\dot{x}\\ \dot{y}\\ \dot{z}\end{pmatrix}}_{\underline{\dot{\boldsymbol{r}}}} = 0.$$

5.24 Der gesuchte Normalen-Einsvektor lautet:

$$\boldsymbol{e}_n = \frac{d\boldsymbol{S}}{|d\boldsymbol{S}|} = \frac{\frac{\partial \boldsymbol{r}}{\partial u} \times \frac{\partial \boldsymbol{r}}{\partial v}}{\sqrt{EG - F^2}}.$$

5.25 Der Gradient lautet

$$\operatorname{grad} \Phi(\boldsymbol{r}) = -\frac{\partial z}{\partial x}\boldsymbol{e}_x - \frac{\partial z}{\partial y}\boldsymbol{e}_y + \boldsymbol{e}_z.$$

Aus $\boldsymbol{r} = x\boldsymbol{e}_x + y\boldsymbol{e}_y + z(x,y)\boldsymbol{e}_z$ folgt unmittelbar

$$\frac{\partial \boldsymbol{r}}{\partial x} = \boldsymbol{e}_x + \frac{\partial z}{\partial x}\boldsymbol{e}_z, \qquad \frac{\partial \boldsymbol{r}}{\partial y} = \boldsymbol{e}_y + \frac{\partial z}{\partial y}\boldsymbol{e}_z$$

$$\Rightarrow \quad \frac{\partial \boldsymbol{r}}{\partial x} \times \frac{\partial \boldsymbol{r}}{\partial y} = \underbrace{(\boldsymbol{e}_x \times \boldsymbol{e}_y)}_{\boldsymbol{e}_z} + \frac{\partial z}{\partial y}\underbrace{(\boldsymbol{e}_x \times \boldsymbol{e}_z)}_{-\boldsymbol{e}_y} + \frac{\partial z}{\partial x}\underbrace{(\boldsymbol{e}_z \times \boldsymbol{e}_y)}_{-\boldsymbol{e}_x} = \operatorname{grad} \Phi(\boldsymbol{r}).$$

Zu Kapitel 6

6.1 Zu den 4 Eckpunkten $P_1(u,v)$, $P_2(u+du,v)$, $P_3(u+du,v+dv)$, $P_4(u,v+dv)$ (Fig. A.33) gehören die Ortsvektoren

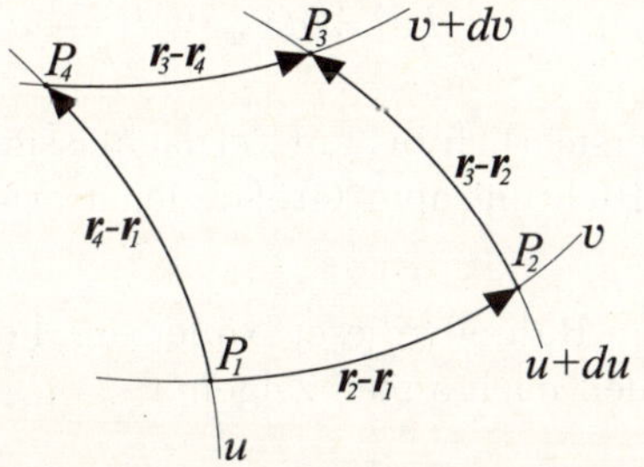

Fig. A.33

$$\boldsymbol{r}_1 = \boldsymbol{r}(u,v),$$

$$\boldsymbol{r}_2 = \boldsymbol{r}(u+du,v) = \boldsymbol{r}_1 + \frac{\partial \boldsymbol{r}_1}{\partial u}du + \frac{1}{2}\frac{\partial^2 \boldsymbol{r}_1}{\partial u^2}du^2 + \ldots,$$

$$\boldsymbol{r}_3 = \boldsymbol{r}(u+du,v+dv) = \boldsymbol{r}_1 + \frac{\partial \boldsymbol{r}_1}{\partial u}du + \frac{\partial \boldsymbol{r}_1}{\partial v}dv + \frac{1}{2}\left(du\frac{\partial}{\partial u} + dv\frac{\partial}{\partial v}\right)^2 \boldsymbol{r}_1 \ldots,$$

$$\boldsymbol{r}_4 = \boldsymbol{r}(u,v+dv) = \boldsymbol{r}_1 + \frac{\partial \boldsymbol{r}_1}{\partial v}dv + \frac{1}{2}\frac{\partial^2 \boldsymbol{r}_1}{\partial v^2}dv^2 + \ldots.$$

Das Viereck hat demnach die Seiten

$$\begin{aligned}
\boldsymbol{r}_2 - \boldsymbol{r}_1 &= \frac{\partial \boldsymbol{r}_1}{\partial u} du + \frac{1}{2}\frac{\partial^2 \boldsymbol{r}_1}{\partial u^2} du^2 + \dots, \\
\boldsymbol{r}_3 - \boldsymbol{r}_2 &= \frac{\partial \boldsymbol{r}_1}{\partial v} dv + \frac{\partial^2 \boldsymbol{r}_1}{\partial u \partial v} du\, dv + \frac{1}{2}\frac{\partial^2 \boldsymbol{r}_1}{\partial v^2} dv^2 + \dots, \\
\boldsymbol{r}_3 - \boldsymbol{r}_4 &= \frac{\partial \boldsymbol{r}_1}{\partial u} du + \frac{1}{2}\frac{\partial^2 \boldsymbol{r}_1}{\partial u^2} du^2 + \frac{\partial^2 \boldsymbol{r}_1}{\partial u \partial v} du\, dv + \dots, \\
\boldsymbol{r}_4 - \boldsymbol{r}_1 &= \frac{\partial \boldsymbol{r}_1}{\partial v} dv + \frac{1}{2}\frac{\partial^2 \boldsymbol{r}_1}{\partial v^2} dv^2 + \dots .
\end{aligned}$$

Je 2 Seiten sind bis auf vernachlässigbar kleine Größen 2. und höherer Ordnung ersichtlich gleich.

6.2 Das Raumelement hat gemäß (6.11) die 6 Seitenflächen

$$\begin{aligned}
d\boldsymbol{S}_u(u, v, w) &= d\boldsymbol{S}_u, \\
d\boldsymbol{S}_u(u + du, v, w) &= d\boldsymbol{S}_u + d\frac{\partial \boldsymbol{S}_u}{\partial u} du \dots, \\
d\boldsymbol{S}_v(u, v, w) &= d\boldsymbol{S}_v, \\
d\boldsymbol{S}_v(u, v + dv, w) &= d\boldsymbol{S}_v + d\frac{\partial \boldsymbol{S}_v}{\partial v} dv \dots, \\
d\boldsymbol{S}_w(u, v, w) &= d\boldsymbol{S}_w, \\
d\boldsymbol{S}_w(u, v, w + dw) &= d\boldsymbol{S}_w + d\frac{\partial \boldsymbol{S}_w}{\partial w} dw \dots
\end{aligned}$$

Je 2 Seitenflächen sind ersichtlich bis auf vernachlässigbar kleine Unterschiede höherer Ordnung nach Richtung und Größe gleich, was das Raumelement als Spat ausweist.

Übrigens verschwindet im Rahmen dieser Näherung die Summe aller Seitenflächen, sofern ihre Normalen nach außen zeigen:

$$\underbrace{d\boldsymbol{S}_{-u} + d\boldsymbol{S}_u}_{0} + \underbrace{d\boldsymbol{S}_{-v} + d\boldsymbol{S}_v}_{0} + \underbrace{d\boldsymbol{S}_{-w} + d\boldsymbol{S}_w}_{0} + d\left[\frac{\partial \boldsymbol{S}_u}{\partial u} du + \frac{\partial \boldsymbol{S}_v}{\partial v} dv + \frac{\partial \boldsymbol{S}_w}{\partial w} dw\right] = 0.$$

Der Beweis gelingt leicht mit Hilfe von (6.11).

6.3 Die Rücktransformation vom u, v, w- ins x, y, z-Bezugssystem bedeutet

$$\boldsymbol{r}(u, v, w) = \boldsymbol{r}[u(x, y, z), v(x, y, z), w(x, y, z)] = \hat{\boldsymbol{r}}(x, y, z).$$

Die Einsvektoren in x, y, z-Richtung errechnen sich zu

$$\frac{\partial \boldsymbol{r}}{\partial u}\frac{\partial u}{\partial x} + \frac{\partial \boldsymbol{r}}{\partial v}\frac{\partial v}{\partial x} + \frac{\partial \boldsymbol{r}}{\partial w}\frac{\partial w}{\partial x} = \frac{\partial \hat{\boldsymbol{r}}}{\partial x} = \boldsymbol{e}_x,$$
$$\frac{\partial \boldsymbol{r}}{\partial u}\frac{\partial u}{\partial y} + \frac{\partial \boldsymbol{r}}{\partial v}\frac{\partial v}{\partial y} + \frac{\partial \boldsymbol{r}}{\partial w}\frac{\partial w}{\partial y} = \frac{\partial \hat{\boldsymbol{r}}}{\partial y} = \boldsymbol{e}_y,$$
$$\frac{\partial \boldsymbol{r}}{\partial u}\frac{\partial u}{\partial z} + \frac{\partial \boldsymbol{r}}{\partial v}\frac{\partial v}{\partial z} + \frac{\partial \boldsymbol{r}}{\partial w}\frac{\partial w}{\partial z} = \frac{\partial \hat{\boldsymbol{r}}}{\partial z} = \boldsymbol{e}_z.$$

Damit lautet das Spatprodukt

$$[\boldsymbol{e}_x, \boldsymbol{e}_y, \boldsymbol{e}_z] = \left[\frac{\partial \boldsymbol{r}}{\partial u}, \frac{\partial \boldsymbol{r}}{\partial v}, \frac{\partial \boldsymbol{r}}{\partial w}\right] \begin{vmatrix} \frac{\partial u}{\partial x} & \frac{\partial v}{\partial x} & \frac{\partial w}{\partial x} \\ \frac{\partial u}{\partial y} & \frac{\partial v}{\partial y} & \frac{\partial w}{\partial y} \\ \frac{\partial u}{\partial z} & \frac{\partial v}{\partial z} & \frac{\partial w}{\partial z} \end{vmatrix} = \frac{\partial(x,y,z)}{\partial(u,v,w)} \cdot \frac{\partial(u,v,w)}{\partial(x,y,z)} = 1.$$

Transformation $\hat{\boldsymbol{r}}(x, y, z) \to \boldsymbol{r}(u, v, w)$ und Rücktransformation $\boldsymbol{r}(u, v, w) \to \hat{\boldsymbol{r}}(x, y, z)$ haben also reziproke Funktionaldeterminanten.

6.4 Zu 1. Wegen $\nabla u = \boldsymbol{e}_u U$ und $\boldsymbol{e}_u = \boldsymbol{e}_v \times \boldsymbol{e}_w$ sowie (6.9) erhält man rasch:

$$\nabla u = (\boldsymbol{e}_v \times \boldsymbol{e}_w) U = \left(\frac{\partial \boldsymbol{r}}{\partial v} \times \frac{\partial \boldsymbol{r}}{\partial w}\right) UVW = \frac{\frac{\partial \boldsymbol{r}}{\partial v} \times \frac{\partial \boldsymbol{r}}{\partial w}}{\left[\frac{\partial \boldsymbol{r}}{\partial u}, \frac{\partial \boldsymbol{r}}{\partial v}, \frac{\partial \boldsymbol{r}}{\partial w}\right]}.$$

Zu 2. Einsetzung der Gradienten $\nabla u = \boldsymbol{e}_u U$, $\nabla v = \boldsymbol{e}_v V$, $\nabla w = \boldsymbol{e}_w W$ führt sofort angesichts (6.9) zu

$$\frac{1}{UVW}\,[\boldsymbol{e}_u U, \boldsymbol{e}_v V, \boldsymbol{e}_w W] = 1.$$

6.5 In der Formel

$$\nabla \cdot (a_u \boldsymbol{e}_u) = (\boldsymbol{e}_u \cdot \nabla) a_u + a_u \nabla \cdot \boldsymbol{e}_u$$

bedeuten

$$(\boldsymbol{e}_u \cdot \nabla) a_u = U \underbrace{\left(\frac{\partial \boldsymbol{r}}{\partial u} \cdot \nabla\right)}_{\frac{\partial}{\partial u}} a_u = U \frac{\partial a_u}{\partial u} \quad \text{und}$$

$$\nabla \cdot \boldsymbol{e}_u = U \underbrace{\boldsymbol{e}_u \cdot \frac{\partial \boldsymbol{e}_u}{\partial u}}_{0} + V \boldsymbol{e}_v \cdot \frac{\partial \boldsymbol{e}_u}{\partial v} + W \boldsymbol{e}_w \cdot \frac{\partial \boldsymbol{e}_u}{\partial w}.$$

Mit Hilfe der Identitäten

$$\boldsymbol{e}_v \cdot \frac{\partial \boldsymbol{e}_u}{\partial v} = \boldsymbol{e}_v \cdot \frac{\partial}{\partial v}\Big(U\frac{\partial \boldsymbol{r}}{\partial u}\Big) = \underbrace{\boldsymbol{e}_v \cdot \frac{\partial \boldsymbol{r}}{\partial u}}_{0}\frac{\partial U}{\partial v} + U\boldsymbol{e}_v \cdot \frac{\partial^2 \boldsymbol{r}}{\partial u \partial v}$$

$$= U\boldsymbol{e}_v \cdot \frac{\partial}{\partial u}\frac{\boldsymbol{e}_v}{V} = \frac{U}{V}\underbrace{\boldsymbol{e}_v \cdot \frac{\partial \boldsymbol{e}_v}{\partial u}}_{0} + U\frac{\partial}{\partial u}\frac{1}{V} \quad \text{und analog}$$

$$\boldsymbol{e}_w \cdot \frac{\partial \boldsymbol{e}_u}{\partial w} = U\frac{\partial}{\partial u}\frac{1}{W}$$

ergibt sich schließlich im Einklang mit (6.16) richtig

$$\underbrace{\nabla \cdot (a_u \boldsymbol{e}_u)}_{\operatorname{div}(a_u \boldsymbol{e}_u)} = U\frac{\partial a_u}{\partial u} + a_u UV\frac{\partial}{\partial u}\frac{1}{V} + a_u UW\frac{\partial}{\partial u}\frac{1}{W} = UVW\frac{\partial}{\partial u}\left(\frac{a_u}{VW}\right).$$

6.6 Die Umformung der fraglichen Gleichung

$$(\boldsymbol{e}_u \times \nabla) \cdot \boldsymbol{e}_u = \boldsymbol{e}_w V\frac{\partial \boldsymbol{e}_u}{\partial v} - \boldsymbol{e}_v W\frac{\partial \boldsymbol{e}_u}{\partial w}$$
$$= VW\left[\frac{\partial \boldsymbol{r}}{\partial w} \cdot \frac{\partial}{\partial v}\left(U\frac{\partial \boldsymbol{r}}{\partial u}\right) - \frac{\partial \boldsymbol{r}}{\partial v} \cdot \frac{\partial}{\partial w}\left(U\frac{\partial \boldsymbol{r}}{\partial u}\right)\right]$$

mit Hilfe der Orthogonalitätsrelationen $\frac{\partial \boldsymbol{r}}{\partial w} \cdot \frac{\partial \boldsymbol{r}}{\partial u} = \frac{\partial \boldsymbol{r}}{\partial v} \cdot \frac{\partial \boldsymbol{r}}{\partial u} = 0$ ergibt richtig:

$$(\boldsymbol{e}_u \times \nabla) \cdot \boldsymbol{e}_u = UVW\left(\frac{\partial \boldsymbol{r}}{\partial w} \cdot \frac{\partial^2 \boldsymbol{r}}{\partial v \partial u} - \frac{\partial \boldsymbol{r}}{\partial v} \cdot \frac{\partial^2 \boldsymbol{r}}{\partial w \partial u}\right)$$
$$= UVW\left[\frac{\partial}{\partial v}\underbrace{\left(\frac{\partial \boldsymbol{r}}{\partial w} \cdot \frac{\partial \boldsymbol{r}}{\partial u}\right)}_{0} - \frac{\partial}{\partial w}\underbrace{\left(\frac{\partial \boldsymbol{r}}{\partial v} \cdot \frac{\partial \boldsymbol{r}}{\partial u}\right)}_{0}\right] = 0.$$

Daraus folgt für einen beliebigen Vektor $a_u \boldsymbol{e}_u$

$$(\boldsymbol{e}_u \times \nabla) \cdot a_u \boldsymbol{e}_u = a_u \underbrace{(\boldsymbol{e}_u \times \nabla) \cdot \boldsymbol{e}_u}_{0} + \underbrace{\boldsymbol{e}_u(\boldsymbol{e}_u \times \nabla)}_{0} a_u = 0$$

$$\Rightarrow \quad \boldsymbol{e}_u \cdot \operatorname{rot}(a_u \boldsymbol{e}_u) = 0, \quad \boldsymbol{e}_u \perp \operatorname{rot}(a_u \boldsymbol{e}_u).$$

Dies leuchtet sofort ein, weil $\operatorname{rot}(a_u \boldsymbol{e}_u)$ keinen u-Teilvektor hat.

6.7 Nach dem Ergebnis der Aufgabe 6.6 spielt hier die u-Komponente des Vektors $\boldsymbol{a}$ keine Rolle; daher folgt aus dem Ansatz

$$\boldsymbol{e}_u \cdot \operatorname{rot} \boldsymbol{a} = (\boldsymbol{e}_u \times \nabla)\boldsymbol{a} = \boldsymbol{e}_w V\frac{\partial \boldsymbol{a}}{\partial v} - \boldsymbol{e}_v W\frac{\partial \boldsymbol{a}}{\partial w}$$

wegen der Orthogonalitätsrelationen

$$e_w \cdot e_u = e_u \cdot e_v = 0 \quad \text{und} \quad e_v \cdot \frac{\partial e_v}{\partial w} = e_w \cdot \frac{\partial e_w}{\partial v} = 0 \text{ (vgl. 6.8)}$$

zunächst

$$e_u \cdot \operatorname{rot} a = V\frac{\partial a_w}{\partial v} + e_w V a_v \frac{\partial e_v}{\partial v} - W\frac{\partial a_v}{\partial w} - e_v W a_w \frac{\partial e_w}{\partial w}.$$

Durch Einsetzung der Identitäten (vgl. Aufgabe 6.5)

$$e_w \cdot \frac{\partial e_v}{\partial v} = -e_v \cdot \frac{\partial e_w}{\partial v} = -W\frac{\partial}{\partial w}\frac{1}{V} \quad \text{und}$$
$$e_v \cdot \frac{\partial e_w}{\partial w} = -e_w \cdot \frac{\partial e_v}{\partial w} = -V\frac{\partial}{\partial v}\frac{1}{W}$$

erhält man schließlich

$$e_u \cdot \operatorname{rot} a = V\frac{\partial a_w}{\partial v} + VWa_w\frac{\partial}{\partial v}\frac{1}{W} - W\frac{\partial a_v}{\partial w} - VWa_v\frac{\partial}{\partial w}\frac{1}{V}$$

oder zusammengefasst

$$e_u \cdot \operatorname{rot} a = VW\left[\frac{\partial}{\partial v}\left(\frac{a_w}{W}\right) - \frac{\partial}{\partial w}\left(\frac{a_v}{V}\right)\right].$$

6.8 Die Fig. A.34 zeigt 2 um $\varphi_2 - \varphi_1 = \frac{\pi}{2}$ gegeneinander gedrehte, kongruente Dreiecke mit den Schenkeln e_ρ bzw. e_φ. Gemäß (6.8) weist de_ρ ($\perp e_\rho$) bei einer

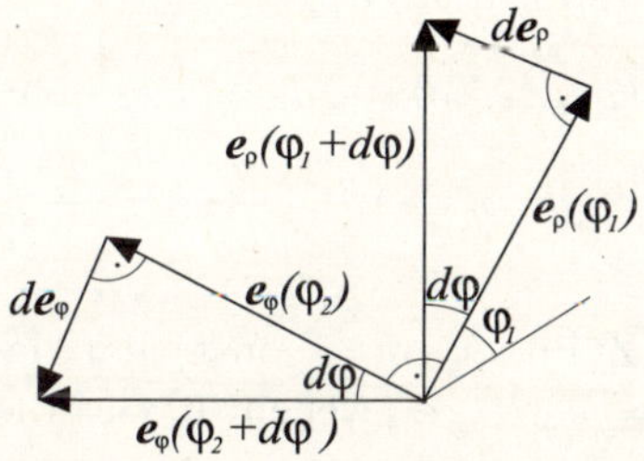

Fig. A.34

Winkeländerung $d\varphi$ in die Richtung des zunehmenden Winkels, also e_φ, und hat wegen der Schenkellänge $|e_\rho| = 1$ den Betrag $d\varphi$. Analog weist de_φ ($\perp e_\varphi$) in die Richtung $-e_\rho$ und hat gleichfalls den Betrag $d\varphi$.

6.9 Die ebene Bahn laute in reellen Polarkoordinaten $r = \rho(t)e_\rho(t)$. Wir differenzieren sie zweimal und erhalten:

$$\dot{r}(t) = v = \dot{\rho}e_\rho + \rho\dot{e}_\rho,$$
$$\ddot{r}(t) = \dot{v} = b = \ddot{\rho}e_\rho + 2\dot{\rho}\dot{e}_\rho + \rho\ddot{e}_\rho.$$

Hierbei gilt nach (6.33a) $\dot{\boldsymbol{e}}_\rho = \frac{d\boldsymbol{e}_\rho}{d\varphi}\dot{\varphi} = \dot{\varphi}\boldsymbol{e}_\varphi$ und $\ddot{\boldsymbol{e}}_\rho = \ddot{\varphi}\boldsymbol{e}_\varphi + \dot{\varphi}\dot{\boldsymbol{e}}_\varphi$, was wegen $\dot{\boldsymbol{e}}_\varphi = \frac{d\boldsymbol{e}_\varphi}{d\varphi}\dot{\varphi} = -\dot{\varphi}\boldsymbol{e}_\rho$ zu $\ddot{\boldsymbol{e}}_\rho = \ddot{\varphi}\boldsymbol{e}_\varphi - \dot{\varphi}^2\boldsymbol{e}_\rho$ führt. Durch Einsetzung und Ordnung nach radialen und polaren Teilvektoren $\|\boldsymbol{e}_\rho$ bzw. $\perp \boldsymbol{e}_\rho$ findet man mühelos die sog. binetschen[14] Gleichungen

$$\boldsymbol{v} = \dot{\rho}\boldsymbol{e}_\rho + \rho\dot{\varphi}\boldsymbol{e}_\varphi \quad \text{und} \quad \boldsymbol{b} = (\ddot{\rho} - \rho\dot{\varphi}^2)\boldsymbol{e}_\rho + \underbrace{(2\dot{\rho}\dot{\varphi} + \rho\ddot{\varphi})}_{\frac{1}{\rho}\frac{d}{dt}(\rho^2\dot{\varphi})}\boldsymbol{e}_\varphi.$$

In der gaußschen Zahlenebene ergibt sich durch zweimaliges Differenzieren der Bahn in komplexen Polarkoordinaten[15] $z = \rho(t)e^{i\varphi(t)}$:

$$\begin{aligned}\dot{z} &= \dot{\rho}e^{i\varphi} + i\rho\dot{\varphi}e^{i\varphi} = \dot{\rho}e^{i\varphi} + \rho\dot{\varphi}e^{i(\varphi+\frac{\pi}{2})},\\ \ddot{z} &= (\ddot{\rho} + 2i\dot{\rho}\dot{\varphi} + i\rho\ddot{\varphi} - \rho\dot{\varphi}^2)e^{i\varphi} = \underbrace{(\ddot{\rho} - \rho\dot{\varphi}^2)}_{\boldsymbol{b}\cdot\boldsymbol{e}_\rho}e^{i\varphi} + \underbrace{(2\dot{\rho}\dot{\varphi} + \rho\ddot{\varphi})}_{\boldsymbol{b}\cdot\boldsymbol{e}_\varphi}e^{i(\varphi+\frac{\pi}{2})}.\end{aligned}$$

Es heißen die Terme

- $-\rho\dot{\varphi}^2\boldsymbol{e}_\rho$ Zentripetal- und
- $2\dot{\rho}\dot{\varphi}\boldsymbol{e}_\varphi$ Coriolis-Beschleunigung[16].

Sie beruhen auf Scheinkräften aus der Sicht eines Beobachters, der sich im Pol 0 mit dem Fahrstrahl $\boldsymbol{r}$ mitdreht.

6.10 Mit Blick auf Kap. 5.2.1 f erhält man für den Ortsvektor $\boldsymbol{r} = \boldsymbol{r}_0 + a\boldsymbol{e}_\rho$ eines Kreispunkts in Polarkoordinaten

$$\begin{aligned}d\boldsymbol{r} &= a\,d\varphi\boldsymbol{e}_\varphi, \quad |d\boldsymbol{r}| \equiv ds = a\,d\varphi, \quad \boldsymbol{r}' = \boldsymbol{e}_\varphi,\\ d\boldsymbol{r}' &= -d\varphi\boldsymbol{e}_\rho, \quad \boldsymbol{r}'' = -\frac{\boldsymbol{e}_\rho}{a} = \frac{\boldsymbol{e}_z \times \boldsymbol{r}'}{a}.\end{aligned}$$

6.11 Zu 1. Auf einem Zylinder ($\rho = \text{const}$) hat das totale Differenzial des Fahrstrahls $\boldsymbol{r}[\varphi(t), z(t)] = \rho\boldsymbol{e}_\rho + z\boldsymbol{e}_z$ wegen (6.33a) die Form

$$d\boldsymbol{r} = \rho\frac{\partial\boldsymbol{e}_\rho}{\partial\varphi}d\varphi + dz\boldsymbol{e}_z = (\rho\dot{\varphi}\boldsymbol{e}_\varphi + \dot{z}\boldsymbol{e}_z)\,dt.$$

Daraus folgen das Linienelement

$$ds = |d\boldsymbol{r}| = \sqrt{\rho^2\dot{\varphi}^2 + \dot{z}^2}\,dt$$

[14] Jacques-Philippe-Marie Binet (1786-1856), französischer Mathematiker

[15] Die komplex-ebene Koordinate z nach Gauß hat mit der reell-räumlichen Koordinate z nach Cartesius nichts zu tun; die gleiche Bezeichnung sollte niemanden verwirren.

[16] Gustave-Gaspard Coriolis (1792-1843), französischer Mathematiker

und der Tangentenvektor

$$\boldsymbol{t} = \frac{d\boldsymbol{r}}{ds} = \frac{\rho\dot{\varphi}\boldsymbol{e}_\varphi + \dot{z}\boldsymbol{e}_z}{\sqrt{\rho^2\dot{\varphi}^2 + \dot{z}^2}}.$$

Natürlich steht der Tangentenvektor jeder Flächenbahn auf der Flächennormale (hier $\parallel \boldsymbol{e}_\rho$) senkrecht.

Zu 2. Für eine Kugel ($r = \text{const}$) ergibt sich aus dem Fahrstrahl $\boldsymbol{r}[\vartheta(t), \varphi(t)] = r\boldsymbol{e}_r$ angesichts (6.51) analog

$$d\boldsymbol{r} = r\left(\frac{\partial \boldsymbol{e}_r}{\partial\vartheta}d\vartheta + \frac{\partial \boldsymbol{e}_r}{\partial\varphi}d\varphi\right) = r(\dot{\vartheta}\boldsymbol{e}_\vartheta + \sin\vartheta\dot{\varphi}\boldsymbol{e}_\varphi)\,dt$$

$$\Rightarrow \quad ds = r\sqrt{\dot{\vartheta}^2 + \sin^2\vartheta\dot{\varphi}^2}\,dt \quad \text{und} \quad \boldsymbol{t} = \frac{\dot{\vartheta}\boldsymbol{e}_\vartheta + \sin\vartheta\dot{\varphi}\boldsymbol{e}_\varphi}{\sqrt{\dot{\vartheta}^2 + \sin^2\vartheta\dot{\varphi}^2}}.$$

6.12 Das Linienelement des Breitenkreises $\vartheta = \vartheta_0$ lautet gemäß (6.47) $|d\boldsymbol{r}| = R\sin\vartheta_0\,d\varphi$. Folglich beträgt der messbare Breitenkreisumfang $l = 2\pi R\sin\vartheta_0$.

Der Beobachter hält den Polabstand $R\vartheta_0$ für den Radius des Breitenkreises und rechnet $l_1 = 2\pi R\vartheta_0$, was nur für $\vartheta_0 \approx 0$ annähernd mit l übereinstimmt. Die Abweichung $l_1 - l$ zwischen Rechen- und Messergebnis zeigt dem Beobachter, dass in seiner Umgebung die euklidische Geometrie nicht gilt.

6.13 Der kürzeste Abstand zwischen den Zylinderpunkten $P_0(a, 0, 0)$ und $P(a, \varphi, z)$, gemessen auf der verbindenden Schraubenlinie (Aufgabe 5.9), beträgt $s = \sqrt{a^2 + b^2}\,\varphi$ (Fig. A.35). Mit dem Parameter γ, definiert durch

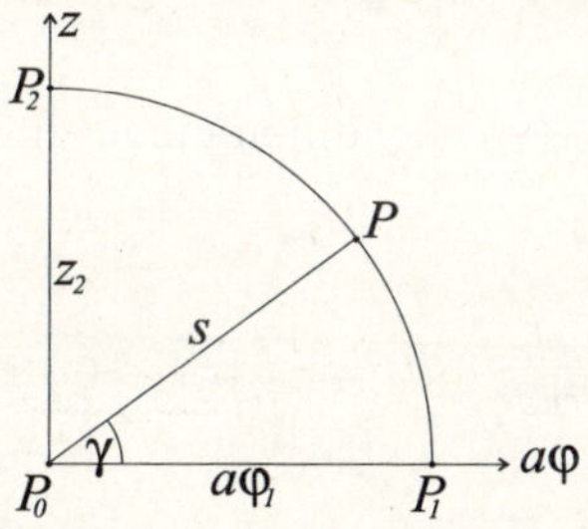

Fig. A.35

$\tan\gamma \equiv \frac{b}{a}$, gilt $s = \frac{a\varphi}{\cos\gamma}$. Der Punkt P wandert bei Änderung von γ unter der Bedingung $s = \text{const}$ auf einer durch

$$a\varphi = s\cos\gamma \quad \text{und} \quad z \equiv b\varphi = a\varphi\tan\gamma = s\sin\gamma$$

bestimmten Kurve mit dem Linienelement

$$|d\boldsymbol{r}| = s\sqrt{\sin^2\gamma + \cos^2\gamma}\,d\gamma = s\,d\gamma$$

um P_0. Zwischen $P_1(a, \varphi_1, 0)$ und $P_2(a, 0, z_2)$ bewegt sich γ in dem Intervall $0 \le \gamma \le \frac{\pi}{2}$. Daher beträgt die zugehörige Linienlänge

$$\int_{P_1}^{P_2} |d\boldsymbol{r}| = s \int_0^{\frac{\pi}{2}} d\gamma = s\frac{\pi}{2},$$

entsprechend der Länge eines Viertelkreisbogens. Die Rechnung des Beobachters, der s für den Radius des Kreises auf einer Ebene hält, stimmt mit der Messung streng überein, was die Umgebung von P_0 als euklidisch ausweist.

6.14 Man erhält aus (6.51 ff) mühelos

$$\frac{\partial^2 \boldsymbol{e}_r}{\partial \vartheta^2} = \frac{\partial \boldsymbol{e}_\vartheta}{\partial \vartheta} = -\boldsymbol{e}_r, \qquad \frac{\partial^2 \boldsymbol{e}_\vartheta}{\partial \vartheta^2} = -\frac{\partial \boldsymbol{e}_r}{\partial \vartheta} = -\boldsymbol{e}_\vartheta,$$
$$\frac{\partial^2 \boldsymbol{e}_\varphi}{\partial \varphi^2} = -\sin\vartheta \frac{\partial \boldsymbol{e}_r}{\partial \varphi} - \cos\vartheta \frac{\partial \boldsymbol{e}_\vartheta}{\partial \varphi} = -\boldsymbol{e}_\varphi.$$

Die Ergebnisse spiegeln die auch aus (6.48 ff) hervorgehende ϑ-Periodizität von $\boldsymbol{e}_r$ und $\boldsymbol{e}_\vartheta$ sowie die φ-Periodizität von $\boldsymbol{e}_\varphi$ wieder.

6.15 Differenzieren führt unmittelbar zu

$$\frac{\partial \boldsymbol{r}}{\partial r} = \boldsymbol{e}_r, \qquad \frac{\partial \boldsymbol{r}}{\partial \vartheta} = r\frac{\partial \boldsymbol{e}_r}{\partial \vartheta} = r\boldsymbol{e}_\vartheta, \qquad \frac{\partial \boldsymbol{r}}{\partial \varphi} = r\frac{\partial \boldsymbol{e}_r}{\partial \varphi} = r\sin\vartheta \boldsymbol{e}_\varphi.$$

Die 3 Vektoren $\frac{\partial \boldsymbol{r}}{\partial r}dr$, $\frac{\partial \boldsymbol{r}}{\partial \vartheta}d\vartheta$, $\frac{\partial \boldsymbol{r}}{\partial \varphi}d\varphi$ spannen einen infinitesimalen Spat auf. Dessen Volumen beträgt

$$d\tau = \left(\frac{\partial \boldsymbol{r}}{\partial r} \times \frac{\partial \boldsymbol{r}}{\partial \vartheta}\right) \cdot \frac{\partial \boldsymbol{r}}{\partial \varphi} dr\, d\vartheta\, d\varphi = \underbrace{(\boldsymbol{e}_r \times \boldsymbol{e}_\vartheta)}_{\boldsymbol{e}_\varphi} \cdot \boldsymbol{e}_\varphi\, r^2 \sin\vartheta dr\, d\vartheta\, d\varphi.$$

Zu Kapitel 7

7.1 Wir legen die Mitte der Kugel am besten in den Nullpunkt.

1.) Die Kugel hat in kartesischen Koordinaten die Gleichung $x^2 + y^2 + z^2 = a^2$

und das Volumen

$$\tau = 8 \int\limits_0^{\sqrt{a^2-y^2-x^2}} \int\limits_0^{\sqrt{a^2-x^2}} \int\limits_0^{a} dx\, dy\, dz = 8 \int\limits_0^{\sqrt{a^2-x^2}} \int\limits_0^{a} \sqrt{a^2-y^2-x^2}\, dx\, dy$$

$$= 4 \int\limits_0^{a} \left[y\sqrt{a^2-y^2-x^2} + (a^2-x^2) \arcsin \frac{y}{\sqrt{a^2-x^2}} \right]_0^{\sqrt{a^2-x^2}} dx$$

$$= 4 \int\limits_0^{a} (a^2-x^2) \underbrace{\arcsin 1}_{\frac{\pi}{2}} dx = 2\pi \left(a^2 x - \frac{x^3}{3} \right)\Bigg|_0^a = \frac{4}{3}\pi a^3.$$

2.) Die Kugelgleichung lautet in Zylinderkoordinaten $\rho^2 + z^2 = a^2$. Damit findet man wegen (6.35)

$$\tau = 2 \int\limits_0^{\sqrt{a^2-\rho^2}} \int\limits_0^{2\pi} \int\limits_0^{a} \rho\, d\rho\, d\varphi\, dz = 2 \int\limits_0^{2\pi} \int\limits_0^{a} \sqrt{a^2-\rho^2}\, \rho\, d\rho\, d\varphi$$

$$= 4\pi \int\limits_0^{a} \sqrt{a^2-\rho^2}\, \rho\, d\rho = -\frac{4\pi}{3} (a^2-\rho^2)^{\frac{3}{2}} \Big|_0^a = \frac{4}{3}\pi a^3.$$

3.) Die Kugelgleichung hat in Kugelkoordinaten die bequeme Form $r = a$. Das Volumen berechnet sich angesichts (6.57) zu

$$\tau = \int\limits_0^{2\pi} \int\limits_0^{\pi} \int\limits_0^{a} r^2 \sin\vartheta\, dr\, d\vartheta\, d\varphi.$$

Das dreifache Integral zerfällt hier wegen der Unabhängigkeit der Grenzen in ein dreifaches Produkt einfacher Integrale:

$$\tau = \underbrace{\int\limits_0^{2\pi} d\varphi}_{2\pi} \cdot \underbrace{\int\limits_0^{\pi} \sin\vartheta d\vartheta}_{2} \cdot \underbrace{\int\limits_0^{a} r^2 dr}_{\frac{a^3}{3}} = \frac{4}{3}\pi a^3.$$

Noch bequemer geht es mit dem Raumwinkelelement (6.55)

$$\tau = \int\limits_0^{4\pi} \int\limits_0^{a} r^2\, dr\, d\Omega = \int\limits_0^{4\pi} d\Omega \cdot \int\limits_0^{a} r^2\, dr = \frac{4}{3}\pi a^3.$$

7.2 Wichtig ist die passende Einrichtung der Bezugssysteme:

1.) Zweckmäßigerweise legen wir den Nullpunkt des ρ, φ, z-Bezugssystems in die Mitte des Drehellipsoids und seine Hauptsymmetrie- in die z-Achse (Fig. A.36(1)). Dann lautet die Gleichung des Drehellipsoids

$$\frac{\rho^2}{b^2} + \frac{z^2}{a^2} = 1 \quad \Rightarrow \quad \rho(z) = b\sqrt{1 - \frac{z^2}{a^2}},$$

womit sich durch Integration über das Raumenelement (6.35) wegen der φ-Symmetrie

$$\tau = 2\pi \int_{-a}^{a} \frac{\rho^2}{2} dz = \pi b^2 \int_{-a}^{a} \left(1 - \frac{z^2}{a^2}\right) dz = \frac{4\pi}{3} ab^2$$

ergibt.

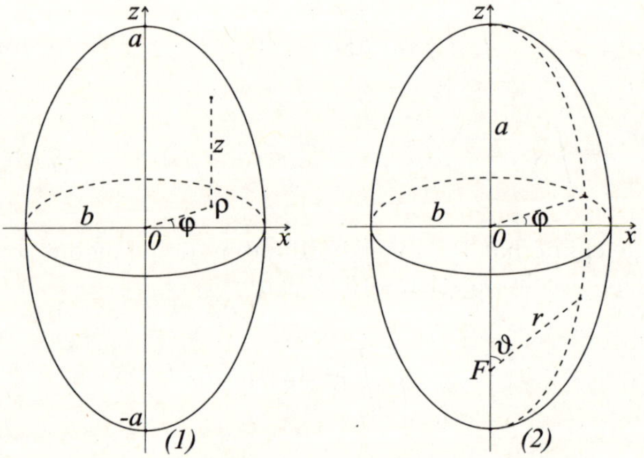

Fig. A.36

2.) Wenn der Nullpunkt des r, ϑ, φ-Bezugssystems in einem Brennpunkt des Drehellipsoids liegt (Fig. A.36(2)), hat es angesichts (3.43) die Gleichung

$$r(\vartheta) = \frac{p}{1 - \varepsilon \cos \vartheta}.$$

Durch Integration über das Raumenelement (6.57) findet man wegen der φ-Symmetrie

$$\tau = 2\pi \int_{0}^{\pi} \frac{r^3(\vartheta)}{3} \sin \vartheta \, d\vartheta = \frac{2\pi p^3}{3} \int_{0}^{\pi} \frac{\sin \vartheta \, d\vartheta}{(1 - \varepsilon \cos \vartheta)^3} = \frac{4\pi p^3}{3(1 - \varepsilon^2)^2},$$

was mit Hilfe der bekannten Formeln

$$\frac{p}{1-\varepsilon^2} = a \quad \text{und} \quad \frac{p}{\sqrt{1-\varepsilon^2}} = b$$

ebenfalls zu dem Ergebnis

$$\tau = \frac{4\pi}{3} ab^2$$

führt.

7.3 Das Linienelement einer Kurve auf der Kugel $r = a$ lautet gemäß (6.47) allgemein

$$|d\boldsymbol{r}|^2 = a^2 d\vartheta^2 + a^2 \sin^2\vartheta \, d\varphi^2,$$

darstellbar als Hypothenuse eines infinitesimalen, (fast) ebenen Kugeldreiecks mit den Linienelementen $a\,d\vartheta$ von Meridian und $a \sin\vartheta d\varphi$ von Breitenkreis als

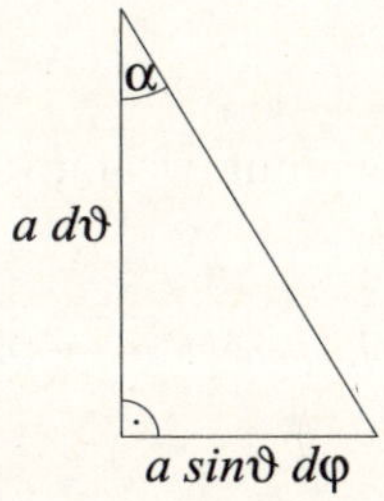

Fig. A.37

Katheten (Fig. A.37). Die Kursbedingung bedeutet offenbar

$$\sin\vartheta \frac{d\varphi}{d\vartheta} = \tan\alpha.$$

Daraus ergeben sich das Linienelement

$$ds = |d\boldsymbol{r}| = a \underbrace{\sqrt{1+\tan^2\alpha}}_{\frac{1}{\cos\alpha}} \, d\vartheta$$

und die gesuchte Kurvenlänge

$$s = \frac{a}{\cos\alpha} \int_0^\pi d\vartheta = \frac{a\pi}{\cos\alpha},$$

verglichen mit der Meridianlänge das $\frac{1}{\cos\alpha}$-fache. Solche Kurven festen Kurses sind Spiralen und heißen in der Nautik Loxodromen.

Wer etwas umständlicher von (5.36) ausgeht, findet das Ergebnis wegen $\boldsymbol{r} = a\boldsymbol{e}_r$ sowie

$$E = \left(\frac{\partial \boldsymbol{r}}{\partial \vartheta}\right)^2 = a^2, \quad F = \frac{\partial \boldsymbol{r}}{\partial \vartheta} \cdot \frac{\partial \boldsymbol{r}}{\partial \varphi} = 0, \quad G = \left(\frac{\partial \boldsymbol{r}}{\partial \varphi}\right)^2 = a^2 \sin^2 \vartheta$$

unter der o. a. Bedingung rasch bestätigt.

7.4 Zweckmäßigerweise legt man Anfangs- und Endpunkt der Kurve $\dot{\boldsymbol{r}}(t) = \dot{x}(t)\boldsymbol{e}_x + \dot{y}(t)\boldsymbol{e}_y + \dot{z}(t)\boldsymbol{e}_z$ in eine Koordinatenachse, etwa die x-Achse:

$$\boldsymbol{r}(t_1) = x(t_1)\boldsymbol{e}_x \quad \text{und} \quad \boldsymbol{r}(t_2) = x(t_2)\boldsymbol{e}_x.$$

Damit erhalten wir unter der Voraussetzung $x(t_1) < x(t_2)$

$$\left| \int_{t_1}^{t_2} \dot{\boldsymbol{r}}(t)dt \right| = |\boldsymbol{r}(t_2) - \boldsymbol{r}(t_1)| = x(t_2) - x(t_1) = \int_{t_1}^{t_2} \dot{x}(t)dt,$$

so dass die zu beweisende Ungleichung wegen (5.9) die Form

$$\int_{t_1}^{t_2} \dot{x}(t)dt \leq \int_{t_1}^{t_2} \sqrt{\dot{x}^2(t) + \dot{y}^2(t) + \dot{z}^2(t)}\, dt$$

gewinnt. Der geforderte Beweis folgt unmittelbar aus

$$\dot{x}(t) \leq \sqrt{\dot{x}^2(t) + \dot{y}^2(t) + \dot{z}^2(t)} \quad \text{für } t_1 \leq t \leq t_2.$$

Das Gleichheitszeichen gilt nur im Fall $\dot{y} \equiv 0$ und $\dot{z} \equiv 0$, wenn also die Kurve mit der x-Achse zusammenfällt.

7.5 Zweckmäßig legt man Null- und Eckpunkt P_3 zusammen (Fig. A.38). Das

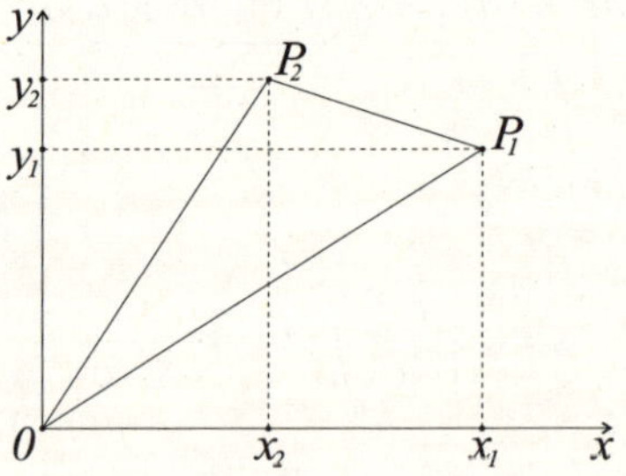

Fig. A.38

Dreieck wird dann von 0 aus gesehen ein durch die Strecke $\overline{P_1P_2}$ begrenzter

Sektor. Bei der Randintegration verschwinden die Beiträge der Seiten $\overline{OP_1}$ und $\overline{P_2O}$ wegen $\boldsymbol{r} \times d\boldsymbol{r} = 0$. Es genügt im Sinne der leibnizschen Sektorformel die Integration über die Seite $\overline{P_1P_2}$, darstellbar in der Parameterform

$$x = x_1 + (x_2 - x_1)t, \quad y = y_1 + (y_2 - y_1)t \quad \text{für} \quad 0 \le t \le 1$$

mit den Komponenten $dx = (x_2 - x_1)\,dt$ und $dy = (y_2 - y_1)\,dt$ des Wegelements. Man erhält bequem

$$S = \frac{1}{2}\underbrace{[x_1(y_2 - y_1) - y_1(x_2 - x_1)]}_{x_1y_2 - y_1x_2} \int_0^1 dt = \frac{x_1y_2 - y_1x_2}{2} = \begin{vmatrix} x_1 & x_2 \\ y_1 & y_2 \end{vmatrix}.$$

Wer hier einen negativen S-Wert findet, hat wahrscheinlich übersehen, dass Integrationsrichtung (Umlaufsinn) und $\boldsymbol{e}_z$ eine Rechtsschraube bilden. Die Randintegration muss also gegen den Uhrzeigersinn erfolgen.

7.6 Anknüpfend an Aufgabe 5.22 gilt

$$\frac{\partial \boldsymbol{r}}{\partial x} \times \frac{\partial \boldsymbol{r}}{\partial y} = (\boldsymbol{e}_x + \frac{\partial z}{\partial x}\boldsymbol{e}_z) \times (\boldsymbol{e}_y + \frac{\partial z}{\partial y}\boldsymbol{e}_z) = \boldsymbol{e}_z - \frac{\partial z}{\partial y}\boldsymbol{e}_y - \frac{\partial z}{\partial x}\boldsymbol{e}_x$$

$$\Rightarrow \quad |d\boldsymbol{S}| = \left|\frac{\partial \boldsymbol{r}}{\partial x} \times \frac{\partial \boldsymbol{r}}{\partial y}\right| dx\,dy = \sqrt{1 + \left(\frac{\partial z}{\partial x}\right)^2 + \left(\frac{\partial z}{\partial y}\right)^2}\, dx\,dy.$$

Eine Kugel vom Radius r um den Nullpunkt hat in kartesischen Koordinaten die Gleichung $z = \sqrt{r^2 - x^2 - y^2}$. Daraus folgt

$$\frac{\partial z}{\partial x} = -\frac{x}{z} \quad \text{und} \quad \frac{\partial z}{\partial y} = -\frac{y}{z} \quad \Rightarrow \quad \sqrt{1 + \left(\frac{\partial z}{\partial x}\right)^2 + \left(\frac{\partial z}{\partial y}\right)^2} = \frac{r}{\sqrt{r^2 - x^2 - y^2}}.$$

Das skalare Flächenintegral

$$O = r \iint \frac{dx\,dy}{\sqrt{r^2 - x^2 - y^2}}$$

erstreckt sich über die Projektion der Kalotte in die x, y-Ebene. Aus Symmetriegründen gehen wir zu Zylinderkoordinaten über und finden richtig

$$O = r \int_0^{2\pi} \int_0^{r \sin\vartheta_1} \frac{\rho\,d\rho\,d\varphi}{\sqrt{r^2 - \rho^2}} = -2\pi r \sqrt{r^2 - \rho^2}\Big|_0^{r\sin\vartheta_1} = 2\pi r^2(1 - \cos\vartheta_1).$$

7.7 Wir betrachten eine krumme Fläche der allgemeinen Form $z = z(x, y)$. Ihr Rand liege in der Ebene $z = \text{const}$. Dort umschließt er zugleich die Projektion der Fläche, also das x, y-Integrationsgebiet. In diesem Bereich ergibt sich für die vektorielle Oberfläche mit Blick auf die Lösung der Aufgabe 7.6

$$\int d\boldsymbol{S} = \boldsymbol{e}_z \int dx\, dy - \boldsymbol{e}_y \underbrace{\int \frac{\partial z}{\partial y} dx\, dy}_{0} - \boldsymbol{e}_x \underbrace{\int \frac{\partial z}{\partial x} dx\, dy}_{0} = \boldsymbol{S}_z .$$

Die Integration lässt nur den z-Teilvektor der Oberfläche, also den Inhalt ihrer Projektion in die Ebene $z = \text{const}$ übrig.

Die fragliche Ungleichung gewinnt nun die Form (vgl. Aufgabe 7.6)

$$\int dx\, dy \leq \int \sqrt{1 + \left(\frac{\partial z}{\partial x}\right)^2 + \left(\frac{\partial z}{\partial y}\right)^2}\, dx\, dy,$$

die aus der offensichtlich richtigen Ungleichung für die Integranden

$$1 \leq \sqrt{1 + \left(\frac{\partial z}{\partial x}\right)^2 + \left(\frac{\partial z}{\partial y}\right)^2}$$

hervorgeht.

Das Gleichheitszeichen gilt nur im Fall $\frac{\partial z}{\partial x} \equiv 0$ und $\frac{\partial z}{\partial y} \equiv 0$; dann fällt die Fläche mit ihrer Projektion in die Ebene $z = \text{const}$ zusammen ($O = |\boldsymbol{S}|$).

7.8 Hier genügt eine einfache Überlegung. In der durch die Randkurve bestimmten (Schmieg-)Ebene E liegen Tangente und Hauptnormale der Kurve, so dass ihre Binormale auf E senkrecht steht.

Die Randkurve der krummen Fläche G schließt zugleich ihre Projektion in E ein. Gemäß der Lösung von Aufgabe 7.7 ist die vektorielle Oberfläche von G gleich dem Inhalt ihrer Projektion in E, der ebenfalls auf E senkrecht steht und damit parallel zur Binormale der Randkurve ist.

7.9 Aus den Tangentenvektoren

$$\frac{\partial \boldsymbol{r}}{\partial \vartheta} d\vartheta \equiv \frac{\partial [r(\vartheta, \varphi)\boldsymbol{e}_r]}{\partial \vartheta} d\vartheta = \frac{\partial r}{\partial \vartheta} d\vartheta \boldsymbol{e}_r + r \frac{\partial \boldsymbol{e}_r}{\partial \vartheta} d\vartheta \quad \text{und}$$
$$\frac{\partial \boldsymbol{r}}{\partial \varphi} d\varphi \equiv \frac{\partial [r(\vartheta, \varphi)\boldsymbol{e}_r]}{\partial \varphi} d\varphi = \frac{\partial r}{\partial \varphi} d\varphi \boldsymbol{e}_r + r \frac{\partial \boldsymbol{e}_r}{\partial \varphi} d\varphi$$

erhält man mit Hilfe von (6.51) das vektorielle, nach außen gerichtete Flächenelement

$$d\boldsymbol{S} = \left(\frac{\partial \boldsymbol{r}}{\partial \vartheta} \times \frac{\partial \boldsymbol{r}}{\partial \varphi}\right) d\vartheta d\varphi$$

$$= \left[r\frac{\partial r}{\partial \vartheta} \sin\vartheta \underbrace{(\boldsymbol{e}_r \times \boldsymbol{e}_\varphi)}_{-\boldsymbol{e}_\vartheta} + r\frac{\partial r}{\partial \varphi} \underbrace{(\boldsymbol{e}_\vartheta \times \boldsymbol{e}_r)}_{-\boldsymbol{e}_\varphi} + r^2 \sin\vartheta \underbrace{(\boldsymbol{e}_\vartheta \times \boldsymbol{e}_\varphi)}_{\boldsymbol{e}_r} \right] d\vartheta d\varphi$$

$$= -\frac{1}{2}\left[\frac{\partial}{\partial \vartheta}(r^2 \sin\vartheta \boldsymbol{e}_\vartheta) + \frac{\partial}{\partial \varphi}(r^2 \boldsymbol{e}_\varphi)\right] d\vartheta d\varphi.$$

Das Hüllenintegral zerfällt hier in 2 Doppelintegrale, die beide verschwinden:

$$\boldsymbol{S} = \oint d\boldsymbol{S} = -\frac{1}{2}\int\limits_0^{2\pi} \underbrace{\left[r^2 \sin\vartheta \boldsymbol{e}_\vartheta\right]_{\vartheta=0}^{\vartheta=\pi}}_{0} d\varphi - \frac{1}{2}\int\limits_0^{\pi} \underbrace{\left[r^2 \boldsymbol{e}_\varphi\right]_{\varphi=0}^{\varphi=2\pi}}_{0} d\vartheta = 0.$$

Der letzte Term rechts verschwindet, weil Hüllflächen im Sinne

$$r(\vartheta, \varphi_0) = r(\vartheta, \varphi_0 \pm 2\pi) \quad \text{für} \quad 0 \le \vartheta \le \pi$$

periodisch sind. Man kann übrigens beweisen, dass die Eigenschaft $\boldsymbol{S} = 0$ nicht nur glatte Hüllflächen, sondern auch solche mit Spitzen, Ecken und Kanten, etwa Polyeder, auszeichnet.

7.10 Das ebene Dreieck ABC (Fig. A.39) hat den Inhalt (vgl. Aufgabe 2.20):

$$\boldsymbol{S} = \frac{1}{2}[(\boldsymbol{r}_2 - \boldsymbol{r}_1) \times (\boldsymbol{r}_3 - \boldsymbol{r}_1)] = \frac{(\boldsymbol{r}_1 \times \boldsymbol{r}_2) + (\boldsymbol{r}_2 \times \boldsymbol{r}_3) + (\boldsymbol{r}_3 \times \boldsymbol{r}_1)}{2}.$$

Der Flächenrand besteht aus 3 Strecken $(0 \le t \le 1)$:

$$\begin{aligned}
&1.)\ \boldsymbol{r} = \boldsymbol{r}_1 + (\boldsymbol{r}_2 - \boldsymbol{r}_1)t, && d\boldsymbol{r} = (\boldsymbol{r}_2 - \boldsymbol{r}_1)\,dt, && \boldsymbol{r} \times d\boldsymbol{r} = (\boldsymbol{r}_1 \times \boldsymbol{r}_2)\,dt,\\
&2.)\ \boldsymbol{r} = \boldsymbol{r}_2 + (\boldsymbol{r}_3 - \boldsymbol{r}_2)t, && d\boldsymbol{r} = (\boldsymbol{r}_3 - \boldsymbol{r}_2)\,dt, && \boldsymbol{r} \times d\boldsymbol{r} = (\boldsymbol{r}_2 \times \boldsymbol{r}_3)\,dt,\\
&3.)\ \boldsymbol{r} = \boldsymbol{r}_3 + (\boldsymbol{r}_1 - \boldsymbol{r}_3)t, && d\boldsymbol{r} = (\boldsymbol{r}_1 - \boldsymbol{r}_3)\,dt, && \boldsymbol{r} \times d\boldsymbol{r} = (\boldsymbol{r}_3 \times \boldsymbol{r}_1)\,dt.
\end{aligned}$$

Damit erhält man

$$\oint \boldsymbol{r}[\boldsymbol{e}_z(\boldsymbol{r} \times d\boldsymbol{r})] = [\boldsymbol{e}_z(\boldsymbol{r}_1 \times \boldsymbol{r}_2)]\frac{\boldsymbol{r}_1 + \boldsymbol{r}_2}{2}$$

$$+ [\boldsymbol{e}_z(\boldsymbol{r}_2 \times \boldsymbol{r}_3)]\frac{\boldsymbol{r}_2 + \boldsymbol{r}_3}{2} + [\boldsymbol{e}_z(\boldsymbol{r}_3 \times \boldsymbol{r}_1)]\frac{\boldsymbol{r}_3 + \boldsymbol{r}_1}{2}$$

$$= \underbrace{[2\boldsymbol{e}_z \cdot \boldsymbol{S}]}_{2S}\frac{\boldsymbol{r}_1 + \boldsymbol{r}_2 + \boldsymbol{r}_3}{2} - \frac{1}{2}\{\boldsymbol{r}_1[\boldsymbol{e}_z(\boldsymbol{r}_2 \times \boldsymbol{r}_3)]$$

$$+ \boldsymbol{r}_2[\boldsymbol{e}_z(\boldsymbol{r}_3 \times \boldsymbol{r}_1)] + \boldsymbol{r}_3[\boldsymbol{e}_z(\boldsymbol{r}_1 \times \boldsymbol{r}_2)]\}.$$

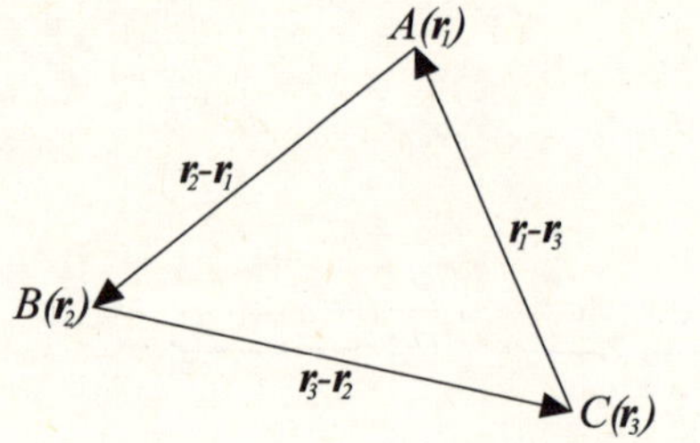

Fig. A.39

Rechts steht in der geschweiften Klammer der Vektor $\boldsymbol{e}_z[\boldsymbol{r}_1, \boldsymbol{r}_2, \boldsymbol{r}_3]$ (vgl. 2.73), der wegen der Komplanarität von $\boldsymbol{r}_1, \boldsymbol{r}_2, \boldsymbol{r}_3$ verschwindet. Wir finden richtig

$$\bar{\boldsymbol{r}} = \frac{\boldsymbol{r}_1 + \boldsymbol{r}_2 + \boldsymbol{r}_3}{3}.$$

Geschickte Rechner hätten natürlich die Ecke B zunächst in den Nullpunkt ($\boldsymbol{r}_2 = 0$) gelegt. Dann wären die Beiträge der Schenkel $\overline{BC}$ und $\overline{AB}$ wegen $\boldsymbol{r} \times d\boldsymbol{r} = 0$ entfallen und allein übrig geblieben:

$$\oint \boldsymbol{r}[\boldsymbol{e}_z(\boldsymbol{r} \times d\boldsymbol{r})] = \int_0^1 [\boldsymbol{r}_3 + (\boldsymbol{r}_1 - \boldsymbol{r}_3)t]\,\underbrace{[\boldsymbol{e}_z(\boldsymbol{r}_3 \times \boldsymbol{r}_1)]}_{2S}\,dt = S(\boldsymbol{r}_1 + \boldsymbol{r}_3)$$

$$\Rightarrow \quad \bar{\boldsymbol{r}} = \frac{\boldsymbol{r}_1 + \boldsymbol{r}_3}{3}.$$

Eine nachträgliche Translation des Dreiecks um $\boldsymbol{r}_2'$ würde verlegen

$$A(\boldsymbol{r}_1) \to A'(\boldsymbol{r}_1' = \boldsymbol{r}_1 + \boldsymbol{r}_2'), \quad B(0) \to B'(\boldsymbol{r}_2'), \quad C(\boldsymbol{r}_3) \to C'(\boldsymbol{r}_3' = \boldsymbol{r}_3 + \boldsymbol{r}_2'),$$

ebenso den Flächenschwerpunkt

$$\bar{\boldsymbol{r}} \to \bar{\boldsymbol{r}}' = \bar{\boldsymbol{r}} + \boldsymbol{r}_2' = \frac{(\boldsymbol{r}_1' - \boldsymbol{r}_2') + (\boldsymbol{r}_3' - \boldsymbol{r}_2')}{3} + \boldsymbol{r}_2' = \frac{\boldsymbol{r}_1' + \boldsymbol{r}_2' + \boldsymbol{r}_3'}{3}.$$

Zu Kapitel 8

8.1 Der gesuchte magnetische Fluss beträgt

$$\Phi = \int \boldsymbol{B} \cdot d\boldsymbol{S} = \int \operatorname{rot} \boldsymbol{A} \cdot d\boldsymbol{S},$$

was nach dem stokesschen Satz unmittelbar zu

$$\Phi = \oint \boldsymbol{A} \cdot d\boldsymbol{r}$$

führt. Es genügt also eine Linienintegration über den Rand der Fläche, deren Form im Übrigen keine Rolle spielt.

8.2 Angesichts (2.54) und (4.54) gilt

$$(d\boldsymbol{S} \times \nabla) \times \boldsymbol{r} = d\boldsymbol{S} \times \underbrace{\operatorname{rot} \boldsymbol{r}}_{0} + \underbrace{(d\boldsymbol{S} \cdot \nabla)\boldsymbol{r}}_{d\boldsymbol{S}} - d\boldsymbol{S} \underbrace{\operatorname{div} \boldsymbol{r}}_{3},$$

so dass man rasch im Einklang mit (7.29)

$$\boldsymbol{S} = \frac{1}{2} \oint \boldsymbol{r} \times d\boldsymbol{r}$$

findet.

8.3 Mit der Materialdichte ϱ und der Strömungsgeschwindigkeit $\boldsymbol{v}$ beschreibt $\oint \varrho \boldsymbol{v} \cdot d\boldsymbol{S}$ die Differenz zwischen der je Zeiteinheit aus dem (starren) Raum τ heraus- und hineinströmenden Masse, was dem Massenerhaltungsprinzip zufolge einem gleichzeitigen Schwund der in τ enthaltenen Masse $\int \varrho \, d\tau$ entspricht:

$$\oint \varrho \boldsymbol{v} \cdot d\boldsymbol{S} = -\int \frac{\partial \varrho}{\partial t} d\tau.$$

Anwendung des gaußschen Satzes führt zur geläufigen Kontinuitätsgleichung (4.22):

$$\int \operatorname{div} \varrho \boldsymbol{v} \, d\tau = -\int \frac{\partial \varrho}{\partial t} d\tau \quad \Rightarrow \quad \operatorname{div} \varrho \boldsymbol{v} + \frac{\partial \varrho}{\partial t} = 0.$$

8.4 Der gaußsche Satz lautet in Anwendung auf $\boldsymbol{a} = \frac{\boldsymbol{r}}{3} \quad \Rightarrow \quad \operatorname{div} \boldsymbol{a} = 1$

$$\frac{1}{3} \oint \boldsymbol{r} \cdot d\boldsymbol{S} = \tau.$$

Die Oberfläche wird unter der Bedingung $d\boldsymbol{S} \| \boldsymbol{r}$ minimal, was eine Kugel $r =$ const kennzeichnet. Daraus folgt $\frac{1}{3} r S = \tau$, was wegen $r = \sqrt[3]{\frac{3\tau}{4\pi}}$ zum Ergebnis

$$S = \sqrt[3]{4\pi (3\tau)^2}$$

führt.

8.5 Wir wandeln das 1. Hüllenintegral nach Gauß in ein Raumintegral um und erhalten wegen (8.17)

$$\oint (\boldsymbol{h} \cdot \boldsymbol{r}) \, d\boldsymbol{S} = \int \underbrace{\nabla (\boldsymbol{h} \cdot \boldsymbol{r})}_{\boldsymbol{h}} \, d\tau = \boldsymbol{h} \tau.$$

Für das 2. Hüllenintegral ergibt sich angesichts (8.21) ebenfalls

$$\oint \boldsymbol{r}(\boldsymbol{h} \cdot d\boldsymbol{S}) = \int \underbrace{(\boldsymbol{h} \cdot \nabla)\boldsymbol{r}}_{\boldsymbol{h}} \, d\tau = \boldsymbol{h}\tau.$$

Die Identität der beiden Integrale folgt auch aus (8.18):

$$\oint (\boldsymbol{h} \cdot \boldsymbol{r}) \, d\boldsymbol{S} - \oint \boldsymbol{r}(\boldsymbol{h} \cdot d\boldsymbol{S}) = \boldsymbol{h} \times \oint d\boldsymbol{S} \times \boldsymbol{r} = \boldsymbol{h} \times \int \underbrace{\operatorname{rot} \boldsymbol{r}}_{0} \, d\tau = 0.$$

8.6 Gemäß (4.55) und (4.67) gilt

$$\begin{aligned} \nabla(\boldsymbol{k} \cdot \boldsymbol{a}) &= (\boldsymbol{k} \cdot \nabla)\boldsymbol{a} + \boldsymbol{k} \times \operatorname{rot} \boldsymbol{a} \\ &= \operatorname{rot}(\boldsymbol{a} \times \boldsymbol{k}) + \boldsymbol{k} \operatorname{div} \boldsymbol{a} + \boldsymbol{k} \times \operatorname{rot} \boldsymbol{a}. \end{aligned}$$

Durch Integration über eine beliebige Hülle erhält man zunächst

$$\underbrace{\oint (d\boldsymbol{S} \cdot \nabla)(\boldsymbol{a} \cdot \boldsymbol{k})}_{\boldsymbol{k} \cdot \oint (d\boldsymbol{S} \cdot \nabla)\boldsymbol{a}} = \underbrace{\oint \operatorname{rot}(\boldsymbol{a} \times \boldsymbol{k}) \cdot d\boldsymbol{S}}_{0 \text{ vgl. } (8.8)} + \boldsymbol{k} \cdot \oint \operatorname{div} \boldsymbol{a} \, d\boldsymbol{S} + \boldsymbol{k} \cdot \oint \operatorname{rot} \boldsymbol{a} \times d\boldsymbol{S}.$$

Die Umwandlung in ein Raumintegral gelingt leicht mit Hilfe von (8.17), (8.18) und (4.100). Wegen

$$\oint \operatorname{div} \boldsymbol{a} \, d\boldsymbol{S} + \oint \operatorname{rot} \boldsymbol{a} \times d\boldsymbol{S} = \int \underbrace{(\operatorname{grad} \operatorname{div} \boldsymbol{a} - \operatorname{rot} \operatorname{rot} \boldsymbol{a})}_{\Delta \boldsymbol{a}} \, d\tau$$

ergibt sich die zu beweisende Identität im Einklang mit (8.24).

8.7 Wir zerlegen das 1. Hüllenintegral gemäß (2.54)

$$\oint \boldsymbol{b} \times (\boldsymbol{a} \times d\boldsymbol{S}) = \oint \boldsymbol{a}(\boldsymbol{b} \cdot d\boldsymbol{S}) - \oint (\boldsymbol{b} \cdot \boldsymbol{a}) d\boldsymbol{S},$$

was angesichts (8.21) und (8.17) zu dem Ergebnis

$$\oint \boldsymbol{b} \times (\boldsymbol{a} \times d\boldsymbol{S}) = \int \underbrace{[(\nabla \cdot \boldsymbol{b})\boldsymbol{a} - \nabla(\boldsymbol{b} \cdot \boldsymbol{a})]}_{(\nabla \times \boldsymbol{a}) \times \boldsymbol{b}} d\tau$$

führt. Es lautet ausführlich geschrieben (vgl. Aufgabe 4.13)

$$\oint \boldsymbol{b} \times (\boldsymbol{a} \times d\boldsymbol{S}) = \int [\boldsymbol{a} \operatorname{div} \boldsymbol{b} + (\boldsymbol{b} \cdot \nabla)\boldsymbol{a} - \operatorname{grad}(\boldsymbol{b} \cdot \boldsymbol{a})] d\tau.$$

Das 2. Hüllenintegral lässt sich aus dem 1. gewinnen. Es gilt für $\boldsymbol{b} = \boldsymbol{a}$

$$\oint \boldsymbol{a}(\boldsymbol{a} \cdot d\boldsymbol{S}) - \frac{\boldsymbol{a}^2}{2} d\boldsymbol{S} = \oint \boldsymbol{a} \times (\boldsymbol{a} \times d\boldsymbol{S}) + \frac{\boldsymbol{a}^2}{2} d\boldsymbol{S}$$
$$= \int \left[\boldsymbol{a} \operatorname{div} \boldsymbol{a} + (\boldsymbol{a} \cdot \nabla)\boldsymbol{a} - \operatorname{grad} \frac{\boldsymbol{a}^2}{2} \right] d\tau,$$

was gemäß (4.57) mühelos zu

$$\oint \boldsymbol{a}(\boldsymbol{a} \cdot d\boldsymbol{S}) - \frac{\boldsymbol{a}^2}{2} d\boldsymbol{S} = \int [\boldsymbol{a} \operatorname{div} \boldsymbol{a} - (\boldsymbol{a} \times \operatorname{rot} \boldsymbol{a})] \, d\tau$$

führt.

8.8 Die gaußsche Formel lautet mit $\boldsymbol{a} = \frac{\boldsymbol{r}}{2} \quad \Rightarrow \quad \operatorname{div} \boldsymbol{a} = 1$

$$\frac{1}{2} \oint \boldsymbol{r} \times d\boldsymbol{r} = S\boldsymbol{e}_z.$$

Der Umfang wird unter der Bedingung $d\boldsymbol{r} \perp \boldsymbol{r}$ minimal, was einen Kreis $\rho = \text{const}$ kennzeichnet. Hierfür gilt

$$\frac{1}{2} \underbrace{(\boldsymbol{e}_\rho \times \boldsymbol{e}_\varphi)}_{\boldsymbol{e}_z} \rho^2 \underbrace{\oint d\varphi}_{2\pi} = S\boldsymbol{e}_z \quad \Rightarrow \quad \rho^2 \pi = S.$$

Der minimale Umfang beträgt $U = 2\sqrt{\pi S}$.

8.9 Wir zerlegen das 1. Randintegral gemäß (2.54)

$$\oint \boldsymbol{a} \times (\boldsymbol{b} \times d\boldsymbol{r}) = \oint \boldsymbol{b}(\boldsymbol{a} \cdot d\boldsymbol{r}) - \oint (\boldsymbol{a} \cdot \boldsymbol{b}) d\boldsymbol{r}$$

und wandeln die beiden Glieder im Sinne von (8.31) bzw. (8.30) um:

$$\oint \boldsymbol{b}(\boldsymbol{a} \cdot d\boldsymbol{r}) = \int [(d\boldsymbol{S} \times \nabla) \cdot \boldsymbol{a}]\boldsymbol{b},$$
$$\oint (\boldsymbol{a} \cdot \boldsymbol{b}) d\boldsymbol{r} = \int (d\boldsymbol{S} \times \nabla)(\boldsymbol{a} \cdot \boldsymbol{b}).$$

Ihre Differenz lautet wegen $\boldsymbol{b} \cdot d\boldsymbol{S} = 0$:

$$\oint \boldsymbol{a} \times (\boldsymbol{b} \times d\boldsymbol{r}) = \int \underbrace{[(d\boldsymbol{S} \times \nabla) \times \boldsymbol{b}]}_{-d\boldsymbol{S}(\nabla \cdot \boldsymbol{b})} \times \boldsymbol{a} = \int (\nabla \cdot \boldsymbol{b}) \boldsymbol{a} \times d\boldsymbol{S}.$$

Das Ergebnis erleichtert die Umwandlung des 2. Randintegrals. Seine Zerlegung führt zu den Gliedern

$$\begin{aligned}\oint \boldsymbol{b}(\boldsymbol{a}\cdot d\boldsymbol{r}) - \frac{1}{2}(\boldsymbol{a}\cdot\boldsymbol{b})d\boldsymbol{r} &= \oint \boldsymbol{a}\times(\boldsymbol{b}\times d\boldsymbol{r}) + \frac{1}{2}\oint(\boldsymbol{a}\cdot\boldsymbol{b})d\boldsymbol{r}\\ &= \int(\nabla\cdot\boldsymbol{b})\boldsymbol{a}\times d\boldsymbol{S} + \frac{1}{2}\int(d\boldsymbol{S}\times\nabla)(\boldsymbol{a}\cdot\boldsymbol{b})\\ &= \int\Big[(\nabla\cdot\boldsymbol{b})\boldsymbol{a} - \frac{1}{2}\nabla(\boldsymbol{a}\cdot\boldsymbol{b})\Big]\times d\boldsymbol{S}.\end{aligned}$$

Im Sonderfall $\boldsymbol{b} = \boldsymbol{a}$ folgt daraus angesichts (4.57)

$$\begin{aligned}\oint \boldsymbol{a}(\boldsymbol{a}\cdot d\boldsymbol{r}) - \frac{\boldsymbol{a}^2}{2}d\boldsymbol{r} &= \int\Big[(\nabla\cdot\boldsymbol{a})\boldsymbol{a} - \nabla\frac{\boldsymbol{a}^2}{2}\Big]\times d\boldsymbol{S}\\ &= \int[\boldsymbol{a}\,\mathrm{div}\,\boldsymbol{a} - (\boldsymbol{a}\times\mathrm{rot}\,\boldsymbol{a})]\times d\boldsymbol{S},\end{aligned}$$

was sich wegen $\boldsymbol{a}\cdot d\boldsymbol{S} = 0$ zu

$$\oint \boldsymbol{a}(\boldsymbol{a}\cdot d\boldsymbol{r}) - \frac{\boldsymbol{a}^2}{2}d\boldsymbol{r} = \int \mathrm{div}\,\boldsymbol{a}(\boldsymbol{a}\times d\boldsymbol{S}) + \boldsymbol{a}(\mathrm{rot}\,\boldsymbol{a}\cdot d\boldsymbol{S})$$

vereinfacht.

8.10 Wir betrachten die drei $\boldsymbol{a}$-Felder im Lichte des Kap. 4.4.2.

1. Die ebene Zirkulationsströmung $\boldsymbol{a} = \frac{\boldsymbol{e}_\varphi}{\rho}$ hat gemäß (8.56) den Rotor $\mathrm{rot}\,\boldsymbol{a} = 2\pi\delta(\rho)\boldsymbol{e}_z$. Damit lautet die poissonsche Differenzialgleichung im Sinne von (4.109) $\Delta\boldsymbol{A} = -2\pi\delta(\rho)\boldsymbol{e}_z$. Das zugehörige Vektorpotenzial $\boldsymbol{A}$ folgt aus
$$\boldsymbol{a} = \mathrm{rot}\,\boldsymbol{A} \quad\Rightarrow\quad \boldsymbol{A} = -\ln\rho\,\boldsymbol{e}_z.$$
2. Die ebene Quellströmung $\boldsymbol{a} = \frac{\boldsymbol{e}_\rho}{\rho}$ genügt wegen (8.61) der poissonschen Differenzialgleichung $\Delta\Phi = -2\pi\delta(\rho)$.
3. Zur räumlichen Quellströmung $\boldsymbol{a} = \frac{\boldsymbol{e}_r}{r^2}$ gehört angesichts (8.64) die poissonsche Differenzialgleichung $\Delta\Phi = -4\pi\delta(r)$.

8.11 Für einen Integrationsweg $\rho = \rho(\varphi)$ von $\rho_0 = \rho(0)$ nach $\rho_0 = \rho(2\pi)$ gilt

$$\oint \boldsymbol{a}\cdot d\boldsymbol{r} = -\oint \frac{\sin n\varphi\, d\rho - \rho\cos n\varphi\, d\varphi}{\rho^{n+1}} = \oint d\left(\frac{\sin n\varphi}{n\rho^n}\right) = \frac{\sin 2\pi n}{n\rho_0^n}.$$

Der Rotor des Vektorfelds berechnet sich zu

$$\mathrm{rot}\,\boldsymbol{a} = \begin{cases}0 & \text{für } \rho\neq 0,\\ ? & \text{für } \rho = 0.\end{cases}$$

Im Nullpunkt ist $\boldsymbol{a}$ undifferenzierbar. Zum Vektorfeld $\boldsymbol{a}$ gehört also außerhalb des Nullpunkts entsprechend $\boldsymbol{a} = -\operatorname{grad}\Phi$ ein Potenzial Φ. Man findet $\Phi = -\frac{\sin n\varphi}{n\rho^n}$. Es ist für ganzzahlige Parameter $n \neq 0$ eindeutig, so dass dann die Zirkulation verschwindet (vgl. 7.10).

Der stokessche Satz lässt sich mit dem Rotor $\operatorname{rot}\boldsymbol{a} = \frac{\sin 2\pi n}{n\rho_0^n}\delta(\rho)\boldsymbol{e}_z$ verwenden.

Übrigens geht das Vektorfeld für $n \to 0$ in die Zirkulationsströmung $\boldsymbol{a} = \frac{\boldsymbol{e}_\varphi}{\rho}$ über.

Auf Integrationswegen, die den Nullpunkt nicht umschließen, verschwindet die Zirkulation für alle Parameter.

8.12 Wir rechnen zweckmäßig mit Kugelkoordinaten r, ϑ, φ und legen den Nullpunkt ins Innere des Quellgebiets τ (Fig. 8.5). Seine Ergiebigkeit L ist nach dem gaußschen Satz gleich dem Vektorfluss durch eine τ weit umhüllende Kugel K vom Radius R um den Nullpunkt; es gibt ja im Raum zwischen τ und Kugelhülle keinerlei Quellen, die $\boldsymbol{a}$ verändern könnten. Daher gilt

$$\oint_K \boldsymbol{a}\cdot d\boldsymbol{S} = \int_\tau \operatorname{div}\boldsymbol{a}\, d\tau = L,$$

was wegen $\boldsymbol{a} = -\operatorname{grad}\Phi$ und $d\boldsymbol{S} = d\boldsymbol{S}_r = R^2 \sin\vartheta\, d\vartheta\, d\varphi\, \boldsymbol{e}_r$ zu

$$-\oint_K \frac{\partial\Phi}{\partial R} R^2 \sin\vartheta\, d\vartheta\, d\varphi = L$$

führt. Beim Grenzübergang $R \to \infty$ bleibt $\frac{\partial\Phi}{\partial R}R^2$ wegen der beschränkten Ergiebigkeit L endlich:

$$\lim_{R\to\infty} \frac{\partial\Phi}{\partial R} R^2 = C_1 \quad \Rightarrow \quad \Phi = -\frac{C_1}{R} + C_2.$$

Die Integrationskonstante C_2 stellt ein überlagerndes Fremdpotenzial dar und spielt in unserem Modell keine Rolle ($C_2 = 0$). Im Übrigen wird Φ beim Grenzübergang $R \to \infty$ von ϑ und φ unabhängig, denn im Unendlichen wirkt jedes begrenzte Quellgebiet wie eine Punktquelle. Daraus folgt

$$-C_1 \underbrace{\oint_K \sin\vartheta\, d\vartheta\, d\varphi}_{4\pi} = L \quad \Rightarrow \quad \lim_{R\to\infty} R\Phi = \frac{L}{4\pi}$$

im Einklang mit (8.68).

8.13 Wir bilden $\Psi = -\ln\rho - i\varphi = -\ln(\rho e^{i\varphi})$ als Funktion der komplexen Polarkoordinate $\rho e^{i\varphi} \equiv z$. Bekanntlich haben $\Psi = -\ln z$ und $\Psi' = -\frac{1}{z}$ an der

Stelle $z = 0$ ihre einzige Singularität. Die Integration auf allen geschlossenen Wegen, die den Nullpunkt nicht umschlingen, erfüllt die Voraussetzungen des cauchyschen Integralsatzes und ergibt daher

$$\oint \ln z \, dz = 0 \quad \text{ebenso wie} \quad \oint \frac{dz}{z} = 0.$$

Sofern der Integrationsweg dagegen den Nullpunkt einschließt, gilt

$$\oint \underbrace{\Psi' \, dz}_{d\Psi} = -\oint \frac{dz}{z} = -\int_0^{2\pi} \frac{\rho e^{i\varphi} i \, d\varphi}{\rho e^{i\varphi}} = -2\pi i.$$

Der komplexe Gradient $\operatorname{grad} \Psi = -\frac{\boldsymbol{e}_\rho + i\boldsymbol{e}_\varphi}{\rho}$ ist ebenfalls im Nullpunkt singulär, überall sonst aber wirbel- und quellenfrei. Man muss daher gewärtigen, dass die Umlaufintegrale

$$\oint \operatorname{grad} \Psi \cdot d\boldsymbol{r} = \int_S \operatorname{rot} \operatorname{grad} \Psi \cdot d\boldsymbol{S} \quad \text{und} \quad \oint \operatorname{grad} \Psi \times d\boldsymbol{r} = \int_S \operatorname{div} \operatorname{grad} \Psi \cdot d\boldsymbol{S}$$

auf Integrationswegen rings um den Nullpunkt keineswegs verschwinden. Stattdessen gilt unter diesen Umständen

$$\oint \underbrace{\operatorname{grad} \Psi \cdot d\boldsymbol{r}}_{d\Psi} = -2\pi i \quad \text{und}$$

$$i\boldsymbol{e}_z \cdot \oint (\operatorname{grad} \Psi \times d\boldsymbol{r}) = \oint \underbrace{(\boldsymbol{e}_z \times i \operatorname{grad} \Psi)}_{\operatorname{grad} \Psi} \cdot d\boldsymbol{r} = -2\pi i.$$

8.14 Mit Hilfe von (8.16) und (8.64) ergibt sich mühelos

$$\oint \frac{\boldsymbol{r} - \boldsymbol{a}}{|\boldsymbol{r} - \boldsymbol{a}|^3} \cdot d\boldsymbol{S} = -\oint \operatorname{grad} \frac{1}{|\boldsymbol{r} - \boldsymbol{a}|} \cdot d\boldsymbol{S} = -\int \Delta \frac{1}{|\boldsymbol{r} - \boldsymbol{a}|} \, d\tau = 4\pi \int \delta(\boldsymbol{r} - \boldsymbol{a}) \, d\tau.$$

Je nachdem, ob der Punkt $\boldsymbol{r} = \boldsymbol{a}$ von der Hülle umschlossen wird, also im Integrationsgebiet τ liegt oder nicht, folgt

$$\oint \frac{\boldsymbol{r} - \boldsymbol{a}}{|\boldsymbol{r} - \boldsymbol{a}|^3} \cdot d\boldsymbol{S} = 4\pi \begin{cases} 1 & \text{für } \boldsymbol{r} = \boldsymbol{a} \in \tau \\ 0 & \text{für } \boldsymbol{r} = \boldsymbol{a} \notin \tau \end{cases}.$$

8.15 1.) Durch Einsetzen der 3-dimensionalen poissonschen Differenzialgleichung $\Delta \Psi = \delta(\boldsymbol{r} - \bar{\boldsymbol{r}})$ in den gaußschen Integralsatz (8.16) ergibt sich

$$\oint \operatorname{grad} \Psi \cdot d\boldsymbol{S} = \int \delta(\boldsymbol{r} - \bar{\boldsymbol{r}}) \, d\tau.$$

Zweckmäßig zentriert man ein Kugelkoordinatensystem im Punkt $\bar{\boldsymbol{r}}$, wählt als Integrationsgebiet τ eine Kugel mit irgendeinem Radius $|\boldsymbol{r}-\bar{\boldsymbol{r}}| = r > 0$ um $\bar{\boldsymbol{r}}$ und erhält wegen (8.66)

$$\oint \frac{\partial \Psi}{\partial r} r^2 \, d\Omega = \frac{\partial \Psi}{\partial r} 4\pi r^2 = 1 \quad \Rightarrow \quad \Psi(\boldsymbol{r}, \bar{\boldsymbol{r}}) = -\frac{1}{4\pi\,|\boldsymbol{r}-\bar{\boldsymbol{r}}|} + \text{const}_1.$$

2.) Mit der 2-dimensionalen Differenzialgleichung $\Delta\Psi = \delta(\boldsymbol{r}-\bar{\boldsymbol{r}})$ verfahren wir analog. Ihre Einsetzung in die gaußsche Integralformel (8.27) führt zu

$$\oint \operatorname{grad} \Psi \times d\boldsymbol{r} = \int \delta(\boldsymbol{r}-\bar{\boldsymbol{r}})\, d\boldsymbol{S}.$$

Hier zentriert man am besten ein Polarkoordinatensystem im Punkt $\bar{\boldsymbol{r}}$ der Ebene $z = 0$, wählt als Integrationsgebiet S einen Kreis mit einem beliebigen Radius $|\boldsymbol{r}-\bar{\boldsymbol{r}}| = \rho > 0$ um $\bar{\boldsymbol{r}}$ und findet angesichts (8.58)

$$\oint \frac{\partial \Psi}{\partial \rho} \underbrace{\boldsymbol{e}_\rho \times \boldsymbol{e}_\varphi}_{\boldsymbol{e}_z} \rho \, d\varphi = \boldsymbol{e}_z \underbrace{\int \delta(\boldsymbol{r}-\bar{\boldsymbol{r}})\, dS}_{1}$$

$$\frac{\partial \Psi}{\partial \rho} 2\pi\rho = 1 \quad \Rightarrow \quad \Psi(\boldsymbol{r}, \bar{\boldsymbol{r}}) = \frac{\ln|\boldsymbol{r}-\bar{\boldsymbol{r}}|}{2\pi} + \text{const}_2.$$

3.) Man darf übrigens, wenn Randbedingungen vorliegen, der für Ψ maßgebenden Differenzialgleichung ohne weiteres ein Glied $\pm\delta(\boldsymbol{r}-\tilde{\boldsymbol{r}}) \equiv 0$ hinzufügen und den Punkt $\tilde{\boldsymbol{r}}$ außerhalb des Integrationsgebiets ansiedeln. Die greensche Funktion Ψ besteht dann aus einem partikulären Integral $\Psi_1(\boldsymbol{r}-\bar{\boldsymbol{r}})$ der inhomogenen Differenzialgleichung und einem partikulären Integral $\Psi_2(\boldsymbol{r}-\tilde{\boldsymbol{r}})$ der homogenen Differenzialgleichung. Kap. 8.6.2 zeigt beispielhaft, wie man Randwertprobleme mit diesem Verfahren löst.

8.16 Hier bieten sich zwei Lösungsverfahren an:

1.) Der Abstand zwischen Messpunkt $P(\bar{\boldsymbol{r}})$ und Quellpunkt $Q(\boldsymbol{r})$ beträgt in Kugelkoordinaten (Fig. A.40)

$$|\boldsymbol{r}-\bar{\boldsymbol{r}}| = \sqrt{r^2 + \bar{r}^2 - 2r\bar{r}\cos\vartheta}.$$

Damit ergibt der poissonsche Satz (8.76) für eine Kugel vom Radius a :

$$\Phi(\bar{\boldsymbol{r}}) = \frac{q}{4\pi} \int_0^a \int_0^\pi \int_0^{2\pi} \frac{r^2 \sin\vartheta \, dr\, d\vartheta\, d\varphi}{\sqrt{r^2 + \bar{r}^2 - 2r\bar{r}\cos\vartheta}} = \frac{q}{2\bar{r}} \int_0^a r\, dr \sqrt{r^2 + \bar{r}^2 - 2r\bar{r}\cos\vartheta}\,\Big|_0^\pi$$

$$= \frac{q}{2\bar{r}} \int_0^a r\, dr \left[\sqrt{(r+\bar{r})^2} - \sqrt{(r-\bar{r})^2}\right].$$

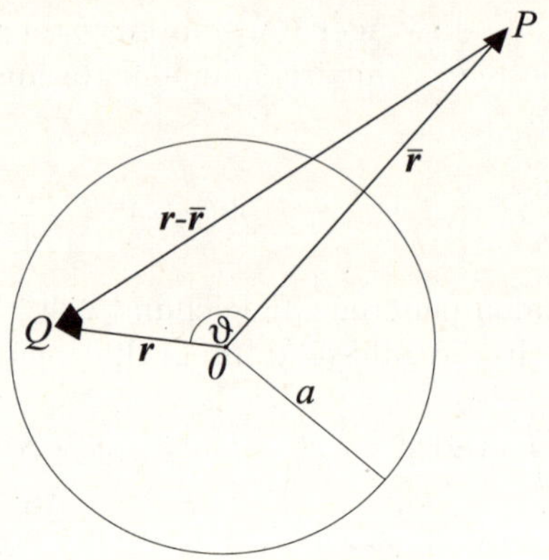

Fig. A.40

Die Wurzeln bedeuten geometrische Abstände, sind also ≥ 0. Insofern müssen wir 2 Fälle unterscheiden:

- Sofern der Messpunkt *außerhalb* der Kugel liegt ($\bar{r} > a$), gilt $\sqrt{(r-\bar{r})^2} = \bar{r} - r$, so dass man

$$\Phi(\bar{\boldsymbol{r}}) = \frac{q}{2\bar{r}} \int\limits_0^a r\,dr(r + \bar{r} - \bar{r} + r) = \frac{qa^3}{3\bar{r}}$$

  erhält.

- Sofern der Messpunkt *innerhalb* der Kugel liegt ($\bar{r} < a$), gilt

$$\sqrt{(r-\bar{r})^2} = \begin{cases} \bar{r} - r & \text{für } r \leq \bar{r}, \\ r - \bar{r} & \text{für } r \geq \bar{r}. \end{cases}$$

  Dementsprechend integrieren wir in 2 Schritten:

$$\Phi(\bar{\boldsymbol{r}}) = \frac{q}{2\bar{r}} \int\limits_0^{\bar{r}} r\,dr(r+\bar{r}-\bar{r}+r) + \frac{q}{2\bar{r}} \int\limits_{\bar{r}}^a r\,dr(r+\bar{r}-r+\bar{r}) = \frac{q}{2}\left(a^2 - \frac{\bar{r}^2}{3}\right).$$

Man bestätigt rasch, dass Außen- und Innenpotenzial nebst ihren Gradienten auf der Kugel stetig ineinander übergehen.

Physikalisch kann man sich unter q z. B. die elektrische Ladungsdichte, also die Divergenz der elektrischen Flussdichte $\boldsymbol{D}$ vorstellen. Dann ist $L = q\frac{4\pi a^3}{3}$ die gesamte Ladung und das Potenzial außerhalb der Kugel gewinnt die coulombsche Form (vgl. 8.68)

$$\Phi(\bar{\boldsymbol{r}}) = \frac{L}{4\pi\bar{r}}.$$

Die zum Innenpotenzial gehörende elektrische Flussdichte $\boldsymbol{D} = -\operatorname{grad}\Phi = \frac{q\bar{\boldsymbol{r}}}{3}$ wirkt auf eine q engegengesetzte Ladung im Punkt $\bar{\boldsymbol{r}}$ offenbar wie eine elastische Bindung an den Kugelmittelpunkt. Man denke etwa an einen positiven Atomkern in einer kugelförmigen Elektronenwolke.

2.) Natürlich ist die Anwendung des poissonschen Satzes auf dieses einfache Modell ein Kanonenschuss auf Spatzen. Hier legt die Kugelsymmetrie die unmittelbare Integration der gewöhnlichen Differenzialgleichung

$$\Delta\Phi(\bar{\boldsymbol{r}}) = \frac{1}{\bar{r}^2}\frac{d}{d\bar{r}}\left(\bar{r}^2\frac{d\Phi}{d\bar{r}}\right) = \begin{cases} -q & \text{für } \bar{r} < a \\ 0 & \text{für } \bar{r} > a \end{cases}$$

nahe. Man findet mühelos

$$\frac{d\Phi}{d\bar{r}} = \begin{cases} -\frac{q\bar{r}}{3} + \frac{C_1}{\bar{r}^2} & \text{für } \bar{r} < a \\ \frac{C_2}{\bar{r}^2} & \text{für } \bar{r} > a \end{cases} \quad \text{und} \quad \Phi = \begin{cases} -\frac{q\bar{r}^2}{6} - \frac{C_1}{\bar{r}} + C_3 & \text{für } \bar{r} < a \\ -\frac{C_2}{\bar{r}} + C_4 & \text{für } \bar{r} > a \end{cases}.$$

Im Einklang mit den Voraussetzungen des poissonschen Satzes muss $\Phi(\bar{\boldsymbol{r}})$ überall stetig sein und für $\bar{r} \to \infty$ verschwinden. Dies bedeutet $C_1 = C_4 = 0$. Außerdem gelten die Randbedingungen

$$\Phi(\boldsymbol{a})_{\text{außen}} = \Phi(\boldsymbol{a})_{\text{innen}} \quad \text{und} \quad \left.\frac{d\Phi(\boldsymbol{a})}{d\bar{r}}\right|_{\text{außen}} = \left.\frac{d\Phi(\boldsymbol{a})}{d\bar{r}}\right|_{\text{innen}},$$

die zu $C_2 = -\frac{qa^3}{3}$ und $C_3 = \frac{qa^2}{2}$ führen. Wir erhalten schließlich

$$\Phi = \begin{cases} \frac{q}{2}(a^2 - \frac{\bar{r}^2}{3}) & \text{für } \bar{r} < a \\ \frac{qa^3}{3\bar{r}} & \text{für } \bar{r} > a \end{cases},$$

was die 1. Lösung bestätigt.

8.17 Die zugehörige greensche Funktion muss im Sinne $\Psi(\boldsymbol{r}, \bar{\boldsymbol{r}}) = \Psi(\bar{\boldsymbol{r}}, \boldsymbol{r})$ symmetrisch sein sowie einer inhomogenen Differenzialgleichung genügen,

- deren Differenzialoperator mit demjenigen der poissonschen Differenzialgleichung übereinstimmt und
- deren Inhomogenität eine δ-Funktion ist.

Also lautet die hier maßgebende Differenzialgleichung $\Delta\Psi(\boldsymbol{r}, \bar{\boldsymbol{r}}) = \delta(\boldsymbol{r} - \bar{\boldsymbol{r}})$.

Wir wenden nun den Δ-Operator auf die zu bestätigende Lösung $\Phi(\bar{\boldsymbol{r}}) = -\int q(\boldsymbol{r})\Psi(\boldsymbol{r}, \bar{\boldsymbol{r}})\,d\tau$ an und erhalten wegen (8.66) unmittelbar

$$\Delta\Phi(\bar{\boldsymbol{r}}) = -\int q(\boldsymbol{r})\delta(\boldsymbol{r} - \bar{\boldsymbol{r}})\,d\tau = -q(\bar{\boldsymbol{r}}),$$

was $\Phi(\bar{\boldsymbol{r}})$ als Lösung der poissonschen Differenzialgleichung ausweist, und zwar als diejenige Lösung, die denselben Randbedingungen wie $\Psi(\boldsymbol{r},\bar{\boldsymbol{r}})$ genügt.

Die so bestätigte Lösung enthält übrigens physikalisch interessante Sonderfälle: Das gesamte Potenzialfeld $\Phi(\bar{\boldsymbol{r}})$ verschwindet, wenn entweder alle Quellen im Integrations(=Quell)gebiet τ versiegen ($q(\boldsymbol{r}) \equiv 0$) oder τ bei überall endlicher Quelldichte $q(\boldsymbol{r})$ zusammenschrumpft ($\tau = 0$). Dagegen erzeugt eine singuläre Punktquelle der Dichte $q(\boldsymbol{r}) = L\delta(r)$ das zentralsymmetrische Potenzialfeld $\Phi(\bar{\boldsymbol{r}}) = -L\int \delta(r)\Psi(\boldsymbol{r},\bar{\boldsymbol{r}})\,d\tau = -L\Psi(0,\bar{\boldsymbol{r}})$, das angesichts (8.72) in die geläufige Form

$$\Phi(\bar{\boldsymbol{r}}) = \frac{L}{4\pi\bar{r}}$$

übergeht (vgl. 8.68).

8.18 Durch Anwendung des ∇-Operators auf die Koordinaten des Messpunkts $\bar{\boldsymbol{r}}$ findet man (vgl. Aufgabe 4.25):

$$\operatorname{grad}\Phi(\bar{\boldsymbol{r}}) = \frac{1}{4\pi}\int_\tau q(\boldsymbol{r})\nabla\frac{1}{|\boldsymbol{r}-\bar{\boldsymbol{r}}|}\,d\tau = \frac{1}{4\pi}\int_\tau q(\boldsymbol{r})\frac{\boldsymbol{r}-\bar{\boldsymbol{r}}}{|\boldsymbol{r}-\bar{\boldsymbol{r}}|^3}\,d\tau = -\boldsymbol{a}(\bar{\boldsymbol{r}}).$$

Daraus folgt wegen (8.64)

$$\operatorname{div}\boldsymbol{a}(\bar{\boldsymbol{r}}) = -\frac{1}{4\pi}\int_\tau q(\boldsymbol{r})\Delta\frac{1}{|\boldsymbol{r}-\bar{\boldsymbol{r}}|}\,d\tau = \int_\tau q(\boldsymbol{r})\delta(\boldsymbol{r}-\bar{\boldsymbol{r}})\,d\tau = \begin{cases} q(\bar{\boldsymbol{r}}) & \text{für } \bar{\boldsymbol{r}}\in\tau \\ 0 & \text{für } \bar{\boldsymbol{r}}\notin\tau \end{cases}.$$

8.19 Das Punktprodukt der poissonschen Differenzialgleichung (4.109) mit dem ∇-Operator lautet

$$\underbrace{\nabla\cdot(\Delta\boldsymbol{A})}_{\Delta\operatorname{div}\boldsymbol{A}} = -\operatorname{div}\operatorname{rot}\boldsymbol{a} = 0.$$

Dies erweist $\operatorname{div}\boldsymbol{A}$ als Integral einer skalaren, überall homogenen Potenzialgleichung, so dass (8.76) gilt:

$$\operatorname{div}\boldsymbol{A}(\bar{\boldsymbol{r}}) = -\frac{1}{4\pi}\int_\tau \frac{\Delta\operatorname{div}\boldsymbol{A}\,d\tau}{|\boldsymbol{r}-\bar{\boldsymbol{r}}|} = 0.$$

8.20 Die Voraussetzung schließt homogene Feldbestandteile aus, weil sich diese wegen $\operatorname{div}(\boldsymbol{a}+\boldsymbol{k}) = \operatorname{div}\boldsymbol{a}$ und $\operatorname{rot}(\boldsymbol{a}+\boldsymbol{k}) = \operatorname{rot}\boldsymbol{a}$ nicht *eindeutig* den wirbel- oder quellenfreien Bestandteilen zuordnen lassen.

8.21 Wir verwenden am besten Zylinderkoordinaten ρ,φ,z.

1.) Der Kreis $|\boldsymbol{r}| = \rho$ liege in der Ebene $z = 0$ (Fig. A.41). Dann führt (8.85) wegen

$$\boldsymbol{r} = \rho \boldsymbol{e}_\rho, \quad d\boldsymbol{r} = \rho d\varphi \boldsymbol{e}_\varphi, \quad \bar{\boldsymbol{r}} = z\boldsymbol{e}_z \quad \Rightarrow \quad |\boldsymbol{r} - \bar{\boldsymbol{r}}| = \sqrt{\rho^2 + z^2}$$

zu der Lösung

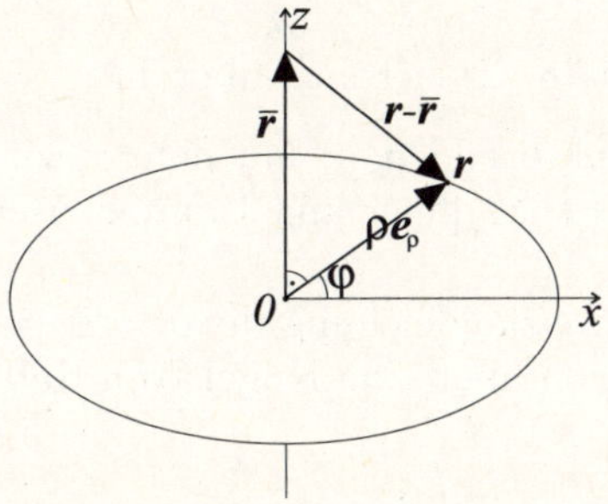

Fig. A.41

$$\boldsymbol{H}(z) = \frac{I}{4\pi(\rho^2 + z^2)^{\frac{3}{2}}} \Bigg(\underbrace{\oint \boldsymbol{r} \times d\boldsymbol{r}}_{2\pi\rho^2 \boldsymbol{e}_z} - \bar{\boldsymbol{r}} \times \underbrace{\oint d\boldsymbol{r}}_{0} \Bigg) = \frac{I\rho^2}{2(\rho^2 + z^2)^{\frac{3}{2}}} \boldsymbol{e}_z.$$

Im Kreismittelpunkt $z = 0$ gilt die bekannte Formel $\boldsymbol{H}(0) = \frac{I}{2\rho}\boldsymbol{e}_z$.

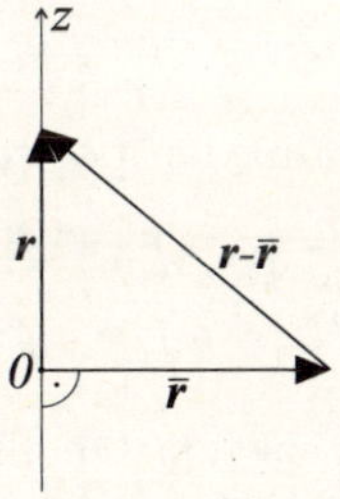

Fig. A.42

2.) Wir legen den Leiter in die z-Achse und den Messpunkt $\bar{\boldsymbol{r}}$ in die Ebene $z = 0$ (Fig. A.42). Somit gewinnt (8.85) wegen

$$\boldsymbol{r} = z\boldsymbol{e}_z, \quad d\boldsymbol{r} = dz\boldsymbol{e}_z, \quad \bar{\boldsymbol{r}} = \rho \boldsymbol{e}_\rho, \quad |\boldsymbol{r} - \bar{\boldsymbol{r}}| = \sqrt{z^2 + \rho^2}$$

die Form

$$\boldsymbol{H}(\rho) = \frac{I}{4\pi} \int_{-\infty}^{\infty} \Big[\underbrace{(\boldsymbol{e}_z \times \boldsymbol{e}_z)}_{0} z - \underbrace{(\boldsymbol{e}_\rho \times \boldsymbol{e}_z)}_{-\boldsymbol{e}_\varphi} \rho\Big] \frac{dz}{(z^2+\rho^2)^{\frac{3}{2}}}$$

$$= \frac{I\rho}{4\pi}\boldsymbol{e}_\varphi \int_{-\infty}^{\infty} \frac{dz}{(z^2+\rho^2)^{\frac{3}{2}}} = \frac{I\rho}{4\pi}\boldsymbol{e}_\varphi \frac{z}{\rho^2\sqrt{z^2+\rho^2}}\Bigg|_{-\infty}^{\infty} = \frac{I}{2\pi\rho}\boldsymbol{e}_\varphi.$$

Das Ergebnis stimmt mit (8.12) sichtlich überein.

8.22 Das wirbelfreie Vektorfeld $\boldsymbol{a}(\boldsymbol{r})$ hat eine einzige Quelle mit der Ergiebigkeit L im Nullpunkt. Es ist daher kugelsymmetrisch.

1. Einsetzen der Differenzialgleichung $\operatorname{div}\boldsymbol{a} = L\delta(\boldsymbol{r})$ in den gaußschen Satz (8.15) und Integration über eine Kugel vom Radius r um den Nullpunkt ergibt

$$\underbrace{\oint \boldsymbol{a}\cdot d\boldsymbol{S}}_{(\boldsymbol{a}\cdot\boldsymbol{e}_r)4\pi r^2} = L \underbrace{\int \delta(\boldsymbol{r})\,d\tau}_{1} = L \quad \Rightarrow \quad \boldsymbol{a} = \frac{L}{4\pi r^2}\boldsymbol{e}_r.$$

2. Die im quellenfreien Gebiet ($\boldsymbol{r} \neq 0$) geltende laplacesche Differenzialgleichung lautet wegen der Kugelsymmetrie

$$\frac{1}{r^2}\frac{\partial}{\partial r}\left(r^2 \frac{\partial \Phi}{\partial r}\right) = 0 \quad \Rightarrow \quad \frac{\partial \Phi}{\partial r} = \frac{C}{r^2}; \quad \underbrace{\operatorname{grad}\Phi}_{-\boldsymbol{a}} = \frac{C}{r^2}\boldsymbol{e}_r.$$

Aus der Randbedingung $\oint \boldsymbol{a}\cdot d\boldsymbol{S} = L$ folgt für die Integrationskonstante $C = -\frac{L}{4\pi}$, was die Lösung $\boldsymbol{a} = \frac{L}{4\pi r^2}\boldsymbol{e}_r$ bestätigt.

3. Einsetzen von $q(\boldsymbol{r}) = L\delta(\boldsymbol{r})$ in den poissonschen Satz (8.76) führt zu

$$\Phi(\bar{\boldsymbol{r}}) = \frac{L}{4\pi}\int \frac{\delta(\boldsymbol{r})\,d\tau}{|\boldsymbol{r}-\bar{\boldsymbol{r}}|} = \frac{L}{4\pi\,|\bar{\boldsymbol{r}}|} \quad \text{(vgl. 8.68).}$$

Hier ist $|\bar{\boldsymbol{r}}|$ der Abstand zwischen Quellpunkt ($\boldsymbol{r} = 0$) und Messpunkt, den wir oben mit r bezeichnet haben und weiter bezeichnen wollen:

$$\Phi(r) = \frac{L}{4\pi r} \quad \Rightarrow \quad \boldsymbol{a} = -\operatorname{grad}\Phi = \frac{L}{4\pi r^2}\boldsymbol{e}_r.$$

8.23 Zu 1. Für den Messpunkt $\bar{\boldsymbol{r}} = -\boldsymbol{e}_x \quad \Rightarrow \quad \bar{\varphi} = \pi$ in einem Kreisgebiet vom Radius $R > 1$ innerhalb eines homogenen Potenzialfelds Φ lautet die poissonsche Integralformel mit der Abkürzung $\frac{2R}{R^2+1} = \varepsilon < 1$:

$$1 = \frac{R^2-1}{2\pi} \int_0^{2\pi} \frac{d\varphi}{R^2 + 2R\cos\varphi + 1} = \frac{1}{2\pi}\frac{R^2-1}{R^2+1} \int_0^{2\pi} \frac{d\varphi}{1+\varepsilon\cos\varphi}$$

$$\Rightarrow \quad \int_0^{2\pi} \frac{d\varphi}{1+\varepsilon\cos\varphi} = 2\pi\frac{R^2+1}{R^2-1} = \frac{2\pi}{\sqrt{1-\varepsilon^2}}.$$

Zu 2. Allgemein schreiben wir für $R = \frac{1\pm\sqrt{1-\varepsilon^2}}{\varepsilon} \gtrless 1$

$$\int_0^{2\pi} \frac{d\varphi}{1+\varepsilon\cos\varphi} = (R^2+1)\int_0^{2\pi} \frac{d\varphi}{R^2+2R\cos\varphi+1} = (R^2+1)\int_0^{2\pi} \frac{d\varphi}{(\boldsymbol{R}+\boldsymbol{e}_x)^2}.$$

In einem neuen, um $-\boldsymbol{e}_x$ parallel verschobenen Bezugssystem zeige der neue Ortsvektor $\boldsymbol{r}' \equiv \rho' \boldsymbol{e}'_r = \boldsymbol{R} + \boldsymbol{e}_x$ zum Kreispunkt $\boldsymbol{R}$ (Fig. A.43). Einsetzen der durch Quadrieren von $\boldsymbol{e}_x = \boldsymbol{r}' - \boldsymbol{R}$ elementar herleitbaren Identität

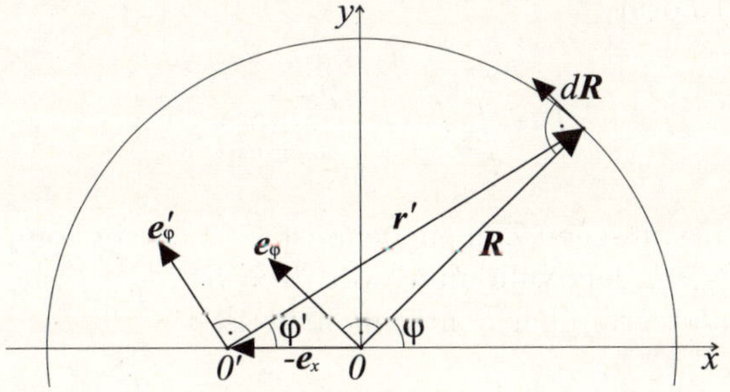

Fig. A.43

$$1 = \frac{2\boldsymbol{r}'\cdot\boldsymbol{R} - \rho'^2}{R^2-1}$$

in das rechte Integral ergibt zunächst

$$\int_0^{2\pi} \frac{d\varphi}{1+\varepsilon\cos\varphi} = \frac{R^2+1}{R^2-1}\int_0^{2\pi} \frac{(2\boldsymbol{r}'\cdot\boldsymbol{R} - \rho'^2)\,d\varphi}{\rho'^2}$$

und wegen $\boldsymbol{r}'\cdot\boldsymbol{R}\,d\varphi = \rho' \underbrace{(\boldsymbol{e}'_r\cdot\boldsymbol{e}_r)}_{\boldsymbol{e}'_\varphi\cdot\boldsymbol{e}_\varphi} R\,d\varphi = \rho' \boldsymbol{e}'_\varphi \cdot d\boldsymbol{R} = \rho'\boldsymbol{e}'_\varphi\cdot d\boldsymbol{r}'$ weiter

$$= \frac{R^2+1}{R^2-1}\left(2\oint \frac{\boldsymbol{e}'_\varphi}{\rho'}\cdot d\boldsymbol{r}' - 2\pi\right)$$

Das so gefundene Umlaufintegral in einer ebenen Zirkulationsströmung der Geschwindigkeit $\frac{e'_\varphi}{\rho'}$ hängt davon ab, ob der kritische Punkt $0'$ im Integrationsgebiet, also im Kreis vom Radius R, liegt oder nicht (siehe Kap. 8.5.1):

$$\oint \frac{\boldsymbol{e}'_\varphi}{\rho'} \cdot d\boldsymbol{r}' = \begin{cases} 2\pi & \text{für } R > 1 \\ 0 & \text{für } R < 1. \end{cases}$$

In Verbindung mit

$$\frac{R^2+1}{R^2-1} = \frac{1}{\sqrt{1-\varepsilon^2}} \begin{cases} 1 & \text{für } R > 1 \\ -1 & \text{für } R < 1 \end{cases}$$

erhält man schließlich für $R \gtrless 1$

$$\int_0^{2\pi} \frac{d\varphi}{1+\varepsilon\cos\varphi} = \frac{2\pi}{\sqrt{1-\varepsilon^2}}.$$

Zu 3. Das Integral I gewinnt durch Einsetzen der eulerschen Relation $\cos\varphi = \frac{1}{2}(e^{i\varphi} + e^{-i\varphi})$ die Form

$$I = \int_0^{2\pi} \frac{d\varphi}{1 + \frac{\varepsilon}{2}(e^{i\varphi} + e^{-i\varphi})}.$$

Dargestellt in der gaußschen Zahlenebene ist $e^{i\varphi} = z$ ein komplexer Punkt auf dem Einheitskreis um den Nullpunkt. Mit $dz = ie^{i\varphi}d\varphi = iz\,d\varphi$ erhält man das komplexe Umlaufintegral über den Einheitskreis $|z| = 1$

$$I = \frac{2}{i\varepsilon} \oint \frac{dz}{z^2 + \frac{2}{\varepsilon}z + 1} = \frac{2}{i\varepsilon} \oint \frac{dz}{(z-z_1)(z-z_2)}.$$

Von den beiden (reellen) Polen des Integranden

$$z_1 = \frac{-1+\sqrt{1-\varepsilon^2}}{\varepsilon} \quad \text{und} \quad z_2 = \frac{-1-\sqrt{1-\varepsilon^2}}{\varepsilon}$$

liegt nur z_1 im Integrationsgebiet $|z| \leq 1$. Die Partialbruchzerlegung

$$\frac{1}{(z-z_1)(z-z_2)} = \frac{1}{z_1-z_2}\left(\frac{1}{z-z_1} - \frac{1}{z-z_2}\right)$$

überführt I in die bequem auswertbare Form

$$I = \frac{2}{i\varepsilon}\frac{1}{z_1-z_2}\Bigg(\underbrace{\oint \frac{dz}{z-z_1}}_{2\pi i} - \underbrace{\oint \frac{dz}{z-z_2}}_{0}\Bigg).$$

Hierbei heißt der Koeffizient $\frac{1}{z_1-z_2} = \frac{\varepsilon}{2\sqrt{1-\varepsilon^2}}$ nach Cauchy (1825) das Residuum des Integranden in z_1. Man findet somit schließlich ebenfalls

$$I = \frac{2}{i\varepsilon} 2\pi i \frac{\varepsilon}{2\sqrt{1-\varepsilon^2}} = \frac{2\pi}{\sqrt{1-\varepsilon^2}}.$$

8.24 Die Funktion $\Psi(\boldsymbol{r}, \bar{\boldsymbol{r}})$ muss hier 1. die der laplaceschen Differenzialgleichung $\Delta\Phi = 0$ zugeordnete Differenzialgleichung $\Delta\Psi(\boldsymbol{r}, \bar{\boldsymbol{r}}) = \delta(\boldsymbol{r} - \bar{\boldsymbol{r}})$ befriedigen, 2. die einschlägige Randbedingung $\Psi(\boldsymbol{R}, \bar{\boldsymbol{r}}) = 0$ erfüllen und 3. im Sinne $\Psi(\boldsymbol{r}, \bar{\boldsymbol{r}}) = \Psi(\bar{\boldsymbol{r}}, \boldsymbol{r})$ symmetrisch sein.

1. Wir schreiben

$$\Psi(\boldsymbol{r}, \bar{\boldsymbol{r}}) = \frac{1}{2\pi} \left\{ \ln|\boldsymbol{r} - \bar{\boldsymbol{r}}| - \ln\left|\boldsymbol{r} - \frac{\boldsymbol{R}^2}{\bar{\boldsymbol{r}}^2}\bar{\boldsymbol{r}}\right| - \ln\left|\frac{\bar{\boldsymbol{r}}}{\boldsymbol{R}}\right| \right\}$$

und finden durch zweimaliges Differenzieren nach $\boldsymbol{r}$ angesichts (8.61)

$$\Delta\Psi(\boldsymbol{r}, \bar{\boldsymbol{r}}) = \delta(\boldsymbol{r} - \bar{\boldsymbol{r}}) - \underbrace{\delta\left(\boldsymbol{r} - \frac{\boldsymbol{R}^2}{\bar{\boldsymbol{r}}^2}\bar{\boldsymbol{r}}\right)}_{0}.$$

Rechts verschwindet der 2. Term, weil der dem Innenpunkt $\bar{\boldsymbol{r}}$ zugeordnete Spiegelpunkt $\frac{\boldsymbol{R}^2}{\bar{\boldsymbol{r}}^2}\bar{\boldsymbol{r}}$ außerhalb des Integrationsgebiets liegt. $\Psi(\boldsymbol{r}, \bar{\boldsymbol{r}})$ erfüllt also die Bedingung 1. Der Differentialoperator (Δ) ihrer Differenzialgleichung stimmt mit dem der laplaceschen Differenzialgleichung überein und ihre Inhomogenität ist eine δ-Funktion.

2. Auf dem Kreis $\boldsymbol{r} = \boldsymbol{R}$ gilt (vgl. Aufgabe 2.4).

$$\Psi(\boldsymbol{R}, \bar{\boldsymbol{r}}) = \frac{1}{2\pi} \ln \frac{|\boldsymbol{R} - \bar{\boldsymbol{r}}|}{\left|\frac{\bar{\boldsymbol{r}}}{\boldsymbol{R}}\right| \left|\boldsymbol{R} - \frac{\boldsymbol{R}^2}{\bar{\boldsymbol{r}}^2}\bar{\boldsymbol{r}}\right|} = \frac{1}{2\pi} \ln \frac{|\boldsymbol{R} - \bar{\boldsymbol{r}}|}{|\bar{\boldsymbol{r}} - \boldsymbol{R}|} = 0.$$

3. Messpunkt $\bar{\boldsymbol{r}}$ und Quellpunkt $\boldsymbol{r}$ sind vertauschbar:

$$\Psi(\boldsymbol{r}, \bar{\boldsymbol{r}}) = \frac{1}{2\pi} \ln \frac{|\boldsymbol{r} - \bar{\boldsymbol{r}}|}{\left|\frac{\bar{\boldsymbol{r}}}{\boldsymbol{R}}\right| \left|\boldsymbol{r} - \frac{\boldsymbol{R}^2}{\bar{\boldsymbol{r}}^2}\bar{\boldsymbol{r}}\right|} = \frac{1}{2\pi} \ln \frac{|\bar{\boldsymbol{r}} - \boldsymbol{r}|}{\left|\frac{\boldsymbol{r}}{\boldsymbol{R}}\right| \left|\bar{\boldsymbol{r}} - \frac{\boldsymbol{R}^2}{\boldsymbol{r}^2}\boldsymbol{r}\right|} = \Psi(\bar{\boldsymbol{r}}, \boldsymbol{r}).$$

8.25 Wir verfahren ähnlich wie in Aufgabe 8.24. Die Funktion $\Psi(\boldsymbol{r}, \bar{\boldsymbol{r}})$ besteht aus der Differenz zweier newtonscher Potenziale und befriedigt daher die Differenzialgleichung

$$\Delta\Psi = \delta(\boldsymbol{r} - \bar{\boldsymbol{r}}) - \frac{R}{|\bar{\boldsymbol{r}}|} \underbrace{\delta\left(\boldsymbol{r} - \frac{R^2}{\bar{\boldsymbol{r}}^2}\bar{\boldsymbol{r}}\right)}_{0},$$

deren Differenzialoperator (Δ) mit dem der laplaceschen Differenzialgleichung übereinstimmt. Das letzte Glied verschwindet, weil der dem Innenpunkt $\bar{\boldsymbol{r}}$ entsprechende Spiegelpunkt $\frac{R^2}{\bar{\boldsymbol{r}}^2}\bar{\boldsymbol{r}}$ außerhalb des Integrationsgebiets liegt.

Auf der Kugel $\boldsymbol{r} = \boldsymbol{R}$ gilt

$$4\pi\Psi(\boldsymbol{R}, \bar{\boldsymbol{r}}) = \underbrace{\frac{R}{|\bar{\boldsymbol{r}}|}\frac{1}{\left|\boldsymbol{R} - \frac{R^2}{\bar{\boldsymbol{r}}^2}\bar{\boldsymbol{r}}\right|}}_{\frac{1}{|\bar{\boldsymbol{r}} - \boldsymbol{R}|}} - \frac{1}{|\boldsymbol{R} - \bar{\boldsymbol{r}}|} = 0.$$

Die Symmetrie $\Psi(\bar{\boldsymbol{r}}, \boldsymbol{r}) = \Psi(\boldsymbol{r}, \bar{\boldsymbol{r}})$ folgt aus der elementar zu beweisenden Identität

$$|\boldsymbol{r}|\left|\bar{\boldsymbol{r}} - \frac{R^2}{\boldsymbol{r}^2}\boldsymbol{r}\right| = |\bar{\boldsymbol{r}}|\left|\boldsymbol{r} - \frac{R^2}{\bar{\boldsymbol{r}}^2}\bar{\boldsymbol{r}}\right| = \sqrt{(\boldsymbol{r} \times \bar{\boldsymbol{r}})^2 + (\boldsymbol{r} \cdot \bar{\boldsymbol{r}} - R^2)^2}.$$

Für $\operatorname{grad}\Psi(\boldsymbol{r}, \bar{\boldsymbol{r}})$ findet man allgemein (vgl. Aufgabe 4.25)

$$\operatorname{grad}\Psi(\boldsymbol{r}, \bar{\boldsymbol{r}}) = -\frac{1}{4\pi}\frac{R}{|\bar{\boldsymbol{r}}|}\frac{\boldsymbol{r} - \frac{R^2}{\bar{\boldsymbol{r}}^2}\bar{\boldsymbol{r}}}{\left|\boldsymbol{r} - \frac{R^2}{\bar{\boldsymbol{r}}^2}\bar{\boldsymbol{r}}\right|^3} + \frac{1}{4\pi}\frac{\boldsymbol{r} - \bar{\boldsymbol{r}}}{|\boldsymbol{r} - \bar{\boldsymbol{r}}|^3}$$

und auf der Kugel $\boldsymbol{r} = \boldsymbol{R}$ speziell

$$\begin{aligned}\operatorname{grad}(\boldsymbol{R}, \bar{\boldsymbol{r}}) &= -\frac{1}{4\pi}\frac{R}{|\bar{\boldsymbol{r}}|}\frac{\boldsymbol{R} - \frac{R^2}{\bar{\boldsymbol{r}}^2}\bar{\boldsymbol{r}}}{\left|\boldsymbol{R} - \frac{R^2}{\bar{\boldsymbol{r}}^2}\bar{\boldsymbol{r}}\right|^3} + \frac{1}{4\pi}\frac{\boldsymbol{R} - \bar{\boldsymbol{r}}}{|\boldsymbol{R} - \bar{\boldsymbol{r}}|^3} \\ &= -\frac{1}{4\pi}\frac{\bar{\boldsymbol{r}}^2}{R^2}\frac{\boldsymbol{R} - \frac{R^2}{\bar{\boldsymbol{r}}^2}\bar{\boldsymbol{r}}}{|\boldsymbol{R} - \bar{\boldsymbol{r}}|^3} + \frac{1}{4\pi}\frac{\boldsymbol{R} - \bar{\boldsymbol{r}}}{|\boldsymbol{R} - \bar{\boldsymbol{r}}|^3} = \frac{1}{4\pi R}\frac{R^2 - \bar{\boldsymbol{r}}^2}{|\boldsymbol{R} - \bar{\boldsymbol{r}}|^3}\boldsymbol{e}_r.\end{aligned}$$

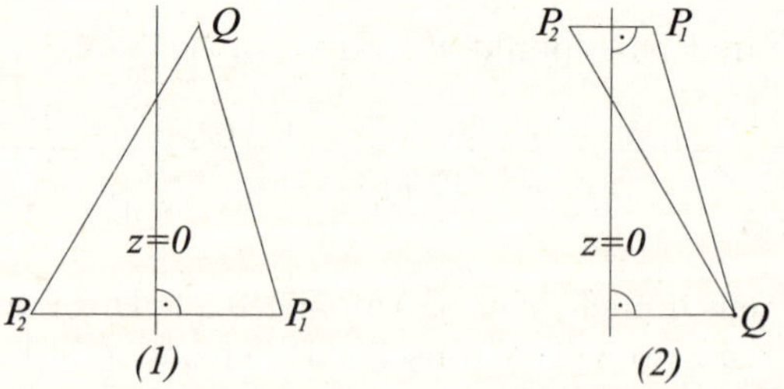

Fig. A.44

8.26 Bei Vertauschung von $\bar{\boldsymbol{r}}$ mit $\boldsymbol{r}$ geht Fig. A.44(1) in Fig. A.44(2) über. Messpunkt P_1 und Quellpunkt Q tauschen die Plätze, wobei die Abstände $\overline{QP_1}$ und $\overline{QP_2}$ offensichtlich unverändert bleiben.

8.27 Wir schreiben die Lösung in der strengen Form

$$\Phi(\bar{\boldsymbol{r}}) = -\int_\sigma \Phi(\boldsymbol{r}) \frac{\partial \Psi(\boldsymbol{r}, \bar{\boldsymbol{r}})}{\partial z}\Big|_{z=0} dx\, dy$$

und finden mühelos

$$(\Delta + k^2)\Phi(\bar{\boldsymbol{r}}) = -\int_\sigma \Phi(\boldsymbol{r}) \frac{\partial}{\partial z}(\Delta + k^2)\Psi(\boldsymbol{r}, \bar{\boldsymbol{r}})\Big|_{z=0} dx\, dy = 0,$$

weil der Integrand im Bereich $x, y \in \sigma$ identisch verschwindet.

8.28 Die Fig. A.45 zeigt das Modell. Die Ebene $y = 0$ möge den Messpunkt $P_1(\bar{\boldsymbol{r}})$ enthalten, so dass sein Ortsvektor $\bar{\boldsymbol{r}} = \bar{r}\boldsymbol{e}_{\bar{r}} = \bar{r}(\sin\alpha\, \boldsymbol{e}_x + \cos\alpha\, \boldsymbol{e}_z)$ lautet. In der Ebene $z = 0$ verwenden wir Polarkoordinaten ρ, φ. Damit hat

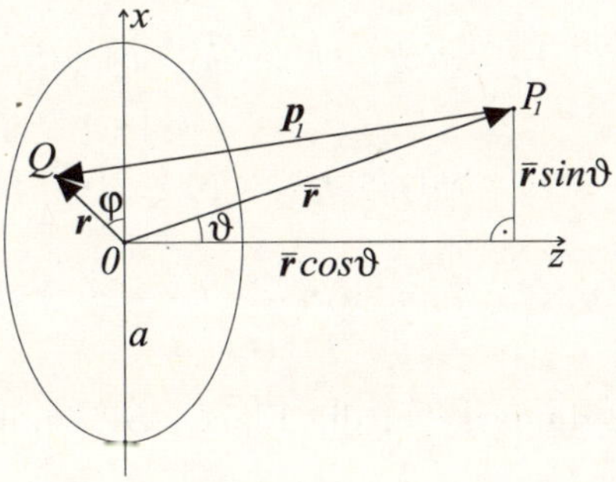

Fig. A.45

der Quellpunkt $Q(\boldsymbol{r})$ den Ortsvektor $\boldsymbol{r} = \rho\boldsymbol{e}_\rho$, so dass sich

$$\boldsymbol{r} \cdot \boldsymbol{e}_{\bar{r}} = \rho \underbrace{(\boldsymbol{e}_\rho \cdot \boldsymbol{e}_x)}_{\cos\varphi} \sin\alpha + \rho \underbrace{(\boldsymbol{e}_\rho \cdot \boldsymbol{e}_z)}_{0} \cos\alpha$$

ergibt. Homogene Randwerte bedeuten $\Phi(\boldsymbol{r}) = \Phi_0 = \text{const}$. Unter diesen Umständen lässt sich das Integral (8.111) bequem auswerten. Mit dem Flächenelement $\rho\, d\rho\, d\varphi$ anstelle $dx\, dy$ erhält man das drehsymmetrische Strahlungsfeld

$$\begin{aligned}\Phi(\bar{\boldsymbol{r}}) &= \frac{-ik\cos\alpha\, e^{ik\bar{r}}}{2\pi\bar{r}}\Phi_0 \int_0^{2\pi}\int_0^a e^{-ik\rho\cos\varphi\sin\alpha}\rho\, d\rho\, d\varphi \\ &= \frac{-ik\cos\alpha\, e^{ik\bar{r}}}{\bar{r}}\Phi_0 \int_0^a J_0(k\rho\sin\alpha)\rho\, d\rho = -ik\Phi_0 a^2\cos\alpha \frac{J_1(ka\sin\alpha)}{ka\sin\alpha}\frac{e^{ik\bar{r}}}{\bar{r}},\end{aligned}$$

wobei J_0 und J_1 die besselschen Funktionen der Ordnung 0 bzw. 1 bezeichnen.

In der Richtfunk- und Radartechnik heißen σ Antennenfläche und das grafisch aufgetragene Energieflussverhältnis

$$\left|\frac{\Phi(\bar{r},\alpha)}{\Phi(\bar{r},0)}\right|^2 = \cos^2\alpha \frac{4J_1^2(ka\sin\alpha)}{(ka\sin\alpha)^2}$$

Richtdiagramm.

Zu Kapitel 9

9.1 Für $\boldsymbol{a} = \boldsymbol{k}$ ergibt sich unmittelbar

$$\boldsymbol{k}\cdot\frac{d}{dt}\int d\boldsymbol{S} = \int \mathrm{rot}(\boldsymbol{k}\times\boldsymbol{v})\cdot d\boldsymbol{S}$$

und mit Hilfe des stokesschen Satzes

$$\frac{d}{dt}\int d\boldsymbol{S} = \oint \boldsymbol{v}\times d\boldsymbol{r} \quad \Rightarrow \quad \boldsymbol{S}(t+dt) - \boldsymbol{S}(t) = \oint \boldsymbol{v}dt \times d\boldsymbol{r}.$$

Fig. A.46 zeigt den Zylinder, den die Fläche $\boldsymbol{S}(t)$ mit der Geschwindigkeit

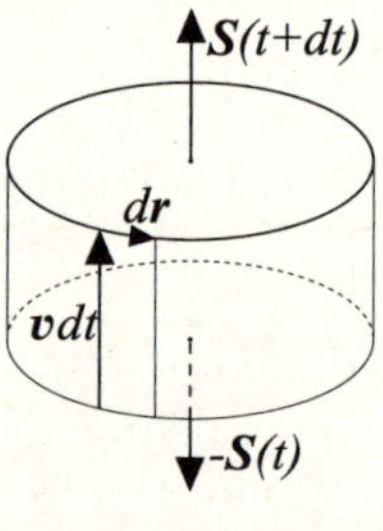

Fig. A.46

$\boldsymbol{v}$ im Zeitintervall dt beschreibt. Gemäß (7.30) verschwindet die Summe ihrer (einheitlich nach außen gerichteten) Normalen:

$$\boldsymbol{S}(t+dt) - \boldsymbol{S}(t) + \oint d\boldsymbol{r}\times\boldsymbol{v}dt = 0.$$

9.2 Zum Beweis von (9.13) setzen wir $\boldsymbol{a}(t,\boldsymbol{r}) = a(t,\boldsymbol{r})\boldsymbol{k}$ in (9.11) ein und erhalten

$$\boldsymbol{k}\cdot\frac{d}{dt}\int a(t,\boldsymbol{r})d\boldsymbol{S} = \int\Big[\boldsymbol{k}\frac{\partial a}{\partial t} + \boldsymbol{v}(\boldsymbol{k}\cdot\nabla)a + \underbrace{\nabla\times(\boldsymbol{k}\times a\boldsymbol{v})}_{\boldsymbol{k}(\nabla\cdot a\boldsymbol{v})-(\boldsymbol{k}\cdot\nabla)(a\boldsymbol{v})}\Big]\cdot d\boldsymbol{S}$$

$$\begin{aligned}\frac{d}{dt}\int a(t,\boldsymbol{r})d\boldsymbol{S} &= \int\frac{\partial a}{\partial t}d\boldsymbol{S} + \underbrace{d\boldsymbol{S}(\nabla\cdot a\boldsymbol{v}) - a\nabla(\boldsymbol{v}\cdot d\boldsymbol{S}_c)}_{d\boldsymbol{S}(\boldsymbol{v}\cdot\nabla)a - a(d\boldsymbol{S}\times\nabla)\times\boldsymbol{v}}\\ &= \int\underbrace{\Big\{\frac{\partial a}{\partial t} + (\boldsymbol{v}\cdot\nabla)a\Big\}}_{\frac{da}{dt}}d\boldsymbol{S} - \int a(d\boldsymbol{S}\times\nabla)\times\boldsymbol{v}.\end{aligned}$$

Im Fall $a = \text{const}$ folgt wegen (8.10)

$$\frac{d}{dt}\int d\boldsymbol{S} = \oint \boldsymbol{v}\times d\boldsymbol{r}$$

im Einklang mit der Lösung der Aufgabe 9.1.

Unter der Bedingung $\boldsymbol{S} = S\boldsymbol{e}_z,\ \boldsymbol{a} = a(\boldsymbol{r})\boldsymbol{e}_z,\ \frac{\partial}{\partial z} = 0$ verschwinden in (9.11) $\frac{\partial \boldsymbol{a}}{\partial t}$ und $\operatorname{div}\boldsymbol{a} = \frac{\partial a}{\partial z}$. Im Übrigen gilt gemäß (4.67)

$$\operatorname{rot}(\boldsymbol{a}\times\boldsymbol{v}) = \operatorname{rot}(\boldsymbol{e}_z\times a\boldsymbol{v}) = \boldsymbol{e}_z\operatorname{div}(a\boldsymbol{v}) - \underbrace{\frac{\partial(a\boldsymbol{v})}{\partial z}}_{0}.$$

Man erhält somit angesichts (8.26) schließlich

$$\frac{d}{dt}\int a\,dS = \int\operatorname{div}(a\boldsymbol{v})\,dS = \boldsymbol{e}_z\oint a\boldsymbol{v}\times d\boldsymbol{r}.$$

Offenbar spielen hier nur die a-Werte auf dem Flächenrand eine Rolle.

Zu Kapitel 10

10.1 Wir differenzieren $\Phi - \dot{\boldsymbol{r}}\cdot\underset{\bullet}{\nabla}\Phi = 0$ total nach t und finden

$$\begin{aligned}&\dot{\boldsymbol{r}}\cdot\nabla\Phi + \ddot{\boldsymbol{r}}\cdot\underset{\bullet}{\nabla}\Phi - \big(\ddot{\boldsymbol{r}}\cdot\underset{\bullet}{\nabla}\Phi + \dot{\boldsymbol{r}}\cdot\frac{d}{dt}\underset{\bullet}{\nabla}\Phi\big) = 0\\ &\quad\Rightarrow\quad \dot{\boldsymbol{r}}\cdot\big(\nabla\Phi - \frac{d}{dt}\underset{\bullet}{\nabla}\Phi\big) = 0.\end{aligned} \tag{A.1}$$

Man erkennt die (mit $\dot{\boldsymbol{r}}$ multiplizierte) eulersche Differenzialgleichung.

10.2 Eine Geodäte des Zylinders $\Psi(\boldsymbol{r}) = x^2 + y^2 - a^2 = 0$ ist die Schraubenlinie, weil ihr Hauptnormalenvektor

$$\boldsymbol{n} = -\frac{1}{a}\begin{pmatrix} x \\ y \\ 0 \end{pmatrix} \quad \text{(siehe Aufgabe 5.20)}$$

und die Zylindernormale

$$\operatorname{grad}\Psi(\boldsymbol{r}) = 2\begin{pmatrix} x \\ y \\ 0 \end{pmatrix}$$

parallel sind.

Bei Abwicklung des Zylinders in eine Ebene geht die Schraubenlinie in eine Gerade über.

10.3 Die 2-dimensionale eulersche Differenzialgleichung (10.24) führt in Verbindung mit dem angesichts (5.37) maßgebenden Integranden

$$\Phi^*(u, v, v') = \sqrt{E + 2Fv' + Gv'^2}$$

unmittelbar zu der gesuchten Bedingung

$$\frac{\frac{\partial E}{\partial v} + 2\frac{\partial F}{\partial v}v' + \frac{\partial G}{\partial v}v'^2}{2\sqrt{E + 2Fv' + Gv'^2}} - \frac{d}{du}\frac{F + Gv'}{\sqrt{E + 2Fv' + Gv'^2}} = 0.$$

Auf dem Zylinder $\rho = a$ gilt für irgendeinen Punkt $\boldsymbol{r}(\varphi, z) = a\boldsymbol{e}_\rho + z\boldsymbol{e}_z$

$$E = \left(\frac{\partial \boldsymbol{r}}{\partial \varphi}\right)^2 = a^2, \quad F = \frac{\partial \boldsymbol{r}}{\partial \varphi} \cdot \frac{\partial \boldsymbol{r}}{\partial z} = 0, \quad G = \left(\frac{\partial \boldsymbol{r}}{\partial z}\right)^2 = 1.$$

Daher folgt mit $\Phi^*(\varphi, z, z') = \sqrt{a^2 + z'^2}$ aus der Geodäten-Bedingung allgemein

$$\frac{d}{d\varphi}\frac{z'}{\sqrt{a^2 + z'^2}} = 0 \quad \Rightarrow \quad z' = b = \text{const}_2, \quad z = b\varphi + c,$$

also die Gleichung einer Schraubenlinie mit der Ganghöhe $2\pi b$ (vgl. Aufgabe 5.9).

Die Integrationskonstanten b und c ergeben sich aus den Anfangsbedingungen $z_1 = b\varphi_1 + c$ und $z_2 = b\varphi_2 + c$ zu

$$b = \frac{z_2 - z_1}{\varphi_2 - \varphi_1} \quad \text{und} \quad c = \frac{z_1\varphi_2 - z_2\varphi_1}{\varphi_2 - \varphi_1}.$$

Die kürzeste Verbindung zwischen $\boldsymbol{r}_1$ und $\boldsymbol{r}_2$ beträgt somit

$$\int_{\varphi_1}^{\varphi_2} \sqrt{a^2+b^2}\, d\varphi = \sqrt{a^2(\varphi_2-\varphi_1)^2+(z_2-z_1)^2},$$

was unmittelbar einleuchtet.

10.4 Integration von (10.59) ergibt mit der Konstanten $\boldsymbol{r}_0 \perp \boldsymbol{e}_z$

$$\boldsymbol{r}' = \frac{\boldsymbol{e}_z \times (\boldsymbol{r}-\boldsymbol{r}_0)}{\lambda} \quad \Rightarrow \quad \underbrace{|\boldsymbol{r}'|}_{1} = \frac{|\boldsymbol{r}-\boldsymbol{r}_0|}{|\lambda|}; \quad (\boldsymbol{r}-\boldsymbol{r}_0)^2 = \lambda^2.$$

Es handelt sich also um einen Kreis vom Radius $|\lambda|$ um den Mittelpunkt $\boldsymbol{r}_0$ (vgl. Aufgabe 6.10).

10.5 Von allen P_1 und P_2 verbindenden Seilen der Länge l hat das gesuchte den tiefsten Schwerpunkt. Wegen der Konstanz von Dichte und Querschnitt gilt im Sinne von (7.51)

$$y_0 = \frac{\int y\, dm}{\int dm} = \frac{\int y\, ds}{\int ds} = \frac{\int y\, |\dot{\boldsymbol{r}}|\, dt}{\int |\dot{\boldsymbol{r}}|\, dt} = \text{Minimum!}$$

Angesichts der Nebenbedingung $\int |\dot{\boldsymbol{r}}|\, dt = l$ lautet die maßgebende Hilfsfunktion $\hat{\Phi}(y, \dot{\boldsymbol{r}}) = (y-\lambda)\, |\dot{\boldsymbol{r}}|$ oder mit der Abkürzung $\eta \equiv y - \lambda$ bequemer $\hat{\Phi}(\eta, \dot{\boldsymbol{r}}) = \eta\, |\dot{\boldsymbol{r}}| = \eta \sqrt{\dot{x}^2+\dot{\eta}^2}$.

Von der eulerschen Differenzialgleichung

$$\boldsymbol{e}_y\, |\dot{\boldsymbol{r}}| - \frac{d}{dt}\left(\eta \frac{\dot{\boldsymbol{r}}}{|\dot{\boldsymbol{r}}|}\right) = 0 \quad \Rightarrow \quad \boldsymbol{e}_y - \frac{d}{ds}\left(\eta \frac{d\boldsymbol{r}}{ds}\right) = 0$$

gewinnt die x-Komponente mit $\eta' \equiv \frac{\dot{\eta}}{\dot{x}} \quad \Rightarrow \quad ds = \sqrt{1+\eta'^2}\, dx$ die Form

$$\frac{d}{ds}\left(\eta \frac{dx}{ds}\right) = \frac{d}{ds}\left(\frac{\eta}{\sqrt{1+\eta'^2}}\right) = 0 \quad \Rightarrow \quad \eta = c_1 \sqrt{1+\eta'^2}.$$

Die Integration dieser Differenzialgleichung ergibt unschwer

$$\frac{d\eta}{\sqrt{\eta^2-c_1^2}} = \frac{dx}{c_1}; \quad \operatorname{arcosh} \frac{\eta}{c_1} = \frac{x}{c_1} + c_2; \quad \eta = c_1 \cosh\left(\frac{x}{c_1} + c_2\right).$$

Aus der x-Symmetrie des Modells folgt $c_2 = 0$. Die Lösung

$$\eta = c_1 \cosh \frac{x}{c_1}$$

ist die bekannte Kettenlinie (vgl. Aufgabe 5.6). Die Integrationskonstante c_1 geht aus der Nebenbedingung

$$\int_0^{\bar{x}} \sqrt{1 + \sinh^2 \frac{x}{c_1}}\, dx = c_1 \sinh \frac{\bar{x}}{c_1} = \frac{l}{2},$$

die Konstante λ aus der Anfangsbedingung

$$\bar{y} - \lambda = c_1 \cosh \frac{\bar{x}}{c_1}$$

hervor. Das Seil hat an der Stelle $x = 0$; $y = c_1 + \lambda$ seinen tiefsten Punkt ($y' = 0$).

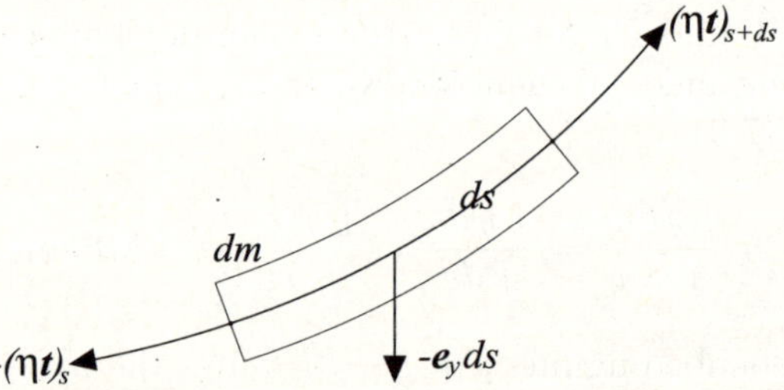

Fig. A.47

Übrigens erlaubt die Fig. A.47 die physikalisch-anschauliche Deutung der eulerschen Differenzialgleichung. Das gedanklich aus dem Seil herausgeschnittene Masseelement dm unterliegt der Schwerkraft in Richtung $-\boldsymbol{e}_y$. Sie wird von den inneren Spannungen parallel zum Tangentenvektor $\boldsymbol{t}$ an den beiden Schnittflächen kompensiert. Diese Überlegung führt (nach Division durch die Konstanten Dichte und Querschnitt) zu der statischen Kraftbilanz

$$-\boldsymbol{e}_y ds + \underbrace{(\eta \boldsymbol{t})_{s+ds} - (\eta \boldsymbol{t})_s}_{\frac{d}{ds}(\eta \boldsymbol{t})ds} = 0 \quad \Rightarrow \quad \boldsymbol{e}_y - \frac{d}{ds}(\eta \boldsymbol{t}) = 0.$$

Zu Kapitel 11

11.1 4-dimensionale axiale Vektoren haben $\binom{4}{2} = 6$ Teilvektoren; sie zeigen in die Richtungen

$$\boldsymbol{e}_1 \times \boldsymbol{e}_2, \quad \boldsymbol{e}_1 \times \boldsymbol{e}_3, \quad \boldsymbol{e}_1 \times \boldsymbol{e}_4, \quad \boldsymbol{e}_2 \times \boldsymbol{e}_3, \quad \boldsymbol{e}_2 \times \boldsymbol{e}_4, \quad \boldsymbol{e}_3 \times \boldsymbol{e}_4.$$

11.2 Für die lineare Transformation des kartesischen Bezugssystems $S(\boldsymbol{e}_1, \boldsymbol{e}_2, \ldots \boldsymbol{e}_n)$ in das ebenfalls kartesische Bezugssytem $S'(\boldsymbol{e}'_1, \boldsymbol{e}'_2, \ldots \boldsymbol{e}'_n)$ gilt

$$\boldsymbol{e}_i = \sum_{j=1}^{n} (\boldsymbol{e}_i \cdot \boldsymbol{e}'_j)\boldsymbol{e}'_j.$$

Punktweise Multiplikation mit dem Ortsvektor $\boldsymbol{r}$ und irgendeinem anderen polaren Vektor $\boldsymbol{a}$ ergibt die Transformation der kartesischen Koordinaten bzw. der $\boldsymbol{a}$-Komponenten (vgl. 3.51)

$$x_i = \sum_{j=1}^{n} (\boldsymbol{e}_i \cdot \boldsymbol{e}'_j)x'_j \quad \text{bzw.} \quad a_i = \sum_{j=1}^{n} (\boldsymbol{e}_i \cdot \boldsymbol{e}'_j)a'_j.$$

Für beide Transformationen ist derselbe Tensor $(\boldsymbol{e}_i \cdot \boldsymbol{e}'_j)$ maßgebend.

11.3 Von den ingesamt n^2 Komponenten sind unabhängig nur

$$n(\text{Diagonalelemente}) + (n-1) + \ldots + 1 = \frac{n(n+1)}{2}.$$

11.4 Nach Multiplikation jeder Gleichung des Systems mit der individuellen Adjunkten C_{ik} erhält man wegen

$$\sum_{i=1}^{n} m_{ij} C_{ik} \equiv \delta_{jk} \det \boldsymbol{M}$$

zusammenfassend

$$\sum_{i=1}^{n} b_i C_{ik} = \sum_{j=1}^{n} a_j \underbrace{\sum_{i=1}^{n} m_{ij} C_{ik}}_{\delta_{jk} \det \boldsymbol{M}} = a_k \det \boldsymbol{M} \quad \Rightarrow \quad a_k = \frac{\sum_{i=1}^{n} b_i C_{ik}}{\det \boldsymbol{M}}.$$

Dies ist die cramersche Regel der Tensorrechnung (vgl. 2.53 und Aufgabe 2.36). Verglichen mit der vektoriellen Lösung $\underline{\boldsymbol{a}} = \boldsymbol{M}^{-1}\underline{\boldsymbol{b}}$ erkennt man

$$\frac{C_{ik}}{\det \boldsymbol{M}} = \frac{C_{ki}^T}{\det \boldsymbol{M}}$$

als Komponenten des inversen Tensors $\boldsymbol{M}^{-1}$.

Im Fall $\underline{\boldsymbol{b}} = 0$ heißt das lineare Gleichungssystem (11.2) homogen. Dann gilt $\sum_{j=1}^{n} m_{ij} a_j = 0$, d. h. der Lösungsvektor $\boldsymbol{a} = \sum_{j=1}^{n} a_j \boldsymbol{e}_j$ steht auf allen n sog. Zeilenvektoren $\boldsymbol{m}_i = \sum_{j=1}^{n} m_{ij} \boldsymbol{e}_j$ senkrecht. Dies bedingt für $\boldsymbol{a} \neq 0$, dass alle Zeilenvektoren komplanar sind ($\det \boldsymbol{M} = 0$).

11.5 Die fragliche Formel lautet in geschickter Schreibweise

$$\sum_{i=1}^{n} a_i \sum_{j=1}^{n} m_{ij} b_j = \pm \sum_{j=1}^{n} b_j \sum_{i=1}^{n} m_{ji} a_i.$$

Sie wird für $m_{ji} = \pm m_{ij} \quad \Rightarrow \quad \boldsymbol{M}^T = \pm \boldsymbol{M}$ zu einer Gleichung.

Man kann ebenso gut von der Identität $\underline{\boldsymbol{a}}^T(\boldsymbol{M}\underline{\boldsymbol{b}}) \equiv (\boldsymbol{M}\underline{\boldsymbol{b}})^T\underline{\boldsymbol{a}} \equiv \underline{\boldsymbol{b}}^T\boldsymbol{M}^T\underline{\boldsymbol{a}}$ ausgehen; dies führt durch Vergleich unmittelbar zu

$$\underline{\boldsymbol{b}}^T\boldsymbol{M}^T\underline{\boldsymbol{a}} = \pm\underline{\boldsymbol{b}}^T\boldsymbol{M}\underline{\boldsymbol{a}} \quad \Rightarrow \quad \boldsymbol{M}^T = \pm\boldsymbol{M}.$$

Das obere Vorzeichen gilt also für symmetrische, das untere für schiefsymmetrische Tensoren $\boldsymbol{M}$.

11.6 Allgemein gilt

$$\theta_{ij} = \int [\underbrace{(\boldsymbol{e}_i \cdot \boldsymbol{e}_j)}_{\delta_{ij}} \boldsymbol{r}^2 - \underbrace{(\boldsymbol{r} \cdot \boldsymbol{e}_i)}_{x_i} \underbrace{(\boldsymbol{r} \cdot \boldsymbol{e}_j)}_{x_j}]\, dm,$$

was zu der Form

$$\theta_{ij} = \begin{cases} \int (\boldsymbol{r}^2 - x_i^2)\, dm & \text{für } i = j \\ -\int x_i x_j\, dm & \text{für } i \neq j \end{cases}$$

führt. Dies bedeutet in kartesischen Koordinaten $x_1 = x,\ x_2 = y,\ x_3 = z$:

$$\theta_{xx} = \int (y^2 + z^2)\, dm, \qquad \theta_{yy} = \int (z^2 + x^2)\, dm, \qquad \theta_{zz} = \int (x^2 + y^2)\, dm$$
$$\theta_{xy} = -\int xy\, dm, \qquad \theta_{yz} = -\int yz\, dm, \qquad \theta_{zx} = -\int zx\, dm.$$

11.7 Der gegebene, auf $\boldsymbol{r}_0 = 0$ bezogene Trägheitstensor $\boldsymbol{\Theta}$ hat die Komponenten (Aufgabe 11.6):

$$\theta_{ij} = \int [\delta_{ij}\, \boldsymbol{r}^2 - \underbrace{(\boldsymbol{r} \cdot \boldsymbol{e}_i)}_{x_i} \underbrace{(\boldsymbol{r} \cdot \boldsymbol{e}_j)}_{x_j}]\, dm.$$

Sie lauten bezogen auf irgendeinen Punkt $\boldsymbol{a}$ (Fig. A.48)

$$\theta'_{ij} = \int [\delta_{ij}(\boldsymbol{r} - \boldsymbol{a})^2 - (x_i - \underbrace{\boldsymbol{a} \cdot \boldsymbol{e}_i}_{a_i})(x_j - \underbrace{\boldsymbol{a} \cdot \boldsymbol{e}_j}_{a_j})]\, dm.$$

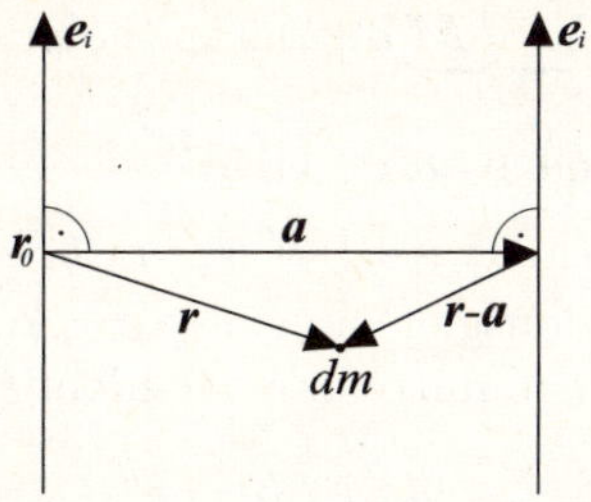

Fig. A.48

Die Voraussetzung, dass Schwer- und Nullpunkt zusammenfallen, bedeutet gemäß (7.51)

$$\int \boldsymbol{r}\, dm = \int x_i\, dm = \int x_j\, dm = 0.$$

Daraus folgt unmittelbar der Satz von Steiner[17]:

$$\theta'_{ij} = \underbrace{\int (\delta_{ij}\, \boldsymbol{r}^2 - x_i x_j)\, dm}_{\theta_{ij}} + (\delta_{ij}\, \boldsymbol{a}^2 - a_i a_j) m.$$

Angewandt auf 2 parallele Drehachsen $\boldsymbol{e}_i \perp \boldsymbol{a} \quad \Rightarrow \quad a_i = 0$ durch die Punkte $\boldsymbol{r}_0$ bzw. $\boldsymbol{a}$ schreibt man meistens speziell

$$\theta'_{ii} = \theta_{ii} + \boldsymbol{a}^2 m.$$

Verglichen mit allen parallelen Drehachsen ist das auf die Schwerpunktachse bezogene Trägheitsmoment offenbar am kleinsten.

11.8 Der Tensor ist weder symmetrisch noch schiefsymmetrisch, wohl aber orthogonal. Es gilt nämlich $\boldsymbol{M}^T \boldsymbol{M} = \boldsymbol{M}^{-1} \boldsymbol{M} = \boldsymbol{E}$:

$$\begin{pmatrix} \cos\alpha & -\sin\alpha \\ \sin\alpha & \cos\alpha \end{pmatrix} \begin{pmatrix} \cos\alpha & \sin\alpha \\ -\sin\alpha & \cos\alpha \end{pmatrix}$$
$$= \begin{pmatrix} \cos^2\alpha + \sin^2\alpha & \cos\alpha\sin\alpha - \sin\alpha\cos\alpha \\ \sin\alpha\cos\alpha - \cos\alpha\sin\alpha & \sin^2\alpha + \cos^2\alpha \end{pmatrix} = \begin{pmatrix} 1 & 0 \\ 0 & 1 \end{pmatrix}.$$

Außerdem erkennt man leicht

$$\det \boldsymbol{M} = \begin{vmatrix} \cos\alpha & \sin\alpha \\ -\sin\alpha & \cos\alpha \end{vmatrix} = \cos^2\alpha + \sin^2\alpha = 1.$$

[17] Jakob Steiner (1796-1863), Schweizer Mathematiker, lehrte ab 1834 an der Berliner Universität.

11.9 Es gilt $\boldsymbol{M}^{-1}\underline{\boldsymbol{a}}' = \underbrace{\boldsymbol{M}^{-1}\boldsymbol{M}}_{\boldsymbol{E}}\underline{\boldsymbol{a}}$. Daraus folgt für orthogonale Tensoren wegen $\boldsymbol{M}^{-1} = \boldsymbol{M}^T$ unmittelbar: $\underline{\boldsymbol{a}} = \boldsymbol{M}^T\underline{\boldsymbol{a}}'$.

11.10 Zu 1. Die Voraussetzung $\boldsymbol{a}' \cdot \boldsymbol{b}' = \boldsymbol{a} \cdot \boldsymbol{b} \quad \Rightarrow \quad \underline{\boldsymbol{a}}'^T\underline{\boldsymbol{b}}' = \underline{\boldsymbol{a}}^T\underline{\boldsymbol{b}}$ führt angesichts der Transformationsgleichungen $\underline{\boldsymbol{a}}' = \boldsymbol{M}\underline{\boldsymbol{a}} \quad \Rightarrow \quad \underline{\boldsymbol{a}}'^T = \underline{\boldsymbol{a}}^T\boldsymbol{M}^T$ und $\underline{\boldsymbol{b}}' = \boldsymbol{M}\underline{\boldsymbol{b}}$ wegen (11.43) unmittelbar zur Identität

$$\underline{\boldsymbol{a}}^T \underbrace{\boldsymbol{M}^T\boldsymbol{M}}_{\boldsymbol{E}} \underline{\boldsymbol{b}} = \underline{\boldsymbol{a}}^T\underline{\boldsymbol{b}}.$$

Zu 2. Wegen der nur 3-dimensionalen Definition des Nabla- und Delta-Operators beschränken wir uns auf die kartesischen Bezugssysteme $S(x, y, z)$ und $S'(x', y', z')$ mit den Bezeichnungen $x = x_1, \ y = x_2, \ z = x_3$ bzw. $x' = x_1', \ y' = x_2', \ z' = x_3'$.

Nun lautet die Transformation der ∇'-Komponenten beim Übergang $S' \to S$ gemäß Kettenregel

$$\frac{\partial}{\partial x_j} = \frac{\partial}{\partial x'}\frac{\partial x'}{\partial x_j} + \frac{\partial}{\partial y'}\frac{\partial y'}{\partial x_j} + \frac{\partial}{\partial z'}\frac{\partial z'}{\partial x_j} = \sum_{i=1}^{3} \frac{\partial x_i'}{\partial x_j}\frac{\partial}{\partial x_i'}.$$

Der maßgebende Tensor $\left(\frac{\partial x_i'}{\partial x_j}\right)$ ergibt sich aus den Voraussetzungen

$$\boldsymbol{r}' = \boldsymbol{r} \quad \text{oder} \quad \sum_{i=1}^{3} \boldsymbol{e}_i' x_i' = \sum_{j=1}^{3} \boldsymbol{e}_j x_j$$

$$\Rightarrow \quad x_i' = \sum_{j=1}^{3} \underbrace{(\boldsymbol{e}_i' \cdot \boldsymbol{e}_j)}_{m_{ij}} x_j, \quad \Rightarrow \quad \frac{\partial x_i'}{\partial x_j} = m_{ij} = m_{ji}^T.$$

Damit findet man rasch

$$\frac{\partial}{\partial x_j} = \sum_{i=1}^{3} m_{ji}^T \frac{\partial}{\partial x_i'} \quad \Rightarrow \quad \underline{\nabla} = \boldsymbol{M}^T\underline{\nabla}', \quad \underline{\nabla}' = \boldsymbol{M}\underline{\nabla}, \quad \nabla' = \nabla,$$

was die Invarianz des ∇-Operators beweist. Er transformiert sich wie der Ortsvektor.

Angewandt auf eine skalare Funktion $\Phi'(x', y', z') = \Phi(x, y, z)$ folgt $\nabla'\Phi' = \nabla\Phi$.

Die Invarianz des Δ-Operators erhellt aus dem Punktprodukt $\Delta = \nabla^2$:

$$\underline{\nabla}^T\underline{\nabla} = \underline{\nabla}'^T \underbrace{\boldsymbol{M}^T\boldsymbol{M}}_{\boldsymbol{E}} \underline{\nabla}' = \underline{\nabla}'^T\underline{\nabla}'.$$

Zu 3. Der Skalar $\operatorname{div} \boldsymbol{a} = \nabla \cdot \boldsymbol{a}$ lässt sich nicht wie ein gewöhnliches Punktprodukt transformieren. Es gilt

$$\operatorname{div} \boldsymbol{a} = \sum_{j=1}^{3} \frac{\partial a_j}{\partial x_j} = \sum_{i=1}^{3} \sum_{j=1}^{3} \frac{\partial x_i'}{\partial x_j} \frac{\partial a_j}{\partial x_i'} = \sum_{i=1}^{3} \sum_{j=1}^{3} m_{ij} \frac{\partial a_j}{\partial x_i'},$$

was nach Einsetzung von $a_j = \sum_{k=1}^{3} m_{jk}^T a_k'$ zu

$$\operatorname{div} \boldsymbol{a} = \sum_{i=1}^{3} \sum_{j=1}^{3} \sum_{k=1}^{3} m_{ij} m_{jk}^T \frac{\partial a_k'}{\partial x_i'}$$

und wegen $\sum_{j=1}^{3} m_{ij} m_{jk}^T = \delta_{ik}$ schließlich zu dem Ergebnis

$$\operatorname{div} \boldsymbol{a} = \sum_{k=1}^{3} \frac{\partial a_k'}{\partial x_k'} = \operatorname{div}' \boldsymbol{a}'$$

führt.

11.11 Aus der Voraussetzung $\boldsymbol{a} \times \boldsymbol{b} = \boldsymbol{a}' \times \boldsymbol{b}'$ folgt angesichts der 3-dimensionalen Definition (2.18) die offensichtliche Identität

$$|\boldsymbol{a}|^2 \, |\boldsymbol{b}|^2 - (\boldsymbol{a} \cdot \boldsymbol{b})^2 = |\boldsymbol{a}'|^2 \, |\boldsymbol{b}'|^2 - (\boldsymbol{a}' \cdot \boldsymbol{b}')^2.$$

Es sei noch bewiesen, dass aus den beiden orthogonalen Transformationen $\boldsymbol{a}' = \boldsymbol{M}\boldsymbol{a}$ und $\boldsymbol{b}' = \boldsymbol{M}\boldsymbol{b}$ die orthogonale Transformation ihres Kreuzprodukts folgt: $\boldsymbol{a}' \times \boldsymbol{b}' = \boldsymbol{M}(\boldsymbol{a} \times \boldsymbol{b})$. Dazu bilden wir aus den Komponenten m_{ki} der Tensorzeile k den Vektor $\boldsymbol{m}_k' \equiv \sum_{i=1}^{3} m_{ki} \boldsymbol{e}_i$ und schreiben die beiden Voraussetzungen in der Form

$$a_k' = \sum_{i=1}^{3} m_{ki} a_i = \boldsymbol{m}_k' \cdot \boldsymbol{a} \quad \text{bzw. analog} \quad b_l' = \boldsymbol{m}_l' \cdot \boldsymbol{b}.$$

Somit lautet eine $(\boldsymbol{a}' \times \boldsymbol{b}')$-Komponente

$$\begin{aligned} a_k' b_l' - a_l' b_k' &= (\boldsymbol{m}_k' \cdot \boldsymbol{a})(\boldsymbol{m}_l' \cdot \boldsymbol{b}) - (\boldsymbol{m}_l' \cdot \boldsymbol{a})(\boldsymbol{m}_k' \cdot \boldsymbol{b}) \\ &= (\boldsymbol{m}_k' \times \boldsymbol{m}_l') \cdot (\boldsymbol{a} \times \boldsymbol{b}). \end{aligned}$$

Zusammenfassend gilt

$$\begin{aligned} a_2' b_3' - a_3' b_2' &= (\boldsymbol{m}_2' \times \boldsymbol{m}_3') \cdot (\boldsymbol{a} \times \boldsymbol{b}), \\ a_3' b_1' - a_1' b_3' &= (\boldsymbol{m}_3' \times \boldsymbol{m}_1') \cdot (\boldsymbol{a} \times \boldsymbol{b}), \\ a_1' b_2' - a_2' b_1' &= (\boldsymbol{m}_1' \times \boldsymbol{m}_2') \cdot (\boldsymbol{a} \times \boldsymbol{b}). \end{aligned}$$

Die Komponentenzerlegung

$$\boldsymbol{m}_2' \times \boldsymbol{m}_3' = \begin{vmatrix} \boldsymbol{e}_1 & \boldsymbol{e}_2 & \boldsymbol{e}_3 \\ m_{21} & m_{22} & m_{23} \\ m_{31} & m_{32} & m_{33} \end{vmatrix} = C_{11}\boldsymbol{e}_1 + C_{12}\boldsymbol{e}_2 + C_{13}\boldsymbol{e}_3$$

mit den Adjunkten C_{11}, C_{12}, C_{13} und analog

$$\boldsymbol{m}_3' \times \boldsymbol{m}_1' = C_{21}\boldsymbol{e}_1 + C_{22}\boldsymbol{e}_2 + C_{23}\boldsymbol{e}_3,$$
$$\boldsymbol{m}_1' \times \boldsymbol{m}_2' = C_{31}\boldsymbol{e}_1 + C_{32}\boldsymbol{e}_2 + C_{33}\boldsymbol{e}_3$$

führt zu der Transformation

$$\underline{\boldsymbol{a}' \times \boldsymbol{b}'} = \underbrace{\begin{pmatrix} C_{11} & C_{12} & C_{13} \\ C_{21} & C_{22} & C_{23} \\ C_{31} & C_{32} & C_{33} \end{pmatrix}}_{\boldsymbol{C}} (\underline{\boldsymbol{a} \times \boldsymbol{b}}).$$

Aus der Entwicklung (vgl. Aufgabe 11.4)

$$\sum_{i=1}^{3} \underbrace{m_{ij}}_{m_{ji}^T} C_{ik} = \delta_{jk} \det \boldsymbol{M} \quad \Rightarrow \quad \boldsymbol{M}^T \boldsymbol{C} = \boldsymbol{E} \det \boldsymbol{M}$$

folgt wegen der vorausgesetzten Orthogonalität (11.43) unmittelbar $\boldsymbol{C} = \boldsymbol{M}$.

11.12 Die Transformation besteht aus einer Drehung gemäß (3.53) um den Winkel $\alpha = \frac{\pi}{2}$ und einer Multiplikation mit dem Skalar f. Sie lautet

$$\begin{pmatrix} b_x \\ b_y \end{pmatrix} = f \begin{pmatrix} 0 & 1 \\ -1 & 0 \end{pmatrix} \begin{pmatrix} a_x \\ a_y \end{pmatrix}; \quad b_x = f a_y, \ b_y = -f a_x$$
$$\Rightarrow \quad \boldsymbol{b} = f(a_y \boldsymbol{e}_x - a_x \boldsymbol{e}_y) = f(\boldsymbol{a} \times \boldsymbol{e}_z).$$

11.13 Aus (11.21) folgt wegen der $\boldsymbol{M}$-Orthogonalität im Einklang mit (6.6):

$$(dx\ dy\ dz) \begin{pmatrix} dx \\ dy \\ dz \end{pmatrix} = \left(\frac{du}{U}\ \frac{dv}{V}\ \frac{dw}{W} \right) \underbrace{\boldsymbol{M}^T \boldsymbol{M}}_{\boldsymbol{E}} \begin{pmatrix} \frac{du}{U} \\ \frac{dv}{V} \\ \frac{dw}{W} \end{pmatrix}$$
$$\underbrace{dx^2 + dy^2 + dz^2}_{|d\boldsymbol{r}|^2} = \frac{du^2}{U^2} + \frac{dv^2}{V^2} + \frac{dw^2}{W^2}.$$

11.14 Aus den gegebenen Komponenten (Fig. A.49(1))

$$x = r\cos(\alpha + \beta), \ \ y = r\sin(\alpha + \beta) \quad \text{und} \quad x' = r\cos\beta, \ \ y' = r\sin\beta$$

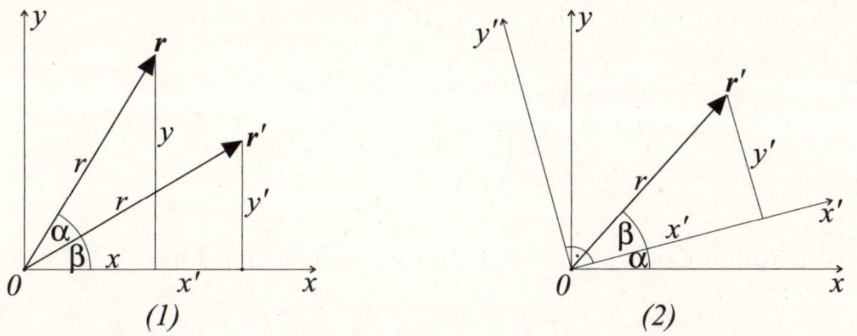

Fig. A.49

ergibt sich die orthogonale Transformation im festen Bezugssystem S

$$x' = x\cos\alpha + y\sin\alpha,$$
$$y' = -x\sin\alpha + y\cos\alpha,$$
$$\Rightarrow \quad \begin{pmatrix} x' \\ y' \end{pmatrix} = \begin{pmatrix} \cos\alpha & \sin\alpha \\ -\sin\alpha & \cos\alpha \end{pmatrix} \begin{pmatrix} x \\ y \end{pmatrix}.$$

Es handelt sich um die Drehung des Vektors $\boldsymbol{r}$ um den Winkel α im Uhrzeigersinn in den Vektor $\boldsymbol{r}'$ im festen Bezugssystem S. Die Übereinstimmung mit (3.53) zeigt freilich, dass man formal ebenso gut den Vektor $\boldsymbol{r}$ festhalten und das Bezugssystem S um den Winkel α gegen den Uhrzeigersinn in das Bezugssystem S' drehen kann. In S' hat der Ortsvektor die Form $\boldsymbol{r}'$ mit den Komponenten x', y' (Fig. A.49(2)).

11.15 Mit Hilfe des d'alembertschen[18] Operators

$$\Delta - \underbrace{\varepsilon_0\mu_0}_{c^{-2}} \frac{\partial^2}{\partial t^2} = \frac{\partial^2}{\partial x_1^2} + \frac{\partial^2}{\partial x_2^2} + \frac{\partial^2}{\partial x_3^2} + \frac{\partial^2}{\partial x_4^2} \equiv \Box,$$

der den 3-dimensionalen Laplace-Operator 4-dimensional verallgemeinert, ergeben sich unmittelbar die 4-dimensional symmetrischen Wellengleichungen

$$\Box \boldsymbol{E} = 0 \quad \text{und} \quad \Box \boldsymbol{H} = 0.$$

Die Lorentzinvarianz des 4-dimensionalen $\Box$-Operators ist analog der Invarianz des 3-dimensionalen Δ-Operators bei orthogonalen Transformationen beweisbar (vgl. Aufgabe 11.10).

11.16 Aus (11.52) ergibt sich mit den Komponenten

$$m_{11} = \frac{1}{\sqrt{1-\frac{v^2}{c^2}}} = m_{44} \quad \text{und} \quad m_{14} = \frac{i\frac{v}{c}}{\sqrt{1-\frac{v^2}{c^2}}} = -m_{41}$$

[18] Jean le Rond d'Alembert (1717-1783), französischer Philosoph, Mathematiker und Literat

mühelos der hermitisch[19]-orthogonale Tensor

$$\boldsymbol{M}_{\text{spez}} = \begin{pmatrix} \frac{1}{\sqrt{1-\frac{v^2}{c^2}}} & \frac{i\frac{v}{c}}{\sqrt{1-\frac{v^2}{c^2}}} \\ -\frac{i\frac{v}{c}}{\sqrt{1-\frac{v^2}{c^2}}} & \frac{1}{\sqrt{1-\frac{v^2}{c^2}}} \end{pmatrix}.$$

11.17 Wir differenzieren die Formeln der Transformation $S \to S'$

$$dx = \frac{dx' + v\,dt'}{\sqrt{1-\frac{v^2}{c^2}}} \quad \text{sowie} \quad dt = \frac{dt' + \frac{v}{c^2}\,dx'}{\sqrt{1-\frac{v^2}{c^2}}}$$

und finden leicht die relativistische Beziehung

$$\frac{dx}{dt} = \frac{\frac{dx'}{dt'} + v}{1 + \frac{v}{c^2}\frac{dx'}{dt'}}, \quad \text{d. h.} \quad u = \frac{u' + v}{1 + \frac{vu'}{c^2}}.$$

Offenbar gilt $u \leq c$ selbst für $u' \to c$ und $v \to c$.

11.18 In (11.52) setzen wir im Sinne (3.53) $m_{11} = \cos\alpha$ und $m_{14} = \sin\alpha$, so dass sich rasch $\tan\alpha = \frac{m_{14}}{m_{11}} = i\frac{v}{c}$ ergibt.

Die relativistische Zusammensetzung zweier konstanter Geschwindigkeiten u' und v gemäß

$$u = \frac{u' + v}{1 + \frac{vu'}{c^2}} \quad \text{(Aufgabe 11.17)}$$

ist als Ergebnis zweier Lorentz-Transformationen das Ergebnis zweier Drehungen um dieselbe Achse. Mit $\tan\gamma = i\frac{u'}{c}$ gilt nämlich

$$u = \frac{-ic\tan\gamma - ic\tan\alpha}{1 - \tan\gamma\tan\alpha} \quad \Rightarrow \quad i\frac{u}{c} = \frac{\tan\gamma + \tan\alpha}{1 - \tan\gamma\tan\alpha} = \tan(\gamma + \alpha).$$

Es addieren sich die Drehwinkel, nicht deren Tangenten.

11.19 Binnen t gewinnt das Teilchen die kinetische Energie

$$W_{\text{kin}} = \int_0^t \boldsymbol{F} \cdot \boldsymbol{v}\,dt = \int_0^{mv} \boldsymbol{v} \cdot d(m\boldsymbol{v}) = \frac{1}{2}\int \frac{d(mv)^2}{m}.$$

Die Integration führt mit Hilfe der Sustitution

$$(mv)^2 = c^2(m^2 - m_0^2) \quad \Rightarrow \quad d(mv)^2 = 2c^2 m\,dm$$

[19]Charles Hermite (1822-1901), französischer Mathematiker

bequem zur Differenz zweier Energieterme

$$W_{\text{kin}} = c^2 \int\limits_{m_0}^{m} dm = \underbrace{c^2(m - m_0)}_{W-W_0}.$$

Einstein folgerte aus dem für ruhende Massen geltenden Term $W_0 = m_0c^2$ seinen berühmten Satz von der Energieträgheit, wonach jeder Energie W_0 eine ihr proportionale träge Masse m_0 entspricht und umgekehrt jedem Körper der Ruhmasse m_0 die gewaltige Ruhenergie m_0c^2 innewohnt[20].

Übrigens folgt durch Taylor-Entwicklung für Werte $v \ll c$ die bekannte Formel der klassischen Mechanik:

$$W_{\text{kin}} \approx c^2\Big[m_0\Big(1 + \frac{1}{2}\frac{v^2}{c^2}\Big) - m_0\Big] = m_0\frac{v^2}{2}.$$

11.20 Die charakteristische Gleichung

$$\begin{vmatrix} \cos\alpha - \lambda & \sin\alpha \\ -\sin\alpha & \cos\alpha - \lambda \end{vmatrix} = 0 \quad \Rightarrow \quad \lambda^2 - 2\lambda\cos\alpha + 1 = 0$$

hat die Lösungen

$$\lambda_{1,2} = \cos\alpha \pm \sqrt{\cos^2\alpha - 1} = \cos\alpha \pm i\sin\alpha = e^{\pm i\alpha}.$$

Da der Tensor nicht symmetrisch ist, sind komplexe Eigenwerte nicht verwunderlich.

11.21 Die charakteristische Gleichung des symmetrischen Tensors $\boldsymbol{M}$

$$\begin{vmatrix} \frac{3}{5} - \lambda & \frac{4}{5} \\ \frac{4}{5} & -\frac{3}{5} - \lambda \end{vmatrix} = \lambda^2 - 1 = 0$$

führt zu den beiden Eigenwerten $\lambda_1 = 1$ und $\lambda_2 = -1$. Die Komponenten x_1 und y_1 des Eigenvektors $\boldsymbol{r}_1$ ergeben sich aus

$$\begin{pmatrix} \frac{3}{5} & \frac{4}{5} \\ \frac{4}{5} & -\frac{3}{5} \end{pmatrix}\begin{pmatrix} x_1 \\ y_1 \end{pmatrix} = \begin{pmatrix} x_1 \\ y_1 \end{pmatrix} \quad \Rightarrow \quad x_1 = 2y_1.$$

Daraus folgt unmittelbar $\boldsymbol{r}_1 = 2y_1\boldsymbol{e}_x + y_1\boldsymbol{e}_y$ und aufgrund der Normierung $|\boldsymbol{r}_1| = 1 \quad \Rightarrow \quad y_1 = \frac{1}{\sqrt{5}}$ schließlich $\boldsymbol{r}_1 = \frac{1}{\sqrt{5}}(2\boldsymbol{e}_x + \boldsymbol{e}_y)$.

[20] Diese Thesen des damaligen Technischen Experten 3. Klasse am Berner Patentamt klangen 1905 der Fachwelt arg wunderlich. Selbst als physikalische und astronomische Messungen die Theorie mehr und mehr stützten, blieb ein verbreitetes Unbehagen. So erhielt Einstein den Nobelpreis erst 1921 und nicht etwa für seine Relativitätstheorie.

Analog erhält man die Komponenten x_2 und y_2 des Eigenvektors $\boldsymbol{r}_2$ aus

$$\begin{pmatrix} \frac{3}{5} & \frac{4}{5} \\ \frac{4}{5} & -\frac{3}{5} \end{pmatrix} \begin{pmatrix} x_2 \\ y_2 \end{pmatrix} = \begin{pmatrix} -x_2 \\ -y_2 \end{pmatrix} \quad \Rightarrow \quad y_2 = -2x_2.$$

Dies bedeutet für den Eigenvektor zunächst $\boldsymbol{r}_2 = x_2\boldsymbol{e}_x - 2x_2\boldsymbol{e}_y$. Die Normierung $|\boldsymbol{r}_2| = 1 \quad \Rightarrow \quad x_2 = \frac{1}{\sqrt{5}}$ ergibt sodann $\boldsymbol{r}_2 = \frac{1}{\sqrt{5}}(\boldsymbol{e}_x - 2\boldsymbol{e}_y)$. Man überzeugt sich leicht, dass die Bedingung $\boldsymbol{r}_1 \cdot \boldsymbol{r}_2 = 0$ erfüllt ist.

11.22 Die Kurve lässt sich durch die quadratische Form $\underline{\boldsymbol{r}}^T \boldsymbol{M} \underline{\boldsymbol{r}} = 1$ mit dem symmetrischen Tensor $\boldsymbol{M} = \begin{pmatrix} 0 & \frac{1}{2} \\ \frac{1}{2} & 0 \end{pmatrix}$ darstellen. Die beiden Wurzeln seiner charakteristischen Gleichung

$$\begin{vmatrix} -\lambda & \frac{1}{2} \\ \frac{1}{2} & -\lambda \end{vmatrix} = \lambda^2 - \frac{1}{4} = 0$$

sind $\lambda_1 = \frac{1}{2}$ und $\lambda_2 = -\frac{1}{2}$. Damit beschreibt die kanonische Form der Tensorfläche

$$\frac{x'^2}{2} - \frac{y'^2}{2} = 1$$

eine gleichseitige Hyperbel (vgl. Aufgabe 3.10).

Leider versagt dieses Verfahren bei Parabeln und Paraboloiden, weil diese keine Mittelpunktsgleichung haben und daher keiner quadratischen Form $\underline{\boldsymbol{r}}^T \boldsymbol{M} \underline{\boldsymbol{r}} =$ const genügen.

11.23 Die einschlägige charakteristische Gleichung lautet

$$\begin{vmatrix} 1-\lambda & \frac{1}{2}\sqrt{2} & 1 \\ \frac{1}{2}\sqrt{2} & -\lambda & -\frac{1}{2}\sqrt{2} \\ 1 & -\frac{1}{2}\sqrt{2} & 1-\lambda \end{vmatrix} = 0$$

und führt auf die Gleichung 3. Grades

$$\lambda^3 - 2\lambda^2 - \lambda + 2 = 0$$

mit den Wurzeln (Eigenwerten) $\lambda_1 = 1$, $\lambda_2 = -1$, $\lambda_3 = 2$. Man findet für die Eigenvektoren nach dem in Aufgabe 11.21 beschriebenen Verfahren

$$\boldsymbol{e}_1' = -\frac{1}{2}(\boldsymbol{e}_1 + \boldsymbol{e}_2\sqrt{2} - \boldsymbol{e}_3), \quad \boldsymbol{e}_2' = -\frac{1}{2}(\boldsymbol{e}_1 - \boldsymbol{e}_2\sqrt{2} - \boldsymbol{e}_3), \quad \boldsymbol{e}_3' = \frac{1}{2}\sqrt{2}(\boldsymbol{e}_1 + \boldsymbol{e}_3)$$

und bestätigt leicht die Normierung $|\boldsymbol{e}_1'| = |\boldsymbol{e}_2'| = |\boldsymbol{e}_3'| = 1$ sowie die Orthogonalität $\boldsymbol{e}_1' \cdot \boldsymbol{e}_2' = \boldsymbol{e}_1' \cdot \boldsymbol{e}_3' = \boldsymbol{e}_2' \cdot \boldsymbol{e}_3' = 0$. Damit gewinnt die Matrix $\boldsymbol{C} = (c_{ij})$ die Form:

$$\boldsymbol{C} = \begin{pmatrix} -\frac{1}{2} & -\frac{1}{2} & \frac{1}{2}\sqrt{2} \\ -\frac{1}{2}\sqrt{2} & \frac{1}{2}\sqrt{2} & 0 \\ \frac{1}{2} & \frac{1}{2} & \frac{1}{2}\sqrt{2} \end{pmatrix} = \frac{1}{2} \begin{pmatrix} -1 & -1 & \sqrt{2} \\ -\sqrt{2} & \sqrt{2} & 0 \\ 1 & 1 & \sqrt{2} \end{pmatrix}.$$

Die 1.,2.,3. Spalte enthalten sichtlich die Komponenten der Eigenvektoren e'_1, e'_2, e'_3. Die Orthogonalität von $\boldsymbol{C}$ lässt sich ebenfalls leicht zeigen:

$$\boldsymbol{C}^T = \frac{1}{2}\begin{pmatrix} -1 & -\sqrt{2} & 1 \\ -1 & \sqrt{2} & 1 \\ \sqrt{2} & 0 & \sqrt{2} \end{pmatrix} = \boldsymbol{C}^{-1}.$$

Die Transformation $\boldsymbol{MC}$ der 3 Eigenvektoren ergibt nun

$$\begin{pmatrix} 1 & \frac{1}{2}\sqrt{2} & 1 \\ \frac{1}{2}\sqrt{2} & 0 & -\frac{1}{2}\sqrt{2} \\ 1 & -\frac{1}{2}\sqrt{2} & 1 \end{pmatrix} \frac{1}{2}\begin{pmatrix} -1 & -1 & \sqrt{2} \\ -\sqrt{2} & \sqrt{2} & 0 \\ 1 & 1 & \sqrt{2} \end{pmatrix} = \frac{1}{2}\begin{pmatrix} -1 & 1 & 2\sqrt{2} \\ -\sqrt{2} & -\sqrt{2} & 0 \\ 1 & -1 & 2\sqrt{2} \end{pmatrix}.$$

Rechts steht

$$\frac{1}{2}\begin{pmatrix} -1\cdot 1 & -1\cdot -1 & \sqrt{2}\cdot 2 \\ -\sqrt{2}\cdot 1 & \sqrt{2}\cdot -1 & 0 \\ 1\cdot 1 & 1\cdot -1 & \sqrt{2}\cdot 2 \end{pmatrix} = \boldsymbol{C}\underbrace{\begin{pmatrix} 1 & 0 & 0 \\ 0 & -1 & 0 \\ 0 & 0 & 2 \end{pmatrix}}_{\boldsymbol{D}}.$$

Schließlich bestätigen wir die Transformation $\boldsymbol{C}^T\boldsymbol{MC}$ auf Diagonalform

$$\frac{1}{2}\begin{pmatrix} -1 & -\sqrt{2} & 1 \\ -1 & \sqrt{2} & 1 \\ \sqrt{2} & 0 & \sqrt{2} \end{pmatrix} \frac{1}{2}\begin{pmatrix} -1 & 1 & 2\sqrt{2} \\ -\sqrt{2} & -\sqrt{2} & 0 \\ 1 & -1 & 2\sqrt{2} \end{pmatrix} = \begin{pmatrix} 1 & 0 & 0 \\ 0 & -1 & 0 \\ 0 & 0 & 2 \end{pmatrix} = \boldsymbol{D}$$

mit der Eigenschaft

$$\det \boldsymbol{C}^T\boldsymbol{MC} = \begin{vmatrix} 1 & 0 & 0 \\ 0 & -1 & 0 \\ 0 & 0 & 2 \end{vmatrix} = \det \boldsymbol{M} = -2.$$

Die $\boldsymbol{M}$-Tensorfläche hat die Hauptachsengleichung $x'^2 - y'^2 + 2z'^2 = k > 0$. Sie beschreibt ein 1-schaliges Hyperboloid. Seine Schnitte sind

- mit der Ebene $x' = 0$ die Hyperbel $-y'^2 + 2z'^2 = k$,
- mit der Ebene $y' = 0$ die Ellipse $x'^2 + 2z'^2 = k$ und
- mit der Ebene $z' = 0$ die gleichseitige Hyperbel $x'^2 - y'^2 = k$.

Man sieht, wie irreführend der Name Tensorellipsoid sein kann.

11.24 Im Fall $\det \boldsymbol{M} = m_{11}m_{22} - m_{12}^2 = 0$ entartet die Fläche

$$\Phi(x,y) = m_{11}x^2 + m_{22}y^2 + 2m_{12}xy = \frac{1}{m_{22}}(m_{12}x + m_{22}y)^2 = k$$

zu dem Parallelenpaar $m_{12}x + m_{22}y = \pm\sqrt{km_{22}}$. Eine Transformation in das Eigensystem des Tensors würde keine zusätzlichen Aufschlüsse ergeben.

Anhang B: Konkurrierende Begriffe

HIER VERWENDET	ANDERSWO GEBRÄUCHLICH
Adjunkte	Adjungierte, Kofaktor, Minor, Unterdeterminante
Bezugssystem	Koordinatensystem
charakteristische Gleichung	Säkulargleichung[21]
δ-Funktion	δ-Distribution, δ-Funktional
Drall	Drehimpuls
Drehgeschwindigkeit	Winkelgeschwindigkeit
Drehbeschleunigung	Winkelbeschleunigung
Drehfläche	Rotationsfläche
Drehsymmetrie	Rotationssymmetrie
Dreibein	Dreikant
Einhüllende	Enveloppe, Hüllkurve
Einsvektor, -matrix, -tensor	Einheitsvektor, -matrix, -tensor
Flächenintegral	Oberflächen- oder Gebietsintegral
Funktionaldeterminante	jakobische Determinante
Inhalt	Flächeninhalt
Komponente	Koordinate, Projektion, skalare Komponente
Kreuzprodukt	vektorielles oder äußeres Produkt
Kugelkappe	Kugelabschnitt, -segment, -kalotte, -haube
Kugelkoordinaten	räumliche oder sphärische Polarkoordinaten
Linienelement	Bogenelement oder -differenzial
Linienlänge	Bogenlänge
Linienintegral	Kurvenintegral
Messpunkt	Aufpunkt
metrische Koeffizienten	Fundamentalgrößen 1. Ordnung
metrischer Tensor	Fundamentaltensor
Mittellot	Mittelsenkrechte

Fortsetzung nächste Seite

[21] Der Begriff stammt aus der astronomischen Theorie der langzeitigen („säkularen") Störung von Planetenbahnen durch die gegenseitige Massenanziehung.

Fortsetzung

HIER VERWENDET	ANDERSWO GEBRÄUCHLICH
Normalschnitt	Meridianschnitt
Ortsvektor, Fahrstrahl	Radiusvektor
parallel	kollinear
Parallelogramm	Parallelseit
Punktprodukt	skalares oder inneres Produkt
Quelldichte	spezifische Ergiebigkeit
Quellpunkt	Integrationspunkt
Rand	Kontur
Randsumme	Liniensumme
Raumelement	Volum- oder Volumenelement
Raumintegral	Volumenintegral
Raute	Rhombus
Resultante	Resultierende
Rotor	Rotation
schiefsymmetrisch	antisymmetrisch oder antimetrisch
Schwerkraft	Gravitation
Spat	Parallelflach, -epiped, -okant, Rhomboeder
Spatprodukt	Raumprodukt, skalares Tripelprodukt
Streckebene	rektifizierende Ebene
Teilvektor	Komponente, vektorielle, vektorische oder Vektorkomponente, Komponentenvektor
Tensor	Affinor, Dyade
Tensorstufe	Tensorgrad
totales Differenzial	vollständiges oder exaktes Differenzial
Translation	Parallelverschiebung
transponiert	konjugiert oder adjungiert
Umlauf- oder Randintegral	Konturintegral
Verzerrungstensor	Deformations- oder Dehnungstensor
Vierflach	Tetraeder
Windung	Torsion

Anhang C: Stichwortverzeichnis

L

M

W

Z

Notizen